JN260090

現代地球科学入門シリーズ
大谷栄治・長谷川昭・花輪公雄[編集]

Introduction to
Modern Earth Science Series

12

地球化学

佐野有司・高橋嘉夫[著]

共立出版

現代地球科学入門シリーズ

Introduction to Modern Earth Science Series

編集委員

大谷 栄治・長谷川 昭・花輪 公雄

現代地球科学入門シリーズ
刊行にあたって

読者の皆様

　このたび『現代地球科学入門シリーズ』を出版することになりました．近年，地球惑星科学は大きく発展し，研究内容も大きく変貌しつつあります．先端の研究を進めるためには，マルチディシプリナリ，クロスディシプリナリな多分野融合的な研究の推進がいっそう求められています．このような研究を行うためには，それぞれのディシプリンについての基本知識，基本情報の習得が不可欠です．ディシプリンの理解なしにはマルチディシプリナリな，そしてクロスディシプリナリな研究は不可能です．それぞれの分野の基礎を習得し，それらへの深い理解をもつことが基本です．

　世の中には，多くの科学の書籍が出版されています．しかしながら，多くの書籍には最先端の成果が紹介されていますが，科学の進歩に伴って急速に時代遅れになり，専門書としての寿命が短い消耗品のような書籍が増えています．このシリーズでは，寿命の長い教科書を目指して，現代の最先端の成果を紹介しつつ，時代を超えて基本となる基礎的な内容を厳選して丁寧に説明しています．

　このシリーズは，学部2～4年生から大学院修士課程を対象とする教科書，そして，専門分野を学び始めた学生が，大学院の入学試験などのために自習する際の参考書にもなるよう工夫されています．それぞれの学問分野の基礎，基本をできるだけ詳しく説明すること，それぞれの分野で厳選された基礎的な内容について触れ，日進月歩のこの分野においても長持ちする教科書となることを目指しています．すぐには古くならない基礎・基本を説明している，消耗品ではない座右の書籍を目指しています．

　さらに，地球惑星科学を学び始める学生・大学院生ばかりでなく，地球環境科学，天文学・宇宙科学，材料科学など，周辺分野を学ぶ学生・大学院生も対象とし，それぞれの分野の自習用の参考書として活用できる書籍を目指しました．また，大学教員が，学部や大学院において講義を行う際に活用できる書籍になることも期待致しております．地球惑星科学の分野の名著として，長く座右の書となることを願っております．

編集委員一同

はじめに

　地球化学という研究分野は地質学，岩石学，鉱物学など固体の地球科学と物質の構造，性質，反応を研究する化学との境界領域として発展してきた．地球化学の父といわれる Goldschmidt（1888～1947 年；スイス生まれのユダヤ系ドイツ人）は岩石学者として出発し，ヨーロッパにおいて結晶物質の中での元素の分配を理解する研究に進んだ．20 世紀前半の彼による有名な地球化学の定義は「鉱物，岩石，土壌，水および大気中の化学元素の分布と量，さらに元素とイオンの性質に基づいて天然における元素の循環を研究する」とされている．ロシアにおいて地球化学の礎を築いた Vernadsky（1863～1945 年；サンクトペテルブルグ生まれのロシア系ウクライナ人）によると，地球化学は「地球における化学元素の時間的，空間的分布を研究する」と定義される．一方，米国における地球化学は，20 世紀初頭の Clarke（1847～1931 年；ボストン生まれのアメリカ人）による岩石・鉱物の化学データの収集とコンパイルを出発点とする．彼の狙いは地殻の平均的化学組成と元素の相対存在度を求めることにあり，より静的な世界となり元素の循環という動的・時間的分布には大きく踏み込んでいない．ともかく，欧米における地球化学の出発点は一言で表すと，主として高温のマグマが関与する固体地球の化学的理解にあったといえる．現在でもこの考え方は残っており，たとえば，米国地球物理連合の秋季大会の分類では，Geochemistry は Volcanology および Petrology と一緒のセクションに入っている．

　現代の地球化学は，先に述べたマントル物質やマグマ，そして地殻の岩石が関与する比較的高温の現象を扱う high-temperature geochemistry から 1 気圧で H_2O が液体の水として存在する環境下での大気，水圏や生物圏を扱う low-temperature geochemistry を含むかたちに進化しつつある．これは，学問的な発展の相対的な速度が 21 世紀初頭では「熱い地球化学」より「冷たい地球化学」で大きいことを意味するだけでなく，現在の地球温暖化や海洋の酸性化など地球環境問題が人類の持続的生存と強く関わり，社会的な要請に応えるためでもある．

本書の第1〜6章と第9章は，このような地球化学の主題の変遷，古い言葉であるが「パラダイムシフト」の中で，放射化学，核化学，分析化学から学び始めて熱い地球化学の研究を行ってきた執筆者（佐野）が冷たい地球の研究に取り組み始めた状態をある程度反映していることを理解いただきたい．一方で，核化学，放射化学のバックグラウンドを活かして，宇宙の始まりであるビッグ・バンにおける元素創成と恒星内での核融合による重い元素の合成や隕石の化学組成と年代学に関連して宇宙化学にも力を注いだ内容となっている．

　また本書の第7, 8章と第10章は，やはり放射化学，核化学，分析化学から学び始め，溶液化学，水圏環境問題，分光法などを背景にして冷たい地球の研究を行ってきた執筆者（高橋）が，前半を引き継ぐかたちで大気水圏の進化と環境問題に関して執筆した．とくに第8章と第10章は，これまでの地球化学の教科書にはあまり見られない物理化学的な色彩を前面に打ち出した内容になっている．

　本書は理学部の地球惑星科学科や化学科，工学部の地球システム工学科や資源工学科，地球環境学部の自然環境学科の3年，4年生を対象として書かれているが，大学院で地球惑星科学を専攻する学生が容易に宇宙地球化学の全容をつかめるように配慮されている．基礎的な知識として高等学校で「化学I」を履修していることを前提としている．また，「物理I」を履修していることが望ましい．一方で，「生物I」と「地学I」を学んでいない場合でも問題なく理解できるように配慮してある．とくに，最後の第9章と第10章を第2部として，地球化学の基礎知識を解説しており，初学者は無味乾燥で味気なく感ずるかもしれないが，この2つの章をはじめに読み，続いて第1章に戻ることを勧める．

　なお，第1〜6章と第9章は，執筆者（佐野）が東京大学教養学部において，理科系の各類の1年生および2年生を対象とした総合科目「惑星地球科学II」の講義で教えている内容を基本にして書いたものである．また，第7, 8章と第10章は，執筆者（高橋）が広島大学理学部の1年生および3年生を対象とした「水圏地球化学」および「環境地球化学」の講義で教えている内容を基本にして執筆したものである．

目　次

第1部　宇宙と地球の進化と現在の地球の姿

第1章　膨張する宇宙と軽元素の起源　　3
- 1.1　膨張する宇宙の観測　　3
- 1.2　ビッグ・バンと宇宙黒体放射　　7
- 1.3　宇宙の始まり　　9
- 1.4　最初の重元素合成　　10
- 参考文献　　13

第2章　太陽系の化学と重元素合成　　15
- 2.1　太陽と太陽系惑星の成り立ち　　15
  - 2.1.1　太陽の構造　　16
  - 2.1.2　惑星の成り立ち　　17
- 2.2　太陽系の化学組成　　19
  - 2.2.1　太陽の化学組成　　19
  - 2.2.2　隕石の化学組成　　21
- 2.3　恒星内での重い元素の合成　　30
- 参考文献　　42

第3章　太陽系の形成と隕石の年代学　　43
- 3.1　太陽系形成の標準モデル　　43
- 3.2　太陽系前駆物質（プレソーラーグレイン）　　46
  - 3.2.1　プレソーラーグレインの分類と分析法　　46
  - 3.2.2　炭素質プレソーラーグレイン　　49

目　次

- 3.3 元素の年齢 50
    - 3.3.1 連続合成モデル 53
    - 3.3.2 単一合成モデル 55
- 3.4 太陽系最古の物質と始原的な隕石の年代学 57
    - 3.4.1 ウラン–鉛年代測定法 57
    - 3.4.2 鉛–鉛法による CAI とコンドリュールの形成年代差 . 59
    - 3.4.3 アルミニウム–マグネシウム年代測定法 61
    - 3.4.4 アルミニウム同位体比による CAI とコンドリュールの形成年代差 64
    - 3.4.5 普通コンドライトの年代学 66
- 3.5 分化した隕石の年代学 68
- ［補足］. 70
- 参考文献 70

第 4 章　地球の誕生とその化学組成　72

- 4.1 地球の年齢と地上最古の物質 72
    - 4.1.1 地球の年齢 72
    - 4.1.2 世界最古の岩石と鉱物 73
- 4.2 地球の年齢と隕石の年代 78
    - 4.2.1 鉛同位体を用いた地球と隕石の絶対年代 78
    - 4.2.2 キセノン同位体を用いた地球と隕石の相対年代 81
    - 4.2.3 タングステン同位体を用いた地球と隕石の相対年代 . . 86
- 4.3 地球を形成する物質 90
    - 4.3.1 固体地球の物理的構造 91
    - 4.3.2 固体地球の化学的構造 93
- 4.4 地球の構造と形成年代 98
- 参考文献 99

第 5 章　固体地球の脱ガスと大気と海洋の起源　101

- 5.1 地球大気の起源：初期脱ガスと連続脱ガス 101
    - 5.1.1 大気と海洋の連続脱ガス 102

	5.1.2	大気と海洋の初期脱ガスモデル	105
5.2	脱ガスモデルの検証とヘリウム・フラックス	109
	5.2.1	アルゴン同位体比による初期脱ガスモデルの検証	109
	5.2.2	ヘリウム同位体と放出フラックス	112
5.3	脱ガスモデルと炭素および窒素のマントル・フラックス	117
	5.3.1	炭素同位体と火山ガス中の炭素の起源	117
	5.3.2	炭素の混合モデルとマントル・フラックス	119
	5.3.3	窒素同位体と火山ガス中の窒素の起源	122
	5.3.4	窒素の混合モデルとマントル・フラックス	124

[補足] ... 127

参考文献 ... 128

第6章　大気と海洋の進化と生命の起源　　129

6.1　初期大気と海洋の化学組成 ... 129
　6.1.1　原始大気の化学組成 ... 129
　6.1.2　原始海洋の形成 ... 132
6.2　大気と海洋の化学進化 ... 136
　6.2.1　海水の化学進化—無機的環境 ... 136
　6.2.2　海水の化学進化—生物が存在する環境 ... 139
　6.2.3　大気の化学進化—生物が存在する環境 ... 141
6.3　生命の起源とその年代 ... 145
　6.3.1　世界最古の生物化石 ... 146
　6.3.2　化学化石と隕石の絨毯爆撃 ... 149

参考文献 ... 153

第7章　二酸化炭素濃度と気候変化　　155

7.1　地表温度と地球のエネルギー収支 ... 155
7.2　氷床コア試料を用いた古気候解析 ... 160
7.3　より長期的な気候変化解析 ... 163
7.4　地球化学的モデリングによる CO_2 濃度の変化曲線 ... 167
7.5　地質学的時間スケールでの CO_2 濃度と地球環境の変化の関係 ... 172

		7.5.1 スノーボールアース（全球凍結）仮説	172
		7.5.2 レイモ仮説	175
7.6	現在の大気中 CO_2 濃度の上昇		178
7.7	現在の地球温暖化と放射強制力		184
7.8	おわりに		188
［補足］	レイリーの式		189
参考文献			192

第8章 分子地球化学：元素の性質に基づく地球進化や物質循環の考察　　195

8.1 化学結合と元素の分配 195
8.1.1 電気陰性度 196
8.1.2 化学結合と元素の分配 197
8.1.3 HSAB 理論 201
8.2 地殻への元素の分配と希土類元素パターン 202
8.2.1 地殻への元素の分配 203
8.2.2 希土類元素パターン 205
8.2.3 セリウム異常・ユウロピウム異常と X 線吸収微細構造法（XAFS 法） 207
8.2.4 イオン半径の意味 210
8.3 錯体化学・溶液化学に基づく元素の水溶解性の考察 213
8.4 水中の元素の化学種の考察 219
8.5 吸着反応と海水中の元素濃度や鉛直分布 222
8.6 吸着種の構造と元素の濃度・同位体比 228
8.6.1 微量元素の鉄マンガン酸化物への吸着のされやすさと吸着種の関係 228
8.6.2 固液界面の微量元素の吸着と同位体分別 231
8.7 元素濃度・同位体比に基づく地球の酸化還元状態の変化の考察 . 234
8.8 微量元素の反応性に基づく生物地球化学 238
8.9 有害元素の環境挙動解析 242

8.10	微量元素存在度に反映される化学種の情報	245
	8.10.1　希土類元素の固液分配パターン	245
	8.10.2　理論的解釈	248
8.11	おわりに	249
参考文献		250

第2部　宇宙地球化学の基礎

第9章　宇宙地球化学の基礎知識　　255

9.1	元　　素	255
9.2	原子核と同位体	259
9.3	放射壊変	260
9.4	年代測定	263
9.5	機器分析法	266
	9.5.1　発光分析	267
	9.5.2　吸光分析	270
	9.5.3　質量分析法	272
参考文献		277

第10章　化学熱力学の基礎と地球表層での無機化学反応　　279

10.1	熱力学の3法則	279
10.2	自由エネルギーと化学反応	282
10.3	化学ポテンシャルと平衡定数	284
10.4	錯生成反応と溶解度	286
10.5	固液界面の化学	292
	10.5.1　巨視的な吸着モデル	293
	10.5.2　表面錯体モデル	296
10.6	酸化還元反応	301
	10.6.1　水の存在条件	302
	10.6.2　鉄の E_H-pH 図	303

目　次

　　10.7 反応速度論 306
　　　　10.7.1 反応速度式 307
　　　　10.7.2 平衡に近づく過程 310
　　　　10.7.3 反応速度の温度依存性 311
　参考文献 313

索　　引　　**314**

欧文索引　　**318**

第1部

宇宙と地球の進化と現在の地球の姿

第1章 膨張する宇宙と軽元素の起源

　天文学あるいは宇宙物理学の研究成果によれば，われわれの宇宙は今から約137億年前にビッグ・バン（the Big Bang）とよぶ大爆発によって始まったとされる．このときの爆発の痕跡は今も残っており，宇宙のあらゆる物質は現在も広がりつつある．ここでは，天文学的観測が可能な約100億光年の空間（これを現代の宇宙とよぶことにする）が直径 1 cm の球であった太古の時代から続いている膨張と宇宙の果てである粒子的地平線，そして原子がどのようにして生まれたのかという，地球化学の基礎となる元素の起源について解説する．

1.1　膨張する宇宙の観測

　宇宙の始まりについては，多くの宗教に天地創造の物語として登場する．これは人類が生き抜くために自然をよりよく理解しようとする試みの最初の一歩である．文明の進歩とともに人間が行動できる，あるいは観測できる範囲が広がり，山地や盆地の広さ，大陸や海洋の大きさ，地球の大きさ，地球と太陽の距離，太陽と他の恒星との距離というスケールの違いを認識できるようになった．それではわれわれの宇宙の大きさはどの程度であろうか．それは有限なのかという単純な疑問が生まれる．もし宇宙の大きさが無限であり，そこに無限大の数の星がランダムに存在すると仮定すれば，地球上から観測できるすべての方角には，ある距離を離れれば必ず星が存在し，そこからの光が地球に到達する．つまり夜空が暗い可能性はなくなる（オルバースのパラドックス（Olbers' paradox))．現実には夜空は暗く，星と星の間は漆黒の闇である．すなわち宇宙は有限であろうと考察できる．もちろん星と地球の間に光を遮る星間ガスや星間ダストが適度に存在すれば，宇宙は無限でも良いかもしれないが，現実には遮蔽物が吸収した同じ量のエネルギーを放射するので，結局夜空は明るくなるべきである．ところで，宇宙が有限の場合には，そこに存在するすべての星どうしに重力がはたらくであろう．その結果として長い年月を経れば，すべての星は宇宙の中心に収束して宇宙は消滅すべきである．現実には宇宙は存在するので，中心に集まらないメカニズムがあるに違いない．1927 年にベルギーのカトリック司祭であった Lemaitre は**宇宙定数**（cosmological constant）の入った**アインシュタイン方程式**（the Einstein equations）を解き，宇宙は原始の卵宇宙の爆発として始まり現在も膨張を続けているとした．この大爆発による力が重力による収縮にまされば，宇宙の星は中心に集まらずにすむことになる．この考え方は現実の宇宙の存在を示す有力な仮説であるが，それをサポートする観測事実がなく，受け入れる研究者は少なかった．

　1929 年に米国の天文学者 Hubble は，遠方にある銀河の星から地球に届く光はスペクトルが**赤方偏移**（red shift）していることを観測で示した [1]．この偏移が**ドップラー効果**（Doppler effect）により起こるとすれば，遠方にある銀河は地球から遠ざかる方向に移動しているのであろう．複数の銀河をよく調べると，このように地球から遠ざかる後退速度と地球から銀河までの距離に比例関係があることが示唆された．この Hubble による発見により，宇宙が一様に膨張しているという Lemaitre の仮説が動かしがたい事実となった．ここでは，この比例関係をもう少し詳しく説明する．図 1.1 は 5 つの銀河のスペクトルと赤方偏移について示している．太陽や銀河から来た光をプリズムで波長ごとに分離すると連続スペクトルであることがわかる．そのスペクトルを精密に観測すると，連続スペクトルを分断する複数の黒い線が見つかる．これらは暗線または**フラウンホーファー線**（Fraunhofer lines）といわれる [2]．暗線は太陽の外層や銀河の表層に存在する元素により光が吸収されたもので，分析化学で用いる原子吸光法（9.5.2 項吸光分析での解説を参照）の原理と同じである．図 1.1 の H 線と K 線は Fraunhofer による命名であり，波長 396.847 nm および 393.368 nm のカルシウムイオンの吸収（暗線の対）を示す．なお，これらは原子の電子殻の K 殻，L 殻，M 殻などとは無関係であり，混同してはならない．

1.1　膨張する宇宙の観測

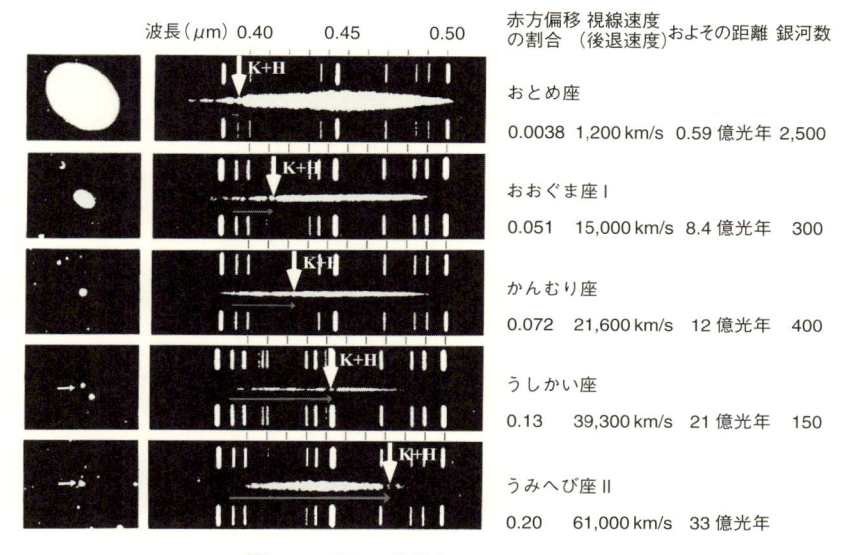

図 1.1　銀河の後退とスペクトル [12]

	赤方偏移の割合	視線速度（後退速度）	およその距離	銀河数
おとめ座	0.0038	1,200 km/s	0.59 億光年	2,500
おおぐま座 I	0.051	15,000 km/s	8.4 億光年	300
かんむり座	0.072	21,600 km/s	12 億光年	400
うしかい座	0.13	39,300 km/s	21 億光年	150
うみへび座 II	0.20	61,000 km/s	33 億光年	

　図 1.1 の 5 つの銀河のスペクトルを解析すると，太陽スペクトルからの暗線の対のずれによりドップラー効果から後退速度を求めることができる．もし，この 5 つの銀河の大きさが似ているとすれば，望遠鏡で観測したときに遠方の銀河ほど小さく暗く見える．図 1.1 は光の大きさから，うみへび座銀河団がおとめ座銀河団よりはるかに遠くにあることを示している．しかし，実際の銀河の大きさがまちまちで放射する光の強度が異なれば，定量的に地球からの距離を導くのは難しい．事実，天体の距離を知ることは天文学の基本中の基本と思われるが，非常に難しい問題とされる．たとえば地球近傍の星ならば，地球が太陽を回る軌道の長軸を基線とする三角測量の方法により測定できるが，限界は 150 光年といわれている．基線として太陽系が銀河系を移動する速度 6×10^{11} m/yr を利用してもせいぜい 300 光年である．この限界を破ったのが**セファイド型脈動変光星**（Cepheid variable）を用いる距離測定法である [3]．望遠鏡で観測した天体の明るさは直接的な観測量であるから，もしそのソースの絶対光度がわかれば距離を計測できる．つまり絶対光度が決まった，しかも距離のわかった標準光源があればよい．セファイド型脈動変光星はその目的に適した星であり，

第 1 章 膨張する宇宙と軽元素の起源

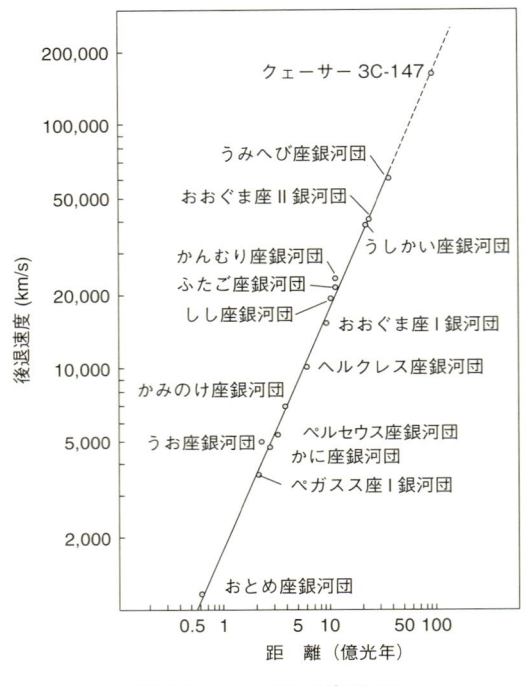

図 1.2 ハッブルの法則 [1]

数日から 100 日の周期で規則正しく変光している [2]．しかもその周期と光度の間に規則的な関係があることが観測で明らかにされた．そこで，Shapley は比較的近傍にあり三角測量で距離の決まっているセファイド型脈動変光星と同類のより遠くに位置する変光星の光の強度を比較すれば，遠い銀河の距離を推定できることを示した．後続の研究者は，この手法に従って銀河系の大きさや形，銀河間の距離や分布を明らかにしていった．一連の研究は天文学における重要な貢献である．

このようにして求めた地球から銀河までの距離とドップラー効果から見積もった銀河の後退速度の関係を図 1.2 に示す．両対数のグラフ上でデータはきれいな直線に載り，その関係は距離を r，後退速度を v とすれば，次の式で表される．

$$v = H_0 r \tag{1.1}$$

ここで宇宙の膨張を示す比例定数の H_0 は**ハッブル定数**（Hubble constant）とよばれる．(1.1) 式に従って時間をさかのぼっていくと，宇宙が一点に集まり原始の卵宇宙であった時が求まる．最近のハッブル宇宙望遠鏡の成果を取り入れて，その年代を計算すると約 130 億年となり，宇宙の年齢は生まれてから約 130 億歳となる [4]．そして，銀河も存在できないほどに収縮した超高密度の卵宇宙の大爆発がビッグ・バンである．なお，地球から観測できる最も古い光が放たれた場所の，現在の位置を粒子的地平面（particle horizon）という．現在の粒子的地平面は地球を中心とする半径約 470 億光年の球の表面と考えられるが，今でも地球から光速の約 3.5 倍の速度で遠ざかっている．

1.2　ビッグ・バンと宇宙黒体放射

宇宙の始まりを高密度の卵宇宙とする物理的仮説をはじめに提案したのは Gamov である（**ガモフの仮説**（Gamov's hypothesis））[5]．彼は宇宙に存在する元素の起源を説明するために，「宇宙の初期，火の玉がまだ熱かったときに核反応が起こり，原始の水素からすべての元素が合成された」と考えた．現在では，この元素合成の仮説は間違いであることがわかっているが，卵宇宙が高温・高密度であったという仮説は観測によって証明されている．その観測は 1965 年の Penzias と Wilson による宇宙背景放射（宇宙マイクロ波背景放射（cosmic microwave background, CBM）ともよぶ）の発見である [6]．ここで黒体とはあらゆる波長の電磁波を完全に吸収する理想的な物体のことで，常温では炭のように黒く見える．また，**黒体放射**（blackbody radiation）は空洞放射ともよび，放射を透過させない壁で囲まれた空洞内部にあって熱平衡に達した放射をいう．空洞の壁が一定の温度 (T) に保たれているとき，壁に開けた小窓は温度 (T) の黒体に相当する熱放射をしているように見える．逆にいうと熱放射から黒体の温度を推定することができる．詳しく述べると，絶対温度 (T) の物体から放射される電磁波の強度はプランク（Plank）分布をもち，最大になる波長 ($\lambda_{\max}$) と温度には次のウィーン（Wien）の法則がある．

$$\lambda_{\max} T = 2.897\ 756 \times 10^{-3} \mathrm{m\ K} \tag{1.2}$$

たとえば，この関係に従うと，地球は表面温度約 288 K に相当する放射を出して

第 1 章 膨張する宇宙と軽元素の起源

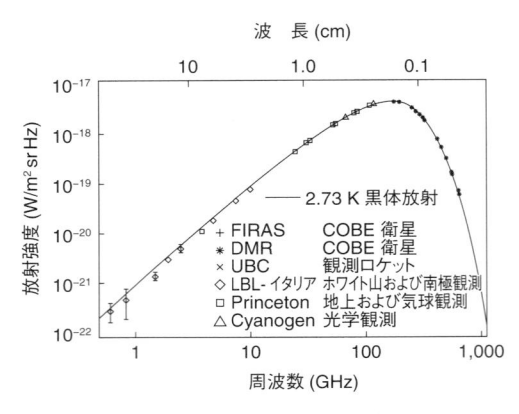

図 1.3 宇宙マイクロ波背景放射 [13]

おり，その放射の最大強度は赤外線域にある．太陽からは表面温度 6,000 K に相当する放射が出ており，その最大強度は可視域になる．また，製鉄所の溶鉱炉で融けた銑鉄の温度を測定することもできる．さて，米国ニュージャージー州のベル（Bell）研究所にいた Penzias と Wilson の観測に戻ると，彼らは宇宙のあらゆる方向からやってくる絶対温度 2.76 K の黒体放射に相当する電波雑音をとらえたのである．その後の研究によって，図 1.3 に示すマイクロ波のスペクトルが得られ，精密な黒体温度は 2.725 K とされている．

現在の宇宙は，光が空間を直進できるという意味で透明であり，全体で熱平衡が実現された空洞放射のような黒体とは明らかに異なる．黒体放射が宇宙のバックグラウンドとして残っていることは，過去に高温高密度の状態があったこと，つまりビッグ・バンの観測的証拠になる．宇宙誕生後の約 30 万年が経過したころ，膨張により宇宙が冷え，温度が約 3,000 K に達したと思われる．そのとき，原始宇宙の陽子と電子が結合して中性原子が存在できるようになった．この結果として光が直進できるようになり宇宙は透明になったが，これを「宇宙の晴れ上がり」とよぶ．結合により解放された膨大なエネルギーが宇宙背景マイクロ波のソースの一部となったが，観測される温度がそのときの 3,000 K の約 1,000 分の 1 と低温（2.725 K）なのは，宇宙が膨張して冷却したためである．2009 年には，アメリカ航空宇宙局の人工衛星（WMAP）による宇宙背景マイクロ波の詳細な観測により，宇宙にバックグラウンド温度のゆらぎがあること

がわかった．また，そのゆらぎを再現するモデル計算から宇宙の年代が 137 ± 2 億年と推定されている [7]．

1.3 宇宙の始まり

　宇宙誕生の 10^{-35} 秒後では，その温度は 10^{28} K，宇宙の大きさは 1 cm とパチンコ玉程度であった．このときには強い相互作用や電磁相互作用などの基本的な物理法則がどこまで分離しているか問題が残る．10^{-25} 秒後には温度は 10^{23} K，宇宙は 1 km の大きさとなった．この間に**磁気単極子**（magnetic monopole; モノポール）の生成と**バリオン**（varyon; 重粒子）数が有限になったと推定されている．モノポールはいったん生成すると消滅しないと考えられ，現在も存在するはずだが見つかってはいない．2003 年になって，Fang らは金属強磁性体の特異的な磁気電気伝導の振舞いを，固体中の量子力学の世界ではあたかもモノポールが存在し，電子の動きや状態が磁気単極子に支配されているかのように解釈できると発表した [8]．しかし，モノポールを直接観察したわけではない．さて，宇宙の進化の話に戻ると，誕生の 10^{-5} 秒後には温度は 10^{12} K，大きさは 1,000 AU（AU は太陽と地球の距離 1.5×10^{11} m を単位にしたもので，天文単位距離ともよばれる）と成長し，3 つのクオークからなる**ハドロン**（hadron; 陽子，中性子）や 1 つのクオークと 1 つの反クオークからなる**メソン**（meson; 中間子）が形成された．これで原子核の構成要素がつくられたことになる．この温度では，陽子から中性子をつくる核反応と中性子から陽子をつくる核反応が平衡して起こり，その量比はほぼ 1 対 1 であった．なお，現在もハドロン内部には，このときの宇宙の状態（温度や密度などの記録）が残されている．

　宇宙誕生の 1 秒後には，温度は 10^{10} K，大きさは 1 光年（9.46×10^{15} m）に膨張し，陽子から中性子をつくる反応が休止するので，陽子の割合が多くなる．その結果，陽子と中性子の量比はほぼ 6 対 1 であったと推定される．これ以降の元素合成反応による粒子の存在度の変化を図 1.4 に示す [9]．宇宙誕生の 10 秒後でも，陽子（図では H）と中性子（n）が存在するだけである．しかし 100 秒後には，温度は 10^9 K まで下がり，陽子（p）と中性子（n）が結合し γ 線を放出して，重水素の原子核（D）を形成する下記の核反応が進行する．

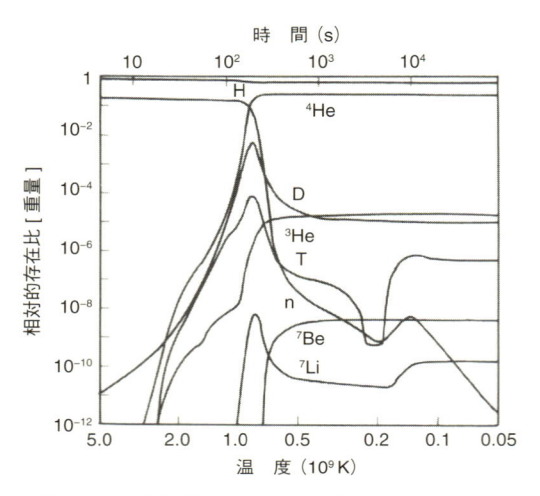

第 1 章　膨張する宇宙と軽元素の起源

図 1.4　宇宙初期の元素の相対存在度（[9], p.25）

$$p + n \longrightarrow D + \gamma \tag{1.3}$$

なお，中性子は単独では不安定であり，半減期約 10 分で β 崩壊により陽子になるが，D の原子核内に取り込まれた中性子は陽子と結びつくことで安定に存在できるようになる．また，温度が高いと生成した D は光核反応で壊されて p と n に分解するので，図 1.4 のように 5×10^9 K では D の存在度は小さい．さらにこの時期に電子と陽電子の対が消滅して，過剰の電子だけが残る．こうして宇宙の電荷のバランスがとれたのであろう．

1.4　最初の重元素合成

宇宙誕生の 100 秒後に D が急に増えると，D と D の核反応がスタートし，下記の核反応によりトリチウム（T）やヘリウムの**同位体**（isotope）（^{3}He と ^{4}He）が合成される．一部はさらに D と反応していき，連鎖反応を起こす．

$$D + D \longrightarrow T + p \tag{1.4}$$

$$D + D \longrightarrow {}^3\text{He} + n \tag{1.5}$$

$$D + D \longrightarrow {}^4\text{He} + \gamma \tag{1.6}$$

1.4 最初の重元素合成

表 1.1 原子質量と核質量 [14]

	原子質量 m	核質量 M		原子質量 m	核質量 M
電 子		0.000 548 580	^{13}N	13.005 738 6	13.001 898
陽 子		1.007 276 470	^{14}N	14.003 074 0	13.999 234 2
中性子		1.008 665 012	^{15}N	15.000 109 0	14.996 267 5
^{1}H	1.007 825 03	1.007 276 59	^{15}O	15.003 065 5	14.998 625
^{2}H	2.014 101 77	2.013 553 6	^{16}O	15.994 914 6	15.990 526 2
^{3}H	3.016 049 26	3.015 501 1	^{17}O	16.999 131 1	16.994 744
^{3}He	3.016 029 31	3.014 932 5	^{18}O	17.999 160 1	17.994 771 2
^{4}He	4.002 603 25	4.001 505 9			
^{11}C	11.011 433 4	11.008 140			
^{12}C	12.（正確に）	11.996 708			
^{13}C	13.003 354 8	13.000 062 8			
^{14}C	14.003 242 0	13.999 950 4			

$$\text{T} + \text{D} \longrightarrow {}^4\text{He} + \text{n} \tag{1.7}$$

$$^3\text{He} + \text{n} \longrightarrow {}^4\text{He} + \gamma \tag{1.8}$$

$$^3\text{He} + \text{D} \longrightarrow {}^4\text{He} + \text{p} \tag{1.9}$$

これ以外にも T + n などの反応が考えられるがここでは省略する．生成した ^{4}He の核は非常に安定である．ここで原子核の安定性と原子質量および核質量について詳しく説明する．原子の質量は高分解能の質量分析計により精密に測定できる．いま，^{12}C の原子核と軌道電子の質量を加えて正確に 12 と定義して，その 1/12 を **1 原子質量単位**（unified atomic mass unit; u）と定義する．実際に測定した水素，ヘリウム，炭素，窒素，酸素の原子質量を電子，陽子，中性子の質量と合わせて表 1.1 に示す．核質量は原子質量から軌道電子の質量を差し引いたものだが，たとえば ^{1}H の原子質量（1.0078250）から電子の質量（0.0005486）を引くと，1.0073018 となり核質量（1.0072766）と一致しない．さて，Einstein の**特殊相対性理論**（special theory of relativity）に従ってエネルギーと質量を等価と考えると，次の式が成り立つ．

$$E = mc^2 \tag{1.10}$$

ここで E, m, c はエネルギー，静止質量，光速である．先の不一致（質量の差）は軌道電子と原子核の結合エネルギーに相当するものであり，単純に計算すると約

第 1 章　膨張する宇宙と軽元素の起源

23 keV になる．次に ^{4}He を例として核子の合計の質量と実際の核質量との差を計算してみる．^{4}He の原子核は 2 個の陽子と 2 個の中性子から構成されるから，その合計質量は表 1.1 を参照して $2 \times 1.0072765 + 2 \times 1.00866501 = 4.0318830$ と計算できる．一方，^{4}He の核質量は 4.0015059 であるから比較すると 0.0303771 軽い．この差を**質量欠損**（mass defect）とよび，核子の数（中性子数＋陽子数であり，この場合は 4 個）で割った値を核子 1 個あたりの質量欠損として比質量欠損とよぶ．これらの質量はすべて式 (1.10) に従ってエネルギーに換算できる．結局 ^{4}He の場合には，4 個の核子が単独で存在するよりも 28.3 MeV 軽くなり，その分が核子の結合エネルギーに使われたと解釈できる．なお，核の結合エネルギー（MeV レベル）は軌道電子の結合エネルギー（keV レベル）と比べて 3 桁大きいことに注意してほしい．^{4}He の結合エネルギーを核子数 4 で割ると 7.1 MeV となるが，これを核子あたりの結合エネルギーとよぶ．式 (1.4) や式 (1.5) で合成される T や ^{3}He の核子あたりの結合エネルギーは 2.8 MeV と 2.6 MeV と計算できるが，^{4}He の値と比較すると十分に小さく，原子核の安定性を比較することができる [10]．

宇宙誕生の 1,000 秒後になると温度は 4×10^8 K まで低下し，核の連鎖反応（式 (1.4)〜(1.9)）では T，^{3}He，^{4}He をつくることができるが，それより重い核種を見ると ^{7}Li と ^{7}Be がわずかに生成されるだけである（図 1.4）．たとえば主成分どうしの組合せで見ると，2 個の ^{4}He が合成してできる ^{8}Be は不安定な核種であり，半減期 7×10^{-17} 秒で 2 つの ^{4}He に分解する．また，p と ^{4}He が合成してできる ^{5}Li はさらに不安定であり，半減期 3×10^{-22} 秒で p と ^{4}He に分解する．図 1.5 は核子数が 1 個から 11 個までの安定な核種を，横軸に中性子数，縦軸に陽子数を取ってプロットしたもので原子核チャートあるいは**セグレ図**（Segre chart）といわれるものの一部である [11]．核子数が 5 と 8 の安定な核種が存在しないことに注目してほしい．このために質量数 5 と 8 が障壁となり，これより重い原子核の合成はできなかったのである．後に述べるように温度や密度が十分に高ければ，不安定な ^{8}Be に ^{4}He が衝突して安定な ^{12}C ができる可能性があるが，初期宇宙が膨張する過程では温度と密度の低下が速やかに進み，この核反応は起きなかったとされている．例外的に ^{3}He や T と ^{4}He の衝突で ^{7}Be や ^{7}Li ができるかもしれないが，その存在度は図 1.4 に示すようにきわめて小さい．結局，宇宙誕生直後の元素合成によってできるのは水素とヘ

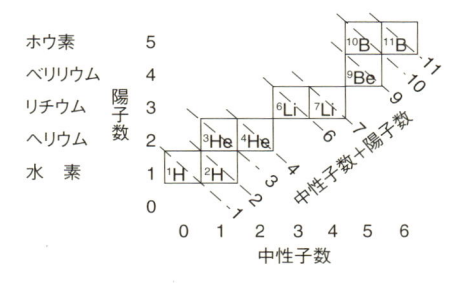

図 1.5 原子核チャート（粒子数 1 から 11 までの安定核種）[11]

表 1.2 初期宇宙の進化

宇宙誕生後の時間	温度	大きさ	事項
10^{-35} 秒	10^{28} K	1 cm	モノポール生成？
10^{-25} 秒	10^{23} K	1 km	バリオンの質量生成
10^{-5} 秒	10^{12} K	1,000 AU	陽子, 中性子, 中間子の生成
1 秒	10^{10} K	1 光年	陽子から中性子をつくる反応が休止
100 秒	10^{9} K		D と D の核反応
1,000 秒	4×10^{8} K		初期核反応の休止
30 万年	3,000 K		宇宙の晴れ上がり

リウムだけであり，それより重い元素は銀河が生まれた後に，星の中でつくられる．表 1.2 にこれまで述べてきたことをまとめる．宇宙誕生と元素合成の物語は約 1,000 秒後に休止したようである．

　Gamov の仮説では，現存するすべての元素が宇宙初期にビッグ・バンとともに合成されるはずだが，その構想は実現しなかった．また，図 1.4 にあるように宇宙初期には水素はヘリウムの約 3 倍生成したと推定される．現在の精密な天体観測の結果，炭素以上の重元素の量は水素と比較すると大きく変動する．そして重元素は若い星ほど多くなっている．一方，ヘリウムと水素の比はほとんど一定である．これはヘリウムが恒星で形成されたものではなく，宇宙初期のビッグ・バンとともに合成されたことを支持している．

参考文献

[1] Hubble, E., *Proc. Natl. Acad. Sci.*, **15**, 167 (1929).

第 1 章　膨張する宇宙と軽元素の起源

[2] von Fraunhofer, J., "Joseph von Fraunhofer's gesammlte Schriften", Verlag der K. Academie, Munchen (1888).
[3] Hertzsprung, E., *Asron. Nachr.*, **196**, 201 (1914).
[4] Freedman W. L., *et al.*, *Astrophys. J.* **553**, 47 (2001).
[5] Alpher, R. A., Bethe, H. and Gamov, G. *Phys, Rev.*, **73**, 803 (1948).
[6] Penzias, A. A. and Wilson, R. W. *Astrophys. J.*, **142**, 419 (1965).
[7] Spergel, D. N., *et al.*, *Astrophys. J. Suppl. Ser.*, **148**, 175 (2003).
[8] Fang, Z., *et al.*, *Science*, **302**, 92 (2003).
[9] 佐藤文隆・杉本大一郎,『宇宙と物理』, 培風館 (1983).
[10] 木越邦彦,『放射化学概説』, 培風館 (1968).
[11] Parrington, J. R., *et al.*, "Nuclides and Isotopes", General Electric and KAPL (1996).
[12] 『図表地学』, p.139, 浜島書店 (2002).
[13] Gawiser, E. and Silk, J., *Physics Reports*, **333**, 245-267 (2000).
[14] 海老原 寛,『基礎核化学』, p.9, 講談社サイエンティフィク (1987).

第2章 太陽系の化学と重元素合成

　前章で述べたように宇宙初期の大爆発であるビッグ・バンに伴う元素合成では，ほぼ水素とヘリウムがつくられただけであり，リチウムやベリリウムの存在度は 10^{-8} 以下である．これらより重い元素は銀河が生まれた後に，さまざまな恒星の中で繰り返し合成されたのであろう．ここでは，太陽と太陽系の成り立ち，太陽大気の化学組成と隕石の化学的・岩石学的分類と合わせて，恒星内での重い元素合成の物語について詳しく解説する．

2.1　太陽と太陽系惑星の成り立ち

　太陽と太陽系の惑星がいつ，どのようにできたかを調べるためには，現在の太陽系の成り立ちを解説する必要がある．はじめに，太陽という恒星について述べる．太陽は農作物を育て，自然の数々の恵みを与え，人間生活になくてはならない存在であり，畏れ，敬い，祈る対象となったのは当然といえる．古代より世界各地で太陽は崇められ，崇拝と伝承は信仰を形成した．太陽の観測は肉眼によるものは紀元前にさがのぼるといわれているが，望遠鏡による科学的観測は 17 世紀のガリレオに始まり，**太陽黒点**（sunspot；なぜ黒く見えるかは後で述べる），太陽の自転，**マウンダー極小期**（maunder minimum；長期間にわたって太陽に黒点がほとんどなかった時期）などの発見がある．

第 2 章　太陽系の化学と重元素合成

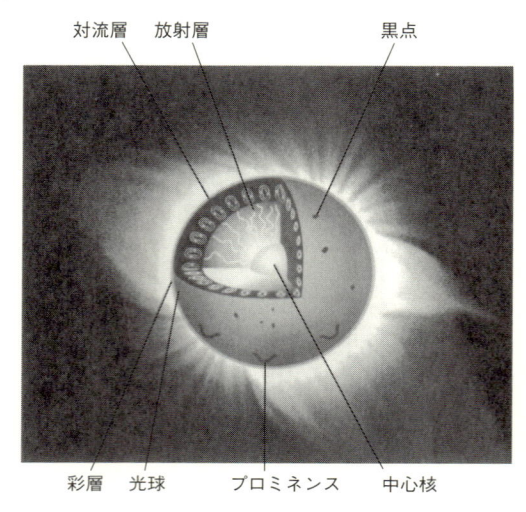

　　　　　　　対流層　放射層　　　　黒点

図 2.1　太陽の内部構造（[19], p.14）

彩層　光球　　プロミネンス　中心核

2.1.1　太陽の構造

　現在の知見によれば，太陽は内部の核融合エネルギーによって電磁波を放射する恒星の仲間である [1]．太陽の直径は 1.39×10^6 km，質量は 2×10^{30} kg であり，地球と比較すると直径は 110 倍，質量は 330,000 倍と非常に大きい．また，基本的には重量比で 70% の水素と 28% のヘリウム，その他の 2% の元素から構成される．図 2.1 に模式的な内部構造を示す．太陽の中心は温度約 1,500 万 K，圧力約 2,500 億 atm という圧倒的な世界であり，後で述べるように水素の核融合によりヘリウムがつくられている．一番内側の**中心核**（core）は直径約 3.5×10^5 km であり，この領域でつくられるエネルギーは 1 秒あたり 3.8×10^{26} J に達するほど大きい．このエネルギーが中心核の温度と圧力を保つためにはたらいており，一部は γ 線や X 線として外側の**放射層**（radiative zone）に運ばれる．放射層は直径約 9.9×10^5 km の大きさをもち，物質の不透明度が小さいので中心核からのエネルギーは γ 線や X 線として外側の**対流層**（convective zone）へ通過していく．放射層と対流層の境界でも温度は約 200 万 K，圧力は約 1,000 万 atm を保っている．対流層では透明度が小さく γ 線や X 線は透過できないので，エネルギーは対流によって外側の**光球**（photosphere）に運ばれ

16

る．光球は厚さ約 500 km であり，放射層や対流層と比べると著しく薄い．また温度は約 6,000 K，密度は地球表面の大気の密度より 2 桁も小さい．光球の表面にはしばしば黒点とよばれる暗い斑点状の模様が現れる．その温度は約 4,000 K と周辺に比べて低いために黒く見えるので黒点とよばれる．黒点の数はほぼ 11 年の周期で増減することが知られており，太陽活動の変動を示すパラメータである．光球の外側には厚さ約 2,000 km の**彩層**（chromosphere）が存在する．皆既日食の際には肉眼でも紅色の彩層を見ることができるといわれている．彩層の外側には**コロナ**（corona）とよばれる外層大気があり，画家のゴッホが描いた「ひまわり」のイメージのように太陽半径の何倍にもわたって広がる．近年の太陽観測衛星の活躍により，コロナは 100 万 K を超える高温のプラズマ状のガスであることがわかった．光球の温度である 6,000 K より高い温度に加熱される原因として，太陽の強力な磁場が太陽表面から上へ向かって波を運び，その波によってコロナにエネルギーが運び込まれるという仮説がある．

2.1.2 惑星の成り立ち

次に太陽系の惑星について概説する [2]．2006 年の国際天文学連合の定義によると，太陽から近い順に水星，金星，地球，火星，木星，土星，天王星，海王星の 8 つの惑星が存在する．かつて第 9 惑星とされていた冥王星は，「太陽を周回する軌道の周囲から，衝突合体や重力散乱によって，自分以外の天体を消失させたもの」という定義から外れるため，**準惑星**（dwarf planet）とよばれることになった．火星軌道と木星軌道の間の小惑星（アステロイド）帯に存在するケレスや冥王星のさらに外側に存在する**太陽系外縁天体**（trans-Neptunian objects）のエリスも準惑星の仲間である．惑星の軌道および物理的性質を表 2.1 にまとめる．エリスは体積も質量も冥王星より大きく，冥王星を惑星とするならば，エリスも惑星になってしまうので準惑星としたのであろう．2008 年 9 月時点では，ケレスより大きい太陽系外縁天体のマケマケとハウメアが準惑星に追加されている．

惑星が太陽を周回する軌道はほぼ円形であり，傾斜角は小さくほとんど 1 つの平面上にある．また，その平面は太陽の赤道面に近く，太陽の自転と同じ向きに公転している．この成り立ちは太陽系が形成されたときの原始星雲の回転のなごりであろう．一方，準惑星は軌道の傾斜が大きく，離心率も大きい．た

第 2 章 太陽系の化学と重元素合成

表 2.1 太陽系惑星の軌道と物理的性質

惑星・準惑星	軌道半径 (10^{11} m)	周回時間 (yr)	軌道の傾斜 (°)	半径 (10^6 m)	体積 (10^{20} m^3)	質量 (10^{24} kg)	密度 (g/cm^3)	表面温度 (K)
水　星	0.58	0.24	7	2.44	0.61	0.33	5.42	400
金　星	1.08	0.62	3.4	6.05	9.3	4.9	5.25	737
地　球	1.5	1	0	6.38	10.9	6	5.52	295
火　星	2.29	1.88	1.9	3.4	1.6	0.64	3.94	210
ケレス	4.15	4.6	10.6	0.476	0.0046	0.00094	2.05	－
木　星	7.8	11.9	1.3	71.9	15,560	1,900	1.31	152
土　星	14.3	29.5	2.5	60.2	9,130	570	0.69	143
天王星	28.3	84	0.8	25.4	690	88	1.31	68
海王星	45.1	164.8	1.8	24.8	635	103	1.67	53
冥王星	59.2	247.7	17.2	1.15	0.064	0.013	2	44
エリス	101.9	559.6	44	1.2	0.072	0.015	2	－

とえば，冥王星の近日点は海王星の軌道の内側に入ることが知られている．このように準惑星は惑星とは基本的な性質が異なり，その起源を議論する際の重要な情報となる．

太陽に近い水星，金星，地球，火星の 4 つの惑星は密度が 4〜5.5 g/cm^3 と大きく，**ケイ酸塩鉱物**（silicate mineral; 岩石をつくる鉱物で密度は 3 g/cm^3 程度である）と金属鉄（密度 7.5 g/cm^3）の中間の値である．惑星の内部構造を調べるためには精密な地震観測が不可欠であるが，地球以外の惑星で詳細なデータは存在しない．そのため，惑星の化学組成を推定するには，太陽および隕石の化学組成から推定される主要元素の物質形態をその惑星が存在する温度や圧力などの環境下で復元していく手法がとられる．主要元素として，水素，ヘリウム，炭素，窒素，酸素，ネオン，マグネシウム，ケイ素，硫黄，鉄などを想定し，それらの単体あるいは化合物が高温高圧の状態でどのような振舞いをするかを理論と実験で明らかにしてきた．その結果，水星，金星，地球，火星の 4 つの惑星は石質あるいは石質と金属の成層化した混合物であると推定される．一方，外側の 4 つの惑星，木星，土星，天王星，海王星は密度が 0.7〜1.7 g/cm^3 と小さく，重力による惑星物質の圧縮を考慮すれば，密度の小さい水素やヘリウムなどの気体からつくられていると考察される．密度の大きな 4 つの惑星を**地球型惑星**（terrestrial planet），木星と土星を**巨大ガス惑星**（gas giant）ある

いは単に木星型惑星，天王星と海王星を**巨大氷惑星**（ice giant）あるいは天王星型惑星とよぶ．推定された内部構造の違いにより，天王星型惑星の内部には氷や岩石からできた核が存在すると思われる．外側の4つの惑星，木星，土星，天王星，海王星をまとめて，木星型惑星とよぶこともある．

2.2 太陽系の化学組成

2.2.1 太陽の化学組成

太陽の質量は 2×10^{30} kg であり，太陽系の惑星の質量を表 2.1 から取り，すべて足し合わせた値の 2.7×10^{27} kg よりも 3 桁も大きい．したがって，太陽の化学組成がわかれば，太陽系の化学組成を代表するものになるであろう．それでは太陽の化学組成はどのように調べるのか？　答えは第 1 章で述べた太陽光のスペクトル解析による．図 2.2 に海面上（標高ゼロの地表）とロケットや人工衛星で観測した大気圏外の太陽光のスペクトルを示す．大気中のさまざまな物質による影響を受けない大気圏外の太陽光スペクトルはウィーン (Wien) の法則（式 (1.2)）の予想する 6,000 K の黒体放射の連続スペクトルとよく一致する．この事実から太陽の光球の温度が推定された．地表での観測では，大気中の酸素，オゾン，二酸化炭素，水蒸気などによる吸収の影響（9.5.2 項の「吸光

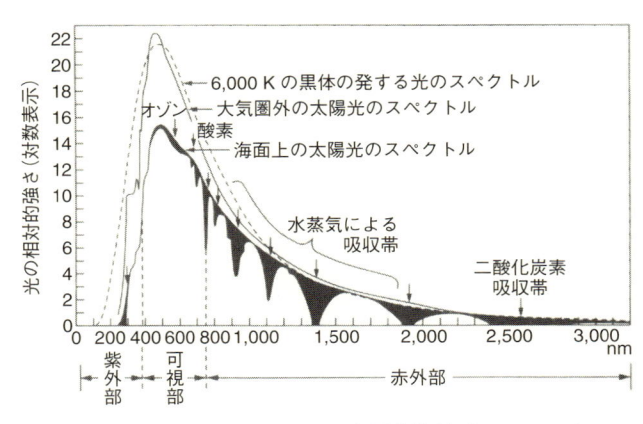

図 2.2　太陽光のスペクトルと黒体放射（[19], p.17）

第2章 太陽系の化学と重元素合成

表2.2 主なフラウンホーファー線の名称と波長

名 称	波 長(nm)	原 因	名 称	波 長(nm)	原 因
A	759.370	O_2 地球大気中	c	495.761	Fe
B	686.995	O_2 地球大気中	F	486.134	H
C	656.282	H	d	466.814	Fe
D1	589.594	Na	G	430.790	Fe
D2	588.998	Na	h	410.175	H
D3	587.565	He	H	396.849	Ca
E2	527.039	Fe	K	393.368	Ca
b1	518.362	Mg	L	382.044	Fe
b2	517.270	Mg	N	358.121	Fe
b3	516.891	Fe	P	336.112	Ti

分析」のFT-IR分析を参照すること）を受けて，黒体放射からのずれが見られる．しかし，これらは太陽の化学組成については情報を与えない．ともかく，第1章の膨張する宇宙の観測で述べた連続スペクトルを分断する暗線（フラウンホーファー（Fraunhofer）線）から太陽大気に含まれる元素の種類と存在度が推定できる．

表2.2に主なフラウンホーファー線を示す．はじめの2つ（AとB）は地球大気中の酸素分子による吸収であるが，それ以外はすべて太陽大気に由来する暗線である．名称のなかで大文字は強いスペクトル，小文字は弱いスペクトルを示す．現在では，大気圏外の太陽光のスペクトルの精密分析によって得られるデータをもとに，太陽大気に含まれるほとんどの元素の相対存在度が求められている．図2.3にその結果を，横軸に原子番号，縦軸にケイ素原子数を100万個としたときの相対存在度を対数で示す[3]．この図のうち，いくつかの元素は**炭素質隕石**（carbonaceous meteorite）の化学分析に基づくものであるが，その理由については次節で説明する．太陽大気の化学組成は以下のようにまとめることができる．(1) 水素とヘリウムの存在度が際立って大きい．(2) リチウム，ベリリウム，ホウ素の存在度はその前後の元素と比べて非常に小さい．(3) 炭素より重い元素の存在度は原子番号とともに小さくなる．(4) 質量数が偶数の元素は，両隣の奇数の元素よりも存在度が大きい．(5) ネオン，マグネシウム，ケイ素，硫黄，アルゴン，カルシウム，鉄の存在度が周囲の元素と比較して大きい．これらの特徴は恒星の中で行われる元素合成における原子核の安定

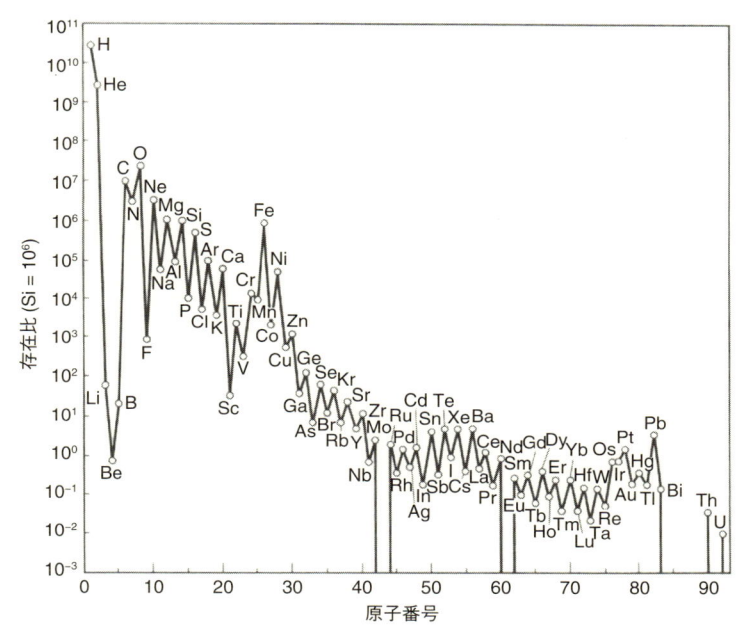

図 2.3 宇宙の元素存在度 [3]

性に関わるとされ，後に詳しく説明する．

2.2.2 隕石の化学組成

 全地球の平均的化学組成を調べようと思い，地表で集められた多種多様な岩石の主成分を分析しても，その平均値から地球の化学組成を推定することはできない．理由は簡単であり，地球が層構造をもち各層で化学組成が異なることによる．全地球の平均密度は表 2.1 から約 $5.5\,\mathrm{g/cm^3}$ であるが，表層の岩石の密度はほとんどが $2.6\sim3.0\,\mathrm{g/cm^3}$ の間に入る．つまり地球の深部には金属鉄のような，より大きな密度の物質があるに違いない．火星や金星でも同様であり，表面の岩石試料は全体の組成を反映しないであろう．現在では，宇宙から地球に落下してくる隕石が惑星の化学組成を知るための一番良い試料とされている．
 ここでは，宇宙から地球上に落下した大きさ 1 mm より大きな固体物質を隕石と定義する．同じ宇宙からの落下固体でも，1 mm より小さいものは宇宙塵と

第 2 章　太陽系の化学と重元素合成

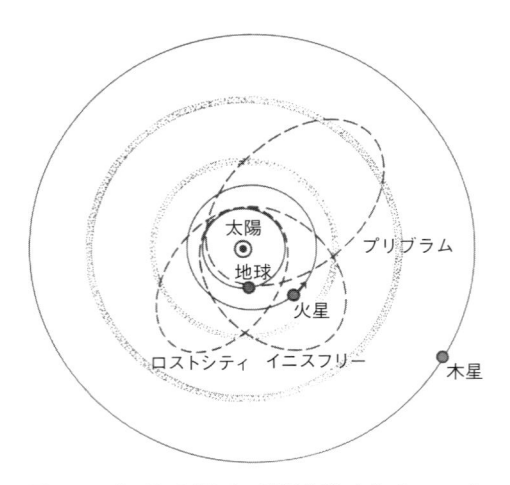

図 2.4　落下した隕石の飛行軌道（[20], p.83）

よぶ．これらは地球大気圏突入時に表面が溶融するため，黒色ガラス光沢の溶融皮殻で覆われていることが多い．火球になって落ちてきた隕石の飛行軌道を逆にたどっていくと，火星軌道（1.5 AU；天文単位距離）と木星軌道（5.2 AU）の間にある小惑星帯に起源があると推定できる．観測により正確に記載された隕石の軌道を図 2.4 に示す．これらの軌道は小惑星帯に一端をもち，地球に向かって扁平な楕円軌道になっている．たぶん木星の強い引力により小惑星帯にあった岩石などの物質の軌道が乱され，地球の近傍を通過する際に地球の引力に捕らわれたのであろう．

　隕石の化学組成を調べると，簡単に 3 つの分類ができる．主に鉄とニッケルの合金からできている**鉄隕石**（iron meteorite），ケイ酸塩と鉄・ニッケル合金の混合物である**石鉄隕石**（stony-iron meteorite），そしてケイ酸塩鉱物から構成される**石質隕石**（stone meteorite）である．前の 2 つは，地球表層の岩石には普通は見られない特殊な組成なので，落下が確認できなくても隕石として確認しやすい．石質隕石は薄片をつくり組織を見ることで 2 つに分類できる．ひとつは図 2.5 に示すように直径数 mm から 1 cm の球形の顆粒（**コンドリュール**（chondrule）とよばれるもので，数十 μm のケイ酸塩，かんらん石 [$(Mg,Fe)_2SiO_4$]，輝石 [$Ca,Mg(Si,Al)_2O_6$] や金属鉄 [Fe]，硫化鉄 [FeS] が機械的に混合している）

2.2 太陽系の化学組成

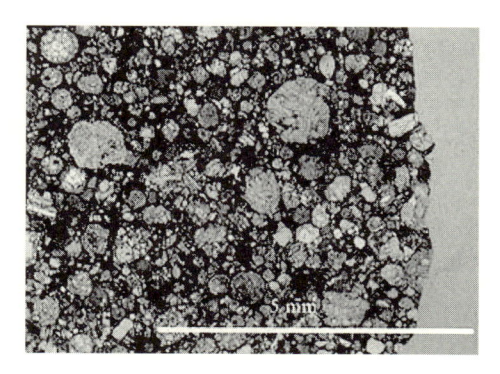

図 2.5 コンドライトの薄片写真

を含む**コンドライト**（chondrite）であり，他のひとつは球粒を含まない**エイコンドライト**（achondrite; エイ（a-）は存在しないという意味）である．前者はすぐに地球の岩石と見分けることができるが，後者は火成岩と簡単に区別することが難しい場合がある．以下に，コンドライトに力点をおいて，鉄隕石，石鉄隕石，エイコンドライトの化学組成を説明する [4]．

Ⓐ 始原的な隕石

コンドライトは全岩の化学組成から**炭素質コンドライト**（carbonaceous chondrite），**普通コンドライト**（ordinary chondrite），**エンスタタイトコンドライト**（enstatite chondrite）の 3 つに分類できる．図 2.6 は化学的分類で最もよく使われるダイヤグラムで，宇宙化学の教科書には形を変えながら必ず出てくる．図 2.6 は横軸には酸化鉄の重量，縦軸には金属鉄と硫化鉄の重量をプロットしているが，ケイ素との比として表したり，重量でなくモル比で示したりする．図中のブロンザイト，ハイパーシン，アンホテライトは普通コンドライトである．このプロットは，基本的には Urey と Craig が 1953 年に発表したもので，U-C ダイヤグラムとよばれる [5]．なお，コンドライトの化学的主成分は酸素，マグネシウム，ケイ素，鉄の 4 種類の元素である．これらの元素は図 2.3 の太陽大気中にも多く存在することが知られている．

炭素質コンドライトは水や炭素，有機物などの揮発性成分に富んでいるので炭素質とよばれるが，特徴はそれだけでなく 100℃以上になると不安定な鉱物を含んでいる．したがって，このタイプのコンドライトは低温の環境下で形成

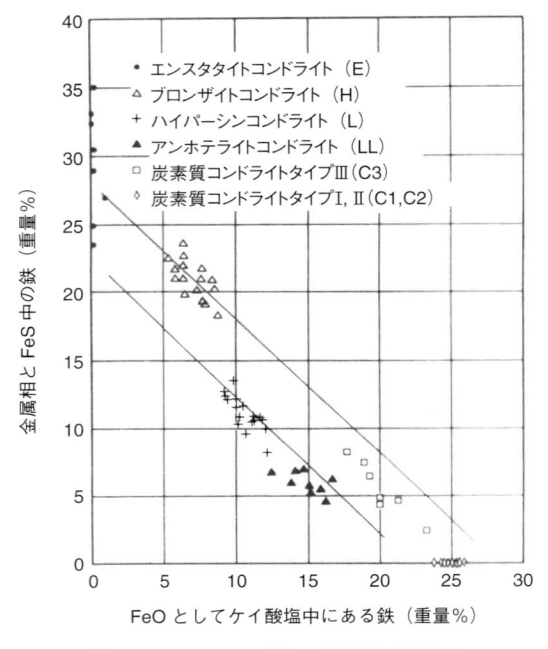

第 2 章 太陽系の化学と重元素合成

図 2.6 コンドライトの化学的分類 [5]

(グラフ：横軸 FeO としてケイ酸塩中にある鉄（重量%）、縦軸 金属相と FeS 中の鉄（重量%）。凡例：エンスタタイトコンドライト（E）、ブロンザイトコンドライト（H）、ハイパーシンコンドライト（L）、アンホテライトコンドライト（LL）、炭素質コンドライトタイプIII（C3）、炭素質コンドライトタイプI, II（C1, C2））

しただけでなく，太陽系が生まれてから高温の環境下におかれたことが一度もないことを示している．図 2.6 では鉄の化学形がほとんど酸化物なので，右下にプロットされる．最近では，酸素同位体比（$^{18}O/^{16}O$ 比と $^{17}O/^{16}O$ 比）や微量元素なども参考にして，CI, CM, CO, CV, CK, CR, CH, CB に細分化されている．さらにタイプ 1（このタイプについては下で説明する）の CI は C1 グループに，タイプ 2 の CM と CR は C2 グループに，タイプ 3 の CV と CO は C3 グループに属する．C の次のアルファベット（I や M など）はそのグループの代表的な隕石の頭文字から取っているが，基本的には 1 つひとつの隕石母天体を示すと推定される．

普通コンドライトは落下が確認されている隕石の 90% を占めるために，ありふれたという意味で「普通」が冠についている．鉄の総量によって，一番多いものを H（high iron：ブロンザイトコンドライト）グループ，少ないものを L（low iron：ハイパーシンコンドライト）グループ，非常に少なく金属鉄がほと

んどないものを LL（low iron and low metal；アンホテライトコンドライト）とよぶ．図 2.6 では，左上から右下に向かって H，L，LL と並んでいる．

エンスタタイトコンドライトは含有する鉄が大部分は金属鉄や硫化鉄になっており，酸化鉄はほとんどないので，きわめて還元的な環境下で形成されたと思われる．構成する主要な鉱物の輝石が頑火輝石（エンスタタイト）[$Mg_2Si_2O_6$] であるからエンスタタイトコンドライトとよばれる．金属鉄の含有量により，EH グループ（約 30％鉄）と EL グループ（約 20％鉄）に細分される．図 2.6 では，一番左上にある．

それぞれのグループのコンドライトは，少し混乱をするかもしれないが，顕微鏡で薄片を見たときの組織や鉱物の特徴からも分類される．この分類法を岩石学タイプといい，タイプ 1 からタイプ 6 までのグループがある [6]．このなかでタイプ 3 はコンドリュールが最もよく発達しており，細粒の鉱物から構成されるマトリクスの部分から容易に識別できる．また，かんらん石や輝石など各鉱物の化学組成が不均質であり，機械的に混合しているように見える．このため，タイプ 3 は**非平衡コンドライト**（unequilibrated chondrite）ともよばれる．タイプ 3 から 4，5，6 にいくに従い，熱変成の影響が大きくなる．具体的には，マトリクス部分の細粒の鉱物が熱による元素の拡散で均質化し，時には再結晶して二次鉱物をつくるなど粗粒化している．そこで，タイプ 6 などは**平衡コンドライト**（equilibrated chondrite）とよばれる．一方，タイプ 3 から 2，1 にいくに従い，水質変成の影響を受けていく．具体的にはかんらん石や輝石が粘土鉱物あるいは含水鉱物に変わっていく．金属鉄は酸化鉄に変わり，極端な場合には炭酸塩や硫酸塩が現れる．しかし，タイプ 1 が 2 や 3 よりも始原的であるとすれば時系列は逆転し，含水鉱物が加熱されてかんらん石や輝石が形成される道筋も必要になる．

図 2.7 は先に述べた化学的分類と岩石学的分類をわかりやすく縦横に組み合わせたものである．注意すべきことは，タイプ 1 と 2 は炭素質コンドライトにしか見られないことである．一方，タイプ 5 と 6 は普通コンドライトとエンスタタイトコンドライトにしかない．図の左下に存在する C1 タイプのコンドライトは一度も強く加熱された経験がないので，初期太陽系の情報を引き出すのに最適の隕石であるといわれている．図の横軸が年代を表し，左から右にいくに従い若くなるとすれば説明が簡単になるが，次章で詳しく述べるように炭素

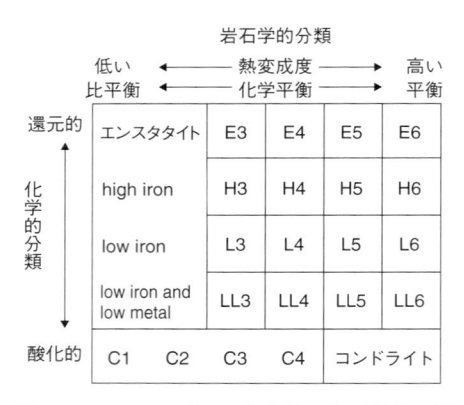

第 2 章 太陽系の化学と重元素合成

	岩石学的分類			
	低い ← 熱変成度 → 高い 比平衡 ← 化学平衡 → 平衡			
還元的 エンスタタイト	E3	E4	E5	E6
high iron	H3	H4	H5	H6
low iron	L3	L4	L5	L6
low iron and low metal	LL3	LL4	LL5	LL6
酸化的 C1　C2	C3	C4	コンドライト	

図 2.7　コンドライトの化学的・岩石学的分類

質コンドライトの精密な全岩年代測定が，あまり行われていないのが現状である．また，C1，C2，C3 のグループ分けは時系列ではなく，形成された環境の違いを示す可能性もある．つまり，炭素質コンドライトの岩石学的分類と成因や形成年代との間には未解決の問題があり，今後は根本的に改訂される可能性がある．

　C1 タイプに属する CI コンドライトの主成分および微量成分の化学組成を精密に測定しケイ素の存在度を 10^6 に規格化した後に，図 2.3 の太陽大気の化学組成と比較したのが図 2.8 である．希ガス元素（He, Ne, Ar, Kr, Xe）と水素，炭素，窒素などの**揮発性元素**（volatile elements）を除くと，ほとんどの元素の存在度が非常によく一致している．この図も U-C ダイヤグラムと同じく，すべての地球化学の教科書に出てくるものである．このアイデアのもと，すなわち隕石と太陽大気の化学組成をもとに宇宙の元素存在度を推定しようとしたのは Goldschmidt であり，1937 年に発表した論文に記されている [7]．また，両者の類似性が非常に高いので，図 2.3 の元素のうち，実は太陽スペクトルから推定できないものは，CI コンドライトの分析値から借用したものである．このフライングとも思われる処置は宇宙化学者の信念ともいえる．

❸ 分化した隕石

　鉄隕石，石鉄隕石，エイコンドライトは始原的なコンドライトと比較すると，一度，溶融した可能性が高いので，分化した隕石とよばれる．このような隕石

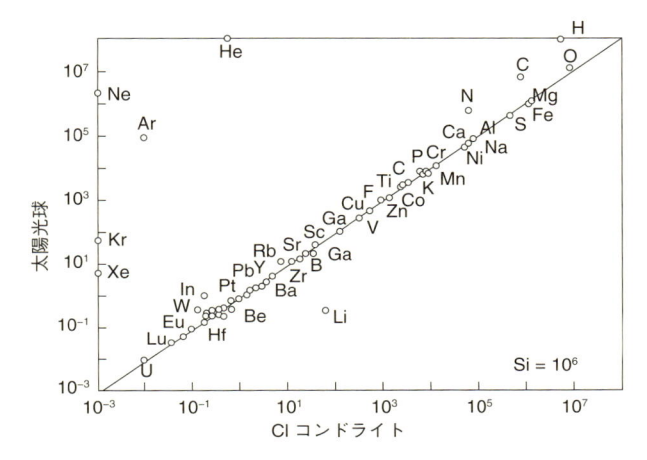

図 2.8 太陽大気と CI コンドライトの元素存在度の比較 [3]

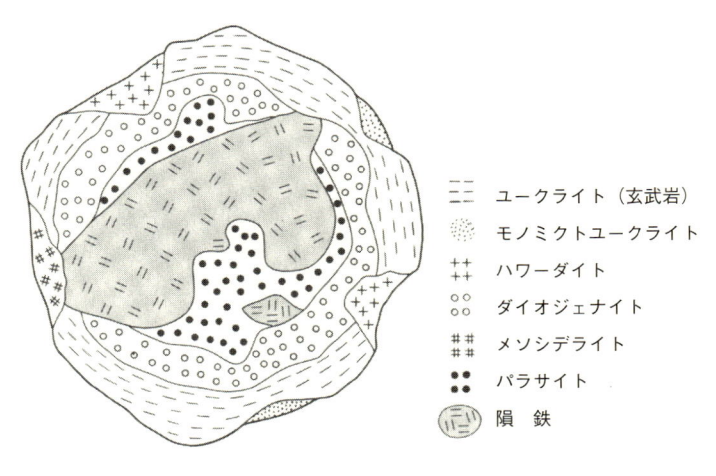

図 2.9 隕石母天体の模式図（[20], p.96）

を起源とする天体（母天体）は，模式図（図 2.9）が示すように，太陽系の形成直後に大規模な分化・成層を起こし，重力による分別で，表層に玄武岩質の地殻，その内側に集積岩，さらにその内側に金属鉄からなるコアをもっていたと考えられる．このような母天体が他の天体と衝突した結果，完全に破壊された

と仮定すると，鉄隕石は一番内側のコア，石鉄隕石は中間の集積岩，エイコンドライトは表層の玄武岩質の地殻を起源とする物質から構成されたのであろう．

鉄隕石はニッケルを含む金属鉄であり，少量のトロイライト [FeS] とよばれる硫化鉄鉱物を含むこともある．なお，この鉱物名はイタリアのアルバレトに落下した隕石から，イタリアの鉱物学者 Dominico Troili により初めて発見されたので，**トロイライト**（trolite）と命名された．鉄隕石はニッケル濃度によって主に3つに分類される．(1) ニッケル含有量が4〜6%のものは，カマサイト（kamacite）とよばれる体心立方の相だけからなり，六面体方向に劈開があるので，ヘキサヘドライト（hexahedrite）とよばれている．(2) ニッケル含有量が6〜13%のものは，カマサイト（α 相）とテーナイト（taenite）とよばれる面心立方の γ 相が混合しおり，α 相と γ 相がいりまじって**ウィドマンシュテッテン構造**（Widmanstätten structure）という鉄隕石に特有の構造をつくる [8]．とくに，α 相は薄板となって八面体方向に平行に並んでいるので，オクタヘドライト（Octahedrite）とよばれている．このタイプの隕石では，カマサイト相の幅から溶融した金属が冷却してカマサイトを析出する速度が見積もられている．(3) ニッケル含有量が 13% 以上のものは，きわめて細かな α 相と γ 相の集合体（plessite）か，あるいは α_2 相（martensite）になり，アタキサイト（ataxite）とよばれている．鉄隕石は微量元素として含むゲルマニウムやイリジウムによって，さらに 13 のグループに細分化されており，固有の母天体をもつとされている．

石鉄隕石は鉄隕石と似た成分と次に述べるエイコンドライトに似た石質成分の混合物である．石鉄隕石は石質部分のケイ酸塩鉱物の種類によって，主に2つのグループに分類される．石質部分にかんらん石を含むものは**パラサイト**（pallasite）とよばれる．一方，石質部分に斜方輝石 $[Ca,Mg(Si,Al)_2O_6]$ と斜長石 $[Na_2CaSi_3O_8]$ を含むものは**メソシデライト**（mesosiderite）とよばれ，そのケイ酸塩は次に述べるエイコンドライトの HED 隕石に類似している．石鉄隕石は，発見されることが少ないために，試料数が少なく，他のグループと比較する研究は進んでいない．

エイコンドライトは歴史的にはカルシウムを多く含むものと少ないものに2分されていたが，現在では鉱物の組合せや微量元素および**酸素同位体比**（oxygen isotope ratio）を参考にして，下記のように7つに分類される．

2.2 太陽系の化学組成

(1) HED グループ：ハワーダイト，ユークライト，ダイオジェナイト
(2) オーブライト
(3) ユレイライト
(4) アングライト
(5) 始原的エイコンドライト：ロドラナイト，ウイノナアイト，ブラチナイト
(6) SNC グループ：シャゴッタイト，ナクライト，シャッシナイト
(7) 月隕石

ここで (1) の HED はグループの**ハワーダイト**（<u>h</u>owardite），**ユークライト**（<u>e</u>ucrite），**ダイオジェナイト**（<u>d</u>iogenite）の頭文字を取った名称であり，これまでの研究から同一の母天体（Vesta と思われる）の地殻のような比較的浅い場所でマグマ活動によって形成された物質と推定されている．ユークライトは斜方輝石，ピジョン輝石 $[(Mg,Fe,Ca)_2Si_2O_6]$，斜長石を主成分としており，カルシウムに富んでいる．ダイオジェナイトはカルシウムに乏しく，マグネシウムに富み，紫蘇輝石（hypersthene）$[MgFeSi_2O_6]$ を主な鉱物とする．ハワーダイトはユークライトとダイオジェナイトの機械的な混合物とされている．(2) のオーブライトは，その化学組成と鉱物組合せ，そして酸素同位体比がエンスタタイトコンドライトとよく似ており，エンスタタイトコンドライトが強い熱変成を受けて，金属鉄相を失ったものと考えられる．(3) のユレイライトはかんらん石と輝石から構成されるが，その粒界を金属鉄，トロイライトと炭素質物質が埋めている．炭素質物質の一部は衝撃による圧力でダイヤモンドとなっている．(4) のアングライトは最もカルシウムに富む隕石で，輝石，かんらん石，斜長石から構成される．鉱物組成は地球の深成岩-噴出岩のような火成岩の組織を示す．最近の研究では，母天体の内部で生成された磁場の残りを保持していることが明らかになった [9]．(5) のグループの隕石は，全岩の化学組成がコンドライトと類似している．このため，始原的エイコンドライトとよばれる．タイプ 6 のコンドライトがさらに高温に加熱されたものと推定されるが，酸素同位体比が 1 つひとつ異なるので，母天体は隕石ごとに異なるであろう．(6) の SNC はグループの**シャゴッタイト**（<u>s</u>hergottite），**ナクライト**（<u>n</u>akhlite），**シャッシナイト**（<u>c</u>hassignite）の頭文字を取った名称であり，放射年代が 13 億年から 2 億年と隕石としては非常に若いこと，酸素同位体比が他のエイコンドライトと異

なること，アルゴンとキセノン，窒素の同位体組成がバイキング探査機によって得られた火星大気の組成と似ていることから，火星起源の隕石とされている．(7) の月隕石は，形成年代がコンドライトより数億年若いこと，酸素同位体組成が地球の岩石とアポロ計画で採取された岩石の組成とよく似ていること，鉄/マンガン比が月試料に似ていることから月起源とされている．

2.3 恒星内での重い元素の合成

図 2.3 で示した太陽大気中の化学組成において，宇宙初期の大爆発であるビッグ・バンに伴う元素合成では，ほぼ水素とヘリウムがつくられただけであり，これらより重い元素は恒星の中で合成されたことは間違いないだろう．それがどのようにつくられてきたのかを，以下に詳しく解説していく [10]．

Ⓐ p-p チェインと C-N-O サイクル

太陽の構造（2.1.1 項）で述べたように，太陽の中心部は 1,500 万 K の高温であり，水素の原子核（陽子）と電子がプラズマ状態にあるとされる．しかし，この温度では陽子どうしが熱エネルギーによりクーロン（Coulomb）障壁を超えて核反応することはできない．ところが，プラズマ内の粒子のエネルギーはマクスウェル（Maxwell）分布をしており，少数の陽子は数百 keV のエネルギーで障壁を超えることができる．また，**量子トンネル効果**（quantum tunneling effect; 量子力学の分野で，エネルギー的に通常は超えることのできない領域を粒子が一定の確率で通り抜けてしまう現象のこと）により，核反応で 4 個の水素（p）からヘリウム（^{4}He）が合成される．具体的には **p-p チェイン反応**（proton-proton chain reaction）とよばれる次の一連の核反応が想定される．

$$p + p \longrightarrow D + \beta^+ + \nu + 0.164\,\text{MeV} \tag{2.1}$$

$$\beta^+ + \beta^- \longrightarrow 2\gamma + 1.022\,\text{MeV} \tag{2.2}$$

$$D + p \longrightarrow {}^3\text{He} + \gamma + 5.494\,\text{MeV} \tag{2.3}$$

$$^3\text{He} + {}^3\text{He} \longrightarrow {}^4\text{He} + 2p + 12.85\,\text{MeV} \tag{2.4}$$

ここで，β^+，γ はそれぞれ陽電子とニュートリノである．また最後の項は発生するエネルギー量を示す．式 (2.1) から式 (2.3) までのエネルギー量を 2 倍して

2.3 恒星内での重い元素の合成

積算し，そこに式 (2.4) のエネルギー量を足すと 26.2 MeV になる．前章の 1.4 節で述べた質量欠損を考慮すると，4 個の p の合計質量は 4.0291056 であるから ^{4}He の核質量との差は 0.0275997 となり，式 (1.10) を用いてエネルギーに換算すると 25.7 MeV となって，計算した 26.2 MeV より少し小さい．

上記の連鎖核反応において，多少温度が高く炭素–12（^{12}C）が少量でも共存すると下記の C-N-O サイクル（CNO cycle）とよばれる一連の核反応が起こる可能性がある．

$$^{12}C + p \longrightarrow {}^{13}N + \gamma + 1.95\,\text{MeV} \tag{2.5}$$

$$^{13}N \longrightarrow {}^{13}C + \beta^- + \gamma + 1.50\,\text{MeV} \tag{2.6}$$

$$^{13}C + p \longrightarrow {}^{14}N + \gamma + 7.54\,\text{MeV} \tag{2.7}$$

$$^{14}N + p \longrightarrow {}^{15}O + \gamma + 7.34\,\text{MeV} \tag{2.8}$$

$$^{15}O \longrightarrow {}^{15}N + \beta^+ + \gamma + 1.73\,\text{MeV} \tag{2.9}$$

$$^{15}N + p \longrightarrow {}^{12}C + {}^4He + 4.96\,\text{MeV} \tag{2.10}$$

この反応も 4 個の p から ^{4}He を生成する核反応であるが，C，N，O の絶対量は増加や減少をせずに，いわば触媒のような役割を担っている．すると，ビッグ・バンの直後の最初の世代の恒星では，^{12}C は存在しないので上記の核反応は起きなかったと類推される．つまり，C-N-O サイクルが起きるのは第 2 世代以降の恒星である．

次に，発生するエネルギーについて解説する．上記の反応によるエネルギー放出量は式 (2.5) から式 (2.10) までの式を積算し，そこに式 (2.2) の 2 倍を足してエネルギーに換算すると 27.1 MeV になる．この値は先に質量欠損から計算した 25.7 MeV より大きい．実際の太陽では，中心近くでは C-N-O サイクルが起こり，その外側の少し温度の低い場所では p-p チェインが起こっていると推定される．また太陽から放出される全エネルギーは上記の 2 つの連鎖反応を考慮する必要があるが，4 個の p から ^{4}He が生成する際に約 26 MeV のエネルギーが生み出されると仮定できる．2.1.1 項で述べたように，放出するエネルギーの総量は 3.8×10^{26} J/s であるから，1 秒間に約 6×10^{14} mol の水素原子核が核融合反応で失われている．さらに，太陽の中心部では，p-p チェインの途中の式 (2.3) で ^{3}He が生成した段階で，1.4 節で説明したように ^{3}He と ^{4}He の核反応

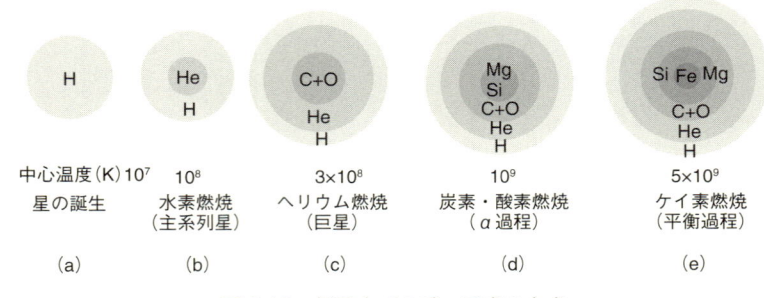

第 2 章　太陽系の化学と重元素合成

図 2.10　恒星内での重い元素の合成

で ^{7}Be が生成する．しかし，^{7}Be の半減期は短いのですぐに ^{4}He にもどってしまう．

　p-p チェインと C-N-O サイクルのような水素燃焼が継続する時間は恒星の質量によって異なり，太陽程度の大きさでは約 100 億年間と推定される．太陽の 3 倍の質量の星では，反応が比較的速く進み，継続時間は約 6 億年にすぎない．また，星の一生のなかで，水素を燃焼している時間が一番長いとされている（図 2.10b）．太陽の化学組成の特徴 (1)（2.2.1 項）の水素とヘリウムの存在度が大きいことは，ビッグ・バンによる元素合成の結果と p-p チェインおよび C-N-O サイクルの結果として説明可能である．

❸ ヘリウム燃焼と炭素・酸素燃焼

　水素の燃焼が進むと，生成物であるヘリウムが中心部に集まって**ヘリウム核**（helion）をつくる．すると水素の燃焼は恒星の中心から離れたヘリウム核の表層で起きる．一方でヘリウム核は自己の重力で収縮し，その熱エネルギーを水素が燃焼する外側に送り，燃焼を加速させる．その結果，恒星の外層は熱による膨張を始めて大きく膨らみ，ついには温度が 3,000～4,000 K まで低下する．この温度では黒体放射の連続スペクトルは赤く見えるので，赤色巨星（red giant; RG）とよばれる状態になる．ヘリウム核の中心ではさらに収縮が続き，密度が 10^5 g/cm^3 を超え，温度が 10^8 K に達すると，次の式で示すヘリウムの核融合が始まる（図 2.10c）．

$$^4\text{He} + {}^4\text{He} \rightleftharpoons {}^8\text{Be} - 0.092\,\text{MeV} \tag{2.11}$$

$$^8\text{Be} + {}^4\text{He} \longrightarrow {}^{12}\text{C} + \gamma + 7.366\,\text{MeV} \tag{2.12}$$

2.3 恒星内での重い元素の合成

$$^{12}C + {}^{4}He \longrightarrow {}^{16}O + \gamma + 7.161\,\text{MeV} \tag{2.13}$$

式 (2.11) の矢印が双方向なのは，1.4 節の最後に示したように，^{8}Be は不安定で，半減期 7×10^{-17} 秒で 2 つの ^{4}He に分解するためである．また発生するエネルギーがマイナスなのは吸熱反応であることを示し，質量数 8 の障壁が大きいことを暗示する．しかし，恒星の中心において密度 $10^{5}\,\text{g/cm}^{3}$，温度 $10^{8}\,\text{K}$ の環境下におかれると，^{8}Be は分解する前に式 (2.12) により ^{12}C となる．この反応によって，ようやく炭素が合成されることになる．式 (2.11) と式 (2.12) の反応はほとんど同時に起きるので，見かけ上は 3 つの ^{4}He（α 粒子ともよぶ）から ^{12}C が生まれると解釈できるので **3α 反応**（triple-α reaction）ともよばれ，反応エネルギーは合計するとプラスに転じ発熱反応になる．いったん ^{12}C が生成してしまえば，次の式 (2.13) の反応は容易に進む．ともかくヘリウムの燃焼で得られるエネルギーは水素の燃焼に比べて 1/3〜1/4 にすぎない．太陽質量の 3〜8 倍程度の恒星では，ここで中心に ^{12}C と ^{16}O からなるコア，そのまわりにヘリウム層，さらに外側に水素を含む外層となる（図 2.10c）．この段階の恒星を**漸近巨星分枝星**（asymptotic giant branch stars, AGB 星）とよぶ [11]．この段階のヘリウム層内で，中性子過剰の環境となり，後に述べる s–プロセスが起こる場合もある．さらに核反応が停止すると，外層の気体を噴き出して**惑星状星雲**（planetary nebula）をつくり，中心部は地球程度の大きさの炭素と酸素から構成される**白色矮星**（white dwarf）となる．

太陽質量の 8 倍より大きい恒星では，炭素や酸素から構成される中心核の密度が収縮により上昇し，温度が $6\times 10^{8}\,\text{K}$ 以上になると，次のように炭素どうしの核融合による炭素（CC）燃焼が始まる．

$$^{12}C + {}^{12}C \longrightarrow {}^{20}Ne + {}^{4}He + 4.617\,\text{MeV} \tag{2.14}$$

$$^{12}C + {}^{12}C \longrightarrow {}^{23}Na + p + 2.238\,\text{MeV} \tag{2.15}$$

$$^{12}C + {}^{12}C \longrightarrow {}^{23}Mg + n - 2.605\,\text{MeV} \tag{2.16}$$

$$^{12}C + {}^{12}C \longrightarrow {}^{24}Mg + \gamma + 13.93\,\text{MeV} \tag{2.17}$$

CC 燃焼で放出された p や ^{4}He は ^{12}C, ^{16}O, ^{20}Ne などと付随反応を起こし，最終的には ^{16}O, ^{17}O, ^{20}Ne, ^{21}Ne, ^{23}Na, ^{24}Mg, ^{28}Si をつくるが，重力による収縮が支える密度と発熱による膨張圧力のバランスが崩れて，熱暴走が起こり

爆発すると思われる（**I 型超新星爆発**（type I supernova explosion））．

太陽質量の 12 倍より大きな恒星では，収縮により中心の温度は 10^9 K に達して，酸素どうしの核融合による酸素（OO）燃焼と ^{20}Ne が関与した反応が起こる．

$$^{16}\text{O} + {}^{16}\text{O} \longrightarrow {}^{28}\text{Si} + {}^{4}\text{He} + 9.593\,\text{MeV} \tag{2.18}$$

$$^{16}\text{O} + {}^{16}\text{O} \longrightarrow {}^{31}\text{Si} + \text{p} + 7.676\,\text{MeV} \tag{2.19}$$

$$^{16}\text{O} + {}^{16}\text{O} \longrightarrow {}^{31}\text{S} + \text{n} + 1.459\,\text{MeV} \tag{2.20}$$

$$^{20}\text{Ne} + \gamma \longrightarrow {}^{16}\text{O} + {}^{4}\text{He} - 4.730\,\text{MeV} \tag{2.21}$$

$$^{20}\text{Ne} + {}^{4}\text{He} \longrightarrow {}^{24}\text{Mg} + \gamma + 9.317\,\text{MeV} \tag{2.22}$$

ここで式 (2.21) は ^{20}Ne が γ 線により光分解する過程であり，吸熱反応となっている．また，このような大きな恒星では，式 (2.18)～(2.22) の反応が安定して起こり，熱暴走による I 型超新星爆発は起こさない．式 (2.1) からここまでの反応でヘリウムから硫黄やケイ素までの比較的軽い元素が合成された（図 2.10d）．

ⓒ ケイ素燃焼と核融合の停止

さらに収縮が進むと中心温度は 3×10^9 K に達して，クーロン障壁の高い Mg どうしの核融合が起こる前に，酸素燃焼で生成された主生成物である ^{28}Si が γ 線による光分解を起こして，^{27}Al, ^{26}Mg, ^{25}Mg, ^{24}Mg などをつくっていく．また同時に光分解で放出された ^{4}He の原子核は ^{28}Si と反応して ^{32}S に，^{32}S と反応して ^{36}Ar に，^{36}Ar と反応して ^{40}Ca に，次々と質量数が 4 大きい核種をつくる．これを **α 過程**（α process）とよび，結果として鉄族までのほとんどの元素がつくられたと推定される．ここでつくられる元素は $4N$ 核ともよばれ，核の安定性が高いので他の質量数の元素と比較して存在度が高くなるべきである．太陽の化学組成の特徴（5）ネオン，マグネシウム，ケイ素などの存在度が大きいことはこのように説明される．

水素燃焼，ヘリウム燃焼，炭素，酸素燃焼と α 過程が終わると中心温度が上昇し，ケイ素が燃え尽きた状態で温度は 5×10^9 K に達し，原子核が陽子や ^{4}He 粒子を放出する核反応と，これらを吸収する核反応がつりあった状態になる．この平衡状態では，ニッケルやコバルトなどの**鉄族元素**（iron group element）が多くつくられる．図 2.10 に，これまで述べてきた恒星内での重い元素の合成

2.3 恒星内での重い元素の合成

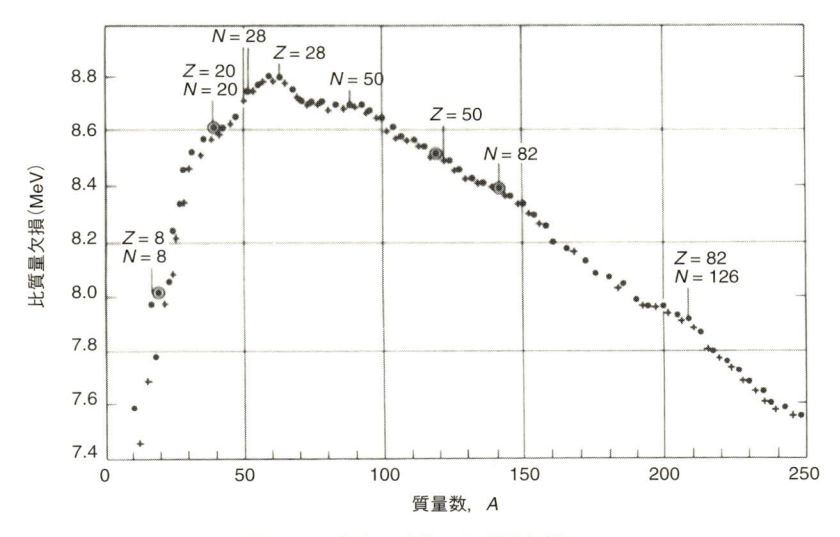

図 2.11 安定同重体の比質量欠損 [21]
●は陽子数と中性子数がともに偶数の偶偶核，+は偶奇核．

についてまとめてある．基本的に，星の進化は図の左から右へと進行するが，恒星の進化は，軽い星の場合には途中で止まり，右端まで進化しない．太陽質量の 10 倍を超える大きな星では，中心からタマネギのように鉄のコア，ケイ素+マグネシウム層，酸素+炭素層，ヘリウム層，水素層から構成されるであろう [12]．また，合成された物質量は図 2.10e の外側から内側にかけて順に少なくなるとともに，質量の小さな恒星（b,c）では重い元素は合成されにくいので，太陽の化学組成の特徴（3）元素の存在度が原子番号とともに小さくなる傾向が説明される．

ここで 1.4 節で解説した原子核の安定性について思い出してほしい．質量欠損が結合エネルギーに使われていることを説明した．核子 1 個あたりの結合エネルギーを質量数の順番にプロットしたのが図 2.11 である．^{4}He，^{12}C，^{16}O を除くと，結合エネルギーは滑らかな曲線を示し，質量数 56 の鉄付近でピークとなる．したがって，鉄よりも軽い核が 2 個融合して 1 つの核になる反応は，余分の結合エネルギーを放出できる発熱反応になる．これが，核融合反応が起こる原理である．一方，鉄よりも重い核が融合しても吸熱反応となり，反応は継

続して起きにくい．むしろ重い核は分裂して発熱反応を起こす．このような反応は**核分裂反応**（nuclear fission）とよばれ，人間社会では原子力エネルギーを生み出している．したがって大きな恒星の内部では，収縮によって温度が上昇しても鉄より重い元素はつくられない．中心の温度が 1×10^{10} K を超えると，鉄は γ 線による光分解を起こして 14 個の ^{4}He に分解していく．結局，恒星の中の核融合でつくられるのはヘリウムから鉄までの元素である．それでは鉄より重い元素はどのようにできるのか？　答えは中性子の関係した反応と考えられており，以下に詳しく説明する．

❶ s–プロセスと r–プロセス

中性子は電気的に中性であり，クーロン斥力を受けずに容易に原子核に近づくことができる．たとえ室温であっても原子炉内で中性子は原子核と反応することが知られている．9.5 節で述べる**中性子放射化分析法**（neutron activation analysis）はこの原理を利用した微量元素分析法であり，目的とする元素の原子核に熱中性子を照射して**放射性核種**（radionuclide）に変換し，放出される γ 線の強度で定量する．また，この実験のためにさまざまな核種について，一定の濃度に対して一定の中性子を原子炉で照射して放射化される核種の計測から，**熱中性子反応断面積**（thermal neutron cross-section）が推定されている [13]．表 2.3 に鉄より重い元素（核種）の存在比，熱中性子反応断面積，半減期などのデータを示す．インジウムや金，希土類元素のユウロピウム，ルテチウムで断面積が大きく，その結果として，これらは中性子放射化分析法の感度が非常に高い．

恒星の内部で安定な中性子源としては，式 (2.16), (2.20) で放出される中性子と，式 (2.6) で合成された ^{13}C や CC 燃焼の付随反応で合成された ^{17}O, ^{21}Ne が ^{4}He を捕獲する次の反応によりつくられる中性子が考えられる．

$$^{13}\text{C} + {}^4\text{He} \longrightarrow {}^{16}\text{O} + \text{n} + 2.214\,\text{MeV} \tag{2.23}$$

$$^{17}\text{O} + {}^4\text{He} \longrightarrow {}^{20}\text{Ne} + \text{n} + 0.587\,\text{MeV} \tag{2.24}$$

$$^{21}\text{Ne} + {}^4\text{He} \longrightarrow {}^{24}\text{Mg} + \text{n} + 2.557\,\text{MeV} \tag{2.25}$$

このようにして恒星内部で放出された中性子は，質量数 A，電荷 Z の (Z,A) 核に捕獲されると，図 2.12 示すように右向きの矢印にそって 1 カラム動く $(Z,A+1)$ 核に変換される．たとえば ^{56}Fe は ^{57}Fe に変換される．なお，このような原子核の表し方は 9.2 節に，また放射壊変については 9.3 節に説明がある．もし変換

2.3 恒星内での重い元素の合成

表 2.3 放射化分析法に適した元素と使用核種（[13], p.6）

元 素	安定核種		分析に使用する生成核種				備 考
	核種名	存在比（ε）	核種名	熱中性子反応断面積(σ)(barn)	半減期	γ線エネルギー（keV）	
Fe	^{58}Fe	0.0033	^{59}Fe	1.2	45.0 日	1,098.6, 1,291.5	
Co	^{59}Co	1.00	^{60}Co	17.2	5.26 年	1,173.1, 1,332.4	
Ni	^{58}Ni	0.679	^{58}Co	—	71.3 日	810.3	(n,p) 反応
Cu	^{65}Cu	0.691	^{66}Cu	2.27	5.10 分	1,039.0	
Zn	^{64}Zn	0.489	^{65}Zn	0.4	245 日	1,115.4	
Ga	^{71}Ga	0.396	^{72}Ga	5	14.1 時	834.1	
As	^{75}As	1.00	^{76}As	4.3	26.4 時	559.2	
Se	^{74}Se	0.0087	^{75}Se	50	120 日	136.0, 264.6	
Br	^{79}Br	0.505	^{80}Br	8.2	18.0 分	617.0	
Rb	^{85}Rb	0.722	^{86}Rb	0.7	18.7 日	1,076.6	
Ag	^{109}Ag	0.487	^{110m}Ag	3.5	253 日	657.8	
In	^{115}In	0.957	^{116m}In	157	54.1 分	1,097.1	
Sb	^{121}Sb	0.573	^{122}Sb	6.5	2.8 日	564.0	
I	^{127}I	1.00	^{128}I	6.2	25.0 分	442.7	
Cs	^{133}Cs	1.00	^{134}Cs	29.0	2.10 年	795.8	
Ba	^{130}Ba	0.00101	^{131}Ba	11	12.0 日	496.3	
La	^{139}La	0.999	^{140}La	8.2	40.3 時	1,595.4	
Ce	^{140}Ce	0.885	^{141}Ce	29	32.5 日	145.4	
Sm	^{152}Sm	0.267	^{153}Sm	210	47.1 時	103.2	
Eu	^{151}Eu	0.478	^{152m}Eu	3,100	9.3 時	963.5	
Lu	^{176}Lu	0.0259	^{177}Lu	4,000	6.7 日	208.4	
Hf	^{180}Hf	0.352	^{181}Hf	12.6	43.0 日	482.2	
Ta	^{181}Ta	1.00	^{182}Ta	21	115 日	1,221.6	
W	^{186}W	0.284	^{187}W	38	23.8 時	685.7	
Au	^{197}Au	1.00	^{198}Au	98.8	2.70 日	411.8	
Hg	^{202}Hg	0.298	^{203}Hg	4.5	46.9 日	279.1	
Th	^{232}Th	1.00	^{233}Pa	—	27 日	311.8	(n,γ,β$^-$) 反応

された $(Z, A+1)$ 核が β 崩壊をするならば，図 2.12 の ^{63}Cu が ^{64}Zn になるように結果として 1 カラム上に上って $(Z+1, A+1)$ 核に変換されて原子番号が増加する．もし $(Z, A+1)$ 核が安定な場合には，さらに中性子を捕獲して ^{58}Fe のように $(Z, A+2)$ 核となる．そして β 崩壊をすれば $(Z+1, A+2)$ 核となる．このようにして恒星内部で鉄よりも重い元素が，β 崩壊に対して安定な谷間（図

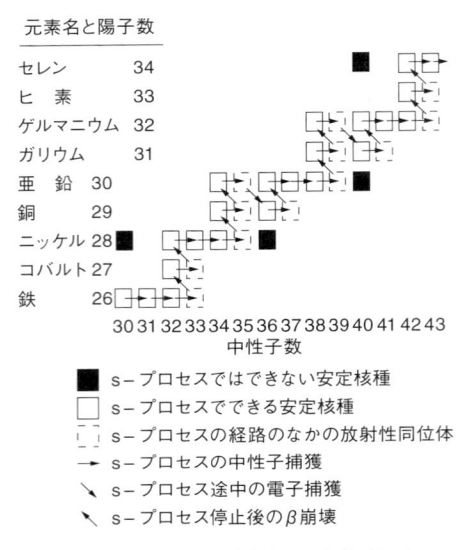

第 2 章　太陽系の化学と重元素合成

元素名と陽子数

元素	陽子数
セレン	34
ヒ素	33
ゲルマニウム	32
ガリウム	31
亜鉛	30
銅	29
ニッケル	28
コバルト	27
鉄	26

中性子数　30 31 32 33 34 35 36 37 38 39 40 41 42 43

- ■ s–プロセスではできない安定核種
- □ s–プロセスでできる安定核種
- ⌐¬ s–プロセスの経路のなかの放射性同位体
- → s–プロセスの中性子捕獲
- ↘ s–プロセス途中の電子捕獲
- ↘ s–プロセス停止後の β 崩壊

図 2.12　s–プロセスでつくられる元素（[22]，p.58）

2.12 における右方向の矢印）を埋めるようにつくられていく．ここで (Z,A) 核が中性子を捕獲するのは平均すると 1,000 年に 1 度の頻度で起こるとされ，β 崩壊のタイムスケールと比べてゆっくり進むので **s–プロセス**（s-process；s はゆっくりを示す slow の頭文字）とよばれる [14]．ただし，このプロセスで合成されるのは ^{209}Bi までである．理由は ^{209}Bi が中性子捕獲で変換される ^{210}Bi が β 崩壊と α 崩壊により ^{206}Pb に壊変するためである．これ以上の重元素は別のプロセスを考えないと合成されない．なお，すべての元素のなかで，最も重い安定な核種は ^{209}Bi である．

s–プロセスではウランやトリウムなど ^{209}Bi よりも重い元素や，^{86}Kr や ^{96}Zr などの中性子過剰核種をつくることはできない．それらはどのようにして合成されたのであろうか．現代の知見では，超新星に伴う原子核反応が関与しているとされている．先に述べたように太陽質量の 12 倍より大きな恒星では，中心の温度が 1×10^{10} K に近づくと，鉄の原子核が下記の反応で 13 個の ^{4}He と 4 個の中性子に分解する．

$$^{56}\text{Fe} \longrightarrow 13\,^4\text{He} + 4\,\text{n} - 124.4\,\text{MeV} \tag{2.26}$$

2.3 恒星内での重い元素の合成

$$^4\text{He} \longrightarrow 2\text{p} + 2\text{n} - 28.3\,\text{MeV} \tag{2.27}$$

この反応により中性子過剰の環境がつくられる．また，この分解反応は吸熱反応であり，恒星の中心部はエネルギーを取られて圧力が減少し，外層の物質が中心に向かって落下する．その急速な落下に伴い，中心部で衝撃波が発生し，恒星の外層部は宇宙空間に放出される．これが重力崩壊型の超新星爆発（**II 型超新星爆発**（type II supernova explosion））とよばれる現象である．質量が太陽の 8 倍から 30 倍の星では中心に**中性子星**（neutron star）が残り，それより大きな星では**ブラックホール**（black hole）が形成される．ここで，天文学では**新星**（nova）とよばれる現象もあるが，超新星爆発とは異なる現象である．新星とは白色矮星と普通の恒星からなる近接連星において，恒星から白色矮星の表面に降り積もったガスが起こす核爆発により，急激に明るく輝く現象である．この現象は夜空に突然新しい星が現れるように見えたため，新星と名づけられたが，現実には，活動を終えた白色矮星がふたたび輝く現象である．われわれの銀河系で 1 年に数個程度発見されている．

超新星爆発では，恒星の中心部からきわめて短時間に大量の中性子を含むニュートリノ駆動風が放出されるため，星の外縁部の原子核は β 壊変する前に次々と中性子を吸収し，たぶん数秒間に中性子過剰の原子核をつくる．この反応は **r–プロセス**（r-process: r は速いを示す rapid の頭文字）とよばれる [15]．図 2.13 に示すように，安定な同位体がつくる陽子と中性子の組合せよりも 10〜50 個も中性子が過剰な環境下で，つまり Z と A の組合せで示すと $(Z, A+i)$，$i = 10 \sim 50$ の重い元素をつくっていく．そして r–プロセスが停止すると，原子核は β 崩壊が連続的に起こり，左上に向かって矢印のように，安定な核種を目指して進んでいく．図 2.14 は s–プロセスと r–プロセスを比較したもので，1950 年代より恒星内での元素合成の道筋を明らかにした Fowler らの研究成果であり，さまざまな教科書に転載されている [16]．なお，中性子数（N）が 82, 126, 184 の核種は結合エネルギーが大きく安定なために，陽子数にかかわらず多数の安定な元素が存在する．このため，これらの数を**魔法数**（magic number）とよぶ．こうして元素合成の物語の重要な部分の説明は終わるが，s–プロセスと r–プロセスによらない安定な同位体は，全体の 100 分の 1 にすぎないと思われる．

これまでの元素合成の議論で言及しなかった太陽の化学組成の特徴（2）「リ

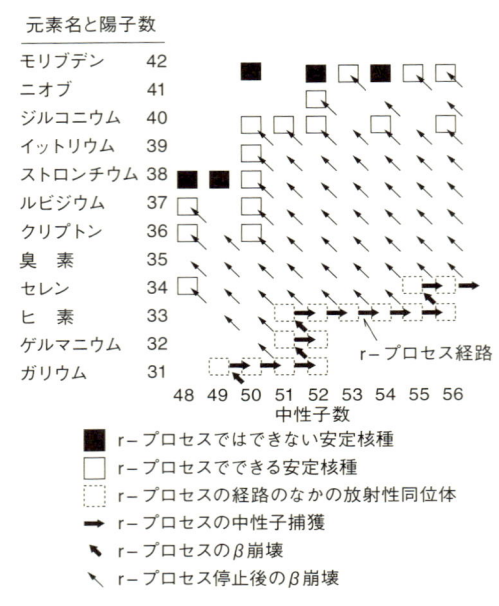

第 2 章 太陽系の化学と重元素合成

図 2.13 r–プロセスでつくられる元素（[22], p.56）

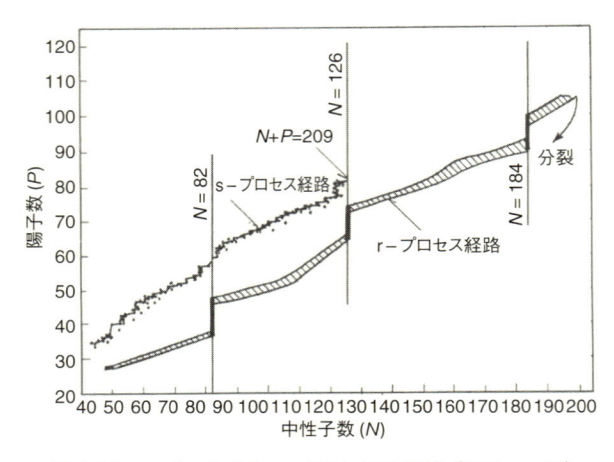

図 2.14 s–プロセスと r–プロセスの比較（[22], p.55）

2.3 恒星内での重い元素の合成

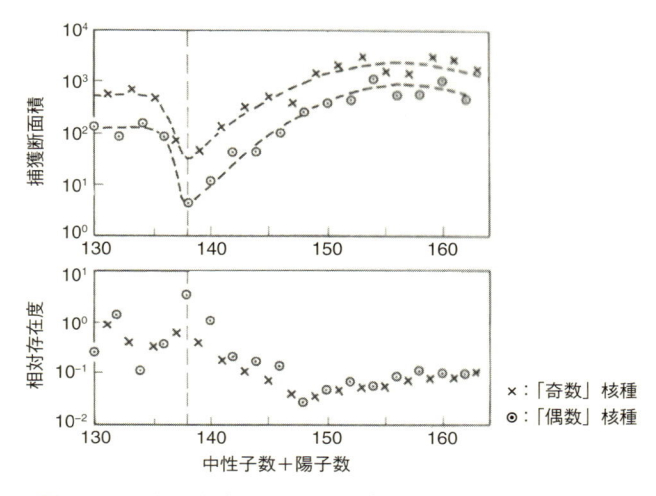

図 2.15 中性子捕獲断面積と元素存在度の関係（[22], p.63）

チウム，ベリリウム，ホウ素の存在度はその前後の元素と比べて非常に小さい」，(4)「質量数が偶数の元素は，両隣の奇数の元素よりも存在度が大きい」について以下に説明する．特徴 (2) の軽元素は，恒星内で炭素，窒素，酸素の原子核が陽子によって分解される**核破砕反応**（nuclear spallation reaction）によって生成したが，核子 1 つあたりの結合エネルギーが小さいために，続いて起こる陽子との核反応により，さらに分解されて存在度が低くなるのであろう．特徴 (4) は偶数核の結合エネルギーが奇数核のエネルギーより大きいことに加えて，中性子反応断面積の違いでも説明できる．図 2.15 は表 2.3 のようなデータから，質量数 130（^{130}Ba, ^{130}Xe）から 163（^{163}Dy）までの核種を抜き出して，中性子反応断面積をプロットしたものである．図下の相対存在度のプロットと比較すると，質量数が奇数の核種は偶数よりも断面積が大きく，したがって中性子を捕獲することで別の核種に変換されやすいので存在度が小さくなる．質量数 138 付近の断面積の極小値は，中性子数 82 の魔法数に対応する核種で，核の安定性がまわりと比較して異常に高くなる．最も重い安定な同位体である ^{209}Bi の中性子数は 126 で魔法数となっている．ある計算によると，中性子数が 184 の仮想的な 114 番元素（質量数 298）は放射性ではあるが，α 壊変の半減期は約 10 年とされ，もし存在すれば物性や化学反応を調べるのに十分な時間がある．

このような元素を**超重元素**（superheavy elements）とよぶ[17]．また，s–プロセスやr–プロセスでは合成できない陽子過剰の核種（^{34}Se，^{78}Kr，^{84}Sr，^{92}Moなど）をつくるためにp–プロセス（pは陽子protonの頭文字）[18]が提案されているが，ここでは立ち入らない．

◉ 参考文献

[1] 桜井 隆・小島正宣・柴田一成，『太陽』，現代の天文学第10巻，日本評論社（2009）．
[2] 渡辺潤一・井田 茂・佐々木 晶，『太陽系と惑星』，現代の天文学第9巻，日本評論社（2008）．
[3] Anders, E. and Grevesse, N., *Geochim. Cosmochim. Acta*, **59**, 197（1989）．
[4] Davis, A. M., "Meteorites, Comets, and Planets", Treatise on Geochemistry, vol.1, Elsevier（2003）．
[5] Urey, H. C. and Craig, H., *Geochim. Cosmochim. Acta*, **4**, 36（1953）．
[6] Van Schmus, W. R. and Wood, J. A., *Geochim. Cosmochim. Acta*, **31**, 747（1967）．
[7] Goldschmidt, V. M., Geochemische Verteilungsgesetze der Elemente（IX），*Mat.-Naturv. Kl.*, No.4, 148（1937）．
[8] Goldstein, J. I. and Ogilvie, R. E., *Geochim. Cosmochim. Acta*, **29**, 893（1965）．
[9] Weiss B. P., *et al.*, *Science*, **322**, 713（2008）．
[10] 林忠四郎・早川幸男，『宇宙物理学』，現代物理学の基礎，岩波書店（1978）．
[11] Habing, H. J. and Olofsson, H., "Asymptotic Giant Branch Stars", Springer（2004）．
[12] Woosley, S. E., *et al.*, *Rev. Modern Phys.*, **74**, 1015（2002）．
[13] 橋本芳一・大歳恒彦，『放射化分析法・PIXE分析法』，共立出版（1986）．
[14] Kappeler, F., *et al.*, *Astrophys. J.*, **354**, 630（1990）．
[15] Woosley, S. E., *et al.*, *Astrophys. J.*, **433**, 229（1994）．
[16] Burbidge, E. M., *et al.*, *Rev. Modern Phys.*, **29**, 547（1957）; Wallerstein, G., *et al.*, *Rev. Modern Phys.*, **69**, 995（1997）．
[17] Oganessian, Y. T., *et al.*, *Nature*, **400**, 242（1999）．
[18] Arnould, M. and Goriely, S., *Phys. Reports*, **384**, 1（2003）．
[19] 酒井 均，『地球と生命の起源』，講談社ブルーバックス，講談社サイエンティフィク（1999）．
[20] 増田彰正・中川直哉・田中 剛，『宇宙と地球の化学』，大日本図書（1991）．
[21] 海老原 寛，『基礎核化学』，p.10，講談社サイエンティフィク（1987）．
[22] Broecker, W. S. 著，齋藤馨児 訳，『なぜ地球は人が住める星になったか？』，講談社ブルーバックス，講談社サイエンティフィク（1988）．

第3章 太陽系の形成と隕石の年代学

　前章では太陽大気と始原的な炭素質コンドライトの化学組成より推定された太陽系の元素組成を示した．また，これらの元素が太陽を含む恒星のなかでどのように合成されたかを示した．さらにさまざまな隕石の種類と化学的特徴についてまとめた．本章では前章の知識を基盤として，太陽系の形成と元素の年齢について，具体的な説明をしながら詳しく解説していく．プレソーラーグレインともよばれる太陽系前駆物質の同位体異常や始原的な隕石と分化した隕石の年代学にも言及する．

3.1　太陽系形成の標準モデル

　はじめに太陽系はどのようにできたかを標準的なモデルに従って説明していく．このモデルは，1970～80年代に林やSafronovらによって構築された理論的枠組みによっている [1]．ここで太陽系の年齢である45億6,740万年（3.4節で説明する．本章末の補足を参照）という時間スケールを考慮して，太陽自身と地球や木星などの惑星がほぼ同時に形成されたと仮定する．2.1.2項の惑星の成り立ちで示したように，惑星の軌道はほぼ円形で，太陽の赤道面に近い1つの平面上にある．また，惑星は軌道上を同じ向きに巡り，それは太陽の自転の向きに等しい．この基本的な構造から直感的に，太陽系をつくる元となった原始星雲は同じ向きに回転していたと推測される．図3.1は太陽系形成の標準シナリオを示し，以下の5つのステージに分けることができる．

第 3 章 太陽系の形成と隕石の年代学

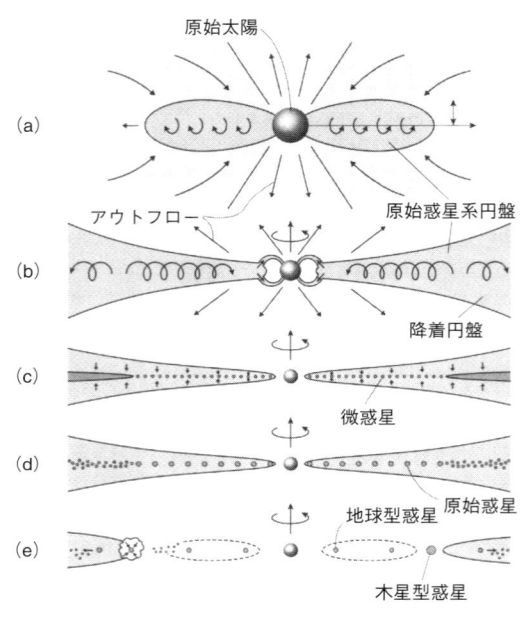

図 3.1 太陽系形成の標準シナリオ [1]

(a) 分子雲コアの収縮と原始太陽の誕生：恒星間に存在する水素やヘリウムを主体とする低温のガス雲を分子雲（molecular cloud）とよぶ．分子雲にはビッグ・バンに伴う元素合成でできた水素やヘリウムに太陽系の前世代の恒星内で合成され，その恒星の爆発によりまき散らされたさまざまな元素も含まれている．分子雲の温度は 10〜50 K，ガス中には約 1％程度の**ダスト**（dust；1 μm 以下の氷やケイ酸塩，炭酸塩からなる太陽系以前の固体微粒子）が含まれていたと推定される．分子雲の中でとくに密度の濃い部分を分子雲コアとよぶ．分子雲コアが自己の重力により収縮して，約 10 万年で**原始太陽**（protosun）が生まれ，中心部の核融合により輝きだした．また，周囲を回転していた分子雲はすぐには中心の太陽に取り込まれず，**原始惑星系円盤**（protoplanetary disk）を構成した．円盤の厚みは太陽に近づくほど小さくなる．

(b) 降着円盤による太陽の成長：原始惑星系円盤は激しい乱流状態になり，分子雲の物質は太陽に重力で輸送される一方で，水素とヘリウムの混合ガスの

角運動量は外側に向かって運ばれる．この状態を**降着円盤**（accretion disk）とよぶ．太陽や内側の円盤から，円盤と垂直な方向に**光ジェット**（bipolar jet；図3.1ではアウトフローと書かれている）が吹き出し，ガスの降着を弱めるとともに角運動量を外側に持ち去る．この結果は太陽系の質量の99.9%をもつ太陽が，全体の角運動量の約0.5%しか担っていない現状を反映している．ともかく降着円盤の質量は減少し，太陽の質量はわずかに増加していく．なお，このステージに数百万年を要したと思われる．

(c) 円盤内のダストの沈殿と微惑星の形成：約100万年かけて降着円盤内の乱流が弱まると，ダストは太陽からの重力と回転の遠心力により，円盤に垂直な方向に沈殿していく．この沈殿のプロセスは非常に速く，数千年といわれている．円盤内でダストが沈殿してできる層が十分に厚くなると，**自己重力不安定**（self-gravitational instability）により分裂する．この状態でダストは互いに衝突すると合体して成長を続ける．その結果として，自己重力により球形の形状を保つことができる**微惑星**（planetesimal；大きさは数kmから数十km）が生まれる．このステージで後に述べる隕石中のCAIやコンドリュールが形成されたと思われる．その継続期間は200万～300万年であろう．

(d) 微惑星の合体による原始惑星の形成：微惑星は衝突による合体を繰り返して成長していく．このようにしてできた**原始惑星**（protoplanet）は，周囲の微惑星を吸収・合体してさらに成長を続ける．この結果，現在の各惑星の軌道ごとに孤立した原始惑星（大きさは数百kmから数千km）が形成された．地球軌道の領域では，衝突合体による成長に要する時間は約100万年，木星軌道付近では約1,000万年といわれている．

(e) 円盤ガスの降着による木星型惑星の形成：木星軌道の領域では集まる微惑星の数が多く，比較的大きな固体惑星がつくられるので，その周囲にある円盤ガスは重力により惑星の表面に降着していく．このようにして水素やヘリウムをまとった木星型惑星が誕生したのであろう．一方，地球軌道の領域では，つくられた固体惑星が小さいので円盤ガスは降着しなかった．そのためこの時点では，地球型惑星は大気をまとわない裸の惑星になったと推定される．

上記のステージ（a）～（e）についてまとめると，固体の地球型惑星が形成されるまでに必要な時間は原始太陽が誕生してから約1,000万年，水素とヘリウムの大気をもつ木星型惑星では約2,000万年となる．しかし，この年代はモデ

ル計算や理論よって導かれたものであり，放射年代測定に基づくものではない．したがって年代に誤差をつけることはできない．

3.2 太陽系前駆物質（プレソーラーグレイン）

　前章で分子雲に含まれていた太陽系前駆物質のダストを氷やケイ酸塩，炭酸塩としたのは，現在の太陽系の元素存在度（図 2.3）において，水素，ヘリウム，ネオンを除くと，炭素，窒素，酸素，マグネシウム，ケイ素，鉄が多いことによる．ヘリウムやネオンは希ガスであり，化学反応性が著しく低いので，分子雲の温度数十 K で固体になる化合物はつくらない．また，窒素も N_2 分子となれば比較的安定である．水素は酸素と結合して氷になるであろう．残りの酸素は炭素やケイ素と結合して炭酸，ケイ酸となり，そこにマグネシウムや鉄が取り込まれて炭酸塩，ケイ酸塩となる．もし先に酸素が失われて還元的な環境が生まれると，炭素はダイヤモンドやグラファイトのような単体として残るか，金属と反応してカーバイドをつくるであろう．これらのダストは太陽や惑星の形成に伴う加熱でよく混合され，不均一な太陽系前駆物質としての個性を失っていく．もし運良く生き残ることができれば，太陽系の平均的な化学組成・同位体組成とは著しく異なった組成により，容易に見つけることができるであろう．逆に生き残ったとしても，もし組成に異常がなければ判断できない．ともかく，現在ではこのような太陽系前駆物質をプレソーラーグレイン（pre-solar grain）とよんでいる．

3.2.1 プレソーラーグレインの分類と分析法

　1990 年代に Anders や Zinner らによって，コンドライト隕石中の**希ガス同位体**（noble gas isotopes）の研究が盛んに行われ，地球や太陽の組成とは大きく異なる**同位体異常**（isotope anomaly）を示すネオン，クリプトン，キセノンが見つかった [2]．そしてその異常が隕石中のどの鉱物相に，あるいはどのような化合物に濃縮されているかを調べるため，機械的に粉砕して粒径で分類したり，弱酸から順次溶解していき，最後は強酸で分解するなど段階的な酸分解をして精力的に研究された．その結果，希ガス同位体の異常を濃縮する担体としてグラファイト，ダイヤモンド，シリコンカーバイド（SiC）など炭素質の粒

3.2 太陽系前駆物質（プレソーラーグレイン）

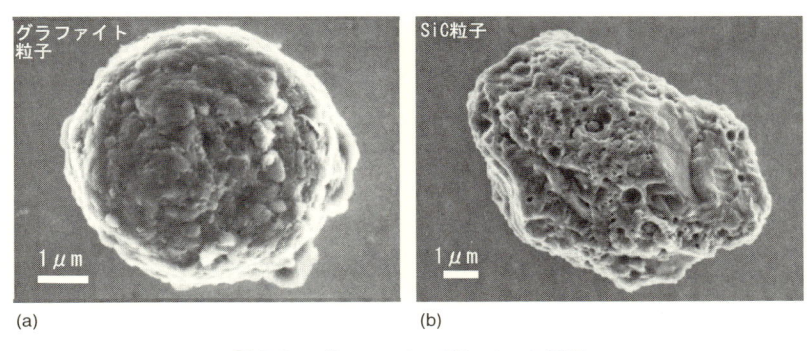

図 3.2 プレソーラーグレインの写真
(a) グラファイト，(b) シリコンカーバイド．

子が発見された．図 3.2 にグラファイトと SiC のプレソーラーグレインの写真を示す．どちらも大きさは $10\,\mu m$ より小さいが，グラファイト粒子は表面が比較的スムーズで球形を成している．一方，SiC は表面の凹凸が激しく，全体に角張っている．その後，炭素を含まないプレソーラーグレインとして金属酸化物（スピネル：$MgAl_2O_4$，コランダム：Al_2O_3）やケイ酸塩鉱物（オリビン：$(Mg,Fe)_2SiO_4$，輝石：$Ca,Mg(Si,Al)_2O_6$）などが報告されている．これらは炭素質の粒子に比べて小さく，$1\,\mu m$ 以下のものがほとんどである．金属酸化物やケイ酸塩鉱物のプレソーラーグレインについては，希ガス同位体異常の担体ではないこと，決め手となる酸素の同位体異常が炭素や窒素の異常に比べて小さいこと，質量に依存しない分別効果の可能性も報告されており，さまざまな議論が行われているが，以下では炭素質に注目して説明する．

これまでに発見されたプレソーラーグレインは，サイズが最も大きいものでも $10\,\mu m$ 程度（図 3.2），通常は $1\,\mu m$ 以下の粒子であり 1 粒 1 粒での化学分析あるいは同位体分析は非常に難しい．たとえサイズが $1\,\mu m$ 以下であっても走査型電子顕微鏡（SEM）を用いれば，形状を特定することはできるが，固体試料内での電子の侵入領域が $2\sim 3\,\mu m$ に及ぶために（9.5.1 項を参照すること），SEM-EDX や EPMA により化学組成を正確に定量することはできない．一方，**レーザーアブレーション装置を備えた ICP–質量分析計**（laser abulation inductively coupled plasma mass spectrometer, LA-ICP-MS）を用いれば，局所分析が可能となるが，分析スポットを直径 $20\,\mu m$ 以下に絞ると実用的なレベル以下に感度が低下

第 3 章 太陽系の形成と隕石の年代学

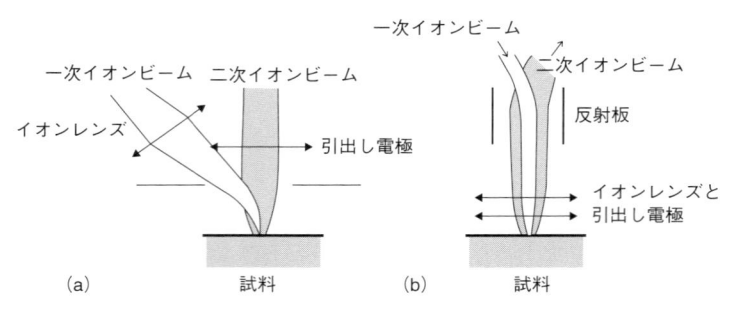

図 3.3 二次イオン質量分析計の二次イオン源の模式図
(a) 従来型，(b) NanoSIMS．

するとともに，レーザーアブレーションでは深さ方向の分解能が非常に悪い．二次イオン質量分析計（SIMS）を用いれば，分析スポットを直径 $5\,\mu m$ に絞ることは可能だが，$1\,\mu m$ になると LA-ICP-MS と同様に感度が著しく落ちてしまう．

近年，フランスの Cameca 社により開発された**二次元高分解能二次イオン質量分析計**（NanoSIMS）を用いれば，$1\,\mu m$ 以下のナノメートル（nm）サイズの粒子を分析できる．その二次イオン源の模式図を図 3.3 に示す．SHRIMP や Cameca ims-1280 など従来型のすべての SIMS では，酸素やセシウムなどの一次イオンは図 3.3a のように試料表面に対して斜め約 60 度から入射される．そしてスパッタリングで生じた二次イオンは垂直に引き出される．このために，一次イオンを調整するレンズ系や二次イオンを引き出す電極を試料表面から遠ざけることになり，高い強度を保ちながら一次イオンを絞ることができない．一方，NanoSIMS の二次イオン源は図 3.3b のように，一次イオンを試料に対して垂直に照射し，二次イオンも垂直に引き出す．このためにレンズ系の微調整が可能であり，一次イオンを直径 $50 \sim 200\,nm$ に絞ることができる．また引き出し電極を試料表面に接近させることができ，二次イオンの捕集効率が大きく増加する．その結果，従来型の SIMS に比べて非常に明るい二次イオン源となっている．また，二次イオン光学系も従来の Nier-Johnson タイプと異なり Mattauch-Herzog タイプを用いている．後者では図 3.4 のように，二次イオンの収束域に可動式のイオン検出器を複数配置することができるため，従来型の SIMS ではできなかった質量数の大きく異なるイオン（たとえば質量数 24 の

3.2 太陽系前駆物質（プレソーラーグレイン）

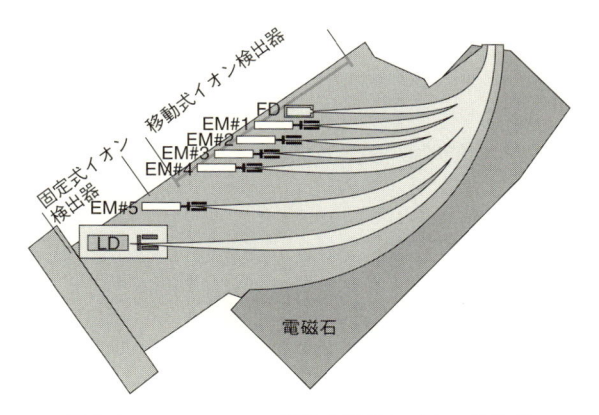

図 3.4 NanoSIMS の質量分析部とイオン検出部

^{24}Mg$^+$ と 270 の ^{238}U^{16}O$_2{}^+$) を同時に検出できる．

3.2.2 炭素質プレソーラーグレイン

図 3.4 の 1 番イオン検出器（EM#1）に ^{12}C$^-$，2 番（EM#2）に ^{13}C$^-$，3 番（EM#3）に ^{12}C^{14}N$^-$，4 番（EM#4）に ^{12}C^{15}N$^-$，5 番（EM#5）に ^{28}Si$^-$ を配置すれば，磁場をスキャンすることなく同時に**炭素同位体比**（carbon isotope ratio），**窒素同位体比**（nitrogen isotope ratio），ケイ素/炭素比を測定できる．このようにして分析された SiC プレソーラーグレインの炭素同位体比と窒素同位体比の関係を図 3.5 に示す [3]．太陽大気の炭素同位体比（^{12}C/^{13}C）は約 90，窒素同位体比（^{14}N/^{15}N）は約 280 である．また，太陽系の通常の物質では，どちらの同位体比の変動も最大で 5% 程度である．装置の測定誤差は 1% より小さいこともわかっている．炭素および窒素同位体比の変動は非常に大きく，どちらも 4 桁に及ぶ．このように大きな変動は現在の太陽系内のプロセスでは決してつくることができない．よく見るとメインストリーム，A+B 粒子，X 粒子，Y 粒子，Z 粒子，新星起源粒子に分類される．ここでメインストリーム粒子は数で全体の 93% を占めるが，太陽大気よりも ^{12}C/^{13}C 比は小さく，^{14}N/^{15}N 比は大きい．このような特徴は AGB 星の天文観測で得られたデータと一致するので，メインストリーム粒子は太陽質量の 3～8 倍程度の恒星の進化の最終段階（2.3❸項を参照）の中心部から得られたものであろう．A+B 粒子もたぶ

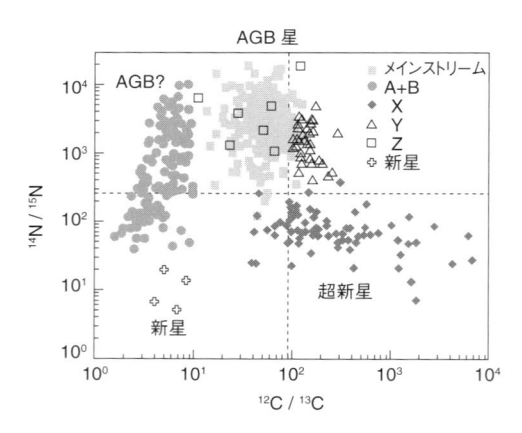

図 3.5 プレソーラーグレインの炭素同位体比と窒素同位体比の関係 [3]

ん AGB 星起源として説明可能といわれている．X 粒子は非常に大きな ^{12}C の過剰を示す．この特徴とカルシウム，チタン，モリブデンなどの同位体異常を組み合わせて，X 粒子は超新星爆発を起源にもつとされている．Y 粒子はメインストリーム粒子より過剰の ^{12}C を含み，さらに X 粒子よりも過剰の ^{14}N を含む．しかし，低質量の AGB 星起源として説明可能とされる．Z 粒子は図 3.5 上ではメインストリーム粒子と重なるが，別に測定した ^{30}Si の過剰により分類されている．しかし，Y 粒子と同様に AGB 星起源と思われる．数は少なく根拠も非常に弱いが，新星起源とされる粒子も見つかっており，太陽大気よりも ^{12}C/^{13}C 比と ^{14}N/^{15}N 比が小さい（新星については前章の r–プロセスに簡単な説明がある）．まとめると SiC プレソーラーグレインには，AGB 星起源，超新星起源，新星起源（？）の 3 つがあり，それぞれ特異な炭素・窒素同位体比を示す．しかし全体をよく混合すれば太陽大気の値に近づくように見える．グラファイトおよびダイヤモンドのプレソーラーグレインについては，^{12}C/^{13}C 比が分析されており，SiC と同様に AGB 星起源と超新星起源でほぼ説明できる．

3.3 元素の年齢

前節で述べたようにプレソーラーグレインが太陽系形成時の分子雲中のダス

3.3 元素の年齢

トの生き残りとすれば，それらは46億年前には存在していたことになる．また，混合により均質化した太陽系のほとんどの物質，極端ないい方をすればわれわれ人間をつくる元素も46億年前に存在していたはずである．ビッグ・バンでつくられた水素やヘリウムより重い元素は，恒星中の核融合反応やs–プロセス，r–プロセスでつくられたことを前章で述べたが，それでは元素はいつつくられたのであろうか？ 太陽系に多く存在する酸素，アルミニウム，ケイ素，鉄などの安定な同位体を詳しく調べても時間に関する情報を引き出すことは難しい．答えは半減期が太陽系の年齢と比べて十分に長い放射性核種を使うことで得られるだろう．

前章のs–プロセスで説明したように，天然に存在する最も重い安定な核種は^{209}Biである．これより重い元素はほとんどがr–プロセスでつくられ，すべて放射性であり順次壊変していくいくつかの核種で構成される連鎖系列のグループをつくる．このような系列は太陽系に3グループ存在し，それぞれ**ウラン系列**（uranium series），**トリウム系列**（thorium series），**アクチニウム系列**（actinium series）とよばれる．図3.6a, b, cにこれらの系列の構成核種と壊変経路を原子核チャートで示す．各系列の核種の質量数を見ると，トリウム系列の元素はすべて4で割りきれる整数になっている．また，ウラン系列は4で割ると2が余り，アクチニウム系列は3が余る．このためウラン系列，トリウム系列，アクチニウム系列をそれぞれ$4n$系列，$(4n+2)$系列，$(4n+3)$系列とよぶこともある．これらの系列は最後には，おのおの安定な核種の^{206}Pb，^{208}Pb，^{207}Pbに落ち着く．実は4で割ったときに1が余る系列も存在するのだが，構成するすべての核種の半減期が短いために，現在の太陽系にはほとんど存在しない．人工的につくられた$(4n+1)$系列は^{237}Npで始まるので**ネプツニウム系列**（neptunium series）とよばれるが，他の系列と同様に連鎖的に壊変して最後は最も重い安定な核種の^{209}Biに至る．ここから太陽系の元素の年齢を推定する方法を，ウラン系列とトリウム系列を使って詳しく説明する [4]．

ある銀河系において単位時間に起こる閉じた系での放射性核種の絶対量の変化は，元素合成に伴う増加率と放射壊変による減少率を組み合わせて一般的に次のように表される．

$$\frac{dN_i(t)}{dt} = -\lambda_i N_i(t) + P_i p(t) \tag{3.1}$$

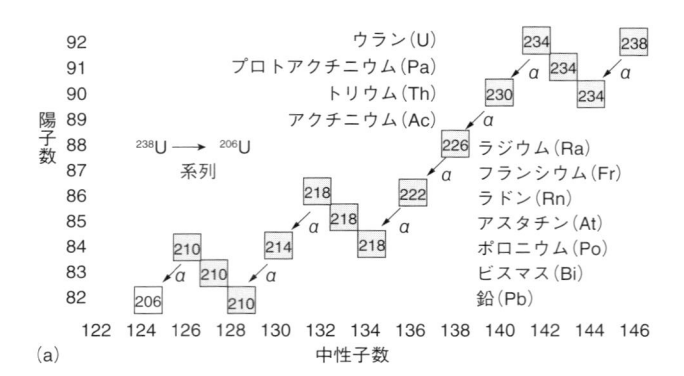

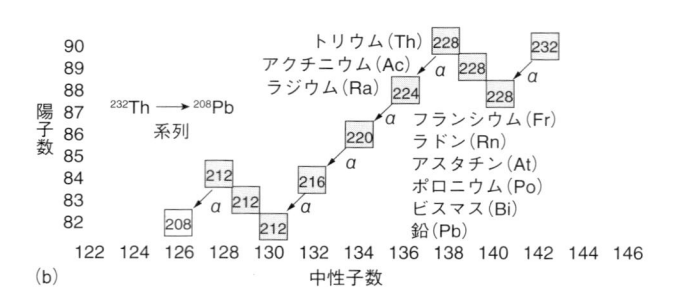

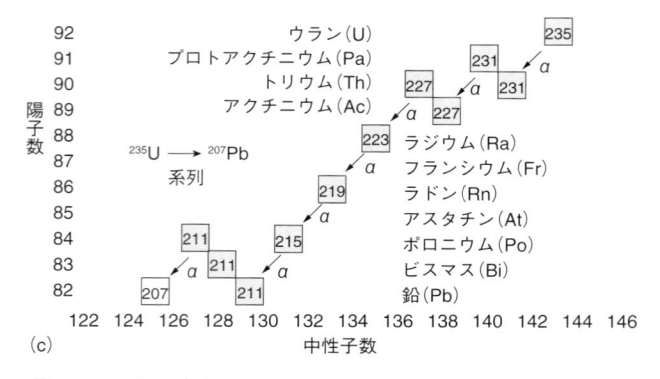

第3章　太陽系の形成と隕石の年代学

図3.6 天然に存在する長寿命核種の壊変経路（[18], p.70–71）
（a）ウラン系列，（b）トリウム系列，（c）アクチニウム系列．

ここで，$N_i(t)$ は放射性核種 i の時間 t における存在量，λ_i は核種 i の**壊変定数**（decay constant），P_i は恒星内の核融合や s–プロセス，r–プロセスなどによる元素合成に伴う核種 i の増加速度，$p(t)$ は時間 t において元素合成が起こる**頻度関数**（frequency function）である．式 (3.1) を計算すると次の式になる．

$$N_i(t) = P_i \exp(-\lambda_i t) \int_0^t \exp(\lambda_i \tau) p(\tau) \, d\tau \tag{3.2}$$

次に元素合成が起こる頻度を推定する．ここで扱うウランとトリウムはともに前章で述べたように超新星爆発に伴う r–プロセスによりつくられる核種である．

3.3.1 連続合成モデル

天文学の観測と核物理学的モデルによれば，銀河系では100年に1度の頻度で超新星爆発が起こっていると考えられる．これが太陽系の近傍 10～20 光年では，どの程度の頻度で起きているか推定するのは難しいが，超新星爆発は少なくとも 100 万年に 1 度の頻度で起こっていると思われる．すると，ここで扱う時間間隔は数十億年であるから，最初の元素合成から太陽系形成の直前まで，ほぼ連続的に元素合成が起きていたと仮定できる．この場合には頻度関数 $p(t)$ は次式のように定数 (c) として扱える．

$$p(t) = c \qquad (0 < t < t_0) \tag{3.3}$$

ここで，$t = 0$ は最初の元素合成の時間，$t = t_0$ は太陽系形成の直前を表す．太陽系が形成されてからは，近傍で超新星爆発が起きても新しく核種 i が系内に取り込まれることはないと仮定する．この場合，式 (3.2) は次の式になる．

$$N_i(t) = \frac{cP_i}{\lambda_i}(1 - \exp(-\lambda_i t)) \tag{3.4}$$

以下の計算では，ウラン（^{238}U）とトリウム（^{232}Th）の絶対存在量を別々に扱うより，2つの核種の相対存在度にしたほうが，観測データの取扱いが簡単である．そこで実際にウランとトリウムに関する値を使って式 (3.4) に代入すると次の式になる．

$$\frac{N_{232}}{N_{238}}(t) = \left(\frac{\lambda_{238}}{\lambda_{232}}\right)\left(\frac{P_{232}}{P_{238}}\right)\left(\frac{(1 - \exp(-\lambda_{232} t))}{(1 - \exp(-\lambda_{238} t))}\right) \tag{3.5}$$

ここで λ_{238} と λ_{232} は ^{238}U と ^{232}Th の壊変定数であり，おのおの 1.55136×10^{-10}

第 3 章　太陽系の形成と隕石の年代学

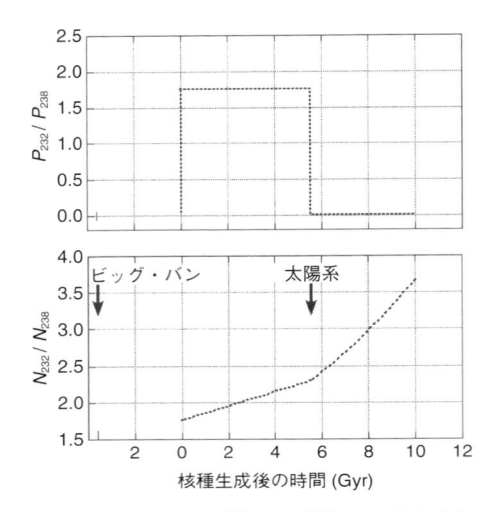

図 3.7　連続合成モデルによる ^{238}U と ^{232}Th の生成率と存在量の比

と 4.9334×10^{-11} である．最近のさまざまな観測データや理論的計算によると，r–プロセスにより合成される ^{232}Th と ^{238}U の生成率の比は 1.75 ± 0.01（誤差は 1σ）とされている [5]．式 (3.5) において時間 t が 100 年や 1,000 年のように ^{238}U や ^{232}Th の半減期と比べて十分に小さければ，それらの存在量の比 (N_{232}/N_{238}) は生成率の比 (P_{232}/P_{238}) である 1.75 にほとんど等しい．式 (3.5) で ^{238}U の半減期は ^{232}Th のそれより小さいので，時間とともに放射壊変の効果が効いてくる．その結果，N_{232}/N_{238} 比は増加していく．図 3.7 に連続合成モデルによる ^{238}U と ^{232}Th の生成率の比と存在量の比の時間変動を示す．太陽系の形成とともに，超新星爆発で合成されたウランとトリウムが取り込まれなくなり，半減期の短いウランの減少率がトリウムの減少率より大きいために，N_{232}/N_{238} 比の増加率は大きくなる．

すぐ後で述べるように，太陽系で最も早く固化した物質，すなわち太陽系最古の物質の年代は今から 45 億 6,740 万年前である．このときの N_{232}/N_{238} 比は，現在の炭素質コンドライトのトリウム/ウラン比（中性子放射化分析法や TIMS を使った**同位体希釈法**（isotope dilution method）などにより正確に求められている）3.73 ± 0.005 から容易に計算できて $2.28\pm0.03\,(1\sigma)$ となる．この値と

式 (3.5) から最初の元素合成の時間が $5.55 \pm 0.45 \times 10^9$ 年と求まる．すなわち太陽系の r–プロセスにより合成される重い元素は，今から約 101 億年前に合成され始めたことになる．求めた年代は 2σ の誤差 9 億年を考えても，第 1 章で述べた宇宙の年齢である 137 億年より明らかに若い．これは太陽系近傍で r–プロセスの開始が宇宙の始まりから約 36 億年遅れていることを示唆する．なお，この結論に間違いがあるとすれば，それは最初の元素合成から太陽系形成の直前まで，ほぼ連続的に元素合成が起きていたという仮定である．

3.3.2 単一合成モデル

次に元素の合成が宇宙の始まりのころに起きて，それから新たな別の合成による元素が付け加わらないケースについて説明する．いま，時間 T において元素合成が行われ，それ以降は放射壊変で減少していく場合には，式 (3.2) は次の式になる．

$$N_i(t) = aP_i \exp\left(-\lambda_i(t-T)\right) \tag{3.6}$$

連続合成モデルと同様に，ウランとトリウムの存在量の比を用いて式 (3.6) に代入すると単一合成モデルは次の式で表される．

$$\frac{N_{232}}{N_{238}}(t) = \left(\frac{P_{232}}{P_{238}}\right) \exp\left((\lambda_{238} - \lambda_{232})(t-T)\right) \tag{3.7}$$

最近，日本のすばる望遠鏡など地上の大望遠鏡を用いた観測により，**銀河ハロー**〔galaxy halo；銀河の外側にあり，銀河全体を包み込むように希薄な**星間物質**（interstellar material）や**球状星団**（globular cluster）がまばらに分布している球状の領域であり，そこに存在する恒星は非常に古いと推定される〕に起源をもつ [Fe]/[H] 比が極端に小さい**超金属欠乏星**（extremely metal-poor stars）で，r–プロセスによるウランやトリウムなどが発見された．超金属欠乏星は銀河の誕生から 1 億〜3 億年の間に形成されたと思われる．すると T は十分に小さいと近似され，式 (3.7) は単純な放射壊変による減少率の式になるので，展開すると次の式になる．

$$t = \frac{1}{(\lambda_{238} - \lambda_{232})} \left[\log\left(\frac{N_{232}}{N_{238}}\right) - \log\left(\frac{P_{232}}{P_{238}}\right)\right] \tag{3.8}$$

CS 31082-001 は銀河系で最も初期に生まれた超金属欠乏星であり，ウランの

第 3 章 太陽系の形成と隕石の年代学

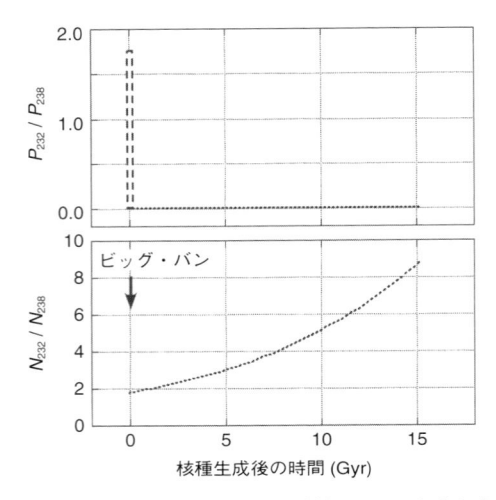

図 3.8 単一合成モデルによる ^{238}U と ^{232}Th の生成率と存在量の比

分光学的観測に成功した数少ない例の 1 つである [6]．その観測結果によると，N_{232}/N_{238} 比は $8.70 \pm 2.19\,(1\sigma)$ である．一方，^{232}Th と ^{238}U の生成率の比 (P_{232}/P_{238}) は 1.75 ± 0.01 であるから，この恒星が生まれてからの時間は式 (3.8) で簡単に計算できて，$1.51^{+0.22}_{-0.29} \times 10^{10}$ 年となる．図 3.8 に単一合成モデルによる ^{238}U と ^{232}Th の生成率の比と存在量の比の時間変動を示す．^{238}U の半減期は ^{232}Th のそれより小さいので，N_{232}/N_{238} 比ははじめの 1.75 から少しずつ増加し，現在の値 8.7 になる．また，横軸の約 151 億年という結果は CS 31082-001 だけでなく，銀河系の年代，すなわち宇宙の年代の下限値を示している．1.1 節で求めた約 130 億年という年代や「宇宙黒体放射」で求めた 137 億年と，誤差の範囲で一致する．これらはすべてまったく独立の天文観測や物理モデルから求めた宇宙の年代であり，結果が約 140～150 億年になることは注目に値する．元素の年齢についてまとめると，太陽系の r–プロセスでつくられる重い元素は，今から約 100 億年前から約 50 億年前のあるときに合成されたものであろう．一方，超金属欠乏星にある重い元素は銀河が生まれた約 140 億年前に合成されたものであろう．今後，精度の高い超金属欠乏星の観測データが蓄積されれば，銀河の歴史に新しい制約を加えることができる．

3.4 太陽系最古の物質と始原的な隕石の年代学

　太陽系の形成を考えるとき，プレソーラーグレインの放射年代が直接求まれば，前節で述べた元素の年齢と関連づけて議論ができる．しかし，現状ではプレソーラーグレインの絶対年代（absolute dating）は求まっていない．すると太陽系で最古の物質は，太陽系形成の標準モデルに従えば，原始惑星系円盤内でのダストの沈殿とその後の加熱・混合・蒸発プロセスから最初に固化した物質になるであろう．2.2.2**Ⓐ**項で述べたように，炭素質コンドライトの一部には，太陽系が生まれてから一度も100℃以上に加熱されていない隕石が存在する．直感的にはこれらが太陽系で最古の物質と思われる．炭素質コンドライトには，コンドリュールだけでなく**カルシウムとアルミニウムに富む包有物**（Ca, Al-rich inclusion, CAIと略す）が存在し，モデル実験で得られた太陽系組成の高温ガスが最初に凝縮する固体の化学組成ときわめてよく似ている．したがって，CAIは太陽系最古の物質の有力な候補である．以下に，形成年代を精密に求めるウラン–鉛年代測定法について詳しく説明する．

3.4.1　ウラン–鉛年代測定法

　前節で解説したように，太陽系には長い半減期をもつウラン系列，トリウム系列，アクチニウム系列とよばれる元素グループが存在する．これらの壊変をはじめの核種と終わりの核種にまとめて表すと次の式になる．

$$^{238}\text{U} \longrightarrow {}^{206}\text{Pb} + 8\alpha + 6\beta \tag{3.9}$$

$$^{232}\text{Th} \longrightarrow {}^{208}\text{Pb} + 6\alpha + 4\beta \tag{3.10}$$

$$^{235}\text{U} \longrightarrow {}^{207}\text{Pb} + 7\alpha + 4\beta \tag{3.11}$$

鉛には放射性起源の寄与がほとんどない安定な同位体として^{204}Pbが存在する．そこで9.4節で解説するように，系が閉じている場合には式(9.9)にウラン，トリウム，鉛の核種を入れると次の式が得られる．

$$\left(\frac{^{206}\text{Pb}}{^{204}\text{Pb}}\right) = \left(\frac{^{206}\text{Pb}}{^{204}\text{Pb}}\right)_0 + \left(\frac{^{238}\text{U}}{^{204}\text{Pb}}\right)[\exp(\lambda_{238}t)-1] \tag{3.12}$$

$$\left(\frac{^{208}\text{Pb}}{^{204}\text{Pb}}\right) = \left(\frac{^{208}\text{Pb}}{^{204}\text{Pb}}\right)_0 + \left(\frac{^{232}\text{Th}}{^{204}\text{Pb}}\right)[\exp(\lambda_{232}t)-1] \tag{3.13}$$

第 3 章 太陽系の形成と隕石の年代学

表 3.1 絶対年代測定法で用いる核種

手法	親核種 N	娘核種 D	不変の核種 Ds	半減期（億年）
K-Ar	^{40}K	^{40}Ar	^{36}Ar	12.5*
Rb-Sr	^{87}Rb	^{87}Sr	^{86}Sr	488
U-Pb	^{238}U	^{206}Pb	^{204}Pb	44.7
	^{235}U	^{207}Pb	^{204}Pb	7.04
Th-Pb	^{232}Th	^{208}Pb	^{204}Pb	140
Re-Os	^{187}Re	^{187}Os	^{186}Os	416
Sm-Nd	^{147}Sm	^{143}Nd	^{144}Nd	1,060
Lu-Hf	^{176}Lu	^{176}Hf	^{177}Hf	357
La-Ce	^{138}La	^{138}Ce	^{142}Ce	987*

* これらの核種は，β 壊変と電子捕獲の分枝壊変をする．

$$\left(\frac{^{207}\text{Pb}}{^{204}\text{Pb}}\right) = \left(\frac{^{207}\text{Pb}}{^{204}\text{Pb}}\right)_0 + \left(\frac{^{235}\text{U}}{^{204}\text{Pb}}\right)[\exp(\lambda_{235}t) - 1] \tag{3.14}$$

ここで，添え字の 0 は $t=0$ のときの各鉛同位体比で**初生比**（initial ratio）とよばれる．式 (3.12) と式 (3.14) に注目すると，親核種はウラン，娘核種は鉛となっており，元素レベルではまったく同じで，化学的な性質は等しい．絶対年代を測定するには，カリウム-アルゴン法やルビジウム-ストロンチウム法など，表 3.1 に挙げたさまざまな組合せが存在するが，元素レベルで同じだが，同位体レベルで異なる 2 つの放射性核種の組合せがあるのは上記のウラン-鉛系だけである．このためにさまざまなデータの取扱いの可能性があり，1950 年代から Wetherill により有用性が提案されていた [7]．結局，式 (3.12) と式 (3.14) で得られる年代が一致すれば，きわめて信頼度の高い年代といえる．また式 (3.12) と式 (3.14) を組み合わせると，次の式が得られる．

$$\left(\frac{^{207}\text{Pb}}{^{204}\text{Pb}}\right) - \left(\frac{^{207}\text{Pb}}{^{204}\text{Pb}}\right)_0 =$$
$$\left(\frac{^{235}\text{U}}{^{238}\text{U}}\right)\left(\frac{\exp(\lambda_{235}t) - 1}{\exp(\lambda_{238}t) - 1}\right)\left\{\left(\frac{^{206}\text{Pb}}{^{204}\text{Pb}}\right) - \left(\frac{^{206}\text{Pb}}{^{204}\text{Pb}}\right)_0\right\} \tag{3.15}$$

ここで，ウラン同位体比 (^{238}U/^{235}U) は現在の太陽系では，オクロ天然原子炉など特殊な場合を除けば 137.88 と一定であり，定数として扱える．すると，試料中の鉛同位体比を正確に求めるだけで形成年代 t が求まる．一般に質量分析計を用いた実験では元素比を求めるよりも同位体比を求めるほうが容易であり，

高い精度が得られる．いま，分析した ^{206}Pb/^{204}Pb 比を横軸に，^{207}Pb/^{204}Pb 比を縦軸にとってデータをプロットすると，形成年代が同じ試料であれば直線に乗るべきである．この直線を鉛–鉛アイソクロン（Pb-Pb isochron）とよぶ．一方，式 (3.12) で得られる (^{206}Pb/^{204}Pb)-(^{238}U/^{204}Pb) プロット上の直線をウラン–鉛アイソクロン（U-Pb isochron）とよぶ．

3.4.2　鉛–鉛法による CAI とコンドリュールの形成年代差

上記の議論で同じ形成年代をもつ試料であれば，式 (3.15) の右辺の時間 t を含む項 $(\exp(\lambda_{235}t) - 1)/(\exp(\lambda_{238}t) - 1)$ も定数となるので a とおくと，式 (3.15) から次の式が導かれる．

$$\left(\frac{^{207}\text{Pb}}{^{206}\text{Pb}}\right) = \left(\frac{a}{137.88}\right) + \left(\frac{^{204}\text{Pb}}{^{206}\text{Pb}}\right)\left\{\left(\frac{^{207}\text{Pb}}{^{204}\text{Pb}}\right)_0 - \frac{a}{137.88}\left(\frac{^{206}\text{Pb}}{^{204}\text{Pb}}\right)_0\right\} \tag{3.16}$$

ここで，分析した ^{204}Pb/^{206}Pb 比を横軸に，^{207}Pb/^{206}Pb 比を縦軸にデータをプロットしたときの直線の Y–切片から年代 t が求まる．現在，実験的に鉛同位体比を最も正確に求めることが可能な方法は，試料の溶解・分離・精製の後に，9.5.3 項で説明する**表面電離質量分析計**（thermal ionization mass spectrometer, TIMS）で測定する手法である．この方法で CV に分類される炭素質コンドライト Efremovka 中の CAI を分析した結果を図 3.9 に示す [8]．E49 および E60 と名づけられた CAI の鉛–鉛年代は，おのおの 4,567.17 ± 0.70 Ma（ここで Ma は 100 万年の省略記号，また誤差は 2σ である）と 4,567.4 ± 1.1 Ma である．最近，同じく CV に分類される Allende の CAI も同様の手法で分析されており，鉛-鉛年代は 4,567.72 ± 0.93 Ma である [9]．これらの誤差の重み付き平均をとると 4,567.4 ± 0.5 Ma となる．これまでに得られた太陽系物質のなかで，45 億 6,740 万年は最古の記録であり，炭素質コンドライト中の CAI は太陽系の形成時に最初に固化した物質といえる．あるいは別の表現をすると，太陽系の年齢は 45 億 6,740 万年となる（本章末の補足を参照）．

始原的な炭素質コンドライト中には，CAI だけでなくコンドリュールも存在する．実はコンドリュールの成因についてはよくわかっていない面もある．1 つだけ明らかなのは，ケイ酸塩が融ける 1,300 K 以上に加熱され，その後にガラス状物質をつくるように急速に固化したということだけである．たぶん太陽系

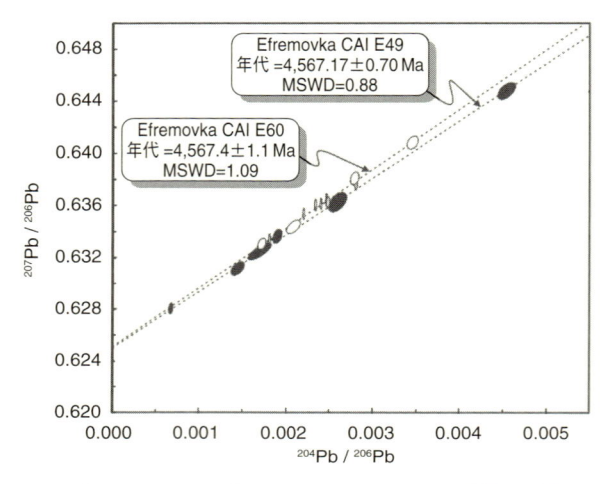

第 3 章　太陽系の形成と隕石の年代学

図 3.9　炭素質コンドライト（Efremovka）の CAI の ^{206}Pb-^{207}Pb アイソクロン [8]

形成の標準モデルのステージ（c）円盤内のダストの沈殿と微惑星の形成において，合体していくダストの衝突による熱，分子雲内での放電エネルギー，短寿命の放射性核種の壊変熱などにより気化，冷却，凝縮したものであろう．しかし，これでは CAI と形成過程のうえで区別がつかない．この問題を考えるときにヒントになるのは，精密な形成年代である．上記の鉛-鉛年代を炭素質コンドライトから取り出したコンドリュールに応用すれば良い．そのようにして分析した Allende のデータを図 3.10 に示す．結果は $4{,}565.45 \pm 0.45$ Ma であり [9]，同じ Allende の CAI より 230 万年若い．しかし測定誤差が 50 万年から 100 万年あることを考慮すべきである．また同様の手法で測定された CR に分類される炭素質コンドライト Acfer059 中のコンドリュールの鉛-鉛年代は $4{,}564.7 \pm 0.6$ Ma であり，やはり CAI より若いようである．このような太陽系初期の物質の形成年代を比較するには，鉛-鉛年代のような絶対年代より，半減期の短い放射性核種を用いた**相対年代測定法**（relative dating）が便利な場合もある．そのような手法の 1 つとして，アルミニウム-マグネシウム年代測定法とその応用について詳しく解説する．

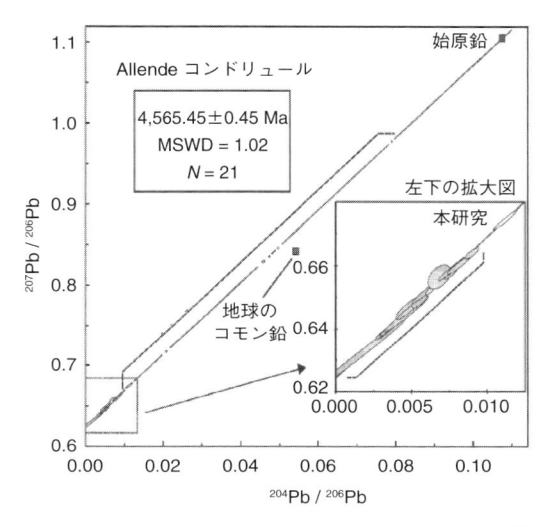

図 3.10 炭素質コンドライト（Allende）のコンドリュールの ^{206}Pb-^{207}Pb アイソクロン [9]

3.4.3 アルミニウム–マグネシウム年代測定法

太陽系形成の直前に起きた恒星中の核融合反応や s-プロセス，r-プロセスなどの元素合成でつくられたが，半減期が短いために現在では放射壊変により完全に消失した同位体のことを**消滅核種**（extinct nuclide）とよぶ．確認されているこれらの短寿命核種を表 3.2 に示す．1960 年代に Reynolds らは炭素質コンドライト中のキセノン同位体組成を精力的に分析し，消滅核種であるヨウ素の同位体（^{129}I）の壊変による過剰な ^{129}Xe を発見した [10]．図 3.11 は H5 に分類される Richardton 隕石から抽出したキセノンの質量スペクトルである．横軸に質量数，縦軸に各同位体のイオン強度（存在度）を示している．地球大気中のキセノン同位体組成に比べて，^{128}Xe，^{129}Xe，^{131}Xe に明らかな過剰が見られる．この結果は，隕石が固化したときには消滅核種の ^{129}I が壊変でなくならずに残っていたことの証明となった．実は，キセノン同位体の異常には ^{129}I だけでなく，表 3.2 に挙げた別の消滅核種である ^{244}Pu の影響を受けているために話が複雑になっている．しかし，この結果は太陽系形成の直前，たぶん数百万年前ころに超新星爆発などにより元素合成が行われた重要な証拠になった．

表 3.2　相対年代測定法で用いる核種

手法	親核種 N	娘核種 D	不変の核種 Ds	半減期
Ca-K	^{41}Ca	^{41}K	^{40}K	10 万年
Cl-S	^{36}Cl	^{36}S	^{32}S	30 万年
Al-Mg	^{26}Al	^{26}Mg	^{24}Mg	73 万年
Be-B	^{10}Be	^{10}B	^{11}B	150 万年
Fe-Ni	^{60}Fe	^{60}Ni	^{58}Ni	150 万年
Mn-Cr	^{53}Mn	^{53}Cr	^{52}Cr	370 万年
Pd-Ag	^{107}Pd	^{107}Ag	^{109}Ag	650 万年
Hf-W	^{182}Hf	^{182}W	^{184}W	900 万年
I-Xe	^{129}I	^{129}Xe	^{130}Xe	1,600 万年
Pu-Xe	^{244}Pu	^{134}Xe, ^{136}Xe	^{130}Xe	8,300 万年
Sm-Nd	^{146}Sm	^{142}Nd	^{144}Nd	1.0 億年

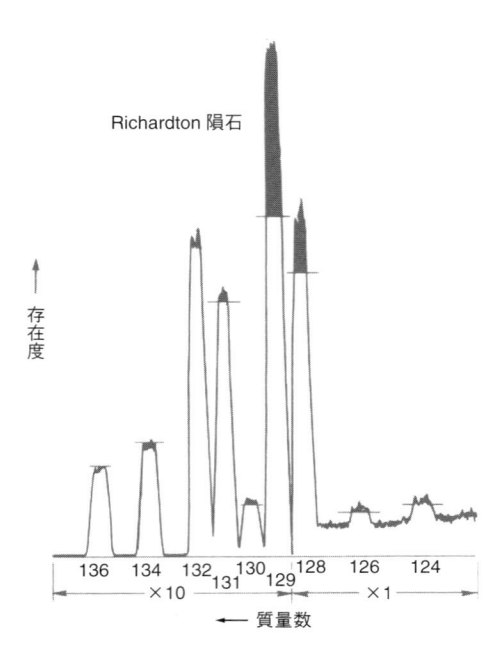

図 3.11　普通コンドライト（Richardton）から抽出したキセノンの質量スペクトル [10]

3.4 太陽系最古の物質と始原的な隕石の年代学

1970年代の半ばになって，Wasserburgらはヨウ素–キセノン法より解釈が簡単なアルミニウム–マグネシウムの系を提案した [11]．この議論を以下に詳しく説明する．

前項の単一合成モデルに従い，太陽系形成の直前の時間 T において元素合成が行われ，それ以降は放射壊変で減少する場合には核種 i の存在量は式 (3.6) で表される．放射性起源の寄与がほとんどない安定な同位体の数 N_s で割って同位体比にすると次の式で表される．

$$\frac{N}{N_\mathrm{s}}(t)\left(\frac{N}{N_\mathrm{s}}\right)_0 \exp\left(-\lambda(t-T)\right) \tag{3.17}$$

ここで，添え字の 0 は $t=0$ のときの同位体比で初生比である．残念ながら実験的に時間 T と初生比 $(N/N_\mathrm{s})_0$ を正確に求めることはできない．そこで，太陽系最古の物質である炭素質コンドライトの CAI を基準として相対年代を求めることにする．その場合の式は次のように表される．

$$\Delta t = -\frac{1}{\lambda} \ln\left(\frac{N/N_\mathrm{s}}{(N/N_\mathrm{s})_\mathrm{r}}\right) \tag{3.18}$$

ここで Δt は相対年代，添え字の r は基準物質の同位体比を表す．次に実際のアルミニウム–マグネシウムの系について考える．9.4 節の式 (9.9) で十分に長い時間が経ち，消滅核種の $^{26}\mathrm{Al}$ が完全に $^{26}\mathrm{Mg}$ に壊変したとすれば，次の式になる．

$$\left(\frac{^{26}\mathrm{Mg}}{^{24}\mathrm{Mg}}\right) = \left(\frac{^{26}\mathrm{Mg}}{^{24}\mathrm{Mg}}\right)_0 + \left(\frac{^{27}\mathrm{Al}}{^{24}\mathrm{Mg}}\right)\left(\frac{^{26}\mathrm{Al}}{^{27}\mathrm{Al}}\right) \tag{3.19}$$

ここで，添え字の 0 は地球物質のマグネシウム同位体比を示す．そして分析した $^{27}\mathrm{Al}/^{24}\mathrm{Mg}$ 比を横軸に，$^{26}\mathrm{Mg}/^{24}\mathrm{Mg}$ 比を縦軸にデータをプロットしたときの直線の傾きから消滅核種 $^{26}\mathrm{Al}$ に関する情報，実際には安定同位体との比 ($^{26}\mathrm{Al}/^{27}\mathrm{Al}$) が求まる．実験的には薄片のまま SEM-EDX や EPMA で CAI 中の hibonite [$\mathrm{CaAl_{12}O_{19}}$] や anorthite [$\mathrm{CaAl_2Si_2O_8}$] などのアルミニウムに富む鉱物を探し，二次イオン質量分析計で分析する手法と，試料から CAI を機械的に分離して，酸分解・イオン交換分離・精製後に TIMS や**マルチコレクター型 ICP–質量分析計**（MC-ICP-MS）で分析する手法がある．前者は一次イオンビームを絞ることで $5\,\mu\mathrm{m}$ に達する高い空間分解能を有するが，マグネシウム同位体比の測定精度で劣る．後者は試料を機械的に鉱物分離にかけたり，マイ

クロドリルなどで削るために，マグネシウム同位体比の精度はきわめて高いが，空間分解能は数百 μm と劣る．なお，この両者は競合すべきものではなく相補的な関係にあり，上手に組み合わせることでより良い成果が生まれる．

3.4.4 アルミニウム同位体比による CAI とコンドリュールの形成年代差

図 3.12 はマルチコレクター型 ICP-質量分析計により CV に分類される炭素質コンドライト Allende 中の複数の CAI の ^{26}Mg/^{24}Mg 比と ^{27}Al/^{24}Mg 比を分析した結果である [12]．直線の傾きから ^{26}Al/^{27}Al= (5.25 ± 0.10) × 10^{-5} が求まる．二次イオン質量分析計で同じ CV に属する Efremovka の CAI 中の Plagioclase [NaAlSi$_3$O$_8$〜CaAl$_2$Si$_2$O$_8$] を分析した結果，^{26}Al/^{27}Al= (4.63 ± 0.44) × 10^{-5} であった．他の始原的な隕石中の CAI の ^{26}Al/^{27}Al 比もほとんど同じ値（5×10^{-5}）を示し，鉛-鉛年代が 4567.4 Ma である太陽系で最古の物質の ^{26}Al/^{27}Al 比と認定される．この値は最も古い「聖典値」という意味で**カノニカル値**（canonical value）とよばれており，式 (3.18) の基準物質（r）の同位体比として使える．

図 3.13 は二次イオン質量分析計により LL3 に分類される**非平衡普通コンドライト**（non-equilibrium ordinary chondrite）Semarkona 中の鉄を多く含むコンドリュール中に存在する Al$_2$O$_3$ に富み，MgO を含まないガラス質ケイ酸塩

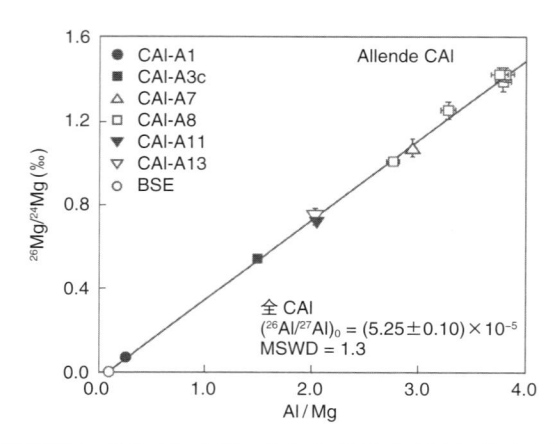

図 3.12 炭素質コンドライト（Allende）の CAI の Al-Mg アイソクロン [12]

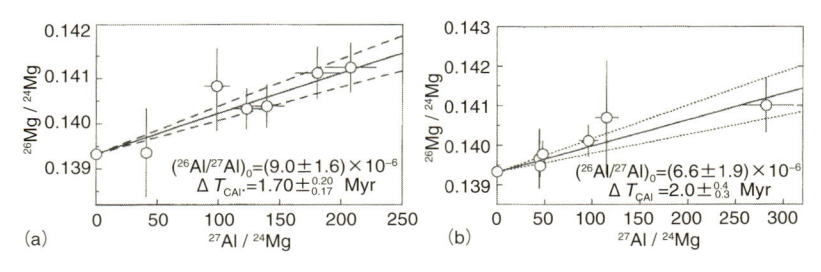

図 3.13 普通コンドライト（Semarkona）のコンドリュールの Al-Mg アイソクロン [13]
(a) CH4(Type II), (b) CH36(Type II).

の ^{26}Mg/^{24}Mg 比と ^{27}Al/^{24}Mg 比を分析した結果である [13]．図 3.12 に比較して，横軸の値が大きいことに注目してほしい．結果として ^{26}Mg の過剰も大きくなっている．2 つのコンドリュールで，直線の傾きから計算した ^{26}Al/^{27}Al 比は，おのおの $(9.0 \pm 1.6) \times 10^{-6}$ と $(6.6 \pm 1.9) \times 10^{-6}$ であった．これらの結果と上記のカノニカル値を基準物質として式 (3.18) に代入すると，年代差あるいは相対年代値は 180 ± 20 万年と 210 ± 35 万年になる．これらの年代差は鉛–鉛年代測定法で求めた Allende の CAI とコンドリュールの年代差 230 万年とよくあっており，誤差も十分に小さい．

図 3.14 は，このようにして求められた (a) CAI と (b) コンドリュールの ^{26}Al/^{27}Al 比をヒストグラムで示したものである [14]．CAI には同位体比に 2 つのピークがあり，1 つはカノニカル値の 5×10^{-5}，他の 1 つは 5×10^{-6} 以下の ^{26}Al が消滅したときの値である．二次イオン質量分析計で分析した低い ^{26}Al/^{27}Al 同位体比を示す部位を調べると，二次的な熱変成の影響を受けていることがある．つまり熱拡散により放射性起源の ^{26}Mg が系から失われたのであろう．また，さまざまな隕石の CAI が一致してカノニカル値を示すことは，ほとんどの CAI が初期太陽系の歴史の中で，ほぼ同時期に形成されたことを示唆する．一方，コンドリュールにも弱いながら 2 つのピークが見える．1 つは 1×10^{-5} であり，他の 1 つは ^{26}Al が消滅したときの値である．低い ^{26}Al/^{27}Al 同位体比を示す部位は CAI と同様に変成の跡が見える場合には議論から外される．カノニカル値と 1×10^{-5} の年代差は式 (3.18) で計算すると約 170 万年となる．この結果は，CAI やコンドリュールをつくった太陽系初期の高温の状

第 3 章　太陽系の形成と隕石の年代学

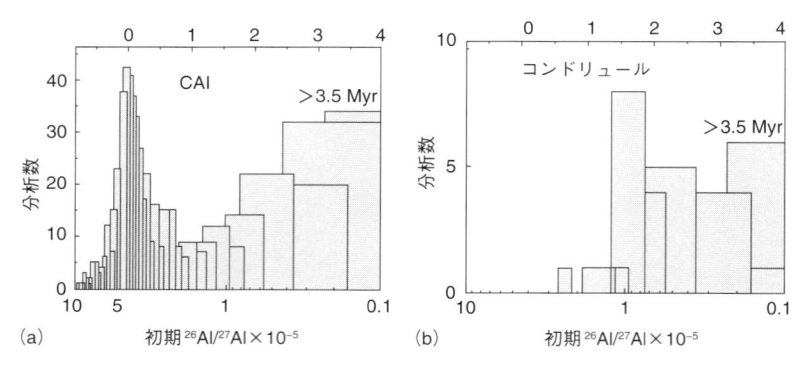

図 3.14　コンドライト中の初生アルミニウム同位体比（^{26}Al/^{27}Al）のヒストグラム [14]
(a) CAI のデータ，(b) コンドリュールのデータ．

態，たぶん標準モデルのステージ（c）ダストの沈殿と加熱・混合プロセスが，平均すると約 200 万年，ヒストグラムのピークの裾まで考えると 300 万年は続いたことを強く示唆する．実は，二次的な変成の跡もなく他の元素は大きな同位体異常を示すにもかかわらず ^{26}Al の過剰が認められない部位が CAI やコンドリュールに存在する．これらのもつ意味は今のところ不明である．

3.4.5　普通コンドライトの年代学

前項では，炭素質コンドライトを中心にして，CAI やコンドリュールの形成年代について解説した．それでは，落下が確認されている隕石で一番数が多い普通コンドライトの形成年代はどのような値であろうか．ここでは全岩または**バルク分析**（bulk analysis）あるいは**鉱物分離**（mineral separation）した分析について，表 3.1 にある絶対年代測定法による結果をもとに簡単に説明する．

1970 年代から 80 年代にかけて，**ルビジウム–ストロンチウム年代測定法**（Rb-Sr dating．次章で説明する）により盛んに普通コンドライトの全岩の形成年代が求められていた．結果はおおむね 4,550〜4,650 Ma の間にあり，現代の推定値と大きくは異ならない．しかし，ストロンチウム同位体比（^{87}Sr/^{86}Sr）を試料の溶解・分離・精製の後に TIMS の最高精度で分析して，たとえ 6 桁の値を得てもアイソクロン法で求まる年代の誤差は 4,600 Ma に対して 20 Ma 程度は見積もられる．一方，鉛–鉛年代によると誤差は最大で 1 Ma にすぎない．これ

66

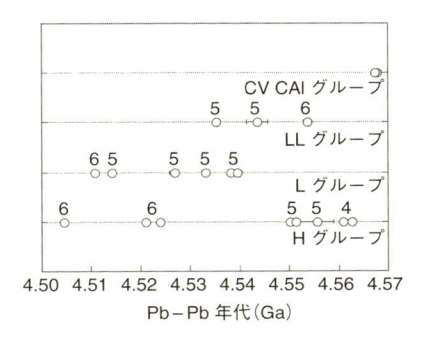

3.4 太陽系最古の物質と始原的な隕石の年代学

図 3.15 普通コンドライトのタイプ別の鉛同位体年代 [15]

では競争になるはずもなく，どちらの年代測定も応用可能な隕石の岩石・鉱物相では，ルビジウム–ストロンチウム法はほとんど駆逐されてしまった．同様の理由でサマリウム–ネオジム法も現在では隕石の年代測定にはあまり使われていない．もちろん鉛-鉛年代が使えない岩石・鉱物相では，カリウム–アルゴン法やレニウム–オスミウム法など他の手法に頼ることになる．

前章の隕石の化学組成の項において，図 2.7 の横軸で示すようにコンドライト隕石は岩石学的タイプにより分類されることを説明した．タイプ 3 から 4,5, 6 に向かい熱変成の影響が大きくなる．図 3.15 は H グループ，L グループ，LL グループごとに平衡コンドライト（タイプ 4 から 6）のマトリクスから**リン酸塩鉱物**（phosphate mineral）を分離し，その鉛–鉛年代を測定した結果である [15]．**アパタイト**（apatite；$Ca_5(PO_4)_3(OH, F, Cl)$）や**ウイットロカイト**（whitlockite；$Ca_9Mg(PO_3OH)(PO_4)_6$）などのリン酸塩鉱物はメルトから固化する際にウランを濃縮するため，放射性起源の鉛の存在度が多く，同位体を精度良く分析できるのが理由である．LL グループを除くと，熱変成の低いものほど年代が古くなっている．また，最も年代の古いものと炭素質コンドライトの CAI（4567.4 Ma）との年代差は約 500 万年である．すると平衡コンドライトの母天体は，少なくとも標準モデルのステージ（c）から 500 万年以内に形成されたのであろう．岩石学タイプとマトリクスの年代の逆相関は**カリウム–アルゴン法**（K-Ar dating）などの年代測定法でも確認されており，一般的な事実である．この傾向を説明するために，隕石母天体の層構造モデル（玉葱型モデ

ル）が提案されている．モデルの概略は，化学組成の似ている H グループは直径 100～200 km の大きさの 1 つの母天体を形成しており，熱変成度が高く年代が若いタイプ 6 はより中心部に近い深い層にあり，そこから浅い方向に向かってタイプ 5，タイプ 4 が層をつくり，一番上に非平衡のタイプ 3 があったという考えである．集積は低温で起こり，^{26}Al などの短寿命の放射性核種の壊変熱により，より深いものほど熱変成を強く受け，ゆっくり冷えたために，鉛–鉛年代が若くなっているのであろう．最も若い H6 の年代は 4,504 Ma であるから，冷却に 6,300 万年もの期間を要している．この冷却速度から壊変熱の発生と拡散のモデルにより直径 100～200 km が得られたのである．そして，このようにしてできた母天体が他の天体と衝突・破壊されて普通コンドライトの H グループをつくったのであろう．L グループや LL グループも同じように形成された可能性が指摘されている．

3.5 分化した隕石の年代学

分化した隕石は，大規模な母天体で分化・成層を起こしており，形成年代は炭素質コンドライトの CAI よりも若いと思われる．また，月や火星では太陽系の形成後も数億年にわたって火成活動が続いていた証拠として，隕石としては非常に若い年代が得られている．一方，ユークライト，アングライト，始原的エイコンドライトのグループには，アルミニウム–マグネシウム系の年代測定法が適用できるほど古い隕石も存在する．鉄隕石や石鉄隕石の金属層の年代は，母天体の金属核の形成・固化年代を意味し，**レニウム–オスミウム系**（Re-Os dating）の年代測定（表 3.1 を参照）により推定されている．その結果は，最も若い H6 の形成年代より古く，**金属コア**（metal core）は母天体の形成後 3,000 万年の間に固化したことを示唆する．以下に，月隕石の年代測定に関するトピックスを紹介する [16]．

1960 年代から 70 年代にかけて米国の**アポロ有人探査**（the Apollo program）や旧ソ連のルナ無人探査により，合計して 380 kg の月試料が地球に持ち帰られた．これらの試料の分析から月の起源や表層の進化に関する知識が飛躍的に増大した．しかし，探査による採取場所は月の表側の赤道付近に集中しており，他の地域の情報は不足している．一方，月隕石は採取場所を特定できないが，月

3.5 分化した隕石の年代学

面の広い場所をランダムにカバーしていると思われる．とくに月隕石により，これまで不明であった月の海の火山活動に関する成果が得られつつある．

月の表面は明るく光るデコボコな（**クレーター**（crater）とよばれる）**高地**（terrae）と暗くて平坦な**海**（mare）の2つの地形に分けられる．高地は地球の大陸地殻にあたり斜長岩からできており，ルビジウム-ストロンチウム年代測定法により44億～45億年の形成年代が得られている．この岩石は月の誕生直後に起きた**マグマオーシャン**（magma ocean）から晶出し，密度が低いために表面に浮上してできた原始地殻をつくっている．月の高地には，ほかに少量だがマグネシウムに富む輝石やかんらん岩を多く含む**マグネシウム・スーツ**（magnesium suite）とよばれる岩石や，**クリープ岩**（KREEP：カリウム；K，希土類元素；REE，リン；Pに富む）が存在するが，年代はおのおの約43億年と約39億年であり，地殻ができた後に火山活動で噴出したものと思われる．

月の海は地球と同じようにほとんど玄武岩からできており，クレーターをつくる小天体の衝突頻度（約39億年前まで起きていた隕石の絨毯爆撃）が小さくなってから，溶岩が火山活動で繰り返し流出することによって形成されたと思われる．チタンを多く含む玄武岩（high-Ti mare basalts）は比較的古く，35億～39億年の年代を示す．一方，チタン濃度が小さい玄武岩（low-Ti mare basalts）は若く，31億～34億年の年代をもつ．したがって，月の海の火山活動は高地に比べて新しいとされてきた．一方で月の海には，39億年より古い時代の玄武岩が厚い**レゴリス**（regolith；柔らかい堆積層）の下に埋っているとの仮説があった（図3.16）．これを**"Crypt-Mare（隠れた海）"** とよび，月形成初期の火山活動の鍵となる地形と思われていた．

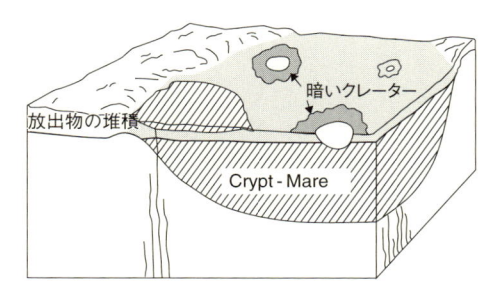

図3.16　月の"Crypt-Mare（隠れた海）"の模式図

1999年にボツワナのカラハリ砂漠で発見されたKalahari009は全岩の酸素同位体比とかんらん石の鉄/マンガン比から月起源であるとされた．また，鉱物学的観察からチタン濃度が小さい玄武岩であろうと思われていた．またアルゴン–アルゴン年代測定（表3.1にあるカリウム–アルゴン法の改良版であり，次章で解説する）により約17億年の形成年代が報告されていた．ところが，この隕石の薄片をつくり$10\,\mu m$程度の大きさのアパタイトなどのリン酸塩鉱物を探して，大型の二次イオン質量分析計（SHRIMP；9.5.3項参照）により$5\,\mu m$のスポットでウラン–鉛年代と鉛–鉛年代を測定した結果，$4,251 \pm 750\,\text{Ma}$と$4,368 \pm 160\,\text{Ma}$という非常に古い年代が得られた．2つの値は誤差の範囲でよく一致し，きわめて信頼度の高い年代値である．この年代はこれまで得られている月の海の試料で最も古いもので，高地のマグネシウム・スーツに匹敵する．そして，"Crypt-Mare"の仮説を検証するはじめての例となった．

SHRIMPによるリン酸塩鉱物のウラン–鉛年代測定法は，$1\,\text{Ma}$以下の誤差を必要とする普通コンドライトの研究における競争に参加するのは難しいが，月隕石や火星隕石など分化した隕石の年代学では，試料を破壊することが許されない場合が多く，今後も威力を発揮するであろう．

[補足] 2010年8月にBoubierとWadhwaにより，太陽系の年代としてさらに古い値（45億6,820万年）が発表された[17]．この値は，炭素質コンドライトNW2364のCAIの鉛–鉛アイソクロンによるものである．今後もさらに古い年代が得られる可能性は残っている．

● 参考文献

[1] 渡辺潤一・井田 茂・佐々木 晶，『太陽系と惑星』，現代の天文学第9巻，日本評論社（2008）．
[2] Anders, E. and Zinner, E., *Meteoritics*, **28**, 490（1993）．
[3] Zinner, E., "Meteorites, Comets and Planets"（Davis, A. M. ed.），Elsevier（2005）．
[4] 小嶋 稔・斎藤常正，『地球年代学』，地球科学第6巻，岩波書店（1978）．
[5] Dauphas, N., *Nature*, **435**, 1203（2005）．
[6] Hill, V., *et al.*, *Astron. Astrophys.*, **387**, 560（2002）．
[7] Wetherill, G. W., *Trans. Amer. Geophys. Union*, **37**, 320（1956）．

[8] Amelin, Y., *et al.*, *Science*, **297**, 1678 (2002).
[9] Connelly, J. N., *et al.*, *Astrophys. J.*, **675**, L121 (2008).
[10] Reynolds, J. H., *Phys. Rev. Lett.*, **4**, 351 (1960).
[11] Lee, T., Papanastassiou, D. P. and Wasserburg, G. J., *Geophys. Res. Lett.*, **3**, 109 (1976).
[12] Bizzarro, M., Baker, J. A. and Haack, H., *Nature*, **431**, 275 (2004).
[13] Kita, N. T., *et al.*, *Geochim. Cosmochim. Acta*, **64**, 3913 (2000).
[14] Davis, A. M., "Meteorites, Comets, and Planets", Treatise on Geochemistry, vol.1, Elsevier (2003).
[15] Gopel, C., Manhes, G. and Allegre, C. J., *Earth Planet. Sci. Lett.*, **121**, 153 (1994).
[16] Terada, K., *et al.*, *Nature*, **450**, 849 (2007).
[17] Boubier, A. and Wadhwa, M., *Nature Geoscience*, **3**, 637 (2010).
[18] Broecker, W. S. 著，齋藤馨児 訳，『なぜ地球は人が住める星になったか？』，講談社ブルーバックス，講談社サイエンティフィク (1988).

第4章 地球の誕生とその化学組成

前章では太陽系形成の標準モデルを解説し，始原的なコンドライトや月起源のエイコンドライトなど，さまざまなタイプの隕石の形成年代を議論した．さらに，プレソーラーグレインの同位体異常と銀河系における長半減期核種の観測に基づく重元素の年齢について言及した．本章では，地球の年齢と地球を形成する物質を隕石の化学組成から推定する試みについて解説する．とくに地球の年齢については，放射性核種を用いた絶対年代と相対年代の両者から詳しく検討を加える．

4.1 地球の年齢と地上最古の物質

4.1.1 地球の年齢

「地球はいつ生まれたのか？」という疑問はさまざまな起源の問題，たとえば「宇宙はいつ生まれたか？」や「生命はいつ生まれたか？」とともに多くの人が興味をもつ課題である．またこの問題は当然のこととして第一級のサイエンスの対象でもある．地球の年齢については19世紀の後半には物理学者のKelvin卿（William Thomson）と生物学者のCharles Darwinの間で有名な論争があった．Kelvin卿は，完全に溶解した熱い地球が冷えて固まるまでの年代を，一次近似として熱伝導により当時の物理学で説明し，たかだか2,000万〜4,000万年であるとした [1]．一方，Darwinはカンブリア紀から現在までの進化の多様性を説明するためには数億年の時間が必要であると主張した [2]．Kelvin卿は

4.1 地球の年齢と地上最古の物質

当時の物理学では未知の存在であった放射壊変による熱の生成を考慮していなかったので，冷却が早まり間違った年齢を与えたのである．その後の1940年代にHomes [3] やHoutermans [4] など地球科学や物理学の巨人たちによりこの問題は検討されたが，結論として地球の年齢は30億年から40億年と推定された．この問題を現代の地球化学の手法で検討したのは，Pattersonによる一連の研究に負うところが大きい [5]．ここでは彼の議論，「地球の年齢は隕石の年齢と等しい」をいったん保留して，地球上の最も古い物質の年代測定から始めて地球の年齢について詳しく説明していく．

4.1.2 世界最古の岩石と鉱物

地球の年齢を調べるためには，現在の地球上に存在する岩石や鉱物で最も古いものを発見するのが直感的にはわかりやすい手段である．長半減期の放射性核種を用いた年代測定法（表3.1）が開発された直後から，非常に古い岩石や鉱物を探す試みは始まった．これらの試みのなかで，1970年代に行われた研究の成果によると世界最古の岩石はグリーンランド南西部のゴットホープ地域ナルサク地区で採取されたアミツオク片麻岩である．Moorbathらはこの片麻岩をルビジウム–ストロンチウム年代測定法で分析した [6]．はじめにこの手法について簡単に説明する．ルビジウム-87は次の式に従ってストロンチウム-87に壊変する．なお，この式は図9.4を簡略化したものである．

$$^{87}\text{Rb} \longrightarrow {}^{87}\text{Sr} + \beta + \nu \tag{4.1}$$

ここで，νはニュートリノを示す．ストロンチウムには放射性起源の寄与がほとんどない安定な同位体として$^{84}\text{Sr}, {}^{86}\text{Sr}, {}^{88}\text{Sr}$が存在する．慣例的に$^{86}\text{Sr}$を分母にとって，次の年代式が得られる．

$$\left(\frac{^{87}\text{Sr}}{^{86}\text{Sr}}\right) = \left(\frac{^{87}\text{Sr}}{^{86}\text{Sr}}\right)_0 + \left(\frac{^{87}\text{Rb}}{^{86}\text{Sr}}\right)[\exp(\lambda_{87}t) - 1] \tag{4.2}$$

ここで，添え字の0は$^{87}\text{Sr}/^{86}\text{Sr}$比の初生値を示す．岩石を分析してデータを($^{87}\text{Rb}/^{86}\text{Sr}$)-($^{87}\text{Sr}/^{86}\text{Sr}$) 上にプロットしたときの式(4.2)に従う直線をルビジウム–ストロンチウムアイソクロン（Rb-Sr isochron）とよぶ．先に述べたアミツオク片麻岩を全岩で多数測定した結果を図4.1に示す．その結果，形成年代は$3{,}750\pm90$ Maと計算された．同じ試料を鉛–鉛アイソクロンの式(3.15)で求

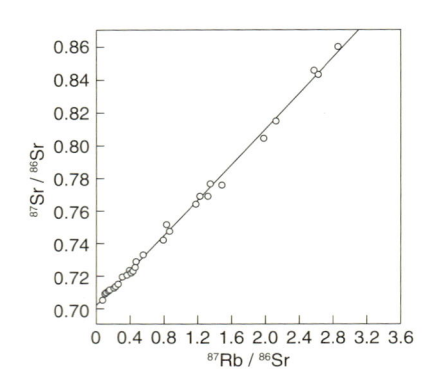

第 4 章 地球の誕生とその化学組成

図 4.1 アミツオク片麻岩のルビジウム–ストロンチウムアイソクロン [6]

めた結果は 3,800〜3,760 Ma とされた．これらの結果をもとに，世界最古の岩石の年代は約 38 億年とされた．太陽系で最も古い年代は 45 億 6,740 万年（前章で解説，前章末の補足も参照）であるから，地球上での空白の時間は約 7 億 7,000 万年と非常に長い時間である．

1989 年に，世界最古の岩石の発見という論文が Bowring らにより発表された [7]．この岩石はカナダ盾状地北西部のスレーブ区で採取されたアキャスタ片麻岩（gneiss）である．この岩石から分離したジルコン（鉱物：$ZrSiO_4$）の一部分を大型の二次イオン質量分析計（SHRIMP，9.5.3 項を参照）で 30 μm のスポットで分析した結果，3,962 Ma という鉛–鉛年代が得られた．ジルコンはマグマから晶出する際に結晶中にウランやトリウムを取り込み，鉛を排除する性質がある．またモース（Mohs）硬度は 6.5〜7.5 と高く，熱変成や風化作用にきわめて強い鉱物である．現在では，地質の基盤となる形成年代を調べるために最もよく用いられる鉱物である．前章の月隕石の年代測定では，リン酸塩鉱物上で複数のスポット分析によるアイソクロン法を用いた．一方，ジルコンの場合には形成時にウランを取り込み，鉛を排除するので，式 (3.16) の鉛同位体の初生値 $(^{206}Pb/^{204}Pb)_0$，$(^{207}Pb/^{204}Pb)_0$ の寄与がきわめて小さい．その結果，たった 1 つのスポットで十分な精度の鉛–鉛年代が得られる [8]．図 4.2 はアキャスタ片麻岩から分離したジルコンのスポット年代を示す．図には 2 つのグレイン（粒子；grain）があり，左図は分析前に電子線マイクロアナライザー

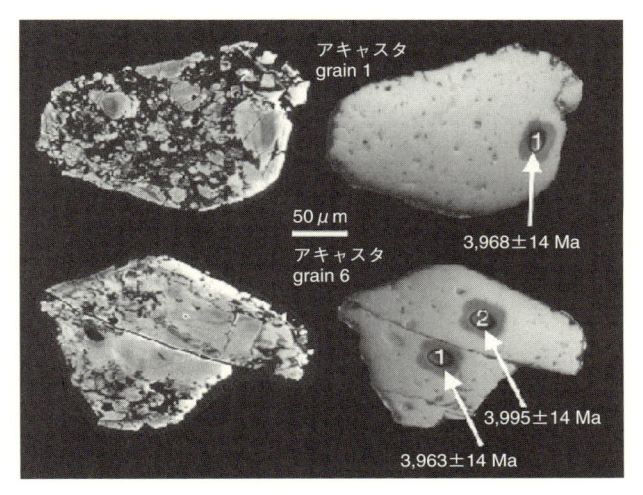

図 4.2 アキャスタ片麻岩から分離したジルコンの ^{207}Pb/^{206}Pb スポット年代 [8]

(EPMA；9.5.1 項を参照) で撮った散乱電子のイメージであり，右図は分析後の光学顕微鏡写真である．ジルコンがいかに強い鉱物であっても，高いウラン濃度により受ける放射線のダメージが約 40 億年積算されると，さすがに結晶構造が破壊されていく．この状態をメタミクトとよぶが，左図ではそれが細粒化したイメージで見える．SHRIMP によるウラン–鉛年代測定の優位性は，このようなメタミクトした部分を避けて，スポットで分析できることである（右図）．化学分解後に精製し，表面電離型質量分析計（TIMS；9.5.3 項を参照）による分析では，測定精度はきわめて高いが空間分解能が悪いので，このような試料ではメタミクトした部分も含んでしまい，正しい年代を与えない．なお，右図のクローバーのように見える黒い影は，分析前にイオンビームを振って，表面を清掃した結果である．右図の数値は鉛–鉛年代を示し，Bowring らの結果とよく合う約 39 億 6,000 万年だけでなく 39 億 9,500 万年という，さらに古い年代も得られた．この結果，世界最古の岩石の年代は 40 億年となった．

2008 年に世界最古の岩石の記録は更新されたと思われる．カナダ・ケベック州北部のハドソン湾沿岸にあるヌブアギーツ帯で発見されたカミングトン閃石（(Mg,Fe)$_7$(Si$_8$O$_{22}$)(OH)$_2$）を主成分として斜長石や石英，黒雲母を含む角閃岩

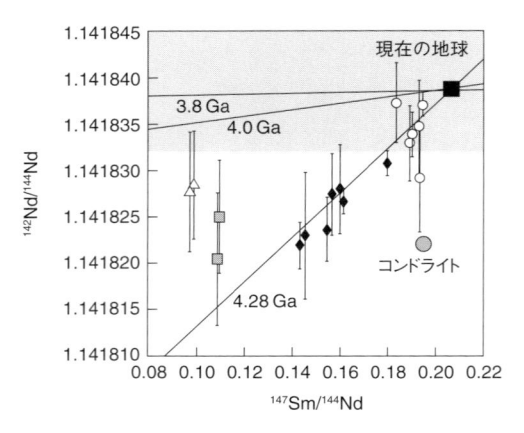

第 4 章　地球の誕生とその化学組成

図 4.3　ヌブアギーツ角閃岩のサマリウム–ネオジウムアイソクロン [9]

を分析したところ，**消滅核種**（extinct nuclide）^{146}Sm に起因する ^{142}Nd の負の異常が見られた [9]．サマリウム–ネオジムの系（表 3.2 を参照）では式 (3.19) に準じて次の式が成り立つ．

$$\left(\frac{^{142}\text{Nd}}{^{144}\text{Nd}}\right) = \left(\frac{^{142}\text{Nd}}{^{144}\text{Nd}}\right)_0 + \left(\frac{^{147}\text{Sm}}{^{144}\text{Nd}}\right)\left(\frac{^{146}\text{Sm}}{^{147}\text{Sm}}\right) \tag{4.3}$$

ここで，添え字の 0 はネオジム同位体比の初生比を示す．分析したデータを ^{147}Sm/^{144}Nd 比を横軸に，^{142}Nd/^{144}Nd 比を縦軸にプロットしたときの直線の傾きから消滅核種 ^{146}Sm と長半減期の同位体 ^{147}Sm との比が求まる．図 4.3 に上記の角閃岩から得られた結果を示す．アルミニウム–マグネシウムの系（たとえば図 3.12）との違いで注意すべき点は，この岩石が固化した時点で地球表層の岩石の平均に比べて，ネオジムに比較してサマリウムを含有する量が少なかったために，消滅核種の影響から ^{142}Nd/^{144}Nd が表層岩石の平均値より小さいことである（負の異常）．ともかく図 4.3 から傾きを求め，鉛–鉛年代が 45 億 5,784±52 万年を示す．南極で採取されたアングライト LEW-86010（アングライトは分化した隕石で第 2 章に説明がある）の ^{146}Sm/^{147}Sm=1.45±0.35×10^{-3} と式 (3.18) から絶対年代に変換すると $4{,}280^{+53}_{-81}$ Ma となった．この年代はアキャスタ片麻岩より 2 億 8 千万年古く，世界最古の岩石といえる．ただし問題は残っており，1 つは同じヌブアギーツ帯で採取した斑れい岩について，長半減期のサマリウム–ネオジム年代測定（^{147}Sm-^{143}Nd，表 3.1 を参照）で全岩アイソクロ

4.1 地球の年齢と地上最古の物質

ンをつくると，年代は $4,023\pm110$ Ma と若いことである．しかし，図 4.3 にあるように 40 億年の傾き（^{146}Sm/^{147}Sm）は分析値より明らかに小さい．なぜこのような現象が起きるか原因は不明である．他の問題点は，原理的には分母に安定な同位体（^{144}Sm）を使うべき式 (4.3) で，長半減期の ^{147}Sm を使っている点である．この研究ではネオジムとサマリウムの分離が十分でなく，^{144}Nd の影響があって ^{144}Sm が精度良く分析できていないためにネオジムの同位体が存在しない質量数 147 でサマリウムを分析した可能性もある．しかし，^{147}Sm の半減期は ^{146}Sm に比べると非常に長いので，式 (4.3) で計算する年代値の誤差はきわめて小さい．ともかく，このような問題点を含むので，はじめに世界最古の岩石と 思われる と記したのである．もしこのデータを信じるならば，空白の時間は 45 億 6,740 万年と比較して 2 億 8,700 万年に縮まる．

次に世界最古の鉱物について言及する．SHRIMP を開発したオーストラリア国立大学のグループは，オーストラリア西部のイルガン地塊の西部片麻岩層地域内にあるナリア山地から採取した珪岩から**砕屑性ジルコン**（detrital zircon）を抽出し，そのウラン–鉛年代と鉛–鉛年代をスポットで測定した．ここで砕屑性とは，どこかの場所でマグマから晶出したが，母岩は風化で消失し残ったジルコンが別の場所で堆積岩に取り込まれたものである．彼らはナリア山地のジルコンの年代は 41 億〜42 億年であり，少なくとも 41 億年前には始原的な地殻が存在したと主張した [10]．一方，フランスのパリ大学のグループは同じ岩石から分離したジルコンを化学分解後に TIMS によりウラン–鉛年代を出したが，31 億〜37 億年と若い結果となった [11]．この後しばらく *Nature* 誌上で最古の鉱物を探す論争が行われたが，結局 SHRIMP 側の正しさが証明された．40 億年を超えるようなジルコンは 100 個に数粒と非常に少ないうえに，図 4.2 に示したようにメタミクトした部分を含むことが多く，TIMS では若返った値を示したのであろう．

2001 年になって，同じオーストラリア西部のイルガン地塊のジャックヒルズとよばれる地域で採取された堆積岩から分離した数千個のジルコンの中から，非常に古いジルコンが発見された [12]．図 4.4 に SHRIMP により分析した各スポットの鉛–鉛年代を示す．年代値は 4,283 Ma から大きく変動するが，最も古い値は $4,404\pm4$ Ma である．この年代はこれまで地球上で見つかったすべての岩石・鉱物中で最も古い年代である．そして地上の空白の時間は 45 億 6,740 万

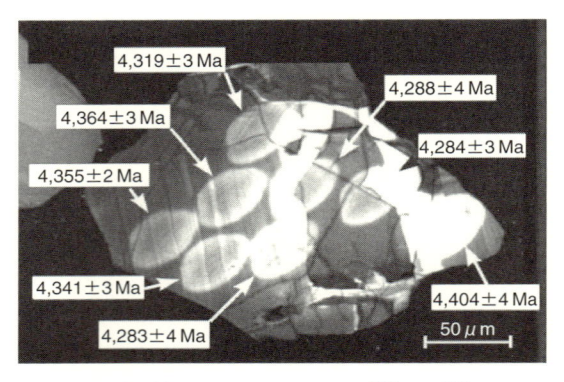

第 4 章　地球の誕生とその化学組成

図 4.4　ジャックヒルズで採取されたジルコンの ^{207}Pb/^{206}Pb スポット年代 [8]

年と比較して 1 億 6,300 万年に縮まった．ともかく地球の年齢は 44 億年より古いことがこのデータから確定できたことになる．

4.2　地球の年齢と隕石の年代

前項で述べたように地球上の最古の物質は 44 億年の年代を示し，地球の誕生はそれよりもたぶん古いであろう．第 3 章で述べた太陽系形成の標準モデルによれば，原始太陽が誕生してから約 1,000 万年で地球型惑星が形成されたことになる．この年代は観測された太陽系最古の年代（45 億 6,740 万年）と比較すればはるかに短いので，地球の年齢は隕石の年齢と等しいといっても間違いではない．しかし，そのための観測あるいは実験的な事実が必要である．

4.2.1　鉛同位体を用いた地球と隕石の絶対年代

ここでこの章のはじめに述べた Patterson による鉛同位体を用いた地球の年齢の議論に戻る [5]．式 (3.15) で隕石の年代を求める手法について説明したが，その趣旨は横軸に ^{206}Pb/^{204}Pb 比をとり，縦軸に ^{207}Pb/^{204}Pb 比を取ってデータをプロットした場合に，年代が同じ試料は同じ直線上に並ぶということである．1950 年代に求められた鉄隕石（Henbury, Canyon Diablo）と石質隕石（Nuevo Laredo, Forest City, Modoc）の鉛同位体比をプロットしたのが図 4.5 である．

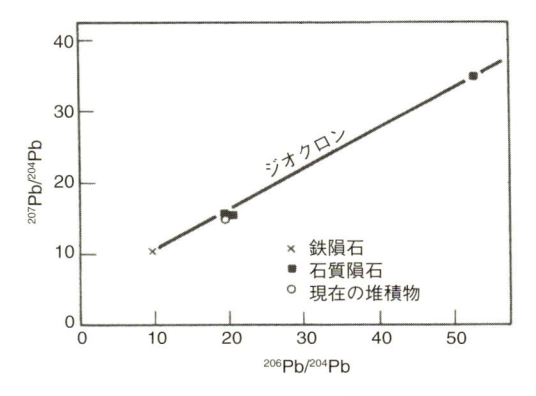

図 4.5　鉄隕石と石質隕石の鉛同位体プロット [5]

この直線の傾きから隕石の鉛–鉛年代は $(4.55 \pm 0.07) \times 10^9$ 年と求まった．この値は 50 年前の実験結果にもかかわらず，現在の隕石の年代値（図 3.15）と誤差の範囲で一致することに注目してほしい．当時の鉛同位体比の測定が高いレベルにあることの証拠である．次に，地球を代表する試料として新しい表層の海底堆積物を選んだ．これは自然の風化，侵食などのプロセスで広域の地殻物質をよく混合した物質として海底堆積物が適切であるという考えに基づく．図 4.6 にそのデータがプロットされているが，隕石のつくる直線上の値と誤差の範囲で一致する．すると，海底堆積物が地球を代表する物質であるとの仮定を認めれば，地球の年齢は隕石の年代である $(4.55 \pm 0.07) \times 10^9$ 年と等しいという結論が導かれる．これが長い間信じられていた，地球の年齢を決定したという Patterson の主張である．しかし，現在ではこの一致はたぶん偶然のものであると思われている．また地球物質の鉛同位体から得られる形成年代は，核–マントル（次節で説明する）の分離あるいは地殻–マントルの分離というイベントを記録するもので，地球の年齢を示すものではないとの考え方が一般的である．その論拠を Allegre らの説 [13] に基づき，次に説明する．

はじめに地球の誕生を，「地球が微惑星の集積により現在とほぼ同じ大きさになったとき」と定義する．次に最近のデータを吟味する．図 4.6 は地球上のさまざまな物質の鉛同位体比を高精度で分析し，図 4.5 と同じ手法でプロットしたものである．ただし，横軸と縦軸の目盛りに注目すると，図 4.5 の一部を拡大

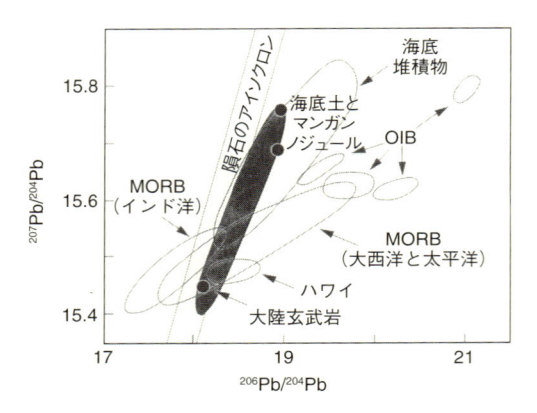

第 4 章　地球の誕生とその化学組成

図 4.6　さまざまな地球物質の鉛同位体プロット [13]
MORB：中央海嶺玄武岩，OIB：海洋島玄武岩．

していることがわかる．このなかでどれが地球を代表する物質になるだろうか．問題は，地球にはその誕生から現在まで，太陽系形成に伴う始原的な元素組成や同位体組成を保っている物質は存在しないことである．ある意味で地球は生きており，上部マントル，地殻，大気・海洋といった層構造をもち（固体地球の構造については次節で説明する），リザーバー間で物質が循環している．たとえば，年代の議論で必要なウランと鉛はどちらも上部マントルよりは地殻に濃縮する元素である．しかも詳しく調べると，ウラン/鉛比は地殻ではマントルと比較して大きくなる傾向にある．すると，年代とともに鉛同位体比（^{206}Pb/^{204}Pb, ^{207}Pb/^{204}Pb）は成長するが，その率は地殻で大きく上部マントルで小さくなる．そこで，地球の金属でできた核を除いたケイ酸塩でできた部分（地殻＋マントル）の総体を **bulk silicate earth**（BSE）とよぶと，BSE の鉛同位体比は上部マントルと地殻の値の中間になるであろう．さまざまな同位体組成の検討から，現在では**中央海嶺玄武岩**（mid-ocean ridge basalt, MORB）が上部マントルを代表する物質と考えられている．そこで，大西洋，太平洋，インド洋の MORB の鉛同位体比のデータ（図 4.6）から式 (3.16) により年代を計算してみる．ここで，初生比には太陽系で最も始原的な鉛同位体比（鉄隕石 Canyon Diablo のトロイライト [FeS] から求めた値：^{206}Pb/^{204}Pb=9.307, ^{207}Pb/^{204}Pb=10.294）を用いる [14]．すると大西洋は 44 億 4,000 万年，太平洋は 44 億 3,000 万年，イ

ンド洋は44億8,000万年となる．BSEと比較すると，上部マントルはウラン/鉛比が低い成分であるから，放射性起源の^{207}Pb/^{206}Pb比は小さくなり，上記の年代はBSEの年代の上限値となる．結局，BSEの年代は44億5,000万年より若いだろうという結論が得られる．先にジャックヒルズのジルコンから求めた年代は44億400万年であったから，BSEの年代は44億～44億5,000万年の間にあると推定される．鉛同位体からいえるのはここまでであり，求めたBSEの年代がはじめに定義した地球の誕生にあたるのか議論する必要がある．

4.2.2 キセノン同位体を用いた地球と隕石の相対年代

前章で消滅核種として最初に発見されたのは^{129}Iの壊変による^{129}Xeの過剰であるが，^{244}Puの**自発核分裂**（spontaneous fission）の影響もあるのでキセノン同位体比の議論は複雑であると述べた．ここでは，ヨウ素-キセノン，プルトニウム–キセノンの系を使った地球と隕石の相対年代を推定し，先に述べた鉛同位体の議論と照合する．キセノンは鉛と化学的性質が大きく違い，常温常圧では気体の元素である．したがってその挙動は岩石に濃縮する鉛とは大きく異なる．このことを念頭において，はじめにヨウ素–キセノン系について考える．式(3.19)や式(4.3)と同じように^{132}Xeを分母にとって^{129}Iが^{129}Xeに壊変したとすれば，次の式になる．

$$\left(\frac{^{129}\mathrm{Xe}}{^{132}\mathrm{Xe}}\right) = \left(\frac{^{129}\mathrm{Xe}}{^{132}\mathrm{Xe}}\right)_0 + \left(\frac{^{127}\mathrm{I}}{^{132}\mathrm{Xe}}\right)\left(\frac{^{129}\mathrm{I}}{^{127}\mathrm{I}}\right) \quad (4.4)$$

ここで，添え字の0はキセノン同位体比の初生比を示す．分母にはプルトニウムの自発核分裂の影響がほとんどない^{130}Xeを取るべきであるが，1960年代では，存在度の小さな^{130}Xeが精度良く測定できなかったのであろう．分析したデータについて，アルミニウム-マグネシウム法と同じように，横軸に^{127}I/^{132}Xe比を，縦軸に^{129}Xe/^{132}Xe比を取ってプロットしたときの直線の傾きから消滅核種^{129}Iと安定同位体^{127}Iとの比が求まる．キセノンの同位体比は，試料を高温に加熱して，脱ガスされる気体中のキセノンを超高真空ラインで分離・精製してから，静作動型希ガス用質量分析計（9.5.3項で解説）で測定する．一方，ヨウ素は分解後，溶液にして吸光分析装置やイオンクロマトグラフィーなどで分析されるが，極微量の場合には精度良く定量するのが難しい元素である．そこで，JeffreyとReynoldsはヨウ素とキセノンを同時に分析する画期的な手法を

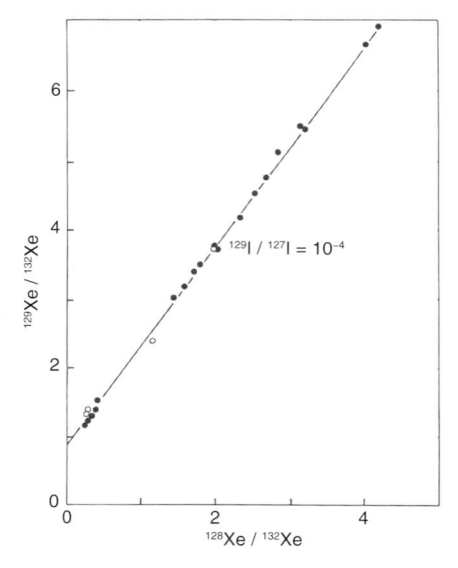

図 4.7 普通コンドライト（Richardton）から抽出したキセノンの同位体プロット [16]

開発した [15]．中性子放射化分析法（9.5.1 項で解説）で隕石試料の微量元素を分析するように，原子炉で熱中性子を照射する．すると，次の式に従い試料中のヨウ素（^{127}I）は ^{128}I に変換される．

$$^{127}\text{I} + \text{n} \longrightarrow {}^{128}\text{I} + \gamma \tag{4.5}$$

^{128}I は半減期 25 分で次の式に従って ^{128}Xe に β 壊変する．

$$^{128}\text{I} \longrightarrow {}^{128}\text{Xe} + \beta^- + \overline{\nu} \tag{4.6}$$

なお，^{127}I から ^{128}Xe が生成される割合は，ヨウ素濃度既知の標準試料を**放射化**（radioactivation）して分析することで実験的に求めることができる．結局 ^{127}I の代わりに先に述べた方法で ^{128}Xe を抽出し，希ガス用質量分析計で分析すれば，式 (4.4) の（^{127}I/^{132}Xe）比を精密に求めることができる．このようにして，図 3.11 にキセノンの質量スペクトルを示した Richardton 隕石を分析した結果を図 4.7 に示す [16]．試料を加熱する際の温度を制御することで，異なる鉱物相のキセノン同位体比を測定できる．これを段階加熱法とよぶ．図中の

白丸は 1,100℃ 以下,黒丸は 1,100℃ 以上の脱ガス温度を示す.データはよく直線にのり,式 (4.4) を当てはめるとヨウ素同位体比 (^{129}I/^{127}I) が 1×10^{-4} と求まる.さまざまな隕石についてヨウ素同位体比が求められており,7×10^{-5} から 1.6×10^{-4} まで変動することが知られている.この値を式 (3.18) に代入すれば,隕石間の相対年代を求めることができる.ヨウ素–キセノン系では慣習的にタイプ L4 の Bjurbole 隕石 (^{129}I/^{127}I= 1.1×10^{-4}) を基準物質とするので,ここではそれに従う.すると,これまでに報告されているほとんどの隕石の相対年代は ±1,000 万年の年代差の範囲に入っている.タイプ 4-コンドライトの形成年代は図 3.15 から 45 億 6,000 万年と推定されるので,絶対年代に換算すると,隕石のヨウ素–キセノン年代は 45 億 7,000〜45 億 5,000 万年の間に入る.この結果は図 3.15 と比較すると年代範囲が狭く思われるが,これから地球の年齢を議論するので,その理由については深く立ち入らない.

地球と Bjurbole 隕石の年代差 (Δt) は,式 (3.18) にヨウ素同位体比を代入して次の式で表される.

$$\Delta t = -\frac{1}{\lambda} In \left(\frac{(^{129}\mathrm{I}/^{127}\mathrm{I})_\mathrm{E}}{(^{129}\mathrm{I}/^{127}\mathrm{I})_\mathrm{B}} \right) \tag{4.7}$$

ここで添え字の E と B はそれぞれ地球と Bjurbole 隕石を示す.相対年代を求めるためには過剰な ^{129}Xe から地球のヨウ素同位体比を推定する必要がある.

地球のキセノン同位体比を大気中のキセノンで代表させることにする.これは,先に鉛同位体の議論で述べた地球のケイ酸塩の平均(BSE:地殻 + マントル)が,地球誕生時に取り込んだキセノンは現在はほとんど大気中に脱ガスしているという仮定に基づく.大気中には 87 ppb のキセノンが存在し,その ^{129}Xe/^{130}Xe 比(図 4.7 では ^{132}Xe を分母にとったが,そこには ^{244}Pu の核分裂の影響があり,現在では ^{130}Xe を分母に取るのが正しいとされている)は太陽大気(太陽風の値)のキセノンの ^{129}Xe/^{130}Xe 比より 2% 大きい.ところが,このデータから単純に過剰な ^{129}Xe は 2% と計算することはできない.理由は地球大気のキセノンが**質量に依存する分別**(mass dependent fractionation)の影響を受けているからである.図 4.8 は代表的なコンドライト隕石中のキセノン同位体組成から求めた始原的キセノン(primordial xenon) [17]の ^{i}Xe/^{130}Xe 比($i = 124 \sim 136$)で,太陽風と地球大気中の ^{i}Xe/^{130}Xe 比を規格化した値を質量数に対してプロットしたものである.太陽風のキセノン同位体比が始原的キ

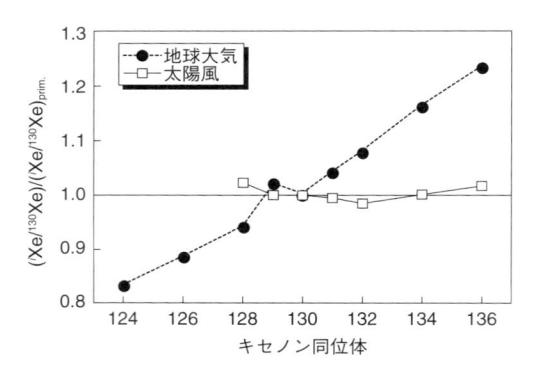

第 4 章　地球の誕生とその化学組成

図 4.8　代表的なコンドライトのキセノン同位体組成

セノンとほとんど同じパターンを示すのに対して，地球大気中のキセノンが重い同位体を濃縮するように分別していることがわかる．この分別効果を補正すると過剰な ^{129}Xe は 5.5% になる．さらに，太陽風や隕石の平均値から求めた始原的キセノンにもすでに過剰の ^{129}Xe が存在するという議論があり，隕石中で最小の ^{129}Xe/^{130}Xe 比を基準にすべきである．すると，地球大気中の過剰な ^{129}Xe は 6.8±0.5% となる．

　式 (4.7) から年代を求めるためには，大気中の過剰 ^{129}Xe と BSE のヨウ素存在量が必要である．Jambon らのグループは MORB に加えて典型的なマントル物質である**海洋島玄武岩**（oceanic island basalt, OIB）と**背弧海盆玄武岩**（back-arc basin basalt, BABB）中のヨウ素濃度を中性子放射化分析法で精密に測定した．その結果は大部分が 2.5 ppb から 13 ppb の間にあった．一方，地殻中には平均すると 1.55 ppm のヨウ素が含まれている．これらのデータをまとめると，BSE のヨウ素濃度は 9～24 ppb の範囲にあり，平均値は 10 ppb と推定される [18]．マントルと地殻の質量を積算すると 4.07×10^{27} kg である．濃度を 10 ppb とすれば，BSE の ^{127}I 総量は 3.21×10^{17} mol となる．一方，大気中のキセノン総量は 1.54×10^{13} mol である．したがって BSE からの脱ガス率を 100% として，^{129}Xe の同位体存在度 (0.264 4) と過剰の 6.8% から，^{129}I は 2.77×10^{11} mol あったと推定できる．このようにして $(^{129}\mathrm{I}/^{127}\mathrm{I})_\mathrm{E} = 8.6 \times 10^{-7}$ が求まる．式 (4.7) にこの値と Bjurböle 隕石のヨウ素同位体比 $= 1.1 \times 10^{-4}$ を代入すると，形成年代の差，あるいは相対年代として 1 億 1,000 万年が求まる．

4.2 地球の年齢と隕石の年代

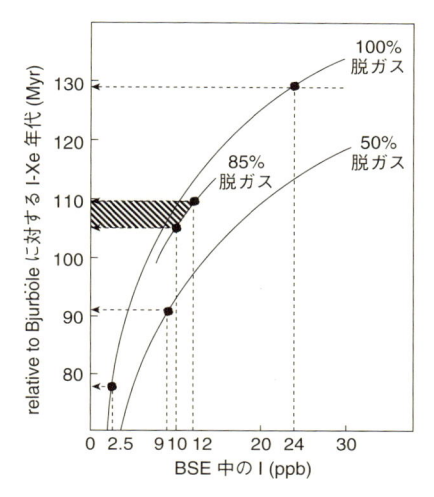

図 4.9 BSE 中のヨウ素濃度とヨウ素–キセノン年代との関係

Bjurböle 隕石はタイプ L4 であり，形成年代は 45 億 6,000 万年と推定されるから（図 3.15），地球の絶対年齢は 44 億 5,000 万年となる．ここで，年代計算のパラメータとして変動する可能性があるのは，はじめに BSE がもっていたキセノンのうち，どれだけが脱ガスして大気中に存在するか，と BSE のヨウ素濃度である．図 4.9 にこれらを変動させたときに地球の相対年代がどの程度変化するかを示した．現実的な値として，脱ガス率を 85%，ヨウ素濃度を 10〜12 ppb で変化させると，相対年代は 1 億 500 万年から 1 億 1,000 万年となる．この値は絶対年代に直すと鉛同位体比から推定した BSE の 44 億〜44 億 5,000 万年と非常によくあっている．先に述べた鉛とキセノンの化学的性質の違いを考えると，これは驚くべき一致である．

隕石中のキセノン同位体比を詳しく調べると，プルトニウム（^{244}Pu）の自発核分裂によって生じる重い同位体（^{131}Xe, ^{132}Xe, ^{134}Xe, ^{136}Xe）の過剰が見られる．ややこしいことにウラン（^{238}U）も自発核分裂を起こし，キセノンの重い同位体を過剰とするが，実は ^{132}Xe, ^{134}Xe, ^{136}Xe の存在度パターンが異なるので区別することができる．また，プルトニウムには安定な同位体が一つも存在しないので，式 (4.4) で ^{127}I に相当する核種がない．そこで化学的性質が似ていて，大きな分別を起こさないと思われる長半減期のウラン同位体との

比 (^{244}Pu/^{238}U) を取ることが多い．結局，プルトニウム–キセノン年代は次の式で示される．

$$\left(\frac{^{136}\mathrm{Xe}}{^{130}\mathrm{Xe}}\right) = \left(\frac{^{136}\mathrm{Xe}}{^{130}\mathrm{Xe}}\right)_0 + \left(\frac{^{238}\mathrm{U}}{^{130}\mathrm{Xe}}\right)\left(\frac{^{244}\mathrm{Pu}}{^{238}\mathrm{U}}\right) \tag{4.8}$$

ここで，添え字の 0 は ^{136}Xe/^{130}Xe の初生値を示す．この式に従って，分析したタイプ LL6 の St. Severin 隕石のデータをプロットして ^{244}Pu/^{238}U 比を求めると 6.8×10^{-3} になる．一方，地球については，大気中のプルトニウム起源の ^{136}Xe は全体の 2.8% にあたることが計算されている [17]．地殻中のウラン濃度は 0.91 ppm であるから，ヨウ素の場合と同様に計算すると ^{244}Pu/^{238}U$= 2.6 \times 10^{-3}$ となる．その結果，相対年代は 1 億 1,400 万年と推定できる．St. Severin 隕石の年代は 45 億 5,360 万年（第 3 章の文献 [15] を参照）であるから，地球の絶対年齢は 44 億 3,960 万年となる．ヨウ素–キセノン系で行った議論と同じようにキセノンの脱ガス率を変えると相対年代は変化するが，現実的な範囲では，どのように変化させても相対年代は 7,000 万年以下にならない．結局，鉛–鉛年代，ヨウ素–キセノン年代，プルトニウム–キセノン年代の結果は整合的であり，地球（BSE）の絶対年齢は 44 億〜44 億 5,000 万年となる．

4.2.3 タングステン同位体を用いた地球と隕石の相対年代

前項でキセノン同位体を用いた消滅核種による年代の議論をしたが，ここではハフニウム–タングステン系を使った地球と隕石の相対年代を推定し，先に述べた鉛–鉛年代，ヨウ素–キセノン年代，プルトニウム–キセノン年代と比較検討する．ハフニウム-182 は次の式に従って，タングステン–182 に半減期 900 万年で二重 β 壊変という珍しい崩壊をする．

$$^{182}\mathrm{Hf} \longrightarrow {}^{182}\mathrm{W} + 2\beta^- + \bar{\nu} \tag{4.9}$$

タングステンには放射性起源の寄与がほとんどない安定な同位体として ^{180}W，^{183}W，^{184}W，^{186}W が存在するが，ここでは ^{183}W を分母にとると，式 (3.19) に準じて次の式が成り立つ．

$$\left(\frac{^{182}\mathrm{W}}{^{183}\mathrm{W}}\right) = \left(\frac{^{182}\mathrm{W}}{^{183}\mathrm{W}}\right)_0 + \left(\frac{^{180}\mathrm{Hf}}{^{183}\mathrm{W}}\right)\left(\frac{^{182}\mathrm{Hf}}{^{180}\mathrm{Hf}}\right) \tag{4.10}$$

ここで，添え字の 0 はタングステン同位体比の初生比を示す．さまざまな試料

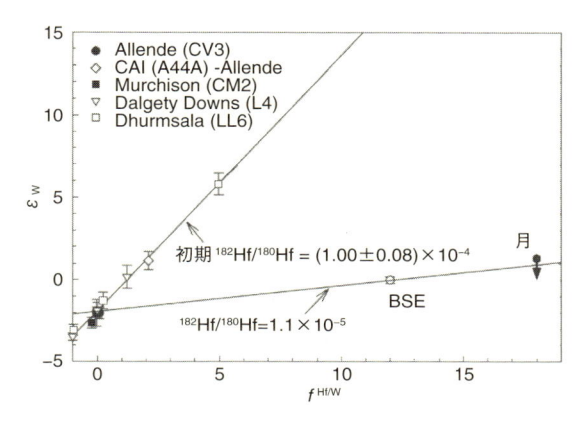

図 4.10 コンドライト隕石，BSE，月の岩石のハフニウム–タングステンアイソクロン [19]

を分析したデータについて，^{180}Hf/^{183}W 比を横軸に，^{182}W/^{183}W 比を縦軸にプロットしたときの直線の傾きから消滅核種 ^{182}Hf と安定同位体 ^{180}Hf との比が求まる．タングステンは TIMS ではイオン化し難い元素であり，マルチコレクター型の ICP–質量分析計が登場してから，ようやく精密な同位体比が実験的に求められるようになった．ところで観測されるタングステン同位体比（^{182}W/^{183}W）の変動は非常に小さいので，次の式に従って 10,000 分率（ε 値）で示す．

$$\varepsilon_W = \left(\frac{(^{182}W/^{183}W)_{\text{sample}}}{(^{182}W/^{183}W)_{\text{standard}}} - 1 \right) \times 10^4 \tag{4.11}$$

ここで，添え字の sample と standard は分析した試料と地球物質の標準試料を示す．また，横軸の ^{180}Hf/^{183}W 比も規格化して表すことが多く，次の式で示す．

$$f^{\text{Hf/W}} = \left(\frac{(^{180}\text{Hf}/^{183}\text{W})_{\text{sample}}}{(^{180}\text{Hf}/^{183}\text{W})_{\text{CHUR}}} - 1 \right) \tag{4.12}$$

ここで，添え字の sample と CHUR は分析した試料と Yin らの主張する炭素質コンドライトの平均値 = 2.836 (chondrite uniform reservoir, CHUR) である [19]．図 4.10 にコンドライト隕石（炭素質だけでなくタイプ L4 と LL6 を含む）と地球のケイ酸塩の平均（bulk silicate earth, BSE）と月の岩石のデータを，横軸に $f^{\text{Hf/W}}$ を取り，縦軸に ε_W を取って示す．コンドライト隕石は図上でほぼ直線に乗り，その傾き（^{182}Hf/^{180}Hf）は 1.0×10^{-4} である．一方，地球が炭

第 4 章　地球の誕生とその化学組成

素質コンドライト隕石から進化したと仮定すれば，BSE と CHUR を結ぶ直線の傾き（1.1×10^{-5}）が地球の年齢を表す値となる．式 (4.7) と同様にハフニウム同位体比の違いから地球とコンドライト隕石の年代差は 2,870 万年と求まる．鉛–鉛年代，ヨウ素–キセノン年代，プルトニウム–キセノン年代は約 1 億年であったから，著しく若いことがわかる．なお，この値は金属で構成される地球の核とケイ酸塩からなる BSE が分離した年代を示しており，その分離は 1 回のプロセスであり，^{182}Hf が完全に壊変してからは，コアとマントルで物質循環は起こらないという仮定の基に成り立っている．

図 4.10 には月の岩石のデータもプロットされている．Yin らは月の岩石が BSE と CHUR を結ぶ直線上にあるので，月と地球がほぼ同時期に生まれたと主張している [19]．しかし，ややこしいことに月の試料では，^{182}Hf の壊変によらない過剰の ^{182}W の存在が明らかになった．これは月面上で高エネルギーの宇宙線により照射された ^{181}Ta の核反応で生じた ^{182}Ta が β 壊変でできる ^{182}W である．たとえばアポロ 17 号が採取した月の海の玄武岩では，ε_W が +22 に達するものが知られているが，これは ^{181}Ta の核反応によるとされている [20]．そこで図 4.10 では ^{181}Ta の寄与を考え，月の試料に下向きの矢印がつけてある．次に，ハフニウム–タングステン系により，月の試料から地球の年齢について制約を与える議論を説明する．Touboul らは月の高地から採取された**クリープ岩**（カリウム，希土類元素，リンに富んだ岩石：KREEP），海起源のチタン濃度が高い玄武岩，チタン濃度が低い玄武岩（これらの説明は前章の終わりにある）のタングステン同位体比（^{182}W/^{184}W）とハフニウム/タングステン比（^{180}Hf/^{184}W）を精密に測定した [21]．ここで Yin らとは違って分母に ^{184}W を取っているが，どちらも安定同位体なので基本的には同じことである．彼らは ^{181}Ta の核反応による影響のない試料を吟味して用い，消滅核種 ^{182}Hf による相対年代を求めた．図 4.11 にその結果を示す．最新の隕石データを取り入れて求めた ^{182}Hf/^{180}Hf 比を 1.07×10^{-4} としている．この値は図 4.10 の 1.0×10^{-4} と誤差の範囲で等しい．図中の傾きは相対年代を 100 万年単位で示している．すべてのデータは誤差の範囲で相対年代として 6,000 万年から 7,000 万年の間に入っているが，傾きがゼロの直線とも一致する．結局，このデータは月と地球の形成が，太陽系の始まりから 6,000 万年より後に起きたことを示唆している（計算値は 62^{+4505}_{-10} Ma である）．この結果は先に求めた約 1 億年という鉛–鉛

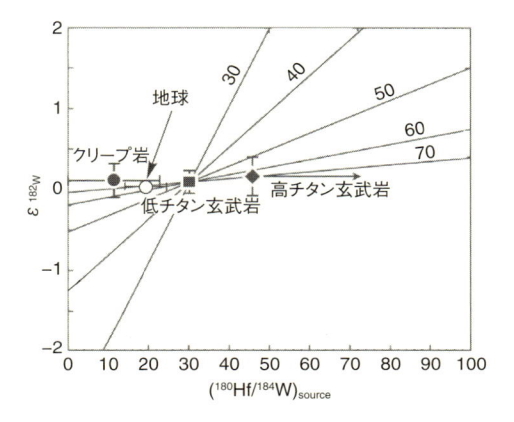

figure 4.11 月のさまざまな岩石のハフニウム–タングステンアイソクロン [21]

年代，ヨウ素–キセノン年代，プルトニウム–キセノン年代に大きく近づくことになる．すると図 4.10 の BSE と CHUR を結ぶ直線の傾き（1.1×10^{-5}）から求めた相対年代 2,870 万年が間違いであった可能性がある．相対年代を 6,000 万年にするためには，図 4.10 での傾きとしてほぼ 1×10^{-6} が必要になる．しかし，この傾きを維持するためには，BSE を通る直線は炭素質コンドライトの平均値を大きく外れてしまう．つまりハフニウム–タングステン系では，地球が炭素質コンドライト隕石から直接的に，進化したという仮定に問題があると結論できる．他の説として，軽元素の安定同位体による研究から，地球の原料はエンスタタイトコンドライトであるといわれている．

この項の最後に，月の最古の鉱物の年代について説明する．地球最古の鉱物は本章のはじめに示したように，オーストラリア西部で採取されたジルコンであり，その鉛–鉛年代は 44 億 400 万年とされている．同様に，アポロが持ち帰った月の岩石試料からジルコンを分離して，その鉛–鉛年代を SHRIMP で分析する試みがある．2009 年に Nemechin らは，アポロ 17 号が採取した角礫岩（高地の斜長岩）の薄片標本中に直径約 400 μm の大きなジルコンを発見した．その研磨された表面で，合計 41 スポットの鉛–鉛年代を求めた [22]．図 4.12 はその結果を示す．年代は最も若いスポットで 43 億 3,100 万年（$4,331 \pm 16$ Ma），最も古いスポットで 44 億 1,700 万年（$4,417 \pm 6$ Ma）を示した．この結果から月の最

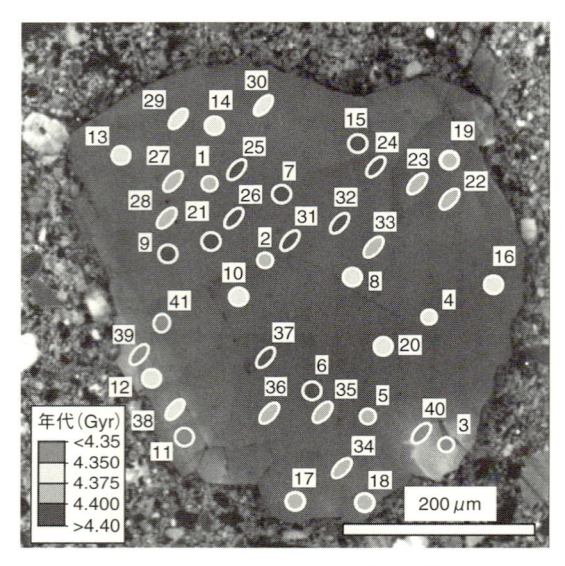

図 4.12　月の角礫岩から分離したジルコンの ^{207}Pb/^{206}Pb スポット年代 [22]

古の鉱物の年代は 44 億年より古いことが確定された．なお，この年代は地球最古の鉱物の年代とほとんど一致している．結論として，先に述べたハフニウム-タングステン系の相対年代と比較すると，月の地殻とマントルの年代は絶対年代として 45 億 1,500 万～44 億 1,700 万年前の間に入ることがわかった．この年代は地球（BSE）の絶対年齢 (44 億～44 億 5,000 万年) とほぼ一致している．

4.3　地球を形成する物質

太陽系形成の標準モデル（前章で説明した）に従えば，地球は火星や金星などの地球型惑星と同じように，ダストが集積した微惑星が衝突と合体を繰り返して原始惑星となったのであろう．コンドライト隕石も同じように微惑星・母天体を起源とするならば，第一近似として隕石と地球の原料物質は同じことになる．つまり，地球全体とコンドライトの化学組成は似ていると仮定できる．この節では，現在の地球の構造と推定される化学組成について説明する．

4.3.1 固体地球の物理的構造

　固体地球の深部はどのような物質からできているか調べる方法で直接的な手法は，深い井戸を掘削し，試料を採取することである．現在知られている最も深い井戸はロシア・コラ半島で行われた学術掘削であり，深さは 12,262 m に達する．次に深いのはドイツ南部のバイエルン州で大陸深部掘削計画（Kontinentales Tiefbohrprogramm, KTB）により掘られたもので，深度は 9,101 m である．しかし，これらは大陸地殻の平均的な厚さ 30〜40 km に比較すると明らかに浅く，地球の半径 6,370 km と比べるとわずか 0.2% にも満たない．地球深部の構造を調べるためには間接的な手法に頼ることになる．そのなかで最も重要なのは天然に起きる**地震**（earthquake）を用いた観測である．

　地下の地盤や岩盤で起きる断層運動や地下核実験により地震が発生し，震源（断層運動がはじめて動いた点）から周囲に放射される振動を**地震波**（seismic wave）とよぶ．地震波には地表を伝わる表面波と岩盤中を伝わる実体波の 2 つがある．地球深部の構造を調べるのに使われるのは実体波であり，地震波が伝わる方向に向かって振動する縦波（P 波）とその方向に垂直に振動する横波（S 波）の 2 つが存在する．これらの実体波が媒質を伝わる速度，すなわち伝播速度 V_P と V_S は次の式で与えられる．

$$V_\mathrm{P} = \sqrt{\frac{K_\mathrm{S} + \frac{4}{3}\mu}{\rho}} \tag{4.13}$$

$$V_\mathrm{S} = \sqrt{\frac{\mu}{\rho}} \tag{4.14}$$

ここで，ρ は媒質の密度，K_S は体積弾性率，μ は剛性率である．固体地球内部の密度構造を知りたいと考えても，観測で得られるのは伝播速度の V_P と V_S の 2 つの組合せである．一方，式 (4.13) と (4.14) には 3 つの未知数 (ρ, K_S, μ) が存在するため，式を解くことはできない．式 (4.13) と (4.14) を組み合わせると次の式になる．

$$V_\mathrm{P}^2 - \frac{4}{3}V_\mathrm{S}^2 = \frac{K_\mathrm{S}}{\rho} \tag{4.15}$$

式 (4.15) を解くためには，たとえば体積弾性率が深度の増加に伴う圧力の上昇により起こる体積の減少率，すなわち密度の増加と関係づけられれば未知数を 1 つ減らすことができる．つまり，K_S が密度 ρ の関数であれば，2 つの伝播速度から

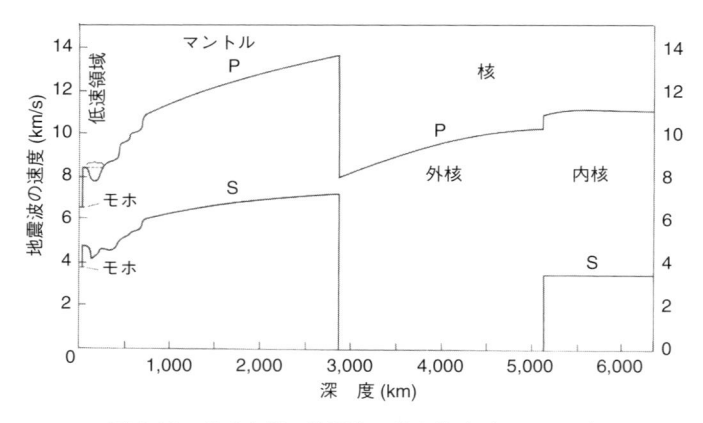

図 4.13 地球内部の地震波の速度構造 ([27], p.17)

密度構造を推定できる．これがアダムス–ウィリアムソン（Adams-Williamson）の自己収縮モデル[23]とよばれる古典的なモデルである．現在ではさまざまなモデルにより3つめの情報を取り入れ，固体地球内部の構造が推定されている．

図 4.13 に地震波の速度構造，図 4.14 に圧力，重力および密度構造を示す．地震波の速度構造からみて最も大きな変化を示す不連続面は深度約 2,900 km にある．これより深部では S 波が伝播しないことより，媒質が液体であることが示唆される．しかし，さらに深部の約 5,100 km に至るとふたたび S 波が伝わる固体の性質を示す．ここで液体の性質をもつ上部を**外核**（outer core），固体の性質ももつ下部を**内核**（inner core）とよぶ．次に大きな地震波の速度構造の変化は，地球全体としてみるときわめて浅い深度数十 km の場所でみられる．この不連続面は発見した地震学者の名前から**モホロヴィチッチ不連続面**（Mohorovicic discontinuity；以下**モホ面**と略す）とよばれている．モホ面より上部を**地殻**（crust）とよび，下部を**マントル**（mantle）とよぶ．これが大まかな地球の構造であり，太陽や隕石母天体と同じような玉葱型層構造を示す．V_P の速度構造をよく見ると，マントルの上部では複雑な変化をしている．深さ約 100 km あたりに周囲よりも地震波が遅くなる低速度域がある．この領域をアセノスフェアとよぶ．これより上の最上部マントルと地殻を併せてリソスフェアとよぶ．このリソスフェアがプレートテクトニクスで取り扱うプレートの実体

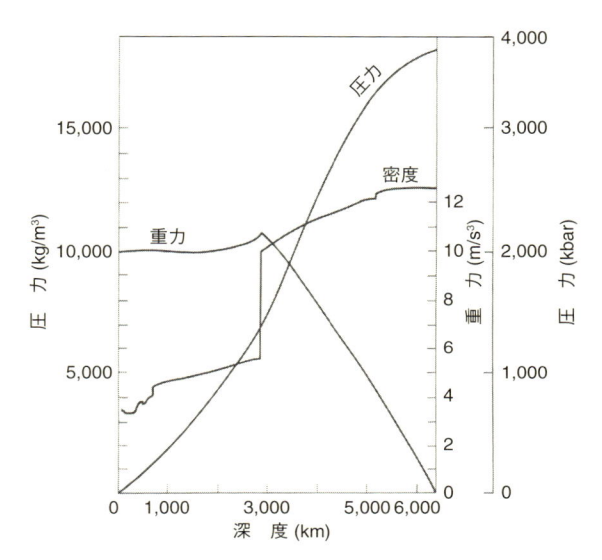

図 4.14 地球内部の圧力，重力，密度構造（[27], p.41）

であり，アセノスフェアの上を滑るように動いていくとされる．次の V_P の変化は約 410 km にあり，これより上のモホ面までの層を上部マントルとよぶ．さらに約 520 km と約 660 km で V_P は階段状に上昇していく．このような変化を示す 410〜660 km の領域をマントル遷移層とよぶ．これより深部の下部マントルは外核との境界までなだらかに変化していく．基本的には固体地球は深度が増すほど密度は大きくなり，重力的には安定な構造になっている．次節では，この構造に化学組成を当てはめていく作業を説明する．

4.3.2 固体地球の化学的構造

隕石の化学組成で説明したように，小惑星（図 2.9 に隕石の母天体の模式図がある）は主にケイ素，マグネシウム，鉄，酸素の 4 元素から構成される石質（ケイ酸塩）の物質と鉄からなる金属物質が混合した組成となっている．第一次近似としては，地球も小惑星・隕石母天体と同じように石質と金属の物質で構成されるとしても良いだろう．図 4.14 を見ると，深さ 2,900 km で密度は約 5.5 から約 10 に急激に上昇する．この変化は地震波の媒質の物性の違いを反映

第 4 章 地球の誕生とその化学組成

しているであろう．2,900 km 以深の核の密度は通常のケイ酸塩の高圧相では説明できないほど高い．したがって，鉄隕石のような高密度の鉄–ニッケルの合金でできていると推定できる．さらに，この仮説は地球が全体として磁場をもっていることで補強される．もし，外核が融けた鉄–ニッケルの合金であるとすれば，そこに「らせん状」の回転が生じた場合には，外部磁場によってダイナモ作用（電気伝導度の高い物質が磁場中を動くことで生じる電場）により電流が流れる．そして外核中を流れる電流がふたたび磁場を誘起する．このような連鎖反応を地球ダイナモ作用とよぶが，ケイ酸塩では電流は普通，流れないので，磁場は発生しない．結論として地球の核は鉄–ニッケルの合金から構成されると間違いなくいえる．

　核について実験的に詳しく調べると，図 4.14 にある外核の領域での圧力を鉄–ニッケル合金に与えると，密度は 10% 程度だが大きくなりすぎてしまう．そこで，太陽や隕石の化学組成から類推して硫黄，酸素，ケイ素，炭素，水素などの軽元素を加えることで密度を低下させるモデルが受け入れられている．それではどの軽元素が重要であろうか．マントル中の硫黄濃度はコンドライト隕石と比較して 2〜3 桁も小さい．はじめに述べたように地球全体の化学組成がコンドライト隕石と似ていると仮定すれば，不足する分の硫黄を核に押し込める必要がある．つまり，核が形成されたときに硫黄も一緒にマントル中を降下して鉄–ニッケル合金に取り込まれたと考えられる．同様に酸素も鉄–ニッケル合金が落下する際に，周囲のケイ酸塩鉱物と反応して酸素を受け取り，酸化鉄（FeO）として核に取り込まれた可能性がある．ケイ素は地球初期にケイ酸塩の状態で集積した可能性が高く，もし原始マントル中で効率良く還元されてケイ素になれば，鉄–ニッケルの合金に取り込まれる．しかし，有効な還元のメカニズムが知られていないので，核の密度を下げるほどにケイ素は存在しないであろう．ここでは詳しく述べないが，水素や炭素も核に取り込まれた可能性がある．実際には，いくつかの軽元素が一緒に核に入ったために密度が下がったのであろう．この問題を解決するためには，超高圧実験により軽元素の分配による密度の変化を明らかにする必要がある．

　次に固体地球の深度 2,900 km 以浅におけるマントルの化学組成について議論する．マントル物質を直接サンプリングするためには，この項のはじめに述べたように深部掘削計画が考えられる．しかし，これまでの最深の掘削坑でも深

度はたかだか 10,000 m であり，厚さ 30〜40 km の大陸地殻では問題にならない．一方，厚さ 5〜6 km の海洋地殻では，マントルまで掘り抜くことが可能かもしれない．わが国の地球深部探査船「ちきゅう」はこの任務を帯びて活動を始めたが，2009 年現在でも解決すべき問題は多く，1〜2 年で可能となる技術ではない．実は，マントル物質は火山活動によって地球深部から地上にもたらされている．また地殻変動によって深部にあった物質が地表で観測される場合もある．この点は核の化学組成の推定とは大きく異なる．

マントル物質が地表で観測される例で有名なのは，ダイヤモンドを産出するキンバーライトパイプ（Kimberlite pipe）である．そのマグマは，深度 150 km 以上のマントルからきわめて短時間に上昇したと考えられている．その産状は，ある特定の時期に厚いリソスフェアがある古い大陸地域に集中して噴出する傾向にある．このマグマに取り込まれて地上に運ばれた岩石をマントル捕獲岩とよぶ．ほとんどのマントル捕獲岩はかんらん岩である．一方，地殻変動によって海洋のリソスフェアの断片が陸上に露出したものをオフィオライトとよぶ．オフィオライトは上位に海底で堆積した石灰岩やチャートなどの物質，その下に玄武岩からなる**枕状溶岩**（pillow lava，海底で噴出した証拠）や**斑れい岩**（gabbro，海洋地殻下部を代表する物質），さらに下位にかんらん岩（peridotite）が存在する．したがって，陸域，海域ともにかんらん岩がマントルを代表する物質と思われる．これらの情報を基に，オーストラリア国立大学の Ringwood は始原的なマントルの化学組成を推定し，それを**パイロライト**（pyrolite）と名づけた [24]．具体的には，図 4.15 に示したように陸域のかんらん岩の化学組成（a）と海域のかんらん岩の化学組成（b）を 3 対 1 で混合した仮想的な組成をもつ岩石（c）のことである．パイロライトは酸化ケイ素，酸化マグネシウム，酸化鉄，酸化アルミニウム，酸化カルシウムの 5 成分で 97.8％を占めている．この化学組成は炭素質コンドライトから鉄とケイ素をある量だけ核に押し込めて差し引いた値にほとんど等しい．しかし，マントルの組成を隕石からつくるときに，鉄は核の形成でマントルから取り除かれたとしても，ケイ素を減少させるメカニズムには現在も定説はない．ケイ素を鉄と同じように核に押し込める還元の化学プロセスが説明しにくいからである．

パイロライト仮説の妥当性を示す例が多アンビル型装置やダイヤモンドアンビル型装置を用いた高圧実験から得られている．前項のマントル遷移層を思い

第4章 地球の誕生とその化学組成

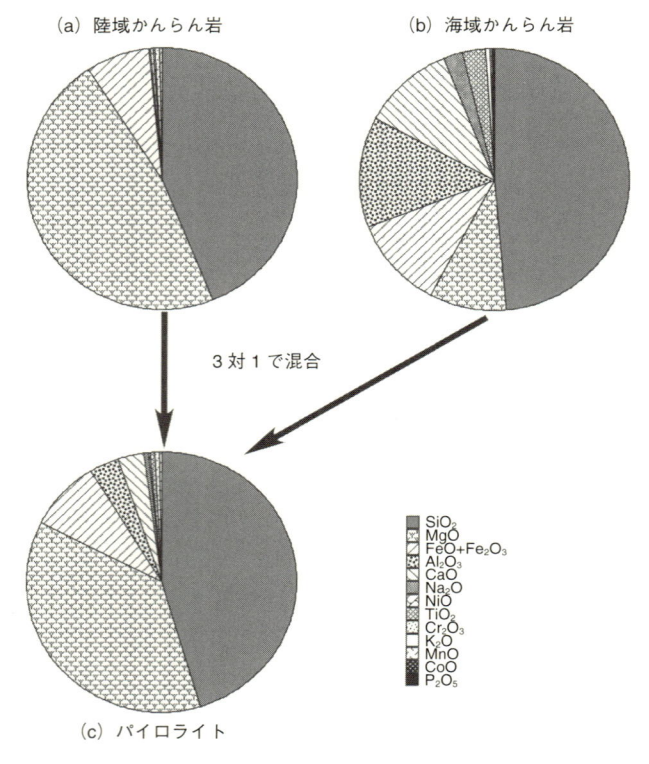

図4.15 パイロライトの化学組成

出してほしい．主に深度 410 km と 660 km において V_P が階段状に上昇する領域である（図4.13）．パイロライト組成のかんらん石（olivine）を深度 410 km に対応する約 13.5 GPa の圧力下に置くと，α 相（かんらん石構造）から β 相（変形スピネル構造）への転移が見られたのである [25]．一方，深度 660 km の変動は，かんらん石の γ 相（スピネル構造）からペロブスカイトとマグネシオウスタイトへの鉱物相の転移に関連づけられている [24]．また，深度 520 km の不連続面はかんらん石の β 相から γ 相への転移が原因と思われる．結局，化学組成は大きく変化せずに，結晶構造が圧力により変化していくプロセスを地震波が示すマントル遷移層は表しているのであろう．つまり，マントル遷移層の化学的構造は変動していないと結論できる．パイロライト仮説はマントルの平

4.3 地球を形成する物質

表 4.1 地殻の主成分化学組成

	平均火成岩 [1]	上部地殻 [2]	全地殻 [3]	大陸地殻 [4]
SiO_2	60.12	66.13	55.2	60.6
TiO_2	1.07	0.71	1.63	0.7
Al_2O_3	15.59	14.96	15.3	15.9
FeO (合計)	6.99	4.75	8.63	6.7
MnO	0.12	0.10	0.18	0.1
MgO	3.55	2.33	5.22	4.7
CaO	5.16	4.04	8.8	6.4
Na_2O	3.90	3.34	2.88	3.2
K_2O	3.18	3.44	1.91	1.8
P_2O_5	0.30	0.20	0.26	0.1

[1]: Clarke, [2]: Wedepohl, [3]: Poldervaart, [4]: Rudnick and Gao.

均的化学組成として物性の観点から受け入れられるが，それは主成分に限った話であり，希土類元素や白金族元素など微量成分濃度や放射性起源の同位体を含むストロンチウムやネオジム，希ガスの同位体比は陸域と海域のかんらん石を混合してもマントルの代表値にはならない．上部マントルの平均的な同位体組成を示すのは，5.2 節のヘリウム同位体で説明する中央海嶺玄武岩（MORB）である．

海域で固体地球表層の 5～6 km，陸域で 30～40 km の地殻の化学組成は，さまざまな地殻の岩石を分析して，その平均をどのように計算するかで決まってくる．この議論は，1920 年代に Clarke が 5,159 個の岩石の化学分析値を機械的に平均し，これをもって地殻の平均組成としたことに始まる [26]．表 4.1 に地殻の主成分化学組成を示す．データは H_2O と CO_2 を除いて計算しているが，Clarke の平均火成岩を最も新しい大陸地殻の値と比較すると，K_2O を除けば，±30%の変動を考慮するとほとんど一致している．この値を，マントルを代表するパイロライトと比較するとケイ素，アルミニウム，カルシウム，ナトリウム，カリウムが増加し，マグネシウムが減少している．これらの変動は元素のイオン半径の違いで原理的には説明できる．第一次近似としては，地殻の岩石がマントルの部分溶融で生まれるときに，イオン半径の大きな元素が液相に分配され，それが固定されたと考えればよい．

4.4 地球の構造と形成年代

　本章のはじめに地球の年齢に関するさまざまなデータを提供し，隕石と比較しながら，鉛–鉛年代，ヨウ素–キセノン年代，プルトニウム–キセノン年代，ハフニウム–タングステン年代を議論した．一方，前項では地震波の観測による固体地球の物理的構造とその主成分化学組成について説明した．上記の2つの事項は一見，無関係のように見えるが，実は密接に結びついている．本項では推定された年代値が地球の構造とどのような関係にあるかを簡単に示す．

　（1）ジルコンの鉛–鉛年代から得られた地球最古の年代は44億400万年である．ジルコンは典型的な地殻物質の中で形成されるので，大陸地殻の形成はそれよりも古いであろう．一方で，中央海嶺玄武岩（MORB）から求めた鉛–鉛年代は44億5,000万年より若いことを示す．したがって，大陸地殻が上部マントルから部分溶融で形成し，マントルからカリウムなどで代表されるイオン半径の大きな元素が地殻に抽出されたのは今から44億5,000万〜44億400万年前と推定できる．この時期に地殻とマントルという構造の枠組みがつくられたのであろう．

　（2）ヨウ素–キセノン年代とプルトニウム–キセノン年代は，大気中のキセノンが地球全体のキセノンをどの程度反映するか，つまり地球深部に脱ガスしていないキセノンがどの程度残っているかで多少は変化する．また，安定な核種のヨウ素濃度と長半減期のウラン濃度を仮定しているが，求めた年代はこの値にも依存している．ともかく推定された相対年代は7,000万〜1億1,000万年である．基準となる隕石の形成年代を45億6,000万年とすれば，上の相対年代は44億5,000万〜44億9,000万年の絶対年代に焼き直すことができる．この年代は地球大気が地殻やマントルを構成するBSEから分離・生成した年代であろう．

　（3）ハフニウムはBSEのケイ酸塩に取り込まれる性質がある一方で，タングステンは金属として核に分配されやすい．この事実から，ハフニウム–タングステン年代は地球の核とBSEが分離・生成した年代を示すといわれてきた．最近の月試料のデータ解析とBSEの分析値から，その相対年代は太陽系の始まりから6,000万年より後にできたことを示唆する．つまり，地球の核とマントル・

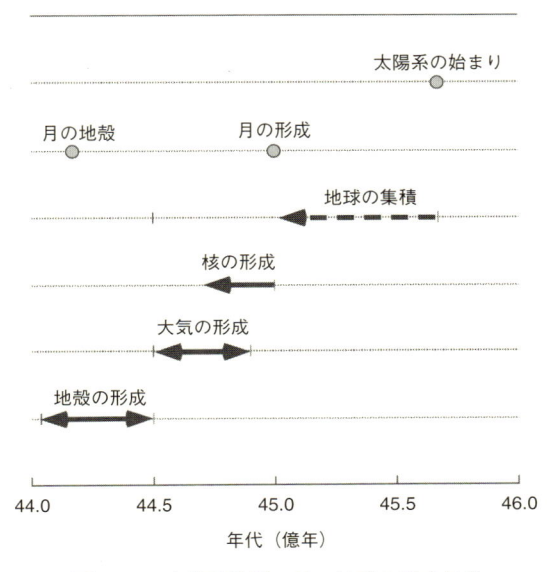

図 4.16 太陽系物質，月，地球の形成年代

地殻が分離したのは，45億年より若いことを暗示する．また，この年代はいわゆるジャイアント・インパクトにより月が形成された年代でもある．

　図4.16は太陽系と地球の形成年代についてのまとめである．はじめに述べた「地球はいつ生まれたか？」に対する回答になっている．地球はその構成要素で生まれた年代が異なる．地球最深部の核の形成が一番早く，表層の地殻の形成が一番遅い．大気の形成はその間にあるのだろう．月の誕生は地球の核の形成と同期している．また，月の地殻の完成は地球の地殻とほとんど同期している．太陽系形成の標準モデル（第3章）では，地球の集積は原始太陽の誕生から約1,000万年で修了となっている．しかし，さまざまな放射性同位体を用いた年代学は地球の地殻・マントル・核といった分化がずっと後まで続いたことを示す．たぶん，地球の集積は大気の形成時までは続いたのであろう．

● 参考文献

[1] Thomson, W., *Phil. Mag.*, **47**, 66 (1899).

[2] Darwin, C., "On the origin of species", Murray (1859).
[3] Holmes, A., *Nature*, **57**, 680 (1946).
[4] Houtermans, F. G., *Naturwiss.*, **33**, 185 (1946).
[5] Patterson, C. C., *Geochim. Cosmochim. Acta*, **10**, 230 (1956).
[6] Moorbath, S. R., *et al.*, *Nature*, **240**, 78 (1972).
[7] Bowring, S. A., *et al.*, *Geology*, **17**, 971 (1989).
[8] Sano, Y., *et al.*, *Geochim. Cosmochim. Acta*, **63**, 899 (1999).
[9] O'Neil, J., *et al.*, *Science*, **321**, 1828 (2008).
[10] Froude, D. O., *et al.*, *Nature*, **304**, 616 (1983).
[11] Scharer, U. and Allegre, C. J., *Nature*, **315**, 52 (1985).
[12] Wilde, S. A., *et al.*, *Nature*, **409**, 175 (2001).
[13] Allegre, C. J., *et al.*, *Geochim. Cosmochim. Acta*, **59**, 1445 (1995).
[14] Tatsumoto, M., *et al.*, *Science*, **180**, 1279 (1973).
[15] Jeffrey, P. M. and Reynolds, J. H., *J. Geophys. Res.*, **66**, 3582 (1961).
[16] Hohenberg, C. M., *et al.*, *Science*, **156**, 233 (1967).
[17] Igarashi, G., *AIP Conf. Proc.*, **341**, 70 (1995).
[18] Deruelle, B., *et al.*, *Earth Planet. Sci. Lett.*, **108**, 217 (1992).
[19] Yin, Q., *et al.*, *Nature*, **418**, 919 (2002).
[20] Lee, D.-C., *et al.*, *Earth Planet. Sci. Lett.*, **198**, 267 (2002).
[21] Touboul, M., *et al.*, *Nature*, **450**, 1206 (2007).
[22] Nemchin, A., *et al.*, *Nature Geoscience*, **2**, 133 (2009).
[23] Adams, L. H. and Williamson, E. D., *Smithsonian Inst. Rep.*, 241 (1923).
[24] Ringwood, A. E., "Composition and petrology of the earth's mantle", McGraw-Hill (1975).
[25] Irifune, T., *Nature*, **370**, 131 (1994).
[26] Clarke, F. W., *USGS Bulletin*, No.770 (1924).
[27] Brown, G. C. and Mussett, A. E., "The Inaccessible Earth", George Allen and Unwin (1981).

第5章 固体地球の脱ガスと大気と海洋の起源

　前章では地球の誕生とその化学組成を解説し，核とマントルの分離，大気の形成，地殻とマントルの分離は，それぞれ事象の起きた年代が異なることを示した．本章では，固体地球の連続脱ガスおよびカタストロフィック脱ガスのモデルについて解説し，古い堆積岩や氷床コアに閉じ込められた過去の大気，さらに現在のマントルから火山活動を通じて起こる炭素や窒素など揮発性成分の脱ガスに注目して，大気と海洋の起源を見直す．

5.1　地球大気の起源：初期脱ガスと連続脱ガス

　大気中のキセノンに消滅核種であるヨウ素同位体（^{129}I）の壊変による^{129}Xeの過剰が見られることから，地球大気が地殻やマントルを構成するケイ酸塩（bulk silicate earth, BSE）から分離した年代は44億5,000万年と推定された．これは揮発性成分が，地球が生まれたごく初期に固体地球からいっきに脱ガスされたことを意味する．このようなモデルを初期脱ガスあるいは**カタストロフィック脱ガスモデル**（catastrophic degassing）とよぶ．一方，現在の地球においても，火山活動などを通じて水や二酸化炭素などが地球の深部から表面にもたらされているのは明らかである．このような固体地球からの揮発性成分の放出を**連続脱ガス**（continuous degassing）とよぶ．ここではRubeyの議論から始めて，揮発性成分が地球表層にどのように蓄積していったかを説明するモデルについて解説する．

第5章 固体地球の脱ガスと大気と海洋の起源

5.1.1 大気と海洋の連続脱ガス

米国地質調査所の Rubey は米国地質学会会長を退任するにあたり行った講演をもとに，1951 年に "Geologic history of sea water" という有名な論文を発表した [1]．この論文では地表の火成岩が風化されてさまざまな元素が河川を通じて海洋に供給され，ある元素は海水中に溶存して残り，別の元素は堆積物として取り除かれるプロセスを考えた．具体的には，海洋が地球上に現れてから，風化により消失した火成岩の総量を W_1 g，それから生じた全堆積物を W_2 g，現在の海水の全量を W_3 g と仮定して，それぞれに含まれるある元素の濃度を c_1, c_2, c_3 としたときに次の式が成り立つとした．

$$c_1 W_1 = c_2 W_2 + c_3 W_3 \tag{5.1}$$

なお，このような式を物質収支に関わる**マスバランスの式**（mass balance）とよぶ．Rubey は当時，手に入るさまざまな岩石，堆積物および海水の化学分析データを集めて，詳細に検討した結果，カルシウム，マグネシウム，ナトリウム，カリウムなどの金属元素では式 (5.1) が成り立つことを示した．一方，水，炭素，塩素，硫黄などの揮発性元素では，右辺が大きすぎてマスバランスが成り立たないことを明らかにした．次に，これらの過剰な揮発性成分の起源を議論した．

表 5.1 は代表的な高温の火山ガス（アイスランド・スルツエイ火山の噴気孔で採取した温度が 1,000℃ 以上の試料で，空気の混入がきわめて少ないと思われている）と，地球の表層に存在する揮発性成分の総量と濃度を地球大気として比較したものである．表の地球大気には実際の大気と海洋に加えて，表層堆積物中の揮発性成分も考慮している．つまり，現在の地球表層を仮想的に高温

表5.1 火山ガスと地球大気の化学組成

アイスランド・スルツエイ火山		地球大気（海洋 + 堆積物）		
H_2O	84%	H_2O	2.1×10^{24} g	88.5%
CO_2	6.1%	CO_2	2.3×10^{23} g	9.7%
SO_2	5.0%	Cl	3.4×10^{22} g	1.4%
H_2	4.0%	N	4.5×10^{21} g	0.19%
N_2	0.6%	S	3.0×10^{21} g	0.13%

5.1 地球大気の起源：初期脱ガスと連続脱ガス

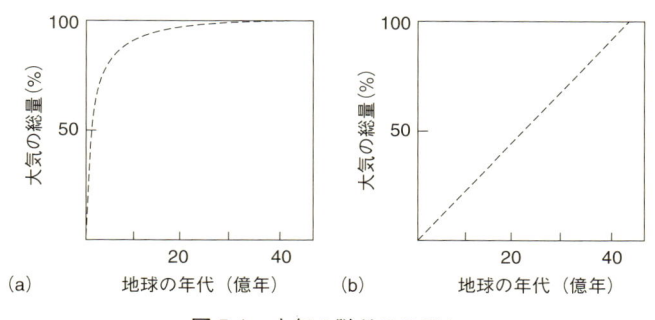

図 5.1 大気の脱ガスモデル
(a) 初期脱ガス，(b) 連続脱ガス．

（ケイ酸塩が蒸発するほどの高温ではない）に加熱して，気相に現れるすべての成分の合計値である．表 5.1 からすぐに明らかなのは，火山ガスと仮想的な高温地球の大気の化学組成がよく似ていることである．濃度が最も高いのは水で，次に二酸化炭素，硫黄や窒素がそれに続く．この事実から，地球表層の過剰な揮発性成分は火山活動を通じて地球深部から放出されたものが蓄積してできたと推測できる．

Rubey は火山ガスを考慮しなくても，実は温泉の湧出量だけで地球表層の水の量を説明できるとした．当時のデータを集め，地球全体の温泉湧出量を年間で 6.6×10^{16} g と推定した．もしこの状態が過去 40 億年続いたとすれば，熱水の総湧出量は 2.6×10^{26} g になる．これは地球表層の水の量である 2.1×10^{24} g（表 5.1）より 100 倍以上大きい．したがって，火山や温泉を通じて地表に現れる水の大部分はプレートの沈み込みなどによる循環性のものであっても，約 1% の初生的な水（**初生水**（primordial water）；地球深部からはじめて地表に現れた水で，処女水ともよばれる）があったとすれば，式 (5.1) が成り立たなかった過剰な水の量は説明できる．なお，この初生水の議論は後に間違いであったことがわかったが，次に述べる始原的ヘリウムの発見につながっている．さて Rubey の議論に戻ると，表 5.1 の水以外の揮発性成分も，長い地質時代を通じて地球深部から放出されたものが徐々に蓄積したものであると結論した．これが連続脱ガスモデルの始まりとされる．図 5.1 に，先に述べたヨウ素-キセノン年代に基づく初期脱ガスモデルとの違いを模式的に示した．約 20 億年前で比較すると，

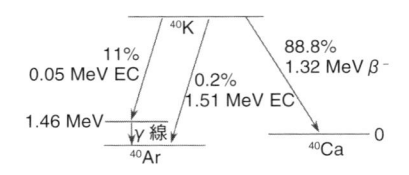

第 5 章　固体地球の脱ガスと大気と海洋の起源

図 5.2　^{40}K の壊変様式

初期脱ガスモデルでは現在の大気の総量とほとんど変わらない量の揮発性成分が地表に存在するのに対して，連続脱ガスモデルでは約半分の量にすぎない．

Rubey のモデルは定性的であり，より定量的な議論が望まれた．Turekian は化学的に不活性な希ガス元素の仲間であるアルゴンに注目して，定量的な脱ガスモデルを提案した [2]．カリウム–40（^{40}K）は半減期 12.5 億年で，その 88.8% が β^- 壊変によりカルシウム–40（^{40}Ca）に，11.2% が軌道電子捕獲（electron capture, EC）によりアルゴン–40（^{40}Ar）に壊変する．その壊変形式を図 5.2 に示す．ここで，^{40}K が ^{40}Ca および ^{40}Ar に壊変するときの定数をそれぞれ λ_β，λ_e で表すと，全体の壊変定数 λ との関係は次の式で示される．

$$\lambda = \lambda_\beta + \lambda_e \tag{5.2}$$

ここで λ_β と λ_e は，おのおの 4.962×10^{-10}/yr，5.81×10^{-11}/yr である．また，^{40}K が ^{40}Ar に壊変するフラクションは（λ_e/λ）で表される．いま，地球を大気と固体地球という 2 つの相に分ける．固体地球に存在する ^{40}Ar 量は以下の 2 つのプロセスが関連した時間の関数となる．(1) ^{40}K の放射壊変で ^{40}Ar が生成される．(2) ^{40}Ar は固体地球から大気へと脱ガスして逃げていく．すると ^{40}Ar の脱ガス量が固体地球に存在する ^{40}Ar 濃度に依存するので，固体地球内の ^{40}Ar 量の時間変化は次の簡単な 1 次式で表される．

$$\frac{d[^{40}\mathrm{Ar}]_s}{dt} = \lambda_e [^{40}\mathrm{K}]_0 \exp(-\lambda t) - \alpha [^{40}\mathrm{Ar}]_s \tag{5.3}$$

ここで，$[^{40}\mathrm{Ar}]_s$ は固体地球内の ^{40}Ar の総量，$[^{40}\mathrm{K}]_0$ は地球誕生時の ^{40}K の総量，α は脱ガス係数である．右辺の第 1 項は上で述べたプロセス（1）に，第 2 項はプロセス（2）に対応する．地球誕生時の $[^{40}\mathrm{Ar}]_s = 0$ と仮定すれば，式 (5.3) は解くことができて，次の式になる．

$$[^{40}\mathrm{Ar}]_s = \frac{\lambda_e [^{40}\mathrm{K}]_0}{\alpha - \lambda}(\exp(-\lambda t) - \exp(\alpha t)) \tag{5.4}$$

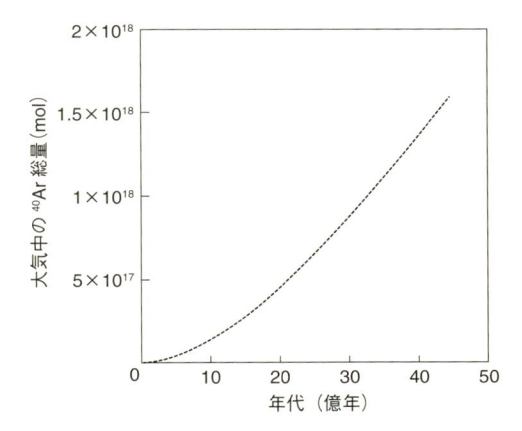

5.1 地球大気の起源：初期脱ガスと連続脱ガス

図 5.3 連続脱ガスモデルに基づく大気中の ^{40}Ar 量の変化

固体地球のカリウム濃度を当時のコンドライトモデル（地球全体の化学組成はコンドライト隕石と等しいという考え方であり，前章で説明した）により 880 ppm とすると，地球の質量と ^{40}K/K 比から 45 億年前の ^{40}K の総量 $[^{40}$K$]_0$ は 7.65×10^{21} g と計算できる．この値から過去 45 億年間に生じた地球全体での ^{40}Ar 量は 1.9×10^{19} mol になる．一方，現在の地球大気中の ^{40}Ar は 1.6×10^{18} mol であるから，固体地球内に残っている ^{40}Ar は簡単に 1.74×10^{19} mol と計算できる．その結果，現在の $[^{40}$Ar$]_s/[^{40}$K$]_0$ が 0.841 と求まる．この値と $t = 4.5 \times 10^9$ yr を式 (5.4) に代入すると，脱ガス係数 $\alpha = 2.81 \times 10^{-11}$/yr が推定できる．このデータに基づき，大気中の ^{40}Ar 量の変化を過去 45 億年にわたって計算したものが図 5.3 である．結局このモデルは Rubey のモデルを定量的に議論することに成功している．また，このモデルが正しい場合には，固体地球内部には大気に比べて 10 倍以上の ^{40}Ar が存在することになる．

5.1.2 大気と海洋の初期脱ガスモデル

1970 年代になって，大気と海洋が地球の歴史の初期にカタストロフィックに脱ガスされて形成されたという仮説を提案したのは Fanale である [3]．彼は大気中の非放射性起源希ガス（^{20}Ne, ^{36}Ar, ^{84}Kr, ^{130}Xe）の総量を固体地球の重量で規格化した濃度が普通コンドライトに含まれる希ガス濃度に似ていること

第 5 章　固体地球の脱ガスと大気と海洋の起源

図 5.4　38 億年前の枕状溶岩

を示した．その結果に基づき，固体地球内部には非放射性起源の希ガスがほとんど残っていないと推定した．さらに当時の地球形成のモデルに従って，地球史の初期にはケイ酸塩（BSE，地殻＋マントル）の大部分が融けたマグマの状態（マグマオーシャン）であったと仮定した．その結果として，水に比較してマグマに溶け難い希ガスは大気にカタストロフィックに脱ガスされたと主張した．この仮説は後に地質学的証拠によって補強されてきた．前章で述べたように，1970 年代には，世界最古の岩石はグリーンランド西海岸にあると推定されていた．これらの中で約 38 億年の年代を示すイスア変成岩の源岩が堆積岩であることがわかった．堆積岩は通常，十分な深さの水の下で生じるものである．同じイスア地域では，図 5.4 に示すような 38 億年前の枕状溶岩が発見されている．この岩石は海底下で噴出した玄武岩が急冷されてできたものである．これらの事実は 38 億年前には地表に十分な量の水が存在したことを指示する．また，前章で述べた 44 億年前の世界最古のジルコン鉱物（オーストラリア西部で採取された）は微量元素組成や酸素同位体比から当時の表層に水が存在したことを示している．もし図 5.3 のアルゴン量に従って，揮発性成分が脱ガスしたとすれば，38 億年前の大気は現在の約 5%，44 億年前には約 0.4% にすぎない．これでは地球史のごく初期に地表に水が存在した事実を説明できない．し

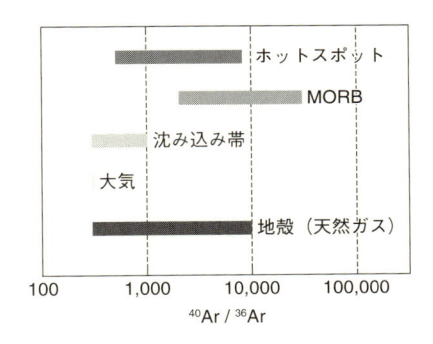

5.1 地球大気の起源：初期脱ガスと連続脱ガス

図 5.5 さまざまな地球物質のアルゴン同位体比

たがって，大気と海洋の初期脱ガスモデル（図 5.1a）が支持される．

この脱ガスモデルにアルゴン–40（^{40}Ar）だけでなく，放射性起源ではないアルゴン–36（^{36}Ar）を取り入れて，アルゴン同位体比により議論したのが 1972 年の Ozima と Kudo の論文 [4] から始まる一連の研究である．アルゴンには 3 つの安定な同位体（^{40}Ar, ^{38}Ar, ^{36}Ar）が存在する．このうち，先に述べたように ^{40}Ar は ^{40}K の軌道電子捕獲壊変により生成するが，^{38}Ar と ^{36}Ar には放射性起源の成分は存在しない．より存在度の大きい ^{36}Ar を分母にとった ^{40}Ar/^{36}Ar 比を一般にアルゴン同位体比とよぶ．図 5.5 に現在知られているさまざまな地球物質のアルゴン同位体比を示す．大気中の ^{40}Ar/^{36}Ar 比は緯度・経度にかかわらずどこで採取しても一定の値 295.5 を示すことが知られている．そのため，世界中の希ガス同位体および年代測定の研究室で大気中のアルゴンが同位体比測定の標準試料として用いられている．上部マントルを代表する MORB の値は 2,000 以上であり，注意深く大気の混入を避けた試料では 10,000 を超える大きな値が得られる．一方，沈み込み帯の火山ではアルゴン同位体比は最大でも 1,000 程度である．これは地表付近での汚染だけでなく，沈み込んだ堆積物に取り込まれた大気起源のアルゴンの寄与が大きいことを表す．地殻を代表する天然ガス中のアルゴン同位体比も一般に高い値を示す．さて，Ozima らの議論に戻ると，Turekian のモデルから固体地球をより現実的なマントルと地殻の 2 つの相に分けた．そしてカリウムがマントルから地殻へと時間とともに移動するという式を考えた．いま，放射壊変で変動しない同位体である ^{36}Ar についての

第 5 章　固体地球の脱ガスと大気と海洋の起源

脱ガスの式は次のような 1 次式により簡単に示される．

$$\frac{d[^{36}Ar]_m}{dt} = -\alpha[^{36}Ar]_m \tag{5.5}$$

ここで，$[^{36}Ar]_m$ はマントル内の ^{36}Ar の総量，α は式 (5.3) で説明した脱ガス係数である．一方，カリウムについては次の式が成り立つ．

$$\frac{d[^{40}K]_m}{dt} = -\lambda[^{40}K]_m - \beta[^{40}K]_m \tag{5.6}$$

ここで，$[^{40}K]_m$ はマントル内の ^{40}K の総量，β はマントルから地殻へカリウムが移動する係数で，右辺の第 1 項はカリウムの放射壊変による減少を示す．星の中で起きる核合成の理論（2.3 節を参照）から，太陽系初期の $^{40}Ar/^{36}Ar$ 比は 1 より小さいと仮定される．式 (5.4) の添え字 s を m に変えて，式 (5.5) と (5.6) に連立させて β をパラメータとして数値解析すると，連続脱ガスモデルによるマントル中の $^{40}Ar/^{36}Ar$ 比の時間変動が計算できる．その結果，現在のマントル中の $^{40}Ar/^{36}Ar$ 比が 2,000 より大きいことを説明できない．これを可能とするためには，地球形成のごく初期にマントルからアルゴンを脱ガスさせる必要がある．詳しく述べると，彼らが用いた仮定は，(1) マントル中のカリウム濃度は 100〜400 ppm の間にある．(2) マントルのアルゴン同位体比は 5,000 より大きい．(3) マントルから地殻へのカリウムの移動係数（β）よりもマントルから大気へのアルゴンの脱ガス係数（α）が大きい．これらの仮定を満たすためには，初期脱ガスのフラクションとその時期について制約を与えることができる．その結果を図 5.6 に示す．これが Ozima らのカタストロフィック脱ガスモデルの結論である．たとえ，初期脱ガスが約 45 億年前という地球形成の非常に初期に起きたとすると，70% 以上が脱ガスされるべきである．脱ガスが 37 億年前の場合には，約 95% が脱ガスされないと仮定を満足させない．結局，前章で述べた大気の形成は 44.5 億年前から 45 億年前に起きたと推定されるので，脱ガス率は約 77% と推定される．この値は前章で述べたキセノンの脱ガス率 85% とほぼ一致する．なお 45 億年前の時点では，図 4.16 に示すように地球の集積が続いていた可能性がある．この場合には，物質の集積による重力エネルギーの解放で得たエネルギーが固体地球を高温に加熱し，揮発成分の脱ガスを加速したのであろう．また，このときに脱ガスした水を主成分とする気体が固体地球を覆い，毛布で包んだように温室効果を起こすと，地球表層のケイ酸

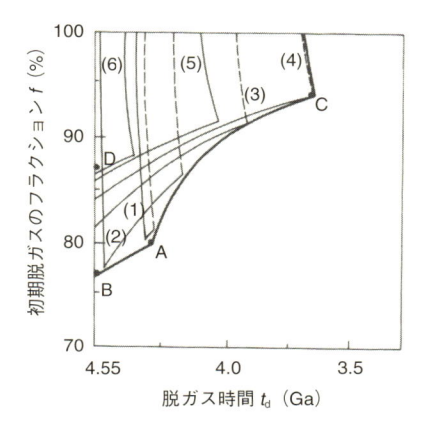

図 5.6　初期脱ガスの割合とその時期との関係 [28]

塩物質のかなりの部分が溶融してマグマオーシャン（地球全体を覆うようなマグマの海で，その深さはモデルにもよるが数百 km に達したかもしれない）をつくった可能性が高い [5]．

5.2　脱ガスモデルの検証とヘリウム・フラックス

前節で述べた 2 つの脱ガスモデル（初期脱ガスと連続脱ガス）を実験的に検証するため，過去の堆積岩や氷床コアに閉じ込められた昔の大気組成を復元し，アルゴン同位体の年代進化と脱ガスモデルの予想する値を比較する．また，現在の揮発性成分のマントル・フラックスを推定するためのキーとなるヘリウム同位体比とヘリウム・フラックスについて解説する．

5.2.1　アルゴン同位体比による初期脱ガスモデルの検証

前項で述べたアルゴン同位体によるカタストロフィック脱ガスモデルを実験的に検証したのは Cadogan の研究である [6]．連続脱ガスモデルに従うと，大気中のアルゴン量が図 5.1b のように年代とともに徐々に増えるだけでなく，アルゴン同位体比（$^{40}Ar/^{36}Ar$ 比）も徐々に増えることが予想されている．一方，初期脱ガスモデルに従えば，アルゴン量だけでなく $^{40}Ar/^{36}Ar$ 比も図 5.1a のよ

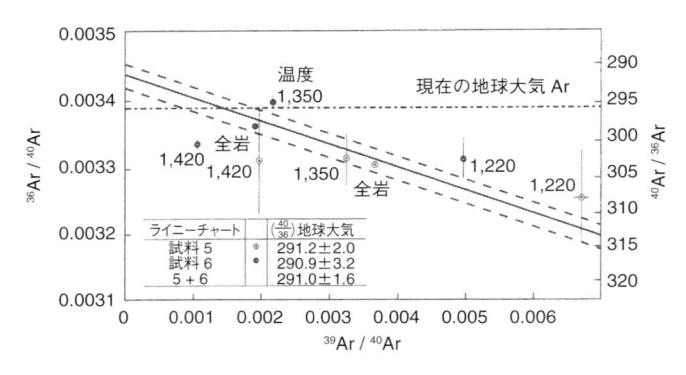

第 5 章　固体地球の脱ガスと大気と海洋の起源

図 5.7　アバディーンチャートの段階加熱法によるアルゴン同位体比 [6]

うに急激に増えて近年では変化は小さいだろう．Cadogan はこの点に着目し，できるだけ古い時代の大気を保持している堆積岩を選び，その $^{40}Ar/^{36}Ar$ 比を実験で求め，それをモデルによる値と比較検討した．

実験で用いた堆積岩はほとんど純粋な SiO_2 から構成されるチャートであり，K 濃度が小さいので放射性起源の ^{40}Ar の影響は小さい．具体的にはスコットランドのアバディーン地方で採取した約 3 億 8 千万年の年代を示す試料を分析した．実験では，前章で述べたヨウ素–キセノン法と同じように原子炉で試料に中性子を照射して，^{39}K を ^{39}Ar に変換し，段階加熱法で抽出・精製したアルゴンを希ガス用質量分析計で測定し，アルゴン同位体比（$^{39}Ar/^{40}Ar$, $^{36}Ar/^{40}Ar$）を分析した．図 5.7 は横軸に $^{39}Ar/^{40}Ar$ 比，縦軸に $^{36}Ar/^{40}Ar$ 比をとって，各温度ステップのデータをプロットしたものである．横軸の値が小さいほど K の影響が小さく，ゼロに外挿して求めた $^{36}Ar/^{40}Ar$ 比が，このチャートが形成したときに取り込んだ大気のアルゴン同位体比（初生比）となる．最小 2 乗法でデータをフィットして得られた値は $^{40}Ar/^{36}Ar$ 比に換算すると 291.0 ± 1.6（誤差は 2σ）となり，現在の大気の同位体比である 295.5 より有意に小さい．

図 5.8 は大気のアルゴン同位体比の進化モデルに，実験で得られた値をプロットしたものである．図中の曲線 a はカタストロフィック脱ガスを 42 億年前に，曲線 b は 35 億年前に設定したモデルである．一方，曲線 c は Turekian の連続脱ガスモデルによる進化曲線である．Cadogan が実験で求めた 3 億 8,000 万年前の大気のアルゴン同位体比はカタストロフィック脱ガスの曲線 a や b とは誤

5.2 脱ガスモデルの検証とヘリウム・フラックス

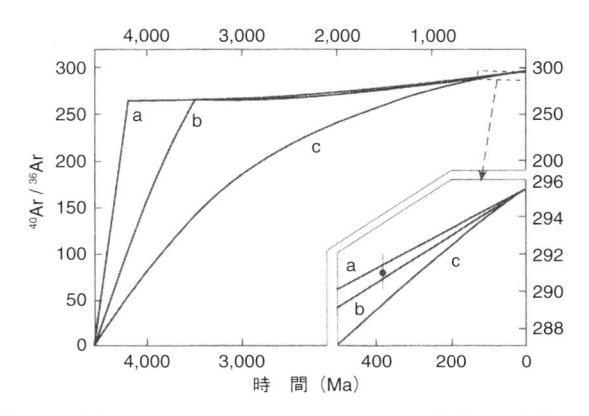

図 5.8 大気の脱ガスモデルによるアルゴン同位体比の進化 [6]

差の範囲内で一致するが，連続脱ガスモデルとは異なる．すなわち，過去の大気のアルゴン同位体比はカタストロフィック脱ガスを支持することになる．

次に，別の観点からの実験的検証について紹介する．Benderらは氷床コアに閉じ込められた古い大気中のアルゴン同位体比（分母に ^{38}Ar を取って，^{40}Ar/^{38}Ar で表す）を誤差 0.002‰ で分析することに成功し，その時代変化から現在の固体地球の ^{40}Ar の放出量を見積もった [7]．彼らは南極のロシア・ボストーク基地で採取された氷床コアとさらに約 560 km 離れたドーム C で採取された EPICA コアを用いた．ガラス製の真空フラスコ中でコアから切り出した数百 g の氷を解かして水と分離した後，共存する窒素や酸素，二酸化炭素を液体窒素トラップと加熱したチタンゲッターにより取り除き，アルゴンを高純度に精製した．次に，アルゴン同位体比を通常の真空静作動の希ガス用質量分析計ではなく，動作動の安定同位体用質量分析計を用いて分析した．この利点はサンプル量が多いときに分析精度がきわめて高いことである．

図 5.9 は氷床コア中のアルゴン同位体比（^{40}Ar/^{38}Ar）を現代の大気アルゴン同位体比からの 1,000 分の 1 のずれで表し（実際には ^{38}Ar/^{36}Ar 比も分析し，質量分別効果を 1.002 として補正している），コアの深度から見積もった年代に対してプロットしたものである．年代とともに固体地球から ^{40}Ar が付加されて，大気中のアルゴン同位体比が上昇している傾向が見られる．その傾きは 0.066±0.007‰/Myr である．この傾きと大気中のアルゴンの総量から，^{40}Ar

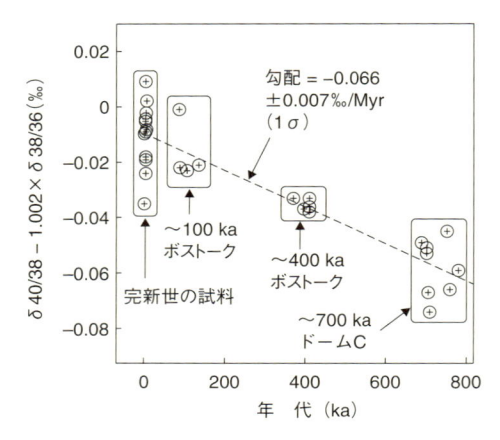

第 5 章　固体地球の脱ガスと大気と海洋の起源

図 5.9　氷床コア中のアルゴン同位体比 [7]

の放出フラックス（脱ガス率）は簡単に計算できて，1.1×10^8 mol/yr となる．もし，このフラックスが過去 45 億年間に一定であったと仮定すると，脱ガスした ^{40}Ar の積算値は 5.0×10^{17} mol となる．この値は，大気中の ^{40}Ar の総量 1.65×10^{18} mol の約 30% にあたる．すると，残りの約 70% は地球のごく初期にカタストロフィックな脱ガスで大気にもたらされと結論できる（図 5.1a）．この結果は 5.1 節で述べたモデルとよく一致する．しかし，アルゴンは現在の大気中でも約 1% の濃度であり，表 5.1 の地球大気を考慮するとたかだか 20 ppm にすぎない．主成分である水や二酸化炭素，窒素の脱ガスはどのように起こったのだろうか．この議論を始める前に，その準備として固体地球からの放出フラックス，とくにマントルからの寄与を推定するうえで重要なヘリウム同位体比とフラックスについて詳しく説明し，その後に 5.3 節で炭素や窒素のフラックスと脱ガスモデルの関係を解説する．

5.2.2.　ヘリウム同位体と放出フラックス

ヘリウムには安定な同位体として質量数が 3（^{3}He）と 4（^{4}He）の核種が存在する．このうち ^{3}He は地球上での存在度がきわめて小さく，現在の定説に従うとその大部分は約 45 億年前の地球生成時に原始惑星系円盤（1.4 節および 3.1 節を参照）から地球深部のマントルに取り込まれた始原的な成分とされている．

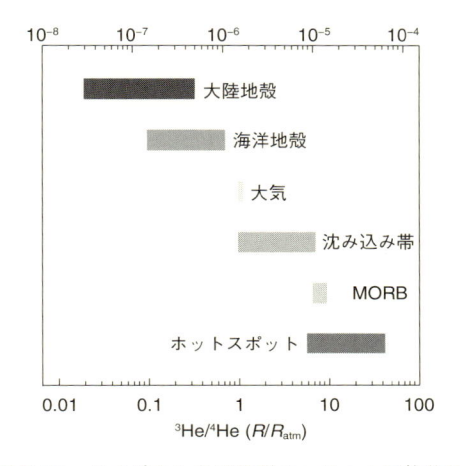

5.2 脱ガスモデルの検証とヘリウム・フラックス

図 5.10 さまざまな地球物質のヘリウム同位体比

一方，^{4}He は存在度から見ると He の主たる同位体であり，その大部分は地殻岩石中のウランやトリウムの放射壊変に伴う α 粒子の蓄積による放射性起源の成分と考えられる [8]．図 5.10 には地球物質のヘリウム同位体比の変動範囲を示した．同位体比の表記には 2 通りあり，1 つは絶対値（上の軸），他の 1 つは大気中のヘリウム同位体比（1.39×10^{-6}，R_atm）で規格化する方法である（下の軸）．後者は，大気中のヘリウム同位体比が分析装置の精度（±1%）以内で，世界中どこでも一定であり，ほとんどの希ガスのラボで同位体の標準試料として使われているためである．

中央海嶺で採取される玄武岩（mid-ocean ridge basalt，MORB）の表面にある急冷ガラスのヘリウム同位体比は，大西洋，太平洋，インド洋を問わずグローバルに一定の値 $8 \pm 1 R_\mathrm{atm}$ を示す．MORB はストロンチウム同位体比やネオジム同位体比の分析結果からも地球規模で均一であることが知られており，そのマグマ源は上部マントルを代表する組成と考えられる．MORB のヘリウム同位体比がグローバルに一定であることは，上部マントルでは始原的な ^{3}He と ^{4}He を生成するウランとトリウムの比が一定であるか，あるいはローカルな ^{3}He/^{4}He 比の不均一を均一に混合するメカニズムがあることを示唆する．溶融したケイ酸塩中のヘリウムの拡散速度が $1 \times 10^{-6}\,\mathrm{cm}^2/\mathrm{s}$ と遅いこと，地球規模のマントル

対流による物質の混合には数億年の時間を要することから，後者の混合モデルは否定される．したがって，MORB のヘリウム同位体比の均一性は ^{3}He/(U+Th) 比が上部マントルでグローバルに均一であることを示唆する．

ハワイ島やレユニオン島，イエローストーンなどのプレート内部にある火山地帯（ホットスポット地域）で得られた火山ガスやオリビン斑晶などの火山岩は約 $30R_{atm}$ に達する非常に高い同位体比を示す．また，場所による差が大きく MORB のように均一性を示さない．これらの結果を説明するために，ホットスポット地域の火山のマグマ源が MORB よりも始原的な成分を多く含む下部マントルにあるとする説がある [9]．たとえば，アイスランドは大西洋中央海嶺の直上に位置しながら，他の海嶺部に比較して火山噴出量が異常に多く，海面上に頂上がある地理的に特異な存在である．さらに地球物理データや火山岩のストロンチウム同位体比や鉛同位体比からアイスランドがホットスポットである可能性が議論されてきた．アイスランドの火山ガスや熱水中のヘリウム同位体比の地理的分布は，その火山活動が中央海嶺タイプとホットスポットタイプの混合で説明できることを示した．ともかく各ホットスポットのマグマ源が異なる ^{3}He/^{4}He 比をもつのか，あるいは共通の同位体比をもつ下部マントルから上昇し，MORB のソースである上部マントルを通過する際に $8R_{atm}$ のヘリウムを付加されて変動するのか，現在も明らかではない．

沈み込み帯の火山でも最大で $8R_{atm}$ に達するヘリウム同位体比が観測されている．千島列島，カムチャッカ半島，日本列島，マリアナ諸島，ニュージーランド，カリフォルニア・ラッセンなど環太平洋の火山地帯の同位体比の上限は一定であり，MORB の値に比べて少し低い場合が多い．この結果から，沈み込み帯のマグマ源は MORB と同じ上部マントルであるが，低い同位体比をもつ海底堆積物の沈み込みによる付加やマグマの上昇の過程で起こる地殻物質との相互作用により ^{3}He/^{4}He 比が低下すると理解される [10]．一方，大陸地殻や海洋地殻では大気の ^{3}He/^{4}He 比より低い値を示す．とくに大陸地殻では詳細な研究が行われ，地殻を構成する岩石の年代やテクトニクスとの関係が議論されてきた [8]．

上記で述べたさまざまな地域から放出された ^{3}He，^{4}He は，質量が軽いため地球の重力にとらわれず，大気の上層部から惑星間空間へと逃げている．もしこのプロセスが長期間続けば，大気中のヘリウム濃度がほとんどゼロになるはず

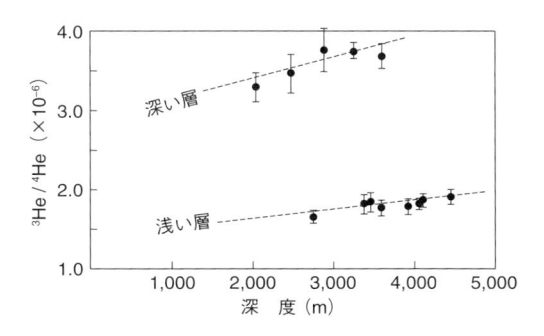

5.2 脱ガスモデルの検証とヘリウム・フラックス

図 5.11 台湾新竹地区の天然ガス中のヘリウム同位体比 [11]

であるが，実際には約 5 ppm のヘリウムが認められる．大気中のヘリウムは前節で述べたアルゴンと同様に，固体地球の内部から定常的に地表にもたらされるもので，これをヘリウムの脱ガスとよぶことにする．実際にはこの脱ガスと大気上層部での逃散とがつり合って大気中のヘリウム濃度を規定している．ヘリウム・フラックスを実験的あるいは理論的に導くことは，大気中のヘリウムのマスバランスを議論するだけでなく，他の研究テーマにおいても重要である．たとえば，^{4}He は放射性起源であるから，ヘリウム・フラックスは地殻を構成する岩石中のウランやトリウム濃度の平均値を推定するのに役立つ．さらにジオ・テクトニクスを議論する際によく使われる地球物理的パラメータとして重要な地殻熱流量は，地殻中のウランやトリウムの放射壊変による熱の発生を積算したものであり，ヘリウム・フラックスとの関係が理論的に議論されてきた．

　ヘリウム・フラックスを観測から求めた例について紹介する．深度の異なる貯留層から採取された天然ガス中のヘリウム同位体比の変動からヘリウム・フラックスを求めた研究である [11]．図 5.11 は台湾新竹地区の天然ガス田において，貯留層の深度を変えてメタン系の天然ガスを採取し，そのヘリウム同位体比（^{3}He/^{4}He）を測定して，深度に対する変化を示したものである．^{3}He/^{4}He 比は浅い貯留層で低く，深い所で高い傾向にある．これは一様なヘリウム・フラックスと，堆積層中のウランやトリウムの放射壊変による低い ^{3}He/^{4}He 比のヘリウムの付加で説明できる．すなわち貯留層が深いほど堆積層で生じた放射性起源のヘリウムの付加が小さく，したがって ^{3}He/^{4}He 比が高いと説明される．これを式で表すと次のように示される．

$$\left(\frac{^3\text{He}}{^4\text{He}}\right)_t = \frac{FR_\text{g} - PtR_\text{s}}{F - Pt} \tag{5.7}$$

ここで，t は深度，F は ^{4}He のフラックス，P は堆積岩中での ^{4}He の生成率，R_g は地表での ^{3}He/^{4}He 比，R_s は放射壊変で生じるヘリウムの同位体比である．堆積岩の密度を $2.7\,\text{g/cm}^3$，ウランとトリウムの濃度をおのおの $3\,\text{ppm}$ と $10\,\text{ppm}$ とすると，P は簡単に計算できて $1.5\,\text{atoms/cm}^3\,\text{s}$ となる．また，R_s は堆積岩中のリチウム濃度を仮定することで 2×10^{-8} と推定できる．これらの値を式 (5.7) に導入し，最小 2 乗法を用いて図 5.10 のデータに当てはめると，2 つの地点での ^{4}He のフラックスが求まる．Chuhuangkeng では $3.9 \times 10^6\,\text{atoms/cm}^2\,\text{s}$，Chinshui では $2.7 \times 10^6\,\text{atoms/cm}^2\,\text{s}$ であった．同じような方法で関東平野および新潟平野でヘリウム・フラックスが求められている．また，湖水中の過剰 ^{4}He による推定法などが知られており，大陸地殻上でのヘリウム・フラックスを文献からまとめて全体の平均値を取ると $2.6 \times 10^6\,\text{atoms/cm}^2\,\text{s}$ となり，地殻熱流量から理論的に予想された値 $(1.0 \sim 2.8) \times 10^6\,\text{atoms/cm}^2\,\text{s}$ とよく一致する．一方，海洋底で観測されるヘリウム・フラックスは $(0.2 \sim 4) \times 10^4\,\text{atoms/cm}^2\,\text{s}$ と大陸の値より小さい傾向も見つかっているが [12]，今後のさらなるデータの蓄積が必要である．

Torgersen は 1989 年までに入手可能なヘリウム・フッラクスのデータをまとめて脱ガスと逃散という大気中のヘリウムのマスバランスについて議論した [13]．その結果，^{4}He については，全体の約 60% が大陸地殻からの脱ガスで説明でき，さらに中央海嶺の火山活動による脱ガスは約 22% であると解説した．残りの約 18% は海洋地殻と沈み込み帯の火山活動によるとされた．彼は ^{3}He のグローバルな脱ガスについても詳細に議論した．図 5.12 はそのデータを簡略化して示したものである．このモデルは現在でも受け入れられている（本章末の補足を参照）．中央海嶺からの ^{3}He フラックスが最も大きく，沈み込み帯でのフラックスはその約 5 分の 1 であり，ハワイやアイスランドなどのホットスポットとよばれるマントル深部に関連した火山地帯からのフラックスは非常に小さい．また，大陸地殻や海洋地殻からの ^{3}He フラックスも無視できるほど小さい．したがって，大気中の ^{3}He の固体地球からのソースとして重要なのは中央海嶺と沈み込み帯の火山活動である．

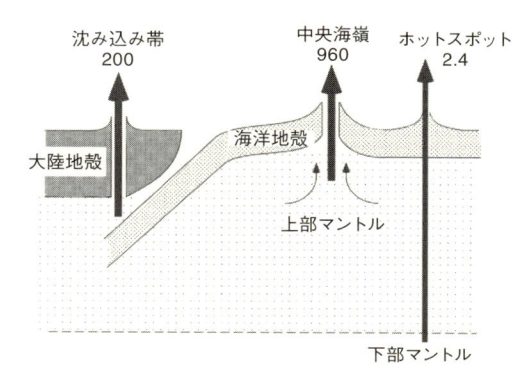

図 5.12　^{3}He のグローバル・フラックスのまとめ [13]

5.3　脱ガスモデルと炭素および窒素のマントル・フラックス

　初期大気中の主成分である窒素や二酸化炭素の起源を議論するために，先に述べた ^{3}He フラックスを基準にして火山ガスや玄武岩の分析値に基づいて炭素や窒素のマントル・フラックスを見積もり，それらを約 45 億年間にわたって積算することで，地球大気の初期脱ガスモデルを検証する．

5.3.1　炭素同位体と火山ガス中の炭素の起源

　炭素には安定な同位体として質量数が 12（^{12}C）と 13（^{13}C）の核種が存在する．ヘリウムと異なりどちらの核種も放射壊変の影響をほとんど受けないため，その同位体比（^{13}C/^{12}C）の変動は主として化学反応や物質移動に伴う同位体分別作用が支配し，変動幅は地球物質ではたかだか 10% である [14]．測定は真空動作型の質量分析計に，二酸化炭素を化学形とした実試料と標準試料を交互に導入して行われるが，その技術は 1950 年代にはほぼ完成した．実試料の炭素同位体比（^{13}C/^{12}C）は国際標準物質である V-PDB（Peedee 層のベレムナイト化石）の同位体比を基準として，その値（1.122×10^{-2}）からのずれを千分偏差で以下の式のように示すのが普通である．

$$\delta^{13}\mathrm{C} = \left(\frac{(^{13}\mathrm{C}/^{12}\mathrm{C})_\mathrm{A}}{(^{13}\mathrm{C}/^{12}\mathrm{C})_\mathrm{St}} - 1 \right) \times 10^3 \tag{5.8}$$

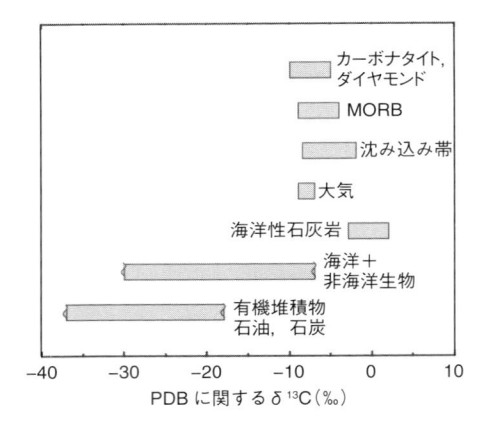

第 5 章　固体地球の脱ガスと大気と海洋の起源

図 5.13　さまざまな地球物質の炭素同位体比 [15]

これはデルタ値とよばれ単位はパーミル（‰）で表される．ここで A は試料，St は標準試料を示す．

図 5.13 はこれまで報告されている地球物質中の炭素同位体比をまとめたものである [15]．地球深部のマントルから火成活動に伴って運び出されたと考えられるカーボナタイト，ダイヤモンド，MORB，沈み込み帯の火山ガスの $\delta^{13}C$ 値はおおよそ -4〜-10‰ の範囲にあり，マントルを代表するものといわれている．一方，光合成によって大気中の二酸化炭素から固定された陸上植物をかたちづくる炭素や石油・石炭など有機物の $\delta^{13}C$ 値は約 -25‰ と非常に低い値である．また，石灰岩などの海洋性の炭酸塩堆積物の $\delta^{13}C$ 値は 0‰ 前後である．もし，地殻物質のうち有機物起源の炭素と炭酸塩起源の炭素が適当な割合で混合すると，マントルの $\delta^{13}C$ 値と区別できなくなる．これが炭素同位体比を用いて物質の起源を議論する場合の弱点である．

沈み込み帯の火山ガスの主成分は一般に水蒸気であるが，二酸化炭素は次に多く含まれる揮発性成分である．400℃ を超えるような高温の火山ガスはマグマに含まれる揮発性成分についての情報を最もよく保存すると考えられる．この高温の火山ガス中の二酸化炭素の炭素同位体比は，$\delta^{13}C$ 値で -2〜-6‰ であり MORB 急冷ガラスに含まれる二酸化炭素の $\delta^{13}C$ 値である -4〜-9‰ と比較すると多少重い．しかしこのデータだけから，沈み込み帯のマグマに含まれる

5.3 脱ガスモデルと炭素および窒素のマントル・フラックス

炭素が上部マントルを代表する MORB の炭素とどのような関係にあるか議論できない.先に述べたように地殻の有機物起源の炭素と炭酸塩起源の炭素が適当に混ざると $\delta^{13}C$ 値で $-2 \sim -6‰$ の値を簡単につくることができる.そこで高温の火山ガス中の二酸化炭素の起源を議論する場合,炭素同位体比以外の情報が必要になる.

高温でのケイ酸塩メルトに対する溶解度は,ヘリウムと二酸化炭素でそれほど変わらないことが知られている [16].そこでマグマから水蒸気を主成分とする揮発性成分が気相に分離する場合,ヘリウムと二酸化炭素の比は保存されることになる.すなわち高温の火山ガスのヘリウムと二酸化炭素の比はマグマ中の値と等しいことになる.このような沈み込み帯の高温の火山ガスの $CO_2/^3He$ 比はほぼ一定で,2×10^{10} である [17].

一方,上部マントルを代表する MORB の $CO_2/^3He$ 比は約 2×10^9 である [16].また,中央海嶺の海底火山から放出される熱水の $CO_2/^3He$ 比は約 1×10^9 である.したがってファクター 2 程度の変動を考慮すると,上部マントルの $CO_2/^3He$ 比は 1.5×10^9 と推定される.いま,沈み込み帯の下のマントルが MORB と同じ $CO_2/^3He$ 比をもつとすると,どちらの ^3He もマントル起源であるから高温の火山ガス中の炭素の大部分がマントル以外の起源を示すことになる.マントル以外の成分としては,沈み込んだ海成炭酸塩,堆積物中の有機物炭素,スラブ中の揮発性成分などが考えられる.

5.3.2 炭素の混合モデルとマントル・フラックス

Sano と Marty は,$CO_2/^3He$ 比と $\delta^{13}C$ 値をもとにして,火山ガス中の炭素が MORB 的な上部マントルの成分,沈み込んだ海成炭酸塩とスラブの成分,堆積物中の有機物の成分の 3 種の混合で説明されることを示した [17].図 5.14 は沈み込み帯の高温の火山ガスや地熱ガスのデータを引用し,$CO_2/^3He$ 比と $\delta^{13}C$ 値でプロットしたものである.いま,添字の Obs, MORB, Lim, Sed をおのおのの試料の実測値,MORB の値,スラブの成分を含む海成炭酸塩の値,堆積物中の有機物起源炭素の値とすると,次の簡単な連立式が成り立つ.

$$\left(\frac{^{13}C}{^{12}C}\right)_{Obs} = \left(\frac{^{13}C}{^{12}C}\right)_{MORB} \times M + \left(\frac{^{13}C}{^{12}C}\right)_{Lim} \times L + \left(\frac{^{13}C}{^{12}C}\right)_{Sed} \times S \tag{5.9}$$

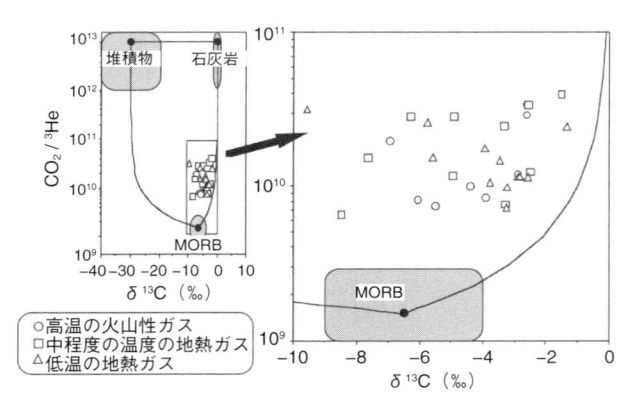

第 5 章　固体地球の脱ガスと大気と海洋の起源

図 5.14　沈み込み帯の流体試料の炭素同位体比と $CO_2/^3He$ 比 [17]

$$\frac{1}{(^{12}C/^3He)_{Obs}} = \frac{M}{(^{12}C/^3He)_{MORB}} + \frac{L}{(^{12}C/^3He)_{Lim}} + \frac{S}{(^{12}C/^3He)_{Sed}} \tag{5.10}$$

$$M + L + S = 1 \tag{5.11}$$

ここで，M，L，S は試料中の MORB，スラブの成分を含む海洋性炭酸塩，堆積物中の有機物起源炭素の割合を示す．ただし，このモデルではマグマ・プロセスに伴う炭素同位体分別効果を考慮していない．いま，有珠山，薩摩硫黄島，メラピなどの代表的な高温の火山ガスと大島，新燃火山，ブルカノなどの中・低温の噴気ガスの測定値にこのモデルを当てはめると，これらの火山ガス中の二酸化炭素のうち 10% 程度が上部マントル起源であり，大部分が沈み込んだスラブの成分を含む海洋性炭酸塩に起源をもつことがわかる（表 5.2）．すなわち，島弧のマグマが含む二酸化炭素の大部分はマントルから直接もたらされたわけではなく，沈み込みによるリサイクル物質であることがわかる．

このようにして求められたマントル起源の二酸化炭素の割合が求まると，次にヘリウム・フラックスに基づき，二酸化炭素のマントル・フラックスを推定することができる．先に述べた沈み込み帯での $CO_2/^3He$ 比と中央海嶺 [16] およびホットスポットにおける $CO_2/^3He$ 比 [18] を用いると，地球全体での火山活動による二酸化炭素のフラックスが推定できる．このようにして求めた結果を図 5.15 に示す [19]．沈み込み帯からの二酸化炭素のフラックスは中央海嶺

5.3 脱ガスモデルと炭素および窒素のマントル・フラックス

表 5.2 代表的な島弧火山ガス中の炭素の起源

火山	国	マントル（%）	有機物（%）	炭酸塩（%）
高 温				
有珠山	日　本	15	11	74
薩摩硫黄島	日　本	20	14	66
ホワイト島	ニュージーランド	5	8	87
メラピ	インドネシア	18	9	73
モモトンボ	ニカラグア	4	8	88
中・低温				
大　島	日　本	6	3	91
新燃火山	日　本	5	15	80
えびの	日　本	9	11	80
ブルカノ	イタリア	20	2	78
平　均		11	9	80

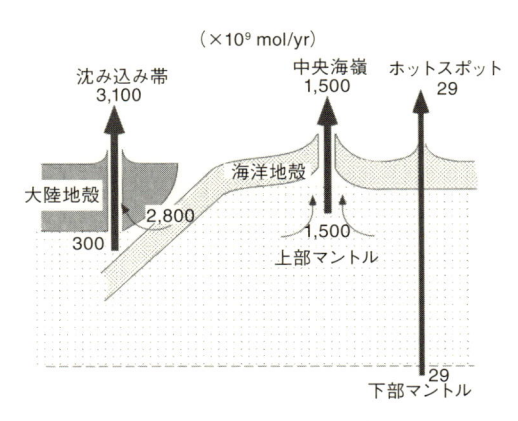

図 5.15　二酸化炭素のグローバル・フラックスのまとめ [11]

の2倍強にあたるが，よく見るとそのほとんどは沈み込んだ炭素のリサイクリングによるもので，正味のマントル・フラックスは中央海嶺の5分の1程度である．いま，すべてのマントル・フラックスを加算すると二酸化炭素として 1.8×10^{12} mol/yr となる．この値は，現在の化石燃料や森林破壊により放出される値である約 6×10^{14} mol/yr と比較すると小さいが，無視できるものではない．もし，地球が生成してからの過去約45億年の間フラックスが一定であった

と仮定すると，マントルから放出された二酸化炭素の総量は 8×10^{21} mol に達し，現在の地球表層に存在する炭素の総量の 9×10^{21} mol にほとんど等しい．このことは単純に考えると，地球表層の炭素が連続脱ガスモデルに従って蓄積してきたように思われる．しかし，炭素はヘリウムやアルゴンなどの希ガス元素とは異なり，図 5.15 のように沈み込みに伴ってマントルにリサイクリングしている．もし，この炭素量がマントル・フラックスに匹敵するほど大きければ，連続脱ガス・モデルは明らかに成り立たない．また，脱ガスした二酸化炭素が地球表層に蓄積しないならば，炭素は下部マントルまで達する可能性がある [18]．

5.3.3　窒素同位体と火山ガス中の窒素の起源

窒素には安定な同位体として質量数が 14 (^{14}N) と 15 (^{15}N) の核種が存在する．炭素と同様に放射壊変の影響をほとんど受けないため，その同位体比 (^{15}N/^{14}N) の変動は主として化学反応や物質移動に伴う同位体分別作用が支配し，変動幅は地球物質ではたかだか 5% である [15]．測定は真空動作動型の質量分析計に，窒素分子を化学形とした実試料と標準試料を交互に導入して行われる．大気中の窒素の同位体比 (^{15}N/^{14}N) は世界中どこでも一定の値を示すとされ，分析した試料の窒素同位体比は大気の同位体比を基準として，その値 (3.613×10^{-3}) からのずれを千分偏差で以下の式のように示すのが普通である．

$$\delta^{15}\text{N} = \left(\frac{(^{15}\text{N}/^{14}\text{N})_\text{A}}{(^{15}\text{N}/^{14}\text{N})_\text{St}} - 1 \right) \times 10^3 \tag{5.12}$$

ここで，$(^{15}\text{N}/^{14}\text{N})_\text{A}$, $(^{15}\text{N}/^{14}\text{N})_\text{St}$ は試料と標準大気の測定値を示し，同位体比は炭素の場合と同様にデルタ値とよばれ，単位はパーミル（‰）で表される．

図 5.16 はこれまで報告されている地球物質中の窒素同位体比をまとめたものである．上部マントルの窒素同位体比 (^{15}N/^{14}N) がどのような δ^{15}N 値を示すかについて，1990 年代の終わりに重要な論文が発表された．これらの成果は，英国・オープン大学の Pillinger が静作動型の質量分析計を窒素同位体の測定に応用したことで始まった [20]．MORB ガラス中の窒素同位体比については，Marty と Humbert が精密な測定を行い，共存する ^{40}Ar/^{36}Ar 比とともに議論を展開した [21]．彼らによると，^{40}Ar/^{36}Ar 比の高い試料で大気や堆積物などの汚染を受けていない MORB ガラスの δ^{15}N 値は $-3 \sim -5$‰ であった．一方，沈み込んだ炭素の影響が少ないと考えられるペリドタイト型のダイヤモンドに

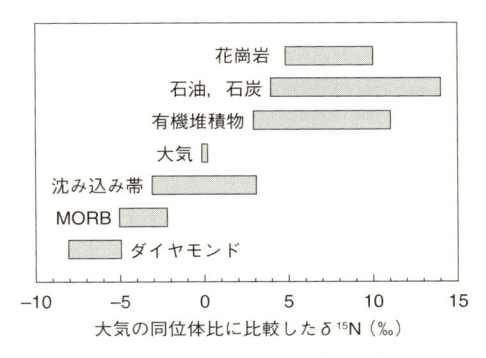

5.3 脱ガスモデルと炭素および窒素のマントル・フラックス

図 5.16 さまざまな地球物質の窒素同位体比 [15]

含まれる $\delta^{15}N$ 値は $-5\sim-8‰$ であると報告されている [22]．これらのデータを取り入れると，上部マントルの $\delta^{15}N$ 値は $-3\sim-7‰$ であるという推定が妥当であろう．一方，花崗岩，石油や石炭，堆積物中の有機物など地殻物質は $+3\sim+14‰$ という正の $\delta^{15}N$ 値を示す．

一般に，島弧の火山ガス中には窒素が二酸化炭素の数十分の1程度は含まれるが，その $\delta^{15}N$ 値はほぼ $0‰$ に近い値である．これまで，この $\delta^{15}N$ 値は単純に大気窒素の汚染によるものと考えられてきた．ところが上部マントルの $\delta^{15}N$ 値は $-5\pm2‰$ であり，それに堆積物中の有機物起源の窒素（$+2\sim+10‰$）が適当に混ざると $0‰$ の値を簡単につくることができる．そこで火山ガス中の窒素の起源を議論する場合，窒素同位体比以外の情報が必要になる．先に述べたように，ほとんど似たような状況下で，炭素同位体比の場合には $CO_2/^3He$ 比を用いた．ところが窒素の場合には，高温でのケイ酸塩メルトに対する溶解度はヘリウムと窒素では大きく異なるため，マグマから火山ガスが分離する場合，ヘリウムと窒素の比は保存されない．一方，窒素の溶解度は希ガス元素ではアルゴンによく似ているので [23]，窒素/アルゴン比を用いれば炭素同位体の場合と同じように問題の解決に役立つかもしれない．ただし ^{40}Ar には ^{40}K から放射壊変で生じた成分も含まれるので使えない．そこで，以下に述べるように Sano らは $N_2/^{36}Ar$ 比を使うことを提案した [24]．

5.3.4 窒素の混合モデルとマントル・フラックス

MORB の $N_2/{}^{40}Ar$ 比は 90 ± 20 と一定であることが報告されている [21]．また ${}^{40}Ar/{}^{36}Ar$ 比は大気の汚染がない値として $(6.4\pm0.8)\times10^4$ が知られている．そこで上部マントルの $N_2/{}^{36}Ar$ 比は 6×10^6 と推定される．一方，海水からの汚染の少ない，ケイ酸塩を主成分とする海底堆積物の $N_2/{}^{40}Ar$ 比は 2.1×10^4 と報告されている．海底堆積物の ${}^{40}Ar/{}^{36}Ar$ 比は大気の値である 295 より大きいと思われるから，その $N_2/{}^{36}Ar$ 比は 6×10^6 より大きいと推定される．また，大気および大気に飽和した水中の $N_2/{}^{36}Ar$ 比は $(1.8\pm0.7)\times10^4$ となる．

図 5.17 に基づき，Sano らは $N_2/{}^{36}Ar$ 比と $\delta^{15}N$ 値から，背弧海盆玄武岩ガラスおよび島弧火山岩中の斑晶に含まれる窒素が MORB 的な上部マントルの成分，沈み込んだ堆積物起源の有機物成分，大気あるいは水に飽和した大気（ASW）の成分の 3 種の混合で説明されることを示した [24]．いま，添字の Obs, MORB, Air, Sed をおのおの試料の実測値，MORB の値，大気の値，堆積物中の有機物起源窒素の値とすると次の式が成り立つ．

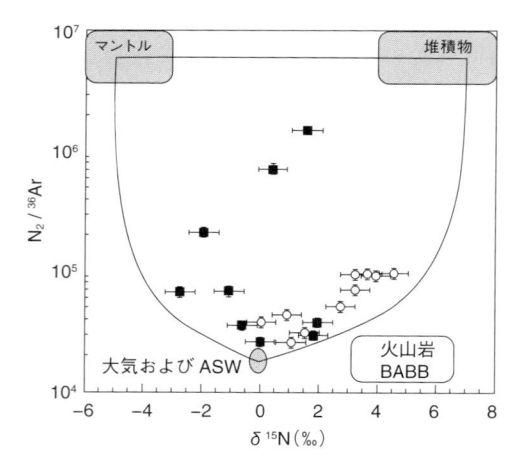

図 5.17 背弧海盆玄武岩 (BABB) および島弧火山岩斑晶試料の窒素同位体比と $N_2/{}^{36}Ar$ 比 [24]

5.3 脱ガスモデルと炭素および窒素のマントル・フラックス

表5.3 背弧海盆玄武岩および島弧火山岩斑晶試料の窒素の起源

試料	マントル（％）	大気（％）	堆積物（％）
マリアナトラフ 1	69.5	8.3	22.2
マリアナトラフ 2	65.3	26.8	7.8
北フィジー海盆 1	52.1	26.2	21.8
北フィジー海盆 2	53.5	2.2	44.3
平　均	60.1	15.9	24.0
雲仙火山岩斑晶	6.8	30.2	63.0
三宅島火山岩斑晶	12.5	78.7	8.8
八丈島火山岩斑晶	12.3	59.2	28.5
平　均	10.5	56.0	33.4

$$\left(\frac{^{15}N}{^{14}N}\right)_{Obs} = \left(\frac{^{15}N}{^{14}N}\right)_{MORB} \times M + \left(\frac{^{15}N}{^{14}N}\right)_{Air} \times A + \left(\frac{^{15}N}{^{14}N}\right)_{Sed} \times S \tag{5.13}$$

$$\frac{1}{(^{14}N/^{36}Ar)_{Obs}} = \frac{M}{(^{14}N/^{36}Ar)_{MORB}} + \frac{A}{(^{14}N/^{36}Ar)_{Air}} + \frac{S}{(^{14}N/^{36}Ar)_{Sed}} \tag{5.14}$$

$$M + A + S = 1 \tag{5.15}$$

ここで，M, A, S は試料中のマントル，大気，堆積物起源の窒素の割合を示す．マリアナトラフの玄武岩ガラスや三宅島の火山岩から分離した斑晶などの代表的な試料について，窒素の起源を式(5.13)～(5.15)に基づき計算した結果を表5.3に示す．具体的に平均値で見ると，背弧海盆ではマントルの窒素の寄与は大きくて50％以上であるが，島弧では約10％にすぎない．一方，堆積物起源の窒素の寄与が島弧だけでなく背弧海盆においても有意に認められる．このことは沈み込みに伴う窒素のマントルへの逆流が現在も起きていることを示している．

このようにして求められたマントル起源の窒素の割合が求まると，次にヘリウム・フラックスに基づき，窒素のマントル・フラックスを推定することができる．しかし，二酸化炭素の場合と異なって，ヘリウムと窒素はマグマからの脱ガスの際に分別を起こす可能性が高い．したがって，単純に観測した $N_2/^3He$ 比に文献のヘリウム・フラックスを掛け合わせることはできない．そこで，Sanoらは次の式を提出した[25]．

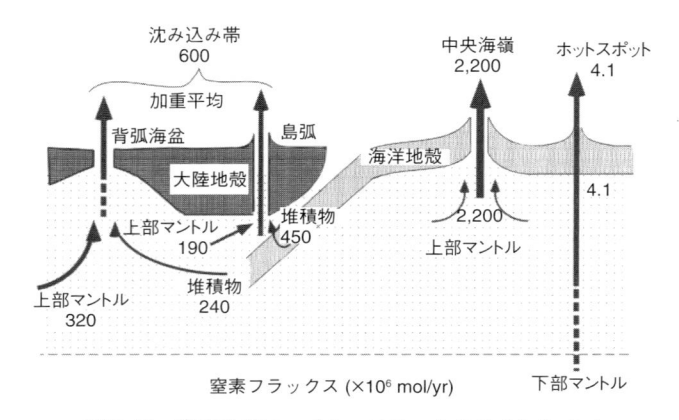

第 5 章　固体地球の脱ガスと大気と海洋の起源

図 5.18　窒素のグローバル・フラックスのまとめ [25]

$$\frac{1}{(^{14}\mathrm{N}/^{3}\mathrm{He})_{\mathrm{Obs}}} = \frac{M}{(^{14}\mathrm{N}/^{3}\mathrm{He})_{\mathrm{MORB}}} + \frac{A}{(^{14}\mathrm{N}/^{3}\mathrm{He})_{\mathrm{Air}}} + \frac{S}{(^{14}\mathrm{N}/^{3}\mathrm{He})_{\mathrm{Sed}}} \quad (5.16)$$

ここで，$(^{14}\mathrm{N}/^{3}\mathrm{He})$ はおのおの MORB，大気，堆積物中の有機物起源窒素の窒素–14/ヘリウム–3 比を示す．式 (5.13) と式 (5.15) に式 (5.16) を加えることで，アルゴンを分母にした場合と独立に，各成分を起源とする窒素の割合を計算できる．このような計算結果を比較すると，玄武岩ガラスや島弧の斑晶であまり大きな変動は見られないが，島弧の火山ガスでは大きな違いが生じた．これはマグマから火山ガスが脱ガスする際の窒素とヘリウムの分別によるものと解釈される．そこで，アルゴンを分母として計算した成分を正しいとして，逆に式 (5.16) から $(^{14}\mathrm{N}/^{3}\mathrm{He})$ 比を求めることができる．このようにして求めた補正ずみ $^{14}\mathrm{N}/^{3}\mathrm{He}$ 比は，玄武岩ガラスや島弧の斑晶では実測値とあまり変わらないが，火山ガスの実測値とは異なる．ともかく，補正ずみ $^{14}\mathrm{N}/^{3}\mathrm{He}$ 比は沈み込み帯のマグマ源の本来の値を反映していると思われる．

補正ずみ $^{14}\mathrm{N}/^{3}\mathrm{He}$ 比が求まると，次に二酸化炭素の場合と同じように Torgersen のヘリウム・フラックス（図 5.12）に基づき，窒素のマントル・フラックスを推定することができる [25]．このようにして求めた固体地球からの窒素・フラックスを図 5.18 に示す．島弧および背弧海盆における窒素・フラックスは 6×10^{8} mol/yr であり，中央海嶺からのフラックス 2.2×10^{9} mol/yr の約 27% にあたる．しかし正味のマントル・フラックスは島弧で 1.9×10^{8} mol/yr，背弧

5.3 脱ガスモデルと炭素および窒素のマントル・フラックス

表 5.4 ヘリウム,アルゴン,二酸化炭素,窒素のグローバル・フラックスと地球表層の存在度

元素	化学形	表層存在度 (mol)	フラックス (mol/yr)	存在度/フラックス (yr)	脱ガスモデル
ヘリウム	He	9.3×10^{14}	3.7×10^{8}	2.5×10^{6}	逃散
アルゴン	Ar	1.7×10^{18}	1.1×10^{8}	1.5×10^{10}	初期脱ガス
炭素	CO_2	9.0×10^{21}	1.8×10^{12}	5.0×10^{9}	連続脱ガス
窒素	N_2	1.8×10^{20}	2.8×10^{9}	6.4×10^{10}	初期脱ガス

海盆で 3.2×10^{8} mol/yr であるから,平均すると中央海嶺の約 10 分の 1 となる.ハワイ・ロイヒ海山で採取された玄武岩ガラスの分析値に基づき,ホットスポットの窒素・フラックスを計算すると 4.1×10^{6} mol/yr となり,中央海嶺の 500 分の 1 にすぎない.すべてのマントル窒素・フラックスを加算すると 2.4×10^{9} mol/yr となり,二酸化炭素のフラックス 1.8×10^{12} mol/yr の 750 分の 1 である.もし地球が生成してからの過去約 45 億年の間,フラックスが一定であったと仮定すると,マントルから放出された窒素の総量は 1.1×10^{19} mol となる.この値は地球表層にある窒素の総量 1.8×10^{20} mol に比べると 1 桁以上小さい.この結果は二酸化炭素のフラックスとは異なり,大気窒素の約 90% は地球のごく初期にカタストロフィックな脱ガスで大気にもたらされと結論できる.

この章の最後に,ヘリウム,アルゴン,二酸化炭素,窒素という 4 つの代表的な揮発性成分の放出フラックスと地球表層における存在度を比較した表 5.4 を示す.これらの量的関係は,アルゴンと窒素が初期脱ガスモデルで説明できる一方,二酸化炭素は見かけ上,連続脱ガスモデルに調和的である.また,揮発性成分として最も重要な水の脱ガスモデルを議論していない.これは,マントルから地表にはじめて脱ガスする水(初生水)を検出するのが困難なため,現在の水のマントル・フラックスを推定できないことによる.Matsui と Abe による形成過程の地球の衝突脱ガスモデルによれば,現在の海水とほとんど同じ量の水が初期大気に存在したことになり [5],地質時代を通じた水の連続脱ガス量はアルゴンや窒素と同様に小さなものであろう.

[補足] 図 5.12 の中央海嶺からのヘリウム-3・フラックスは海水中のヘリウムの過剰から 4 atom/cm^2 s と推定されていた [26].2010 年に発表された論文 [27] に

よると，フラックスは $2\,\mathrm{atom/cm^2\,s}$ とされている．この値を採用すると，二酸化炭素や窒素のマントル・フラックスは約 1/2 になる．

● 参考文献

[1] Rubey, W. W., *Bull. Geol. Soc. Amer.*, **62**, 1111（1951）.
[2] Turekian, K. K., *Geochim. Cosmochim. Acta*, **17**, 37（1959）.
[3] Fanale, F. P., *Chem. Geol.*, **8**, 79（1971）.
[4] Ozima, M. and Kudo, K., *Nature*, **239**, 23 (1972).
[5] Matsui, T. and Abe, Y., *Nature*, **319**, 303（1986）.
[6] Cadogan, P. H., *Nature*, **268**, 38（1977）.
[7] Bender, M. L., *et al.*, *PNAS*, **105**, 8232（2008）.
[8] Mamyrin, B. A. and Tolstikhin, I. N., "Helium Isotopes in Nature", Elsevier, Amsterdam, 273pp.（1984）.
[9] Kaneoka, I., *Nature*, **302**, 698（1983）.
[10] Sano, Y. and Wakita, H., *J. Geophys. Res.*, **90**, 8729（1985）.
[11] Sano, Y., *et al.*, *Nature*, **323**, 55（1986）.
[12] Sano, Y. and Wakita, H., *Chem. Geol.*, **66**, 217（1987）.
[13] Torgersen, T., *Chem. Geol.*, **79**, 1（1989）.
[14] Craig, H., *Geochim. Cosmochim. Acta*, **3**, 53（1953）.
[15] Hoefs, J., "Stable isotope geochemistry", Springer-Verlag, 208pp.（1980）.
[16] Marty, B. and Jambon, A., *Earth Planet. Sci. Lett.*, **83**, 16（1987）.
[17] Sano, Y. and Marty, B., *Chem. Geol.*, **119**, 265（1995）.
[18] Trull, T., *et al.*, *Earth Planet. Sci. Lett.*, **118**, 43（1993）.
[19] Sano Y. and Williams, S. N., *Geophys. Res. Lett.*, **23**, 2749（1996）.
[20] Wright, I. P., *et al.*, *J. Phys. E.: Sci. Instrum.*, **21**, 865（1988）.
[21] Marty, B. and Humbert, F., *Earth Planet. Sci. Lett.*, **152**, 101（1997）.
[22] Cartigny, P., *et al.*, *Terra Nova*, **9**, 175（1997）.
[23] Marty, B., *et al.*, *Chem. Geol.* **120**, 183（1995）.
[24] Sano, Y., *et al.*, *Geophys. Res. Lett.*, **25**, 2289（1998）.
[25] Sano, Y., *et al.*, *Chem. Geol.*, **171**, 263（2001）.
[26] Craig, H., *et al.*, *Earth Planet. Sci. Lett.*, **26**, 125（1975）.
[27] Bianchi, D., *et al.*, *Earth Planet. Sci. Lett.*, **297**, 379（2010）.
[28] Ozima, M., and Podosek, F. A., "Noble gas geochemistry", p.319, Cambridge University Press（1983）.

第6章 大気と海洋の進化と生命の起源

　前章では地球の初期大気の脱ガスモデルとして連続脱ガスおよびカタストロフィック脱ガスを紹介した．また，古い堆積岩や氷床コアに閉じ込められた過去の大気，さらに現在のマントルから脱ガスされる炭素や窒素などの揮発性成分の脱ガスに注目し，これらのモデルを検証した．本章では，初期大気の化学的特徴を議論し，現在に至るまでの大気と海洋の化学的進化と併せて，生命の起源とそのタイミングについて解説する．

6.1　初期大気と海洋の化学組成

　第5章で述べたように，地球表層に存在するアルゴンや窒素などの揮発性成分は，固体地球のカタストロフィックな脱ガスによって生まれたと推定される．また，そのタイミングは第4章で説明した45億〜44億5,000万年前である．ここでは，この時代にさかのぼってマグマオーシャンが存在する状況から始まる初期大気と海洋（併せて**原始大気**（primordial atmosphere）ともよぶ）の分子レベルでの化学組成について解説する．

6.1.1　原始大気の化学組成

　原始地殻が形成する以前で，カタストロフィックな脱ガスが起きた時代は，地球の集積過程（微惑星の衝突）と重なっていた可能性がある．この場合には，集積する物質の重力エネルギーが熱に変換され加熱される．しかも厚い揮発性

第 6 章　大気と海洋の進化と生命の起源

成分で覆われた固体地球は温室効果により熱が逃げにくく，表層が高温のマグマオーシャンで覆われた時代であろう．原始大気を構成する主な成分は表 5.1 に示したものであるが，窒素や硫黄の化学形（たとえば窒素ならば，N_2, NH_3, NO_2）は実は定まっていない．また炭素の化学形も，もしきわめて還元的な環境下にあれば，表中の CO_2 ではなく CH_4 になるべきである．この原始大気の酸化・還元状態を決めるのは気体だけでなく，気体が接する固体地球の影響も十分に受ける．たとえば，地球表層に大量の金属の鉄が存在すると，大気中の酸素は鉄と反応して失われ，その分圧は低下して還元的な環境を生み出すだろう（10.6 節参照）．この金属鉄は現在の地球の核に取り込まれたものであることを暗示している．地球の核の形成は**タングステン**同位体（tungseten isotope）の研究から 45 億年前に始まるが，いつ終わったかについて束縛条件はない．すると図 4.16 に示すように大気の形成と核の形成は時間的に重なって見える．ここでは Holland の推定 [1] に従って，マグマオーシャン中に金属鉄が多量に存在する場合とほとんど存在しない場合に分けて議論する．

　もしマグマオーシャン中に金属鉄が多量に存在しそれが表面に浮かんおり，原始大気全体がその金属鉄と十分に接触できる時間が継続すれば，原始大気中の酸素分圧（ここでは P_{O_2} で表す）は次の化学平衡で決まるだろう．

$$Fe_2SiO_4(s) \rightleftharpoons Fe(s) + FeSiO_3(s) + \frac{1}{2}O_2(g) \tag{6.1}$$

ここで，(s) は固相あるいは液層と固相の混合，(g) は気相を示す．また，Fe_2SiO_4 は**ファヤライト**（**鉄かんらん石**；fayalite）とよばれ，4.3 節で説明した仮想的なマントルの化学組成である**パイロライト**（pyrolite）の鉄に関連した部分である．$FeSiO_3(s)$ は斜方輝石の端成分でフェロシライトとよばれる鉱物である．実験室での平衡定数の測定から，P_{O_2} は 1,200℃ では $10^{-12.5}$ Pa と求まっている．この値が決まり，次の化学反応式の平衡を仮定すると，水素の化学形が推定できる．

$$H_2O(g) \rightleftharpoons H_2(g) + \frac{1}{2}O_2(g) \tag{6.2}$$

ここで，平衡定数は次の式

$$K_p = \frac{P_{H_2} \times P_{O_2}^{1/2}}{P_{H_2O}} \tag{6.3}$$

で表すことができる．K_p は 1,200℃ で $10^{-5.89}$ と求まっており，式 (6.1) から求めた P_{O_2} と合わせると水素ガスと水蒸気の分圧の比が約 2 と求まる．つまり，気相では水素分子は水分子の 2 倍程度存在する．この条件下では，原始大気中に存在する化学成分は $H_2 > H_2O > CO > N_2$ であったと思われる．もし，この大気の組成が数千年〜数万年にわたって続くと，水素分子は大気の上層部から惑星間空間に逃散してしまう．

水素には安定な同位体として質量数が 1 (^1H) と 2 (D あるいは ^2H) の核種が存在する．炭素や窒素と同様にどちらの核種も放射壊変の影響をほとんど受けないので，地球上では**水素同位体比**（D/H；hydrogen isotope）の変動は主として化学反応や物質移動，相変化に伴う同位体分別作用が支配し，その変動幅は 40% に及ぶ [2]．現在の海水の D/H 比は 1.557×10^{-4} である．太陽系では D/H 比は大きく変化し，原始太陽系星雲の同位体比は 2×10^{-6} と推定されている．一方，彗星での観測値は 3×10^{-4} である．地球の材料物質（4.3 節を参照）と思われるコンドライト隕石の代表的な値は $(1.3〜1.8) \times 10^{-4}$ であり，現在の海水の値と一致する．先に述べたように，水素分子が大気から大量に逃散すると，軽い H_2 分子が HD 分子より先に失われるので，残った水素の D/H 比は大きくなるだろう．ところが，現在の海水に残された水素同位体比の値は材料物質であるコンドライト隕石と同じであり，上記のモデルで必ず起きる逃散はなかったことを示す [3]．つまり，マグマオーシャンに金属鉄が存在する状況下での $H_2 > H_2O > CO > N_2$ の原始大気は逃散の効果がでる 1,000 年以上の時間は続かなかったと推定できる．

原始大気の形成の最終段階で，核の形成が完成していたとすれば，マグマオーシャン中には金属鉄は存在しないであろう．この状態での酸素分圧を決める化学反応は次のように示される．

$$2\,Fe_3O_4(s) + 3\,SiO_2(s) \rightleftharpoons 3\,Fe_2SiO_4(s) + O_2(g) \tag{6.4}$$

ここで Fe_3O_4 は磁鉄鉱，SiO_2 は石英である．式 (6.1) と同様に，化学平衡を仮定すると温度によって P_{O_2} が計算できる．1,200℃ では 10^{-9} Pa と求まるので，あらためて式 (6.3) で計算すると，気相における水素分子の存在度は水分子の 100 分の 1 程度である．水素以外の化学形も以下の化学反応式と平衡定数から推定できる．

$$\mathrm{CO_2(g)} \rightleftharpoons \mathrm{CO(g)} + \frac{1}{2}\mathrm{O_2(g)} \tag{6.5}$$

$$\mathrm{CO_2(g)} + 2\,\mathrm{H_2O} \rightleftharpoons \mathrm{CH_4(g)} + 2\,\mathrm{O_2(g)} \tag{6.6}$$

$$\mathrm{N_2(g)} + 3\,\mathrm{H_2O(g)} \rightleftharpoons 2\,\mathrm{NH_3(g)} + \frac{3}{2}\mathrm{O_2(g)} \tag{6.7}$$

$$\mathrm{SO_2(g)} + \mathrm{H_2O(g)} \rightleftharpoons \mathrm{H_2S(g)} + \frac{3}{2}\mathrm{O_2(g)} \tag{6.8}$$

$$2\,\mathrm{HCl(g)} \rightleftharpoons \mathrm{H_2(g)} + \mathrm{Cl_2(g)} \tag{6.9}$$

式 (6.9) 以外はすべて酸素を含んでおり，化学平衡を仮定することで C, N, S の化学形を推定できる．塩素は水素の分圧を決めてから計算することになる．次に，表 5.1 の地球大気の化学成分の存在度から H, C, N, S, Cl の化学形と相対存在度を求めることができる．その結果は $\mathrm{H_2O} > \mathrm{CO_2} > \mathrm{HCl} > \mathrm{H_2} > \mathrm{SO_2} > \mathrm{N_2} > \mathrm{CO}$ である．つまりこのときの原始大気は水と二酸化炭素の混合物であり，その他の成分は 1% 以下であっただろう．

6.1.2　原始海洋の形成

　固体地球の集積と大気の形成が終わり，固体地球の表面温度が下がり始めると，マグマオーシャンの一部はマグネシウム，鉄，カルシウムに富んだ鉱物を晶出しながら，約 1,400 K で固化を始める．固化したばかりの地殻は玄武岩的な化学組成をもち，その下にかんらん岩的な組成のマントルが存在する．原始大気の温度が主成分である**水の臨界温度**（critical temperature）の 648 K 以下になると，水蒸気は凝集して小さな液体の水になり，HCl と $\mathrm{SO_2}$ はそれに溶けて**塩酸**（hydrochloric acid）と**亜硫酸**（hydrogen sulfite）になる．原始大気の温度がさらに下がると水蒸気は雲となり，やがて塩酸と亜硫酸を 10：1 で含む熱い雨として地表に降り注ぐ．この降雨量は年間 7,000 mm を超え，現在の熱帯地域の降雨量の 10 倍程度と思われる．地表の温度が 648 K より高いと，熱い雨はすぐに気化して大気に戻る．この状態で，地表では塩酸と亜硫酸が玄武岩質の地殻と激しく反応したであろう．図 6.1 はこの時代の地球の想像図である．648 K 以下になると，熱水が地表に集まり次第に水深を増していく．原始海洋はこのようにして誕生したと考えられる．地上で最初の雨が降り出してから，原始海洋が形成されるまでに 1,000 年程度の時間が必要とされる [4]．この時点での原始大気は $\mathrm{CO_2}$ と $\mathrm{N_2}$ を主成分とするもので，その比は約 30：1 である．

6.1 初期大気と海洋の化学組成

図 6.1　原始地球表層の想像図

次に最初の海水が形成された時代を推定する．ここでの議論に重要な役割を果たす**酸素同位体**（oxygen isotope）についてはじめに解説する．酸素には安定な同位体として質量数 16（^{16}O），17（^{17}O），18（^{18}O）の核種が存在する．これらは炭素や窒素と同様に他の元素の放射壊変の影響を受けないために，その同位体比（^{18}O/^{16}O），（^{17}O/^{16}O）の変動は化学反応や物質移動，蒸発・凝縮過程に伴う同位体分別作用や同位体交換反応が支配する．通常の物理・化学過程では酸素同位体比の変動の大きさは質量差に依存するため，^{17}O/^{16}O 比の変化（質量差は 1）は ^{18}O/^{16}O 比の変化（質量差は 2）の約 1/2 になる．したがって酸素同位体比はどちらか 1 つの同位体比を示せばよい．通常は ^{18}O/^{16}O 比を用い，国際標準物質である標準海水（SMOW）の酸素同位体比（2.0052×10^{-3}）からのずれを千分率差で以下の式のように示す．

$$\delta^{18}\mathrm{O} = \left(\frac{(^{18}\mathrm{O}/^{16}\mathrm{O})_\mathrm{A}}{(^{18}\mathrm{O}/^{16}\mathrm{O})_\mathrm{St}} - 1 \right) \times 10^3 \tag{6.10}$$

これはデルタ値とよばれ，単位は（‰）で表される．

図 6.2 はこれまでに報告されている物質の酸素同位体比をまとめたものである [2]．地球物質での変動はたかだか 10% である．一般に，堆積岩は重い元素の同位体比を，天水は軽い元素の同位体比を示す．しかし，地球化学の研究では，このような酸素の起源の問題よりも，同位体交換反応の温度依存性に基づく，形成環境の温度推定に使われる．たとえば，サンゴ骨格や有孔虫の殻の酸素同位体比から，過去の海水温を求める研究は有名である（第 7 章参照）．しか

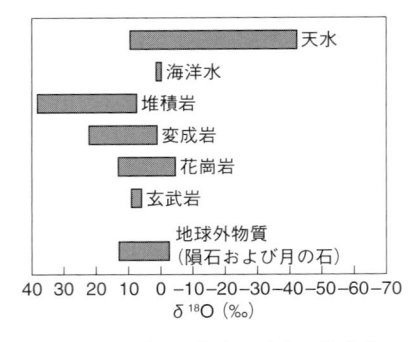

第6章 大気と海洋の進化と生命の起源

図6.2 さまざまな物質の酸素同位体比 [2]

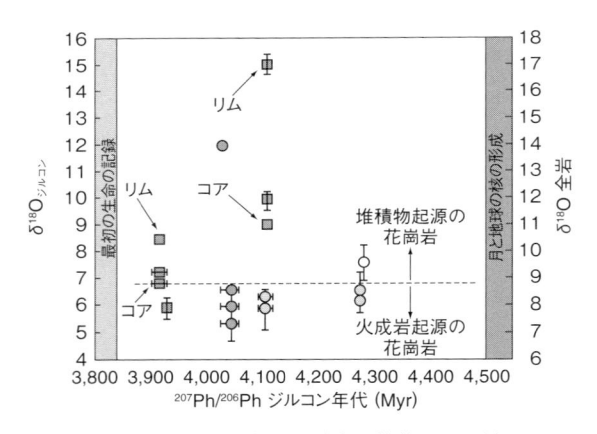

図6.3 ジルコンの年代と酸素同位体比の関係 [5]

し，ここでは酸素同位体比を最初の海水が形成された時代に対する制約条件として使う．

4.1節で述べたように，地球上で最古の物質は44億年の年代を示す**ジルコン**（ZrSiO$_4$；zircon）である．比較的揮発性の高い鉛を含むウラン–鉛系が44億年間にわたって閉じていたとすれば，この鉱物に含まれる酸素もオリジナルな情報を保持しているだろう．同じように39億〜43億年の年代を示す古い多数のジルコンも，後の時代の変成による影響を受けていないと仮定して，酸素同位体比を**二次イオン質量分析計**（secondary ion mass spectrometry, 9.5.3節参照）によりスポット分析した結果を図6.3に示す [5]．左の軸は分析したジルコンの

6.1 初期大気と海洋の化学組成

表6.1 太陽系の惑星大気の化学組成

化学成分	金星	地球	火星	木星	土星
CO_2（%）	96.5	0.035	95.3		
N_2（%）	3.5	78.1	3.5		
O_2（%）		20.9			
He（%）	0.0012	0.000524		10.2	3.25
H_2（%）		0.000055		89.8	96.3
Ar（ppm）	70	9,340	16,000		
CH_4（ppm）		1.7		3,000	2,100
NH_4（ppm）		0.003		260	130

$\delta^{18}O$ 値を示す．右の軸はマグマからジルコンが晶出するときの同位体分別を補正した値を $\delta^{18}O$ 値で示した．始原的なマントルで生じたマグマ中で形成したジルコンの平均的な $\delta^{18}O$ 値は +5‰ である．図 6.3 中の点線より上にプロットされるジルコンは ^{18}O に富んだ成分を起源としている．図 6.2 に示したように重い酸素の同位体比をもつ成分は堆積岩起源である．堆積岩の存在は，地表で熱水変質が起こった可能性を示唆する．これらの推測から，少なくとも 43 億年前には十分な量の水が存在したのであろう [5]．つまり，今から 43 億年前には海水が形成されていたであろう．最後にこの状況での大気の化学組成について言及する．

表 6.1 は現在の太陽系の惑星大気の化学組成である．**金星**（Venus），地球，**火星**（Mars）などの地球型惑星の化学組成は地球を例外とすれば，CO_2 と N_2 を約 30：1 で含むが，木星や土星などの木星型惑星の主成分は水素とヘリウムである．木星型惑星の大気は原始太陽系星雲のなごりを留めている．一方，地球の現在の大気は金星や火星と異なるが，しかし原始海洋が形成された直後の地球の大気は金星や火星の大気とよく一致する．また，先に述べた水素同位体比（D/H）を比較すると，金星や火星の値は現在の海水の値より大きい．これは，マグマオーシャンに金属鉄が存在する状況下の大気から水素の逃散が起きると推定したように，金星や火星の大気から水素が多量に失われ，水素同位体比が重いほうに分別したことを意味する [3]．この結果として金星や木星では原始海洋が形成できなかったのであろう．すると地球で起きたような大気と海洋の化学進化は停止して，CO_2 と N_2 を約 30：1 で含む原始大気が，組成を保ったまま現

在に至っていると解釈できる．一方，地球の大気は海洋の**化学進化**（chemical evolution）とともに変化して，さらに後に現れる生命の影響も受けて現在に至ったと思われる．

6.2 大気と海洋の化学進化

前節で推定された原始大気と海洋の化学組成の量的関係は $H_2O > CO_2 > HCl > H_2 > SO_2 > N_2 > CO$ である．この組成から水が凝縮し，塩酸と亜硫酸を溶かし込めば，大気の組成は $CO_2 > H_2 > N_2 > CO$ となる．ここからスタートして現在の大気 $N_2 > O_2 > Ar$ に至る化学進化と塩酸と亜硫酸を $10:1$ で含む原始海洋が塩化ナトリウムと硫酸マグネシウムを主成分とする現在の海水の組成に至る化学進化を合わせて解説する．

6.2.1 海水の化学進化－無機的環境

高温の原始海洋は pH 1 以下の強酸であり，原始地殻を形成する玄武岩質の岩石と激しく化学反応を起こしたと思われる．分解された岩石からナトリウム，カリウム，マグネシウム，カルシウム，鉄などのさまざまな金属が溶け出して，海水は中和されていく．この化学反応は，**玄武岩**（basalt）をビーカーに入れて塩酸で煮沸することで簡単に再現できる．また，天然でも温泉変質帯で見られる現象である．この中和反応は最初の雨が降り出したときからきわめて速く進み，海水が全体として強酸であった時代は短かったであろう．西グリーンランドの**イスア地方**（Isua region）で発見された枕状玄武岩（図5.4）が酸性変質を受けていないことは，少なくとも今から 38 億年前には，海水は中和されていたことを示す．原始海水が中和されて pH 7 程度の中性に近づくと，原始大気に存在する二酸化炭素が溶け込み始める．すると，海水中の溶存するカルシウムやアルミニウムの一部は次の化学反応式に従って化合物をつくり沈殿する．

$$Ca^{2+} + H_2O + CO_2 \longrightarrow CaCO_3 \downarrow + 2H^+ \tag{6.11}$$

$$Al^{3+} + 3H_2O \longrightarrow Al(OH)_3 \downarrow + 3H^+ \tag{6.12}$$

沈殿した $CaCO_3$ や $Al(OH)_3$ は中性の海水中では安定に存在する．上記の化学反応で生じた水素イオンは，さらに原始地殻の玄武岩を風化することで消費さ

6.2 大気と海洋の化学進化

れる．また，原始海水に溶存するマグネシウムの一部は2価の陽イオンとしてカルシウムと性質が近いので，$CaCO_3$ に固溶体として取り込まれ共沈殿した可能性がある．カリウムやアルミニウムの一部は玄武岩が変質した粘土鉱物，とくにイライト（カリウムとアルミニウムを主成分にした層状ケイ酸塩鉱物）にイオン交換反応によって取り込まれることがわかっている．マグネシウムの一部も粘土鉱物に取り込まれるだろう．その結果，原始海水は，陽イオンとしてナトリウムと鉄，陰イオンとして塩素と亜硫酸を主成分とするものに変化したであろう．この状態は，生物が光合成によってつくる酸素が，まだ十分に地表に蓄積していない環境を示す．

地質学の記録において，世界で最も古い堆積岩起源の変成岩は西グリーンランドのイスア地方に残っている．その形成は約39億年前であり，36億年前までの地層が残されている [6]．大部分の地層は後の時代の熱変成の影響を受けて変質し，古い時代の環境情報を引き出すことは難しいが，一部の枕状玄武岩（図5.4）や縞状鉄鉱床，チャート（5.2節参照）はオリジナルな情報を保持しているであろう．**縞状鉄鉱床**（banded iron formation, BIF）の名称は，鉄鉱石（鉄の酸化物）に富む部分と主にケイ酸塩鉱物からなる部分が，おのおの厚さ0.5～3 cm程度の縞状に細かく互層していることからつけられた．ここでは，イスア地方の鉄鉱床に注目して，38億年前の海水について簡単に解説する [7]．

イスアの縞状鉄鉱床は主としてマグネタイト（Fe_3O_4）とシリカ（SiO_2）の縞でできている．これらの鉄とケイ素は当時の海水起源として間違いないであろう．より新しい時代の縞状鉄鉱床との違いは，硫黄や他の金属の存在度が著しく低いことであり，原始海水には他の金属イオンに比較して鉄の存在度が著しく大きかったことを示している．この推定は，原始海水に含まれる陽イオンとしてナトリウムと鉄が主成分であったというモデルと整合的である．ナトリウムは水溶液中では安定なイオンであり，化合物として沈殿しにくいので（第8章参照），マグネタイトやシリカには入り込まない．

これらの試料の酸化状態について，**希土類元素**（rare earth elements）を用いた研究について簡単に説明する（第8章も参照）．希土類元素はランタノイドとよばれるランタン（La）からルテチウム（Lu）とイットリウム（Y）の総称であるが，すべて周期表では第3族に属し，化学的および物理的性質は非常によく似ている．また，溶液中で希土類元素は3価のイオンとなり，そのイオン半

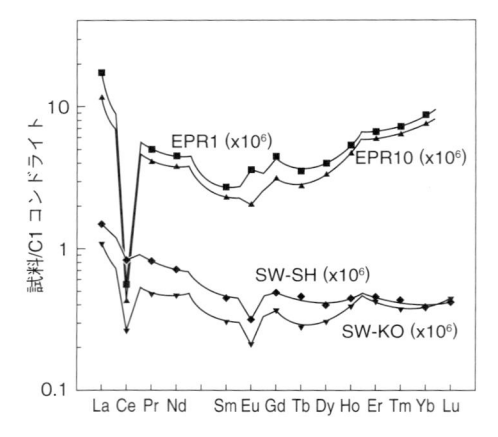

第 6 章 大気と海洋の進化と生命の起源

図 6.4 海水中の希土類元素の存在度パターン [9]
FPR：東太平洋膨，SW-SH；日本海側の沿岸海水，SW-KO；高知付近の沿岸海水．

径は原子番号の増加とともに小さくなる．この規則性から岩石や鉱物中の希土類元素の分別は，それらの成因について制約を与える．たとえば，花崗岩の進化，マントル物質の部分溶融，マグマの混合など幅広い固体地球科学の分野で使われている [8]．試料中の希土類元素濃度は，その絶対値ではなく炭素質コンドライトの濃度で規格化して表すことが多い．この表現法を希土類元素パターンという．希土類元素の中で，**セリウム**（cerium, Ce）は酸化的な環境では 4 価のイオンに，**ユウロピウム**（europium, Eu）は還元的な環境では 2 価のイオンになる．その結果，イオン半径が大きく変わり，他の希土類元素と違う挙動をとる．たとえば，現在の酸化的な環境の海水中ではセリウムは 4 価となり，マンガン団塊やマンガンクラストが沈殿するときに，共沈して海水から失われる（8.2 節参照）．その結果，原子番号が前後にあるランタンやプラセオジム（Pr）に比較して，希土類元素パターン上でセリウムの存在度が小さくなる．図 6.4 にいくつかの海水中の希土類元素パターンを示す [9]．どの海水でもセリウムのところで下に凹んでみえるパターンになる．これを負の**セリウム異常**（cerium anomaly）とよぶ．一方，イスアの縞状鉄鉱床にはセリウムの異常が見られない [10]．この事実から原始海水は酸化的な条件ではなかったと推定される．つまり，多量の遊離酸素は原始海水にはなかったのであろう．次章で述べるよう

に，原始海水から多量の鉄が除かれるのは，生物が光合成によりつくる酸素が鉄を酸化し，3価の水酸化物として沈殿させるためである．38億年前の海水中に光合成を行う生物が存在した可能性はあるが，その確固とした証拠は得られていないし，その地球環境への影響は限定的なものであったと思われる．

6.2.2　海水の化学進化－生物が存在する環境

次節で述べるように，約35億年前には光合成を行う微生物，シアノバクテリア（cyanobacteria）が存在していた可能性が高い．海水中に十分な量の酸素が存在すると，2価の鉄が酸化されて3価に変わり，次の反応に従って水酸化物として沈殿する．

$$Fe^{3+} + 3H_2O \longrightarrow Fe(OH)_3 \downarrow + 3H^+ \tag{6.13}$$

発生した水素イオンは原始地殻を風化するのに使われて速やかに中和される．沈殿した鉄の水酸化物は続生作用の熱により次の脱水反応で鉄の酸化物に変化する．

$$2Fe(OH)_3 \longrightarrow Fe_2O_3 + 3H_2O \tag{6.14}$$

この Fe_2O_3 がさらに進化してマグネタイト Fe_3O_4 に変化したのだろう．また亜硫酸（SO_3^{2-}）も酸化されて硫酸（SO_4^{2-}）に変化する．海水中に硫酸イオン濃度が高まると，一部のアルカリ土類元素は次の反応に従って沈殿する．

$$Ca^{2+} + SO_4^{2-} \longrightarrow CaSO_4 \downarrow \tag{6.15}$$

これらの化学反応が進行すれば，原始海水に溶存していたナトリウム，カリウム，マグネシウム，カルシウム，鉄のうち，カリウム，カルシウム，鉄が取り除かれて，陽イオンとしてナトリウムとマグネシウムが残る．一方，陰イオンははじめからある塩素と，亜硫酸の酸化でできた硫酸が残る．結果として現在の海水に含まれる塩化ナトリウム＋硫酸マグネシウムの原型ができたのであろう．

それでは，現在の海水に近い組成の原始海水はいつ生まれたのだろうか．De Ronde らは32億年前の海底熱水活動で無機的に沈殿したシリカ（石英）中に包有物として含まれる流体の化学組成を分析し，その当時の海水の化学組成を推定した [11]．その結果を現在の海水と比較して表6.2に示す．現在の海水と比

第 6 章　大気と海洋の進化と生命の起源

表 6.2　32 億年前と現在の海水の化学組成の比較 [11]

化学成分	32 億年前 (mmol/L)	現在 (mmol/L)	化学成分	32 億年前 (mmol/L)	現在 (mmol/L)
陰イオン			陽イオン		
塩　素	920	560	ナトリウム	789	480
臭　素	2.25	0.86	カリウム	18.9	11
硫　酸	2.3	29	マグネシウム	50.9	55
			カルシウム	232	11

較して硫酸が 1 桁少なく，カルシウムが多いが，それ以外はよく一致している．この結果は，この試料が後の地質時代の変成作用の影響を受けていないと仮定すれば，今から 32 億年前の海水が現在の海水とほとんど同じ化学組成をもっていたといえる．

　次に少し視点を変えて，海水の過去 35 億年間の温度変化について解説する．平均海水温の低下は，大気中の二酸化炭素の海洋による吸収を促進し，結果として温室効果を弱めるとともに大気中の化学組成も変化させる．この問題は現在の地球環境問題に直結する重要な課題でもある．前節では，きわめて古いジルコン中の酸素同位体比を調べ原始海水の形成時期を探ったが，ここではチャート（5.2 節参照）の酸素同位体比の時代変動をもとに，海水温の変化を検討する [12]．

　水溶液中にあるチャート（SiO_2；chert）は，たとえば次の反応により酸素同位体を交換することが知られている．

$$H_2{}^{16}O + Si{}^{16}O{}^{18}O \rightleftharpoons H_2{}^{18}O + Si{}^{16}O{}^{16}O \tag{6.16}$$

この反応はチャート中の ^{18}O が水に移ったことを示し，同位体交換反応とよばれる．いま，平衡時の ^{18}O のチャートへの入りやすさ（α）を次の式で定義する．

$$\alpha = \frac{1{,}000 + \delta^{18}O_{\text{chert}}}{1{,}000 + \delta^{18}O_{\text{water}}} \tag{6.17}$$

ここで $\delta^{18}O_{\text{chert}}$ と $\delta^{18}O_{\text{water}}$ はおのおのチャートと水の酸素同位体比を示す．温度が上がると ^{18}O は ^{16}O に比較してチャートに入りにくくなる．この関係を同位体交換反応の温度依存性とよび，実験的に α を使って次のように示される．

$$1{,}000 \ln \alpha = \frac{3.09 \times 10^6}{T^2} - 3.29 \tag{6.18}$$

6.2 大気と海洋の化学進化

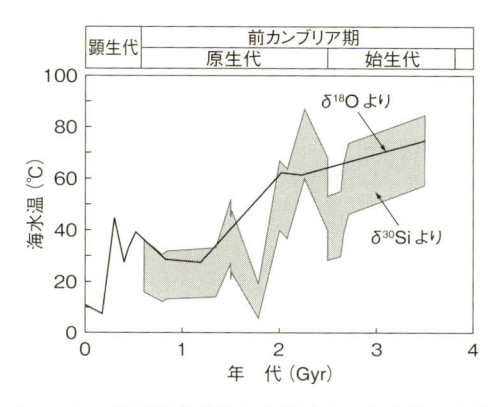

図 6.5 チャートの酸素同位体比から推定した海水温の時代変化 [13]

ここで T は絶対温度である．海水中の酸素同位体比は，地質時代を通じて $^{18}O_{water} = -0.92‰$ と仮定できるので，いろいろな年代の海で無機的に沈殿したチャートの酸素同位体比（$\delta^{18}O_{chert}$）を分析すれば，海水温の時代変化が推定できる．その結果を図 6.5 に示す．この図にはケイ素同位体比から見積もった古海水温の変化も一緒に示してある [13]．もしこの推定が正しいとすれば，今から 35 億年前の海水温は 70 ± 10°C であり，現在の海水よりも 60°C も高いことになる．そして，多少の変動をしながら基本的には温度を下げて現在の平均である約 10°C に至ったのであろう．次に，この時期の大気の化学進化について解説する．

6.2.3 大気の化学進化－生物が存在する環境

原始大気中にあった二酸化炭素は海洋に溶け込み，海水にあったカルシウムと反応・沈殿して濃度を低下させていく（式 (6.11)）．西グリーンランドのイスア地方の地質学的調査から 38 億年前にはすでに**プレートテクトニクス**（plate tectonics）が機能していたとされる [14]．すると海洋底に沈殿した炭酸カルシウムは海洋プレートの沈み込みとともに地下深部に移動し，高温高圧下で次の化学反応を起こしたであろう．

$$CaCO_3 + SiO_2 \longrightarrow CaSiO_3 + CO_2 \uparrow \tag{6.19}$$

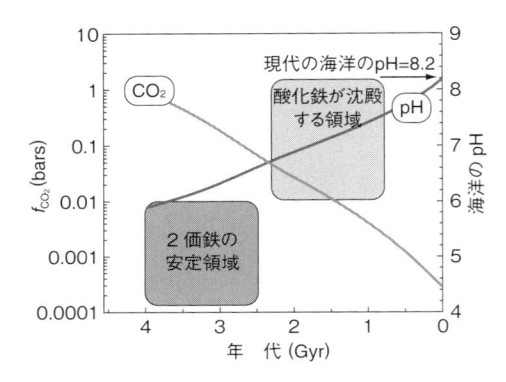

第6章 大気と海洋の進化と生命の起源

図 6.6 大気中の二酸化炭素濃度の時代変化 [15]

ここで発生した二酸化炭素は島弧の火山活動で大気中に再放出される．現在の地球においても，5.3 節で示したように，島弧の火山ガス中の二酸化炭素の約 80% は沈み込んだ炭酸塩起源である．つまり，二酸化炭素は大気–海洋–固体地球の間を循環するだけであり，大気から固体地球に固定させるメカニズムが必要である．それは大陸の出現と成長により，加熱分解の恐れのない地殻の浅部に，海洋底に沈殿した二酸化炭素が隔離される機構である．実際には，海洋プレートの運動に伴い，**炭酸カルシウム**（calcium carbonate）を多く含む物質が島弧に付加，あるいは衝突して**大陸地殻**（continental crust）に取り込まれるのだろう．また，大陸地殻が出現すると，風化による水–岩石相互作用が強まり，海洋への陽イオンの供給が増加する．その結果，海水中のカルシウム濃度が増えて，式 (6.11) で二酸化炭素を吸収する能力を増強させる（7.3 節も参照）．つまり，原始大気から二酸化炭素を固定する割合は大陸成長の関数になっていると仮定できる．さらに太陽光度の変動やプレートテクトニクスの強弱も考慮したグローバルな**炭素循環モデル**（carbon cycle model）により，大気中の**二酸化炭素濃度**（carbon dioxide concentration）の変動を図 6.6 に示す [15]．図には大気中の二酸化炭素濃度が推定できれば，海洋に溶解平衡で溶ける炭酸によって決まる pH の変化も併せて示した．大気中の二酸化炭素濃度は対数スケールでほぼ直線的に低下している．一方，海水の pH は年代とともに直線的に上昇を続け，現在の pH 8.2 に至ったと思われる．

先に述べたように，生物が光合成により作り出した酸素は原始地球の海洋に

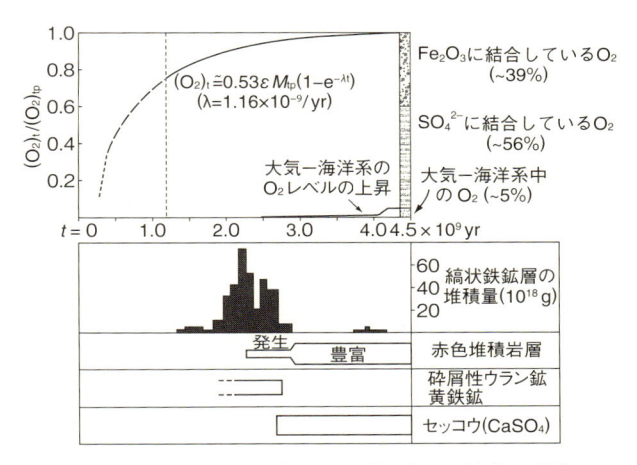

図 6.7 地質時代に生物が合成した酸素とその消費の様式 [16]

大きな影響を与えた．この酸素は基本的には次の光合成反応に従ってつくられたものである．

$$CO_2 + H_2O \longrightarrow CH_2O + O_2 \uparrow \qquad (6.20)$$

発生した酸素は，先に述べたように海水中の 2 価の鉄や亜硫酸の酸化に使われていったであろう．一方，式 (6.20) で酸素と同時につくられる有機物（CH_2O）はどのような経過をたどったのだろうか．現在の地球表層に存在する有機炭素の総量は約 1×10^{22} g である．これがすべて式 (6.20) に従って合成されたとすれば，放出されたはずの酸素の総量は約 3×10^{22} g になる．一方，現在の大気中に存在する酸素の総量は 1.3×10^{21} g であり，つくられた酸素の 20 分の 1 以下である．つまり，生物がつくった酸素の大部分は，大気中ではなく，原始海水中の鉄と亜硫酸の酸化に使われたと推定される．また，発生した酸素の一部は火山ガス起源の還元的な気体（H_2S など）の酸化や大陸地殻を構成する岩石の風化によっても消費されたであろう．

図 6.7 は地質時代を通じて生物が合成した酸素がどのように消費されてきたかを示すグラフ [16] に，縞状鉄鉱床の形成年代ごとの堆積量や赤色堆積岩，砕屑性ウラン鉱や表層のセッコウの存在度を示したものである．少なくとも 35 億年前には原始海水中で光合成により酸素がつくられ始め，海水中の 2 価の鉄

第 6 章　大気と海洋の進化と生命の起源

を酸化することで消費されていく．この結果（式 (6.13) と (6.14) に従う）として，世界中で膨大な量の縞状鉄鉱床が形成されただろう．そしてその化学反応のピークは今から 25 億～20 億年前と推定される．大規模な縞状鉄鉱床の形成は約 18 億年前に終了したので，海水中の 2 価の鉄もこのときに枯渇したと思われる．

　海水中の 2 価の鉄がなくなると，生物が光合成した酸素は，原始大気から引き続いて存在する亜硫酸や火山ガスから放出される硫化水素を酸化して硫酸をつくることで消費される．海水中の硫酸濃度が上昇すると，式 (6.15) に従って硫酸カルシウム（セッコウ）が沈殿する．図 6.7 にあるように，セッコウの形成は縞状鉄鉱床の形成の後にあるという事実も，酸素が消費される順番（鉄の酸化の次に硫黄の酸化）を支持している．結局，酸素が大量に大気中に現れるのは，海水中の酸化すべきものがなくなった約 5 億年前であろう．しかし，それ以前にも大気中の酸素濃度は増加傾向にあり，酸素に敏感な砕屑性ウラン鉱は今から約 20 億年前には地表から姿を消すことになる．

　この節の最後に，大気中の窒素同位体比の進化について解説する．図 6.6 に従って大気中の二酸化炭素濃度が減少すると，今から約 35 億年前には地球大気中の最大成分は窒素に代わったであろう．そして，その座は現在に至るまで変化していないと推定される．それでは，窒素の同位体比は地質時代に変動しただろうか．この問題を議論するために，5.2 節で解説したアルゴンのように，過去の大気を保持している堆積岩としてチャートの窒素同位体比を分析した例がある [17]．Cadogan のアルゴンの実験と同様に，真空下で試料を段階的に加熱すると，チャートを構成する石英の結晶系が，573℃ で低温型から高温型に相変化する．このときに結晶中に取り込まれた包有物に割れ目が入り，中の揮発性成分が解放されるだろう．この成分に含まれる窒素を抽出・精製して，精密に同位体比（$\delta^{15}N$ 値）を分析すれば，過去の大気の窒素同位体比を復元できるはずである．

　図 6.8 は，さまざまな年代に形成されたチャートの包有物中の窒素同位体比を形成年代に対してプロットしたもの（□で示す）である．チャート中の包有物が形成後の熱変成などの影響を受けなかったと仮定すれば，過去 33 億年にわたって，大気中の窒素同位体比はほとんど一定であったといえる．図 5.16 に示したように，海嶺玄武岩やダイヤモンドに含まれる $\delta^{15}N$ 値は約 −5‰ であり，

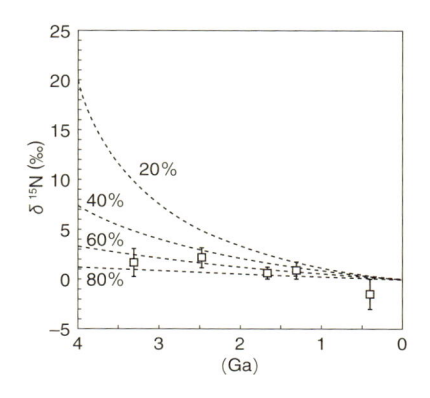

図6.8 大気の窒素同位体比の進化 [17]

マントルを代表する値と思われる．過去33億年間に，マントルの窒素同位体比が $-5‰$ という値で一定であり，連続的に大気に放出されてきたと仮定すると，大気中の窒素同位体比の進化が推定できる．この際に，アルゴン同位体比のモデル（たとえば図5.8）と同様に，地球初期のカタストロフィックな脱ガス量を与える必要がある．図6.8中の点の曲線は，この初期脱ガスの量を20%から80%まで変化させたときの窒素同位体比の進化を示す．初期脱ガスが20%や40%では，モデルと実験結果が一致しない．一方，初期脱ガスを60%あるいは80%とすれば，その曲線はほとんどの観測値と一致する．したがって，チャートに保持された過去の大気の窒素同位体比は初期脱ガスモデルを支持しており，前章の最後で議論した現在のマントル・フラックスに基づく窒素の脱ガスモデルと整合的である．

6.3 生命の起源とその年代

　地球の年齢の項（4.1節）で述べたように「生命はいつ生まれたか？」はサイエンスとして第一級のテーマである．ここでは，大気と海洋の化学進化と関連づけながら，地球上での生命の起源とその時期について説明する．そのために，最も古い化石の記録や生命が生まれる環境に対する制約条件などを考慮しながら検討を続ける．

第 6 章 大気と海洋の進化と生命の起源

6.3.1 世界最古の生物化石

　生命の起源の時期を探るためには，地球上に存在する最も古い化石（fossil）を発見するのが，直感的でわかりやすい手段である．化石とは文字どおり，過去の生物の一部が堆積層に残されて石化したものをいう．生物はそれぞれの進化の歴史をもっており，種としては固有の生存期間を示すことが多い．したがって産出した化石によって，その地層の年代を推定することができる．このような特定の地質年代に限って出現する化石を**示準化石**（index fossil）とよぶ．地質年代でよぶ「古生代」や「中生代」，「新生代」といった区分は化石によって推定された動物群の特徴によって決まるもので，相対的な事象の前後を示すが，今から何年前といった絶対的な年代は与えない．古生代はさらにカンブリア紀，オルドビス紀，シルル紀などに細分されるが，これらはすべて 18 世紀から 19 世紀にかけてヨーロッパの地質学者が化石の産出地に基づき名づけたものである．これらの相対年代を絶対年代に焼き直すためには，その示準化石を産出する堆積層を上下に挟む火山岩層の**放射年代測定**（radiometric dating）が必要である．その結果をまとめて図 6.9 に示す [18]．

　化石として残りやすい硬骨格生物が出現した約 5 億 5,000 万年前から後の時代は図 6.9 の左図にあるように詳細に研究されている．これは肉眼で見える大型の化石が産出されてきたためである．一方，先カンブリア紀とよばれるそれ以前の時代は，顕微鏡による微化石の観察が一般化するまではほとんど手つかずの状態であった．20 世紀の後半から組織的な微化石の研究が進み，最古の化石の年代が更新されていった．そして，1993 年に西オーストラリア・ピルバラ地域の**ノースポール**（North Pole）とよばれる無人の鉱山跡で発見された微化石が世界最古の化石とよばれている [19]．

　図 6.10 はノースポールのアッペクス・チャートとよばれる堆積岩を切り出して薄片にして電子顕微鏡で観察した結果である．顕微鏡写真の横に手で描いた模式図もある．これらの組織は現在のシアノバクテリアと形状がよく似ているため，シアノバクテリア様糸状体（核膜のない原核細胞）の微化石とされている．また，二次イオン質量分析計による分析の結果，**糸状体**（filament）の部分に炭素が濃縮し，その $\delta^{13}C$ 値は光合成起源の軽い値（$-32 \sim -42$‰）を示すことがわかった．さらに，その形状からこれらの生物は 11 種類に分類され，なか

6.3 生命の起源とその年代

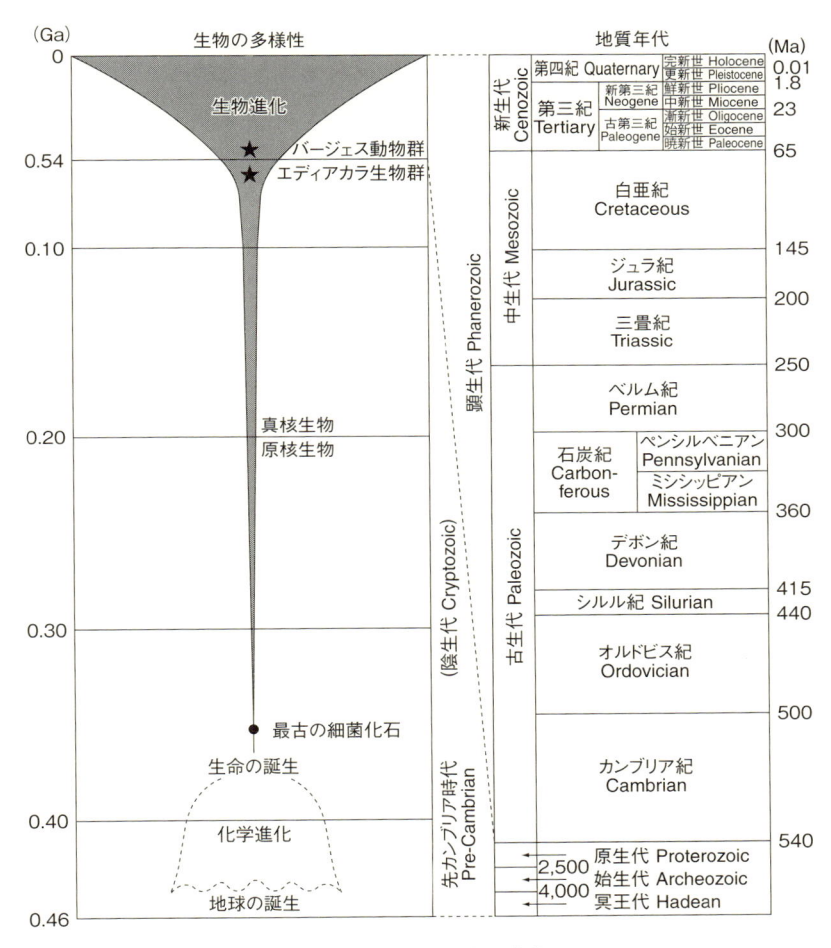

図 6.9 地質年代と生物の進化 [18]

には構造から光合成をする微生物も同定されている．一方，このアッペクス・チャートを上下に挟む火山岩層の年代は，SHRIMP によるジルコンのウラン−鉛年代測定によって，それぞれ 34 億 6,000 万年前と 34 億 7,000 万年前と正確に決められている．したがって，この微化石の年代は 34 億 6,500 万年前と決まり，世界最古の化石としてほぼ認定された [19]．これらの糸状体が海底熱水活動に伴い深海で無機的に生成された可能性も残っているが，現状では少数派の

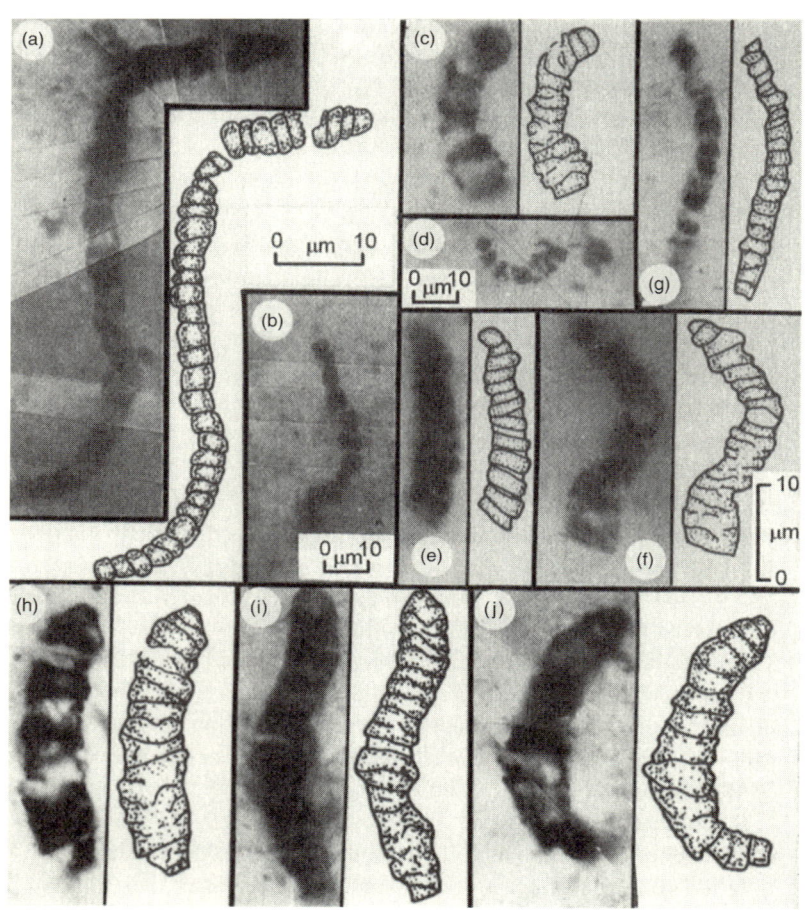

第6章　大気と海洋の進化と生命の起源

図 6.10 ノースポール・アッペクス・チャートに含まれる微化石の電子顕微鏡写真 [19]

(a, b) *Primaevfilum amoenum*, (c〜f) *Achaeoscillatoriopsis*, (g) *Primaevifilum delicatulum*, (h〜j) *Primaevifilum conicoterminatum*.

意見である．ともかく，図 6.10 にあるような複雑な構造をもつために，生命の進化を考慮すると，生命の起源はこの 35 億年前よりもさらに数億年はさかのぼると思われる．

6.3.2　化学化石と隕石の絨毯爆撃

　前節で述べたように世界で最も古い堆積岩起源の変成岩（約 39 億〜36 億年前）は西グリーンランドのイスア地方に残っている．残念なことに，この地層は堆積後の長い地質時代に度重なる高温の熱変成を受けて，ノースポールのような微化石はこれまで発見されていない．しかし，生物化石としての形状は残っていないとしても，生物起源の炭素同位体比などの情報は残っている可能性がある．このような考え方を化学的な証拠として「**化学化石（chemical fossil）**」とよぶ．次に，この化学化石の研究例について紹介する．

　Schidlowski は，種々の年代の堆積岩に共存する炭酸塩と有機炭素の炭素同位体比をペアで分解し，気体用質量分析計により測定し，それらの $\delta^{13}C$ 値の差から光合成による同位体分別効果の時代変化を明らかにした [20]．式 (6.20) の化学反応によって二酸化炭素（CO_2）から有機物（CH_2O）が合成されるときに，有機物に ^{12}C が相対的に多く取り込まれる．すると有機物の $\delta^{13}C$ 値は軽い方向にシフトするであろう．現在の植物による炭素の同位体分別はよく調べられており，たとえば C_3 植物（炭素数 3 のカルボン酸を出発物質として光合成を行う植物で，米や麦などが含まれる）では約 −25‰ のシフトが知られている．図 5.13 にある石炭や石油の $\delta^{13}C$ 値が約 −30‰ であるのは同位体分別の結果を残しているからである．化学化石の研究では，このような同位体効果が過去にも起こっていたかを調べる必要がある．

　図 6.11 に炭酸カルシウムと有機炭素の炭素同位体比の時代変化を示す．現在から 35 億年前までは $\delta^{13}C$ 値の −25‰ の同位体シフトが明瞭に確認されるが，38 億年前のグリーンランド・イスアの変質した堆積岩では，同位体シフトは −10‰ という微妙な値である．この程度の変動は光合成だけでなく，熱変成によっても生じる可能性があり，生命の起源として結論できる状況ではない．その後もグリーンランドにおける生命の起源に関する研究は続けられている．

　1996 年に，Mojzsis らは西グリーンランド南部のアキリア島の縞状鉄鉱床のシリカの部分に地球最古の生命の痕跡を発見したと発表した [21]．図 6.12 は，その縞状鉄鉱床の試料とシリカに含まれるリン酸カルシウム（アパタイト）のグレイン，さらにアパタイト中に含まれる直径 $100\,\mu m$ 程度の炭素質物質の顕微鏡写真である．この炭素質物質を二次イオン質量分析計で狙い撃ちして炭素同位

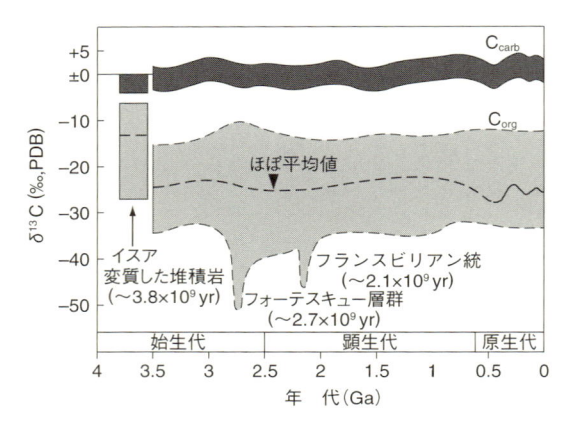

第 6 章　大気と海洋の進化と生命の起源

図 6.11　堆積岩中の炭酸カルシウムと有機炭素の炭素同位体比の時代変化 [20]

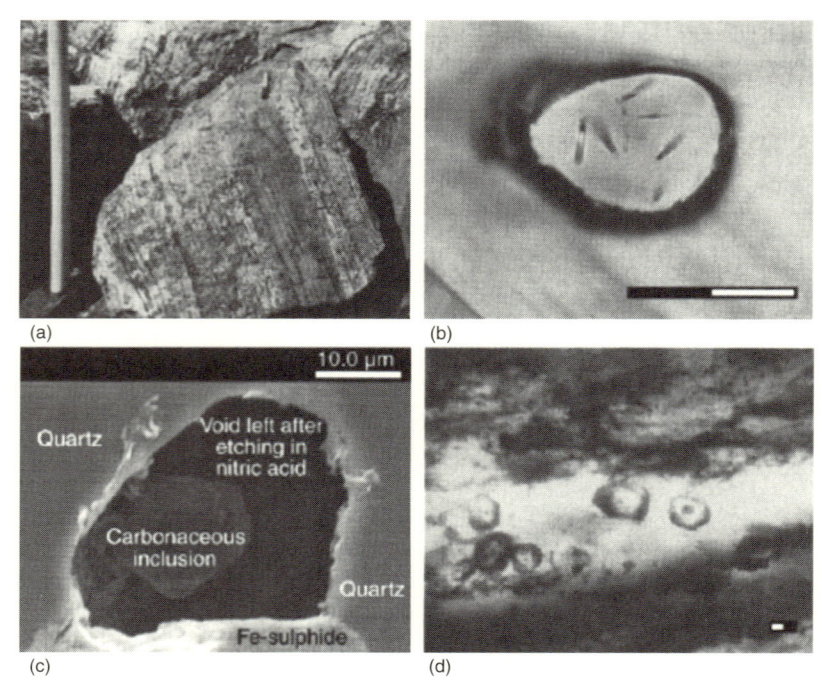

図 6.12　アキリア島縞状鉄鉱床のシリカに含まれるアパタイトと炭素質物質 [21]
（a）縞状鉄鉱床の露出部分，（b）角閃石中のアパタイト，（c）石英の走査電子顕微鏡写真，（d）アパタイトを含む石英．

6.3 生命の起源とその年代

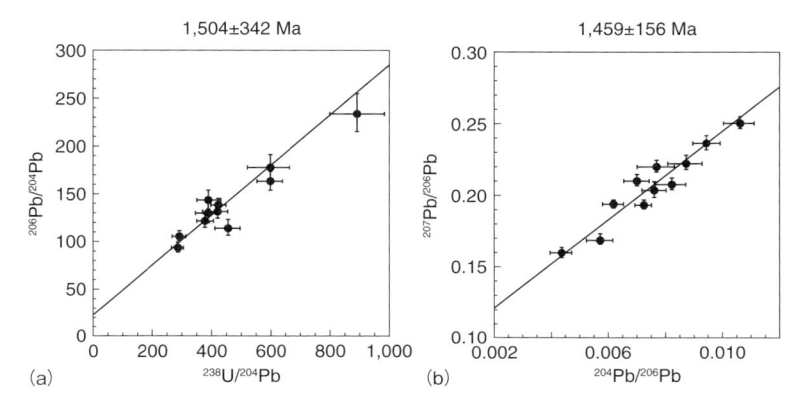

図 6.13 アキリア島縞状鉄鉱床のシリカに含まれるアパタイトのウラン–鉛年代 [22]（a）ウラン–鉛アイソクロン，（b）鉛–鉛アイソクロン．

体比を分析したところ，δ^{13}C 値は $-20 \sim -50‰$ という生物起源の値であった．なお，縞状鉄鉱床に貫入した火山岩層の年代はジルコンのウラン–鉛年代で 38 億 5,000 万年前であった．一般に，貫入された堆積層は貫入した火山岩層より古いので，この縞状鉄鉱床の形成年代は 38 億 5,000 万年よりも古いといえる．また，アパタイトは炭酸カルシウムを主成分とするカルサイトなどよりも風化や熱変成に強いことが知られており，軽い炭素同位体比を示す炭素質物質はアパタイトの鎧で守られているので，最古の生命の痕跡・化学化石とされた．しかし，そのアパタイトそのものの形成年代を調べる必要がある．

1999 年に，Sano らは同じ地域の縞状鉄鉱床の試料を入手し，産状の似ているアパタイトを電子顕微鏡でみつけて，そのウラン–鉛年代を SHRIMP で分析した [22]．その測定結果を図 6.13 に示す．ウラン–鉛アイソクロン（図 6.13a）と鉛–鉛アイソクロン（図 6.13b）は両者とも約 15 億年の年代を示し，Mojzsis らの主張する 38 億 5,000 万年よりも明らかに若い．すると，このアパタイトは今から 15 億年前に形成されたものか，あるいは 15 億年前に熱変成によりウラン–鉛年代が完全にリセットされて若返ったという 2 つの可能性がある．前者では問題なく最古の生命とはいえない．後者においてもウラン–鉛年代をリセットするほどの高温（たぶん 500 ℃以上）に加熱されたので，そのときに炭素同位体比が分別した可能性も否定できない．このように，生命の起源に関する研

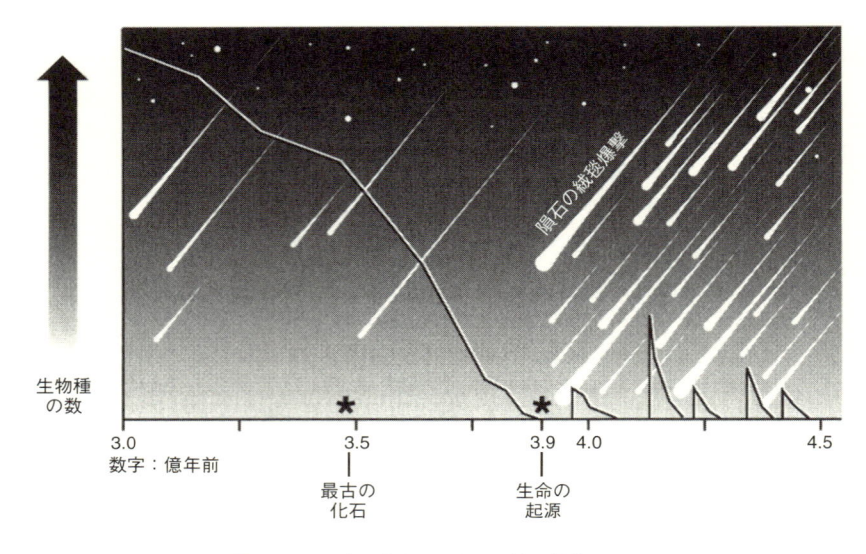

第 6 章　大気と海洋の進化と生命の起源

図 6.14　生命の起源と隕石の絨毯爆撃 [25]

究は現在も続けられている．この節の最後に，最初の生命に関する年代についての別の束縛条件について説明する．

　3.5 節の分化した隕石の年代学で述べたように，月の高地には多数のクレーターが存在する．これらのクレーターの一部については，アポロによって持ち帰られた岩石試料の年代が得られている．それらの精密な年代測定結果と月面のクレーターの発生頻度に関する理論的考察から，月面は今から 39 億年前から 38 億年前にかけて，激しい隕石の絨毯爆撃を受けたとされている [23]．この絨毯爆撃は "late heavy bombardment（LHB）" とよばれている．39 億年前の地球も同じ隕石の絨毯爆撃を受けたはずだが，その証拠は地球上には残されていない．先に述べたアキリア島のチャートにも，隕石起源と思われる白金やイリジウム濃度の異常は見つかっていない [24]．しかし，月面で見つかった LHB の証拠により，より大きな質量をもつ地球も同じような隕石の爆撃を受けた可能性は高い．LHB は生まれたばかりの生命の存続を著しく脅かす現象である．図 6.14 は生命の起源と隕石の絨毯爆撃に関する情報をまとめたものである [25]．前項で述

べたように，最古の化石の年代は 35 億年前である．その形状の複雑さから，生命の起源は 35 億年よりさらに数億年はさかのぼるであろう．一方，今から 38 億 5,000 万年前までは，地球は隕石による絨毯爆撃にさらされていた．そのために，たとえ生命が生まれたとしても，すぐに絶滅したであろう．すると，現在の生物につながる生命の誕生は 38 億 5,000 万年より前にはならない．アキリア島の縞状鉄鉱床の議論は，この推定とよく一致するが，アパタイトの形成年代の点で問題が残る．今後の研究によって，この問題が解決されていくだろう．

参考文献

[1] Holland, H. D., "The chemical evolution of the atmosphere and oceans", Princeton University Press, 582p. (1984).
[2] Hoefs, J., "Stable isotope geochemistry", Springer-Verlag, 208p. (1980).
[3] Marty B. and Yokochi, R., *Reviews in Mineralogy and Geochemistry*, **62**, 421 (2006).
[4] Abe, Y., *Lithos*, **30**, 223 (1993).
[5] Mojzsis, S. J., *et al.*, *Nature*, **409**, 178 (2001).
[6] Nutman, A. P., *et al.*, *Chem. Geol.*, **141**, 271 (1997).
[7] Holland, H. D., "Treatise on geochemistry", Vol. 6, pp.1-46, Elsevier (2007).
[8] Henderson, P., "Rare earth element geochemistry", Elsevier, 510p. (1984).
[9] Kawabe, I., *et al.*, *Geochem. J.*, **32**, 213 (1998).
[10] Shimizu, H., *et al.*, *Geochim. Cosmochim. Acta*, **54**, 1147 (1990).
[11] De Ronde, C. E. J., *et al.*, *Geochim. Cosmochim. Acta*, **61**, 4025 (1997).
[12] Knauth, L. P. and Lowe, D. R., *J. Geol.*, **41**, 209 (1978).
[13] Robert, F. and Chaussidon, M., *Nature*, **443**, 969 (2006).
[14] Komiya, T., *et al.*, *J. Geol.*, **107**, 515 (1999).
[15] Tajika, E. and Matsui, T., *Lithos*, **30**, 267 (1993).
[16] Schidlowski, M., *in* Windley, B. F. ed., "The early history of the earth", John Wiley and Sons, 525p. (1975).
[17] Sano, Y. and Pillinger, C. T., *Geochem. J.* **24**, 317 (1990).
[18] 池谷仙之・北里 洋，『地球生物学』，東京大学出版会，228p. (2004).
[19] Schopf, J. W., *Science*, **260**, 640 (1993).
[20] Schidlowski, M., *Nature*, **333**, 313 (1988).
[21] Mojzsis, S. J., *et al.*, *Nature*, **384**, 55 (1996).
[22] Sano, Y., *et al.*, *Nature*, **400**, 127 (1999).

第 6 章　大気と海洋の進化と生命の起源

[23] Hartmann, W. K., *et al.*, *in* Canup, R. M. and Righter, K. eds., "Origin of the Earth and Moon", pp.493-512, University Arizona Press, (2000).
[24] Anbar, A. D., *et al.*, *J. Geophys. Res.*, **106**, 3219 (2001).
[25] Schopf, J. W., "Cradle of life", Princeton University Press, 361p. (1999).

第7章 二酸化炭素濃度と気候変化

　前章まで述べてきた宇宙・地球の進化を経て，地球は長い間液体の水が存在する温暖な惑星であり続けている．その重要な要因が，二酸化炭素（CO_2）などによる温室効果である．本章では，地球の地表温度（放射平衡温度）や地球表層のエネルギー収支の理解から始め，その原理で理解できる過去の地球の気候変化や大気・海洋の循環や，最終的には現在の地球温暖化問題まで考えていく．

7.1　地表温度と地球のエネルギー収支

　地球表層の温度は太陽エネルギーに依存している．一方で，地球は内部にも熱源があるため，地球の温度は内部にいくにつれて高まり，典型的な**地温勾配**（geothermal gradient）は 100 m あたり約 2.5〜3℃ 程度である．地球内部の熱源は，地球形成時の重力開放エネルギーと放射壊変元素（主にウラン，トリウム，カリウム）からの放射壊変のエネルギーの2つである．とくに後者の寄与は大きく，これらの元素濃度が高い花崗岩や玄武岩の発熱量はそれぞれ 2.7×10^{-10} W/kg および 1.9×10^{-10} W/kg（アルカリ玄武岩）である．これらは地殻を構成する岩石であり，マントルを構成するかんらん岩（0.020×10^{-10} W/kg；ペリドタイト）に比べてはるかに大きな単位重さあたりの発熱量をもつ．平均的な**地殻熱流量**（terrestrial heat flow）は，大陸と海洋でそれぞれ 65 mW/m^2 および 101 mW/m^2 であり，地殻全体の平均では 87 mW/m^2 程度である（表7.1 [1, 2]）．この値に地球の表面積（5.10×10^8 km^2）をかけると，全地表面からの総熱流量は 4.42×10^{13} W

第7章 二酸化炭素濃度と気候変化

表7.1 地球の内部エネルギーおよびエネルギー流量

	エネルギー量（W）	エネルギー流量 (mW/m^2)
太陽放射によるエネルギー	1.75×10^{17}	
地球内部からのエネルギー	4.42×10^{13}	
地殻熱流量（平均）		87
海洋地殻		101
大陸地殻		65
火　山		1.87
温泉・地熱		0.12

となる．これは，地表にもたらされる太陽エネルギー（1.75×10^{17} W 程度）に比べて約 4,000 分の 1 であり，地球表層のエネルギー収支に与える地球内部からのエネルギーの影響は無視できることがわかる．

現在の地球のように，ある時間スケールで安定した気候が維持されていることは，地球が太陽放射により受け取るエネルギーと，地球が宇宙空間に放出しているエネルギーがつりあっていることを意味する（図 7.1）．この関係から，地球表面の放射平衡温度 T_E が計算できる．

単位時間に太陽から放出されるエネルギーは，プランク（Planck）による**黒体放射**（black body radiation）の理論で与えられる．物体（黒体）から放射される光のフラックスは，温度 T と波長 λ に依存し，図 7.1b のような形状となる [3]．最大となる波長 $\lambda_{\max}$ は温度に反比例し，$\lambda_{\max} = hc/5kT$ である（これをウィーン（Wein）の変位則という；h：プランク定数；c：光の速度；k：ボルツマン（Boltzmann）定数）．そのため，太陽と地球を比べると，表面温度の高い太陽（表面温度 $T_S = 5,800$ K）では，地球（$T_E = 288$ K）に比べて波長が短くエネルギーの大きな光を放出する．

温度 T の物体から放出される電磁波の全放射エネルギーフラックス Φ は，

$$\Phi = \sigma T^4 \tag{7.1}$$

で表される．これは，**シュテファン–ボルツマンの法則**（Stefan-Boltzmann law）とよばれ，σ はシュテファン–ボルツマン定数である（$\sigma = 5.67 \times 10^{-8}$ W/m^2 K^4）．ここで太陽半径を R_S（$= 6.96 \times 10^5$ km）とすると，太陽表面から放出される

7.1 地表温度と地球のエネルギー収支

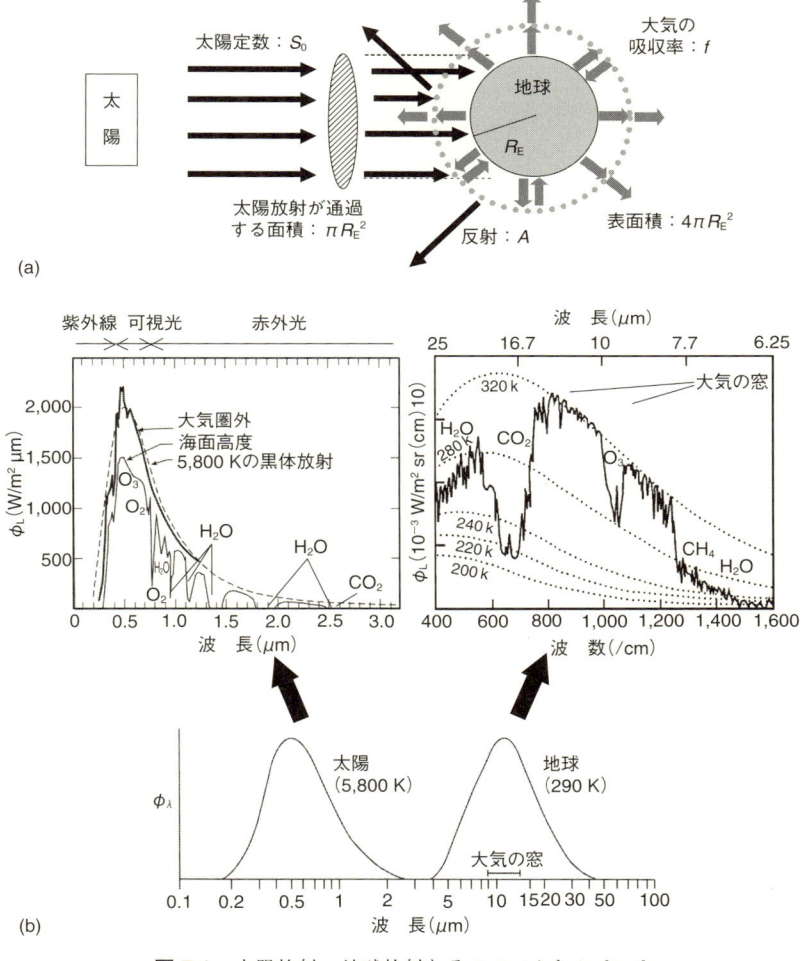

図 7.1 太陽放射, 地球放射とそのスペクトル [3, 4]
(a) 太陽放射と地球放射.
(b) 黒体放射理論から推定される太陽放射および地球放射と大気による吸収.

全放射 E_S は, 太陽の表面温度 T_S を用いて

$$E_S = 4\pi R_S^2 \sigma T_S^4 \tag{7.2}$$

となる. この全フラックスのうち, 太陽からの距離 d の円軌道上でのエネルギー

第 7 章　二酸化炭素濃度と気候変化

フラックス S は，d の 2 乗に反比例する．

$$S = \frac{E_S}{4\pi d^2} = \frac{\sigma R_S^2 T_S^4}{d^2} \tag{7.3}$$

とくに d が太陽から地球の距離 d_E ($= 1.50 \times 10^8$ km) のときの S は**太陽定数** (solar constant) S_0 とよばれ，$S_0 = 1370\,\mathrm{W\,m^{-2}}$ である．

地球軌道上で実際に地球が受け取る太陽放射 E_{in} は，地球の断面積 πR_E^2 (R_E: 地球半径) を通過した放射のうち，雲，雪，氷などに反射される成分 (この割合 A をアルベド (albedo) という) を除いたものとなるので，

$$E_{in} = S_0 \pi R_E^2 (1 - A) \tag{7.4}$$

となる (図 7.1a)．A は人工衛星による観測などから決められ，現在の地球では $A = 0.30$ 程度である．しかし A はさまざまな因子で変化しうる量であり，その変化は気候変化の原因になる．

一方，宇宙空間に放出される地球放射 E_{OUT} もやはりシュテファン–ボルツマンの法則に従い，地球表層の放射平衡温度 T_E を用いて

$$E_{out} = 4\pi R_E^2 \sigma T_E^4 \tag{7.5}$$

と書ける．これが E_{in} とつりあっていると仮定すると，$T_E = 255$ K ($= -18$℃) と計算される．しかしこれは，現実の地表温度としては低く，全球が凍結してしまう温度であり，現実と合わない．この温度は，宇宙からみた地球の大気上層の温度と考えるべきであり，放射平衡から地表温度を見積もるには，大気による温室効果を考慮する必要があることがわかる．近年，温室効果というと地球温暖化をもたらす悪い効果と捉えられる場合もあるが，温室効果は地球を温暖な環境に保つうえで重要な役割を担っている．

さて，温室効果は，地球放射が大気に吸収されて起こる地表温度の上昇である．地球放射を担う電磁波は主に赤外線であり，赤外線吸収は気体分子の振動のエネルギー遷移に対応しており，H_2O，CO_2，CH_4，N_2O，クロロフルオロカーボンなどの大気成分 (これらを**温室効果ガス** (greenhouse gas) とよぶ) が，温室効果をもつ．その結果，人工衛星で観測された地球放射スペクトルと黒体放射を仮定した放射スペクトルを比べると，H_2O，CO_2，O_3，CH_4 による吸収が認められる (図 7.1 中段 [3])．一方，地球に入射する太陽放射は紫外・可視

領域の波長をもち，O_3 を除くと，H_2O，CO_2，CH_4 などの気体には吸収されにくいので，CO_2 や CH_4 の増加は太陽から地球が受け取る放射をあまり弱めない．そのため，CO_2 や CH_4 の増加は正味で表面温度を高める効果がある．

このような温室効果を考慮した地球表層の放射平衡を考えるために，温室効果ガスが一定高度にある等温層に存在するとして単純化してみよう [3]．この層が地球放射を割合 f で吸収し，地表面温度と大気層温度をそれぞれ T_0 と T_1 とする．大気層が受け取るエネルギーは地球放射フラックスと f を考慮して，$4\pi R_E^2 f \sigma T_0^4$ である．温度 T_1 の大気層は，このエネルギーを地表と宇宙の2方向に向けてそれぞれ等量だけ放出する．また，温度 T_1 の大気層が宇宙に対して放出するエネルギーは，キルヒホッフ（Kirchhoff）の法則から $4\pi R_E^2 f \sigma T_1^4$ と書ける．したがって，T_1 は f と T_0 を用いて

$$4\pi R_E^2 f \sigma T_1^4 = \frac{4\pi R_E^2 f \sigma T_0^4}{2} = 2\pi R_E^2 f \sigma T_0^4 \tag{7.6}$$

と書ける．なお地球の中心からこの大気層までの高さは，地表までと同じ R_E としている．この場合，宇宙からみた地球放射 E_{out} は，この大気層からの放射と大気層に吸収されなかった地表面からの放射の和となる．この E_{out} と E_{in} のつり合いから，

$$S_0 \pi R_E^2 (1-A) = 4\pi R_E^2 (1-f) \sigma T_0^4 + 2\pi R_E^2 f \sigma T_0^4 \tag{7.7}$$

となるので，

$$T_0 = \left[\frac{S_0(1-A)}{(4-2f)\sigma}\right]^{1/4} \tag{7.8}$$

となって，T_0 を得ることができる．地表温度として 288 K を用いると，$f = 0.772$ となり，大気による吸収率が 77% 程度であることがわかる．またこの関係から，温室効果ガスの濃度上昇は f の増加をもたらし，T_0 を上昇させることがわかる．

式 (7.8) で明確なように，f と A という地球がもつパラメータを用いることで，地表温度 T_0 を簡単に表せることがわかる．f や A は，大気中の温室効果ガス濃度や地表の氷雪の面積など，地球の状態によって大きく変わり，それが結果的に気候変化（つまり T_0 の変化）を生む要因となる．

7.2　氷床コア試料を用いた古気候解析

地球温暖化問題が重要視されるようになって，現在や過去の気候変化に関する研究が大きな注目を集めている．なかでも CO_2 による温室効果は，地球温暖化の主因と考えられており，地球の将来予測を行うために，時間軸を逆にして地球の過去の CO_2 濃度の変化と地球温暖化との関連を探る研究が盛んに行われている．こうした気候変化研究では，着目する時間スケールがどの程度であるかに注意する必要があり，1 万年程度での短期的な気候変化解析と 100 万年以上を単位とする長期的な解析では，議論される内容が異なる．氷期–間氷期サイクルなど短期的な現象は，**ミランコビッチサイクル**（Milankovitch cycle）に代表される数万年スケールでの地球の自転・公転軌道（軌道要素）の変化が太陽からの日射量の変化をひき起こす現象を基本にして解析されてきた [5]．またその解析は，堆積物や氷床コアなどの試料に対する酸素同位体比による気温変化の詳細な分析などを基にして行われており，実験的に復元できる時間分解能は 1 年スケールにまで及んでいる．

短期的な数万年スケールでの変化を示す典型的な例として，42 万年前までの記録を保持した南極ボストーク（Vostok）基地で得られた**氷床コア**（ice core）試料 [6] や，さらに古い 80 万年前までさかのぼれる**ドーム C**（Dome C）基地での氷床コア試料 [7, 8] の解析がとくに有名である．ボストークコア試料の解析結果は多くの成書で紹介されているので [9, 10]，ここではドーム C での CO_2 濃度と水素同位体比 δD の相対変化を示し，ボストークコア試料の δD と気温の変化も併せて図 7.2 に示した．コアの深度は，氷床の流動モデルと海洋の同位体比との対比から年代と関係づけられている．一方，CO_2 濃度は氷床中にトラップされた気泡の分析から決定されている．また温度変化は，氷の**酸素同位体比**（oxygen isotope, $\delta^{18}O$；式 (6.10) 参照）や**水素同位体比**（hydrogen isotope; $\delta D = 1{,}000\{(D/H)_A/(D/H)_{St} - 1\}$；A：サンプル，St：SMOW）比，D（あるいは ^2H）は重水素）から決定する．海水が蒸発する際，$H_2{}^{16}O$ に比べて重い同位体を含む HDO や $H_2^{18}O$ は，分子間の相互作用が強いため蒸発しにくい．熱帯地方で蒸発により生成した軽い同位体を多く含む水蒸気は，高緯度地域に運ばれる過程で，その一部が雨や雪となって陸上にもたらされる．その際，雨や雪

7.2 氷床コア試料を用いた古気候解析

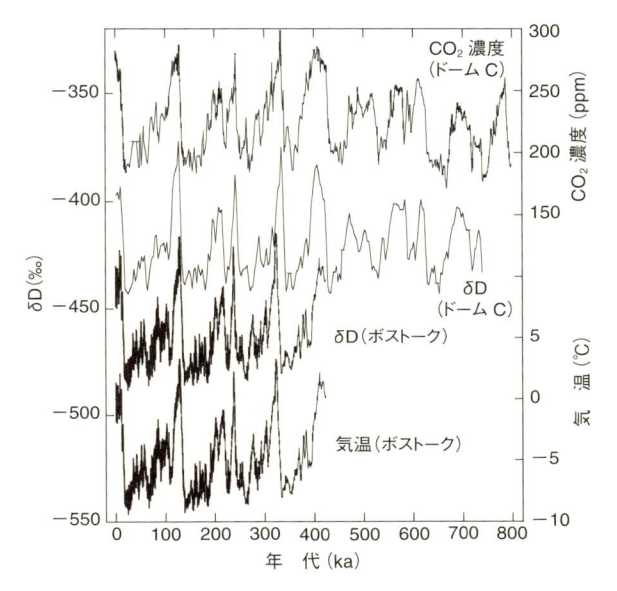

図 7.2 氷床コア試料（ボストークおよびドーム C）の分析による過去 80 万年間の CO_2 濃度および平均気温の変化 [6, 7]

には相対的に重い同位体が濃縮する．その結果，大気中に残存した水蒸気では，軽い同位体の割合がさらに高くなる．このように，ある相からその一部が少しずつ連続して除かれていく過程で起きる同位体分別は，レイリー（Rayleigh）の式で表現される（章末の補足を参照）．結果的に，より寒冷な高緯度ほど水分子中に軽い同位体が濃縮する．

こうしたプロセスに起因して，Dansgaadは，平均気温と降水・降雪中の水の酸素同位体比 $\delta^{18}O$ に正の相関を見いだした [11]．また δD と $\delta^{18}O$ は相関するため，平均気温と δD にも正の相関がみられる．同位体比の変化から温度変化を見積もる際に，1℃あたりの $\delta^{18}O$ や δD の変化量 S を見積もる必要がある．この変化量 S は，平均気温が異なる場所で測定された $\delta^{18}O$ や δD と平均気温との関係から求められることが多い．ただし近年では，より正確には同じ場所での気温の変化とその場所で観測された $\delta^{18}O$ や δD の関係から S を得る必要があることが指摘されている [12]．とくにグリーンランド（Greenland）の氷床コアは，局地的な気候の影響を受けやすいため，従来のような地域差から得ら

第 7 章　二酸化炭素濃度と気候変化

れた同位体比と平均気温の関係に基づいて過去の気温変化を復元することは困難であることが指摘されている．

さて，ドーム C で得られた結果（図 7.2）を見ていこう．一見して明瞭なのは，CO_2 濃度の増加と気温の上昇とが非常によく相関していることである．またその変化は，氷期で細かな変化を繰り返したのち，突然温暖な間氷期に突入するという鋸の歯に似た形状をしている．ここで見られる気温の変化は，基本的にはミランコビッチサイクル理論から予想される日射量の変化と整合的であり，気候変化には日射量の変化が大きな影響を及ぼしていることがわかる．

一方，CO_2 濃度と気温の関係については，詳細な解析から CO_2 濃度の変化は南半球で気温が上昇してから約 800 年後に起きていることが明らかにされた [13]．この理由として，水温が上がると海水中からの脱ガスが起きやすくなり，CO_2 などが大気に移動することが考えられた．しかし，800 年という時間は表層海水が暖まることで起きる脱ガスに要する時間より長く，海からの脱ガス以外の何らかの理由で CO_2 濃度が気候の変化に追随していることが示唆された．たとえば，南洋の深層水循環が関連することが示唆されているが，北半球にその原因があったとする研究もあり，結論は出ていない．しかし，いずれにしても CO_2 濃度の増加は，気温の増加をひき起こすという「正のフィードバック効果」（ここでは，気温の上昇がさらなる気温の上昇を生むことをさす）をもち，温暖化を増幅させる効果があることが示唆された．実際，コア試料に記録された気温変化の大きさは，軌道要素の変動からの予想より大きいと考えられ，その原因は CO_2 による温室効果のためと考えられている [14]．

一方，北半球のグリーンランドでの氷床コアの研究の歴史はもっと古く，多くの研究がなされている．グリーンランドの氷床コアの特徴は，氷期–間氷期サイクルのような 10 万年程度の時間スケールでは，南極氷床コアと同じような気候の変化を捉えられている一方，堆雪速度が速く時間分解能が高いため，短い時間スケールの変化も鋭敏に反映していることである．その特徴を利用して，高時間分解能の気候変化が議論されており，**最終氷期**（last glacial period）が終わった後の 1 万年間の**間氷期**（interglacial period）は安定した気候であるのに対し，最終氷期から現在の間氷期への移行期（1.6〜1.1 万年前ころ）には，**ヤンガードライアス**（Younger Dryas）期（1.29〜1.17 万年前ころ）とよばれる一時的な寒冷期を挟んで，非常に急激な温暖化が 1.47 万年前ころと 1.17 万年前

ころの2回生じたことがわかっている．とくに最近の研究では，これらの温暖化は1回目は3年間，2回目は50〜60年間という短い期間に10℃も気温が上昇する，という非常に急激なものであることが示された（図7.3, [14]）．またこうしたイベントは，氷床中のダスト（大気経由で運搬される微粒子）の量の変化にも現れ，寒冷期では温暖期に比べてダスト量が10倍以上増加することもわかった．その理由として，氷期は気候が乾燥し，ダストが飛散しやすいことと，大気の南北循環が強かったことが指摘されている．

7.3 より長期的な気候変化解析

以上のようなコア試料の解析を中心とした気候変化の原因解明は，複雑な要因が絡む困難な作業である．この状況は，氷床コア試料に閉じ込められた大気試料のような直接的な試料が手に入らない，第四紀（258万年前以降）より前の気候変化を扱う場合にはさらに難しくなり，しばしば予想に反した結果も出る．たとえばVeizerらは，CO_2濃度と気候変化には逆の相関を見いだしたことを報告している [15]．このような状況では，測定事実を正確に積み上げ，得られた結果をさまざまな観点から総合的に解析していく必要がある．

以下では100万年より古い時代の気候変化解析の結果と，それに最も影響を与えたと考えられるCO_2濃度を中心に述べる．もう手にできない過去の大気に含まれる過去のCO_2濃度はどのように推定できるだろうか．これまで，海洋堆積物に含まれる光合成プランクトン由来のアルケノンの炭素同位体比 [16]，ホウ素同位体比 [17]，植物の気孔密度 [18]，古土壌の化学分析 [19]などの方法が提案されている [20]．ここでは，古土壌（paleosol）を用いた研究を紹介しよう．古土壌を用いた方法は，大気中のCO_2が直接関連する化学反応を見ていること，比較的古い時代まで連続的に適用できることなどの利点があり，地球化学的な味わいがある．

古土壌を用いたCO_2に関する最初の研究 [21] は，CO_2が関連する鉱物の平衡関係を使うもので，ここではシデライト（$FeCO_3$）とグリーナ石（greenalite）を用いる．

$$Fe_3SiO_5(OH)_4 + 3\,CO_2 = 3\,FeCO_3 + 2\,SiO_2 + 2\,H_2O \tag{7.9}$$

第 7 章　二酸化炭素濃度と気候変化

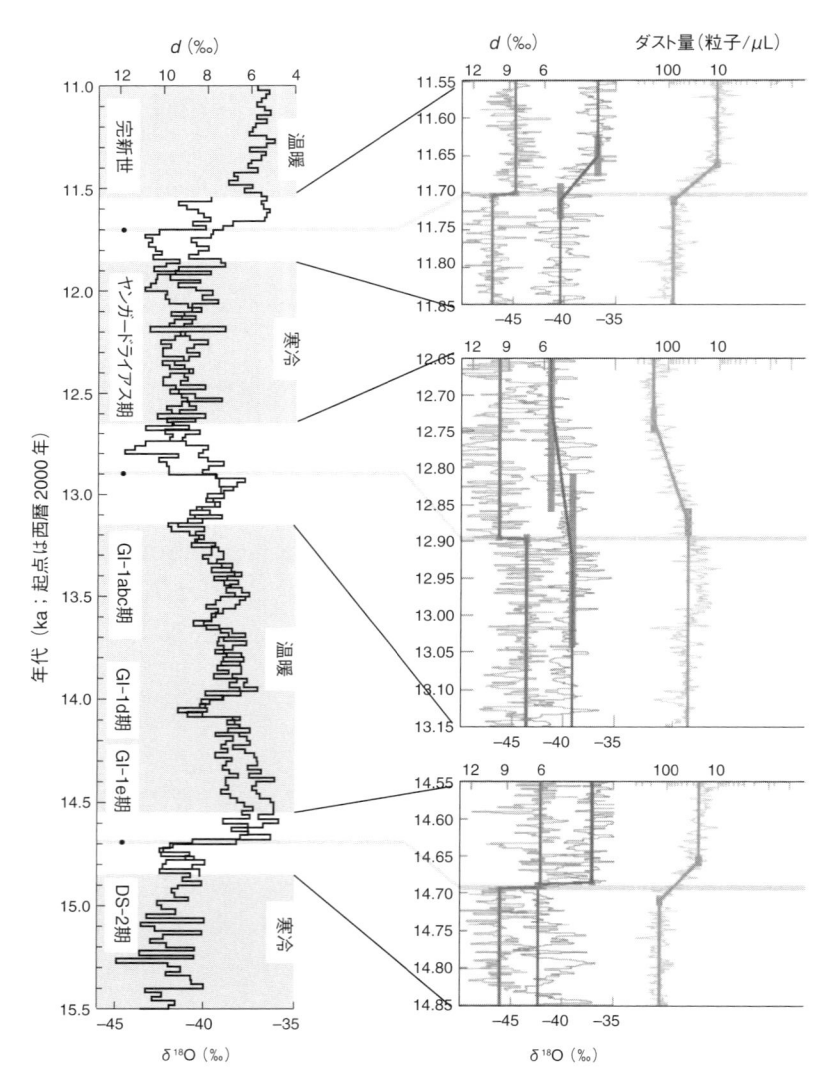

図 7.3　グリーンランド氷床コアの $\delta^{18}\mathrm{O}$ の変化およびダスト量の変化

右側は，温暖化あるいは寒冷化が進行しつつある時期の拡大図 [14]．なお d 値は，$d = \delta\mathrm{D} - \delta^{18}\mathrm{O}$ で定義される過剰重水素量で，氷の起源となる海水の蒸発過程での分別効果の情報をもっており，当時の表層海水の温度に関係していると考えられている [14].

7.3 より長期的な気候変化解析

しかしこの方法は，(i) 単一の平衡関係のみで CO_2 濃度を求めている，(ii) グリーナ石は**自生鉱物**（authigenic mineral）ではない，(iii) 室内実験の結果で想定した条件でシデライトは生成しない，などの問題が指摘されている [22, 23]．

より確度の高い方法として，複数の元素のマスバランスを用いる方法や同位体比を用いた方法がある．マスバランスを用いる方法は，古土壌のさまざまな元素の深度プロファイルに基づく．そして，水–岩石反応において移動しにくい元素（Al，Ti，Zr など）と目的の元素を比較することで，風化層中での目的元素 i の鉛直方向の単位面積あたりの移動量 m_i（mol/cm^2）を見積もる．その際，風化層の体積変化や密度変化は，移動しにくい元素の濃度プロファイルとの比較から補正する．目的元素としては，ケイ酸塩を主体とする岩石中に含まれる主要元素のうち，Na，Mg，K，Ca に着目し，その風化過程での CO_2 の消費量は，以下のような反応に従うとする．

$$MgO + 2\,CO_2 + H_2O = Mg^{2+} + 2\,HCO_3^- \quad （Ca^{2+} も同様） \tag{7.10}$$

$$Na_2O + 2\,CO_2 + H_2O = 2\,Na^+ + 2\,HCO_3^- \tag{7.11}$$

（K も同様だが，他の元素に比べ二次鉱物（粘土鉱物）に取り込まれやすい．）

すると風化で消費された CO_2 の量は $M(mol/cm^2) = 2\sum m_i$（ただし m_i は Na_2O，MgO，K_2O，CaO 中の元素に関する移動量）となる．CO_2 の単位時間あたりの供給量は，風化が起きた時間を T とし，土壌プロファイルへの CO_2 の供給量が降水（$X_{\rm rain}$）と気相中の拡散（$X_{\rm diff}$）によるとすると，CO_2 の分圧 P_{CO_2}（atm）について

$$\frac{M}{T}(\text{mol cm}^{-2}\,\text{yr}^{-1}) = X_{\rm rain} + X_{\rm diff} \approx P_{CO_2}\left[\frac{K_{CO_2} r}{10^3} + \kappa\frac{D_{CO_2}\alpha}{L}\right] \tag{7.12}$$

という関係が導かれる（K_{CO_2}：ヘンリー（Henry）定数（mol/L atm）；r：年間降水量（cm/yr）；D_{CO_2}：大気中の CO_2 の拡散係数；α：土壌中と大気中の拡散係数の比；L：地下水面までの距離；κ：単位変換のための定数）．この式 (7.12) の関係に基づいて，P_{CO_2} を推定することができる [24]．この方法で得られた 22 億年前以前の CO_2 濃度は現在の 23 倍程度と推定されている．現在よりも光度が小さい過去の太陽エネルギーでも地球は温暖な環境であったという矛盾を「暗い太陽のパラドックス」とよぶが，実はこの 23 倍の CO_2 濃度は，「暗い太陽のパラドックス」を覆すに十分な濃度ではない．そこでこの結果は，

第 7 章 二酸化炭素濃度と気候変化

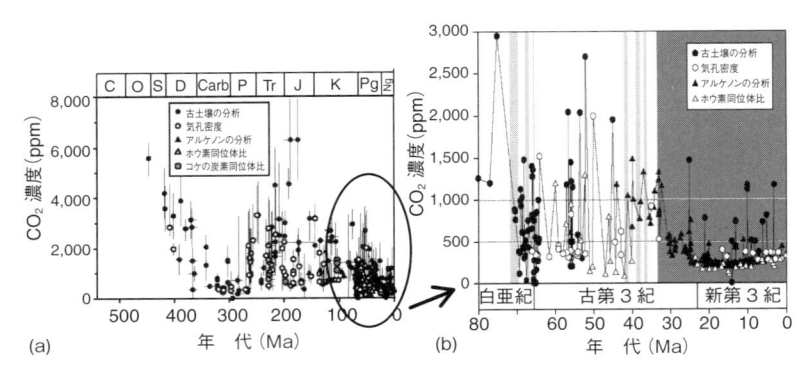

図 7.4 さまざまな手法による過去の CO_2 濃度の推定 [20]
(b) の灰色背景は，地球で氷床が発達した時期を示す．

「地球初期の温室効果ガスとして，CO_2 以外にメタンを考える必要がある」という Pavlov らの研究 [25] を支持するものと解釈されている．

そのほか，古土壌中のカルサイト（CC）の $\delta^{13}C$（$=\delta^{13}C_{m(CC)}$）から大気中 P_{CO_2} を推定する方法が，以下のように提案されている [26]．

$$\delta^{13}C_{m(CC)} = (\delta^{13}C_{A(CC)} - \delta^{13}C_{O(CC)})\left(\frac{C_A}{C_S}\right)_{CC} + \delta^{13}C_{O(CC)} \tag{7.13}$$

このうち，A と O は大気起源と土壌有機物の酸化起源のカルサイトの $\delta^{13}C$ 値を表し，C_A は大気からの寄与のみを考えた場合の土壌中の CO_2 濃度，C_S は有機物の分解なども含めた実際の土壌中の CO_2 濃度である．この方法もよく用いられるが，(i) C_S の見積もりに不確実性がある，(ii) 保存性のよいカルサイトが必要である，などの問題点が指摘されている．

このような例からわかるとおり，過去の CO_2 濃度の推定には多くの困難があるものの，その重要性からさまざまな方法で推定が試みられている．図 7.4 にアルケノンの炭素同位体比，ホウ素同位体比，植物の気孔密度，古土壌カルサイトの炭素同位体比分析，コケ植物の炭素同位体比 [27] を利用した結果の比較を示す [20]．このように，さまざまな手法で得られた推定値は互いに整合的な結果を与えており，こうした事実を積み上げて，過去の CO_2 濃度の復元がなされている．

7.4 地球化学的モデリングによる CO_2 濃度の変化曲線

7.3節で推定した CO_2 濃度の変化は，地球化学的モデリングから得られた CO_2 濃度の変化と比較できる．CO_2 濃度は，第5章でも触れた**炭素の地球化学的循環**（carbon cycle, 図7.5）の枠組みの中で変化する．CO_2 は大気中の主要な炭素化合物であり，水圏や岩石圏のさまざまな化学反応に関与する．また近年の地球温暖化で問題となる短期的な炭素循環とは異なり，地質学的時間スケールでの炭素循環は植物による光合成などの陸上生物の影響は考慮に入れない．ま

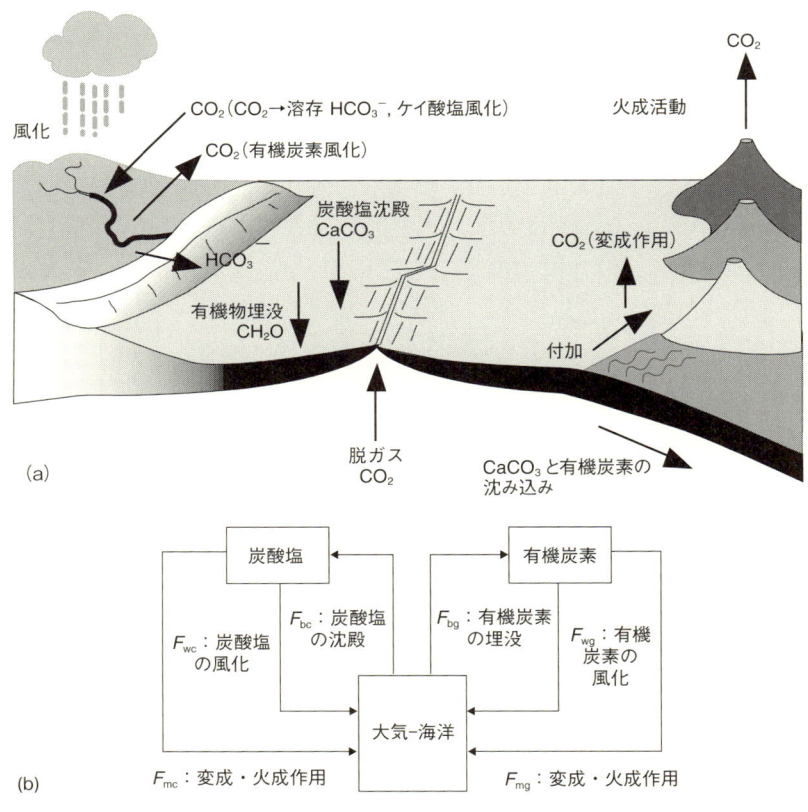

図7.5 地質学的炭素循環（a）とそのボックスモデルによるモデル化（b）

た，長期的な地質学的炭素循環モデルでは，大気中の CO_2 がどのように岩石圏に付加されていくかに主に着目し，大気と海洋は結合したものとみなされる．

こうしたモデルにおいて大気や土壌に含まれる CO_2 を消費するのは岩石の風化である．岩石には多様な種類があるが，最終的に CO_2 を固体として固定化するのは主にカルシウムと結合した炭酸カルシウムであるため，ケイ酸カルシウムとの反応を以下に代表させる．

$$CaSiO_3 + CO_2 \longrightarrow CaCO_3 + SiO_2 \tag{7.14}$$

この反応は，実際にはまず

$$CaSiO_3 + 2\,CO_2 + 3\,H_2O \longrightarrow Ca^{2+} + 2\,HCO_3^- + Si(OH)_4 \tag{7.15}$$

の反応でケイ酸塩が水に溶解し，これが海洋で

$$Ca^{2+} + 2\,HCO_3^- + Si(OH)_4 \longrightarrow CaCO_3 + CO_2 + SiO_2 + 3\,H_2O \tag{7.16}$$

となって $CaCO_3$ を沈殿させる，2つの反応を内包している．しかし，大気–海洋系は結合しているので，HCO_3^- に着目する必要はない．また陸に存在する $CaCO_3$ も CO_2 と反応して溶解（風化）するが，海洋で $CaCO_3$ をふたたび生成するので，$CaCO_3$ の風化による正味の CO_2 の消費はない．結局，ケイ酸塩の風化で炭酸カルシウムができる，式 (7.14) の反応は，大気（CO_2）が火成岩（$CaSiO_3$）を溶かして堆積岩（$CaCO_3$, SiO_2）を得る，という非常にスケールの大きな地球規模の化学反応を記述していることになる（**ユーレイ反応**（Urey reaction）[28]）．

一方，風化で生成した $CaCO_3$ は，変成作用や火成活動を受けて，ふたたび CO_2 を生成し，これは最終的に大気に戻される．たとえば $CaCO_3$ は，火成活動により CO_2 を生成するとともに，カルシウムはケイ酸塩に分配される．この反応は，式 (7.14) の反応を右から左に進めることと同じである．

同様に次の反応において

$$CO_2 + H_2O \rightleftharpoons CH_2O + O_2 \tag{7.17}$$

右向きは CO_2 が**光合成**（photosynthesis）で有機物になり，左向きは有機物の分解（**酸素呼吸**（aerobic respiration））で CO_2 が生成することを意味し，その

7.4 地球化学的モデリングによる CO_2 濃度の変化曲線

正味の差が岩石圏に安定に付加された有機物となる.

結局,地質学的時間スケールで大気から除かれた CO_2 はいったいどこにいったのかといえば,大陸地殻に $CaCO_3$ や有機物として付加され,さらに変成・火成作用を免れて大陸に蓄積された成分であると考えられる.

以上のような関係を基に,Berner らは長期的スケールでの地質学的炭素循環(図 7.5)を以下のような地球化学的モデルで表現した(**GEOCARB** モデルおよびその発展型;[29~31]).まず大気海洋系の炭素の時間変化 dC_{AO}/dt は

$$\frac{dC_{AO}}{dt} = F_{wc} + F_{mc} + F_{wg} + F_{mg} - F_{bc} - F_{bg} \tag{7.18}$$

と書けるが,dC_{AO}/dt は右辺のさまざまなフラックスに比べて十分小さく,無視できる.そのため事実上 $dC_{AO}/dt = 0$ とみなすことができ,

$$F_{wc} + F_{mc} + F_{wg} + F_{mg} = F_{bc} + F_{bg} \tag{7.19}$$

と書ける.このうち F はフラックス,c と g は岩石圏に存在する炭酸塩および有機炭素のリザーバーを表し,w と m と b はそれぞれ風化作用,変成・火成作用,埋没沈殿を表す.同様の関係を炭素同位体比にもあてはめると,

$$\delta_c(F_{wc} + F_{mc}) + \delta_g(F_{wg} + F_{mg}) = \delta_{bc}F_{bc} + (\delta_{bc} - \alpha)F_{bg} \tag{7.20}$$

と書ける.また海水中における Ca^{2+} の変化量 dC_{Ca}/dt は定常状態と見なせるので,

$$\frac{dC_{Ca}}{dt} = F_{ws_i} + F_{wc} - F_{bc} = 0 \tag{7.21}$$

となる.その結果,

$$F_{wg_i} = F_{mc} + F_{wg} + F_{mg} - F_{bg} \tag{7.22}$$

と書ける.このような関係と c および g の変化率($dc/dt = F_{bc} - (F_{wc} + F_{mc})$ および $dg/dt = F_{bg} - (F_{wg} + F_{mg})$)やそれぞれの炭素同位体 δ_c と δ_g の変化率から,CO_2 濃度などのモデル化を行う.

さて,前述のようにこのモデルでは,大気中の CO_2 濃度は,地球の炭素のリザーバーとして小さく,炭素循環のつり合いの式では海洋と結合した状態でしか表現されていない.そこで,大気中の CO_2 濃度を推定するには,ケイ酸塩の風化 F_{ws_i} は P_{CO_2} と正の相関があると期待し,P_{CO_2} を推定する.F_{ws_i} は P_{CO_2}

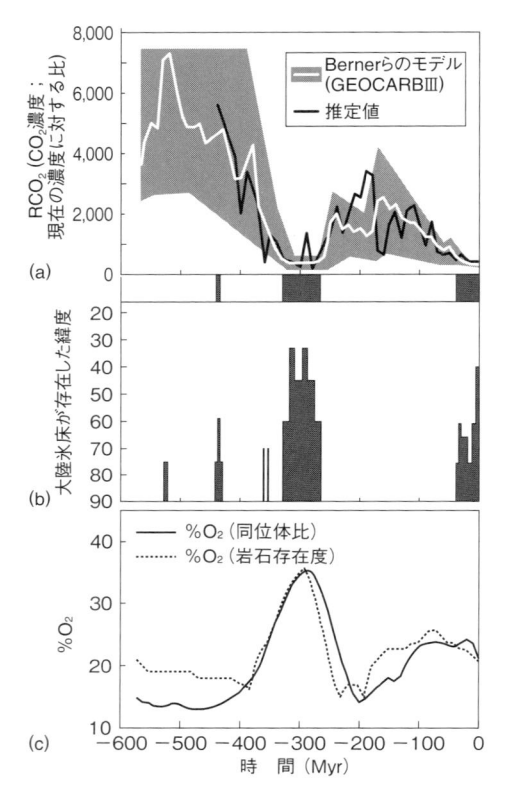

第 7 章　二酸化炭素濃度と気候変化

図 7.6　Berner らのモデルによる CO_2 および O_2 濃度の変化曲線と過去の氷床が存在した緯度の時代変化 [30]

の関数である反応速度式で定式化できる（式 (10.96) 参照）.

$$F_{ws_i} = (P_{CO_2})n \exp\left(-\frac{E}{RT}\right) \tag{7.23}$$

この関係から，地質学的時間スケールでの炭素循環と P_{CO_2} の関係が得られる．一方で，固体地球からの脱ガスや有機炭素の変成が，P_{CO_2} を増加させる効果としてモデルに含まれている．このようなモデル化で得られた P_{CO_2} は，実試料の分析から得られた P_{CO_2} の結果と比較されている（図 7.6）．その結果は比較的よく一致しており，これらから顕生代における CO_2 濃度の大まかな変化がモデルでも捉えられている．たとえば，古生代前半から中生代中ごろまで（6〜4

7.4 地球化学的モデリングによる CO_2 濃度の変化曲線

億年前）の高い P_{CO_2} は，海洋底拡大が盛んで中央海嶺などでの火成活動が活発な時期（F_{mc}, F_{mg} が増加）にあたり，それに伴う脱ガスの増加が寄与している．また P_{CO_2} の低い時期は，低緯度域に氷床が存在していた時期と重なっており，その点からもモデルおよび実測値の結果は妥当であると考えられる．さらにこの時期は逆に海洋底拡大速度が遅かった時期として特徴づけられている．また図 7.6 には，CO_2 濃度変化と同様の方法で推定された酸素（O_2）濃度の変化も示した．O_2 の生成には有機物と黄鉄鉱の埋没量が影響を与え，O_2 の消費にはケロジェンと黄鉄鉱の風化が寄与する．モデルから，古生代後半の O_2 濃度の増加が推定され，これはこの時代に陸上植物の分布が拡大し，有機炭素の埋没量が増加したことによると考えられている．

このように，地球化学的モデリングで重要な点は，大気圏・水圏と岩石圏を結びつけて地球の表層環境（CO_2 濃度，気温）の変化を捉えた点にある．またモデリング結果から，どのパラメータが CO_2 濃度に最も影響を与えるかが推定できる点も重要である．たとえば，ケイ酸塩の風化は CO_2 濃度を含んだ化学反応速度式に従い，通常の化学反応と同様に温度が高いほど反応速度が速くなると考えられる（式 (7.23)）．すると，何らかの原因で P_{CO_2} が増加すると，"温室効果で気温が上昇" → "風化が増大" → "CO_2 が消費され P_{CO_2} が減少" という「負のフィードバック」がはたらくことがわかる．このような長時間スケールでの負のフィードバックが，地球史において地球環境を比較的安定な状態に保った原因であると考えられる．また Berner らは，顕生代の CO_2 濃度に与える影響として，ケイ酸塩の風化以外に，有機物の埋没に与える陸上植物の影響が重要な因子であることを指摘している．

このほか，Berner らの最新の GEOCARBSULF モデル [31] では，ケイ酸塩のなかでも火山岩の風化は，他の岩石に比べて反応速度が速いことを考慮して，ケイ酸塩の風化を火山岩と非火山岩の風化に分けてモデル化している．ただ実際には，2 つに分けることで計算結果に大きな変化はなかった．そのほか，同様の地球化学的モデルに関して多くの提案や改良が報告されており [32〜35]，どのような因子が CO_2 濃度を支配するかは，これらの結果を総合的に解釈していく必要がある．

7.5 地質学的時間スケールでの CO_2 濃度と地球環境の変化の関係

前節で述べたとおり，地球化学的モデリングと地質学的・地球化学的証拠を総合的に考えると，顕生代の気候について CO_2 濃度と地球環境の変化が相関していることが示唆された．たとえば Royer [20] は，多くの研究結果を総合して解釈し，CO_2 濃度が 500 ppm を下回った時代に汎世界的に氷床が発達したことを指摘している（図 7.4c）．一方で Royer は，CO_2 濃度が 1,000 ppm 以上と推定された時期には，例外なく地球は温暖であったと結論している．

そのほか，いくつかの事例について，CO_2 濃度の温室効果と気候との関係を軸にして，集中的に研究が行われてきている．代表的な例として，顕生代前の 7 億年前前後の**スノーボールアース仮説**（Snowball Earth hypothesis）[36]，5,500 万年前ころの**急激な温暖化イベント**（paleocene-eocene thermal maximum, PETM）[37]，4,000 万年前以降の寒冷化とヒマラヤの隆起との関係を論じた**レイモ仮説**（Raymo hypothesis）[38] などが挙げられる．これらの説は，現在でも賛否いずれの論文も出版され続けている．ここでは，これらの結論を示すことのみを目的とせず，仮説を構築している地球化学的事実とその解釈を学ぶことを狙いにして，スノーボールアース仮説と Raymo 仮説について紹介しよう．

7.5.1 スノーボールアース（全球凍結）仮説

スノーボールアース（全球凍結）仮説では，7 億年前ころに地球全体が氷で覆われていたとされており，その過程は以下のとおりである（図 7.7）．

(i) プレートテクトニクスにより大陸が低緯度地域に集結し，超大陸が形成された．低緯度地域は温暖なため風化が促進され，その結果 CO_2 濃度が減少し，地球が寒冷化した（図 7.7 の誘発期）．
(ii) 氷床が形成されアルベドが増大することにより寒冷化がさらに促進し，全球が凍結した（図 7.7 の氷床発達期）．
(iii) 全球凍結中にも海底で火山から熱が供給され，深海には液体の水が存在した．また陸上の火山から供給された CO_2 は，全球凍結中には海洋に吸収されることなく大気中に蓄積した（図 7.7 の全球凍結期）．

7.5 地質学的時間スケールでの CO_2 濃度と地球環境の変化の関係

図 7.7 スノーボールアース仮説のシナリオ [36]．A はアルベド，CO_2 濃度は現在の大気中 CO_2 濃度に対する比，層厚は全球凍結後を示す地層の厚さである．$\delta^{13}C$ は炭酸塩の炭素同位体比．

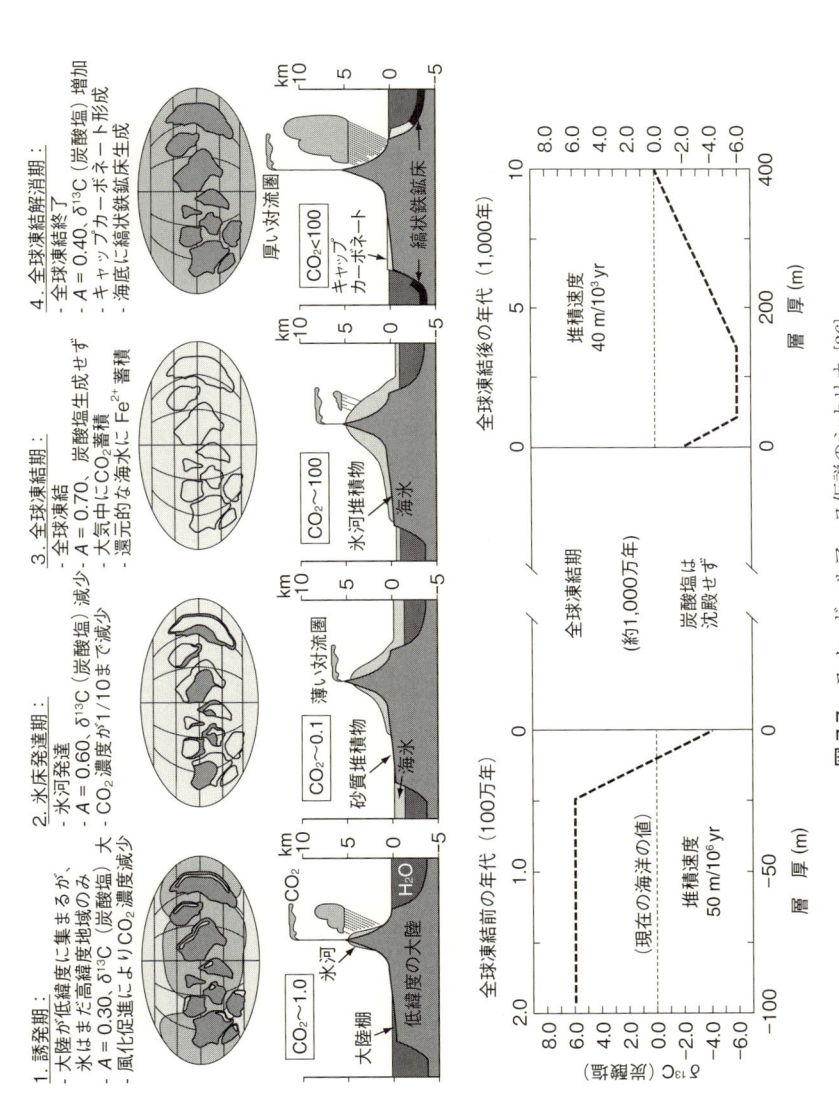

1. 誘発期：
- 大陸が低緯度に集まるが，氷はまだ高緯度地域のみ．
- $A = 0.30$, $\delta^{13}C$（炭酸塩）大
- 風化促進により CO_2 濃度減少

2. 氷床発達期：
- 氷河発達
- $A = 0.60$, $\delta^{13}C$（炭酸塩）減少．
- CO_2 濃度が 1/10 まで減少

3. 全球凍結期：
- 全球凍結
- $A = 0.70$, 炭酸塩生成せず．
- 大気中に CO_2 蓄積
- 還元的な海水に Fe^{2+} 蓄積

4. 全球凍結解消期：
- 全球凍結終了
- $A = 0.40$, $\delta^{13}C$（炭酸塩）増加
- キャップカーボネート形成
- 海底に縞状鉄鉱床生成

第 7 章　二酸化炭素濃度と気候変化

(iv) (iii) の結果 CO_2 濃度が現在の 350 倍程度となるに至って地球は温暖化し，全球凍結状態が終焉した（図 7.7 全球凍結解消期）．

こうしたシナリオが考えられた背景には，以下の (a)〜(d) のような地質学的，地球化学的な証拠がある．(a) 古地磁気から，低緯度地域で生成したことを示す氷河堆積物が汎世界的にみられる，(b) 氷河堆積物最上部（＝スノーボールアースの終焉時）は常にキャップカーボネートに覆われており，これは氷床が消失する際に大気に大量に蓄積された CO_2 が反応してできたと考えられる．さらに，これら地質学的証拠以外の地球化学的な証拠として，(c) 炭素同位体の変化と (d) 縞状鉄鉱床の生成が指摘されており，これの 2 つの現象について，地球化学的な背景も含めて以下で説明しよう．

　炭素同位体比は，本書の各所で触れているとおり，地球化学の基本的データであるが，その議論はどのような系を対象とするかで異なる．海洋堆積物の炭素同位体比を考えた場合，炭素を含む主な物質は炭酸塩と有機物である．海水中の溶存無機炭素（主に炭酸水素イオン）を基準にした場合，無機的に生成した炭酸塩ではほとんど炭素同位体比は変わらない（数‰以内）．一方で，生物による有機物合成（主に光合成）で生成する有機炭素では，炭素同位体比 $\delta^{13}C$ は $-17 \sim -40$‰（PDB 標準；5.3 節参照）程度となり，大きな同位体分別を示す．海洋に入る炭素同位体比を $\delta^{13}C_{\mathrm{input}}$ とし，堆積物として除去される有機炭素と炭酸塩の同位体比を $\delta^{13}C_{\mathrm{org}}$ と $\delta^{13}C_{\mathrm{car}}$ とすると，以下の関係が成り立つ [39]．

$$\delta^{13}C_{\mathrm{input}} = f\delta^{13}C_{\mathrm{org}} + (1-f)\delta^{13}C_{\mathrm{car}} \tag{7.24}$$

ここで f は，除去される全炭素に占める有機炭素の割合である．ここで，$(\delta^{13}C_{\mathrm{car}} - \delta^{13}C_{\mathrm{org}})$ を $\varepsilon_{\mathrm{TOC}}$ とすると，

$$\delta^{13}C_{\mathrm{car}} = \delta^{13}C_{\mathrm{input}} + f\varepsilon_{\mathrm{TOC}} \tag{7.25}$$

となる．このうち $\delta^{13}C_{\mathrm{input}}$ は，マントルや地殻全体の平均の炭素同位体比がいずれも -5‰程度であることから，$\delta^{13}C_{\mathrm{input}} = -5$‰で一定とみなせる．一方，$\varepsilon_{\mathrm{TOC}}$ は時代により変化するが，類似の環境であればほぼ一定とみなせる．たとえば原生代後期の全球凍結時は 28‰でほぼ一定だったとすると，この時代の $\delta^{13}C_{\mathrm{car}}$ は有機炭素として除去される割合 f に比例することになる．

　以上を基に，全球凍結前後の $\delta^{13}C_{\mathrm{car}}$ の変化をみると，全球凍結に向かうにつ

7.5 地質学的時間スケールでのCO$_2$濃度と地球環境の変化の関係

れて$\delta^{13}C_{car}$は6‰程度の値から急激に減少し，氷河堆積物を挟んで，−5‰程度の値で安定することがわかる（図7.7）．これは，全球凍結時には有機炭素の寄与がなく，生物はほとんど死滅していたことを示唆する．またその後の$\delta^{13}C_{car}$の上昇は，全球凍結消出後の生物活動の増加に対応すると考えられ，炭素同位体比の記録は，スノーボールアース仮説を裏づける証拠とされている．

一方，**縞状鉄鉱床**（banded iron formation, BIF）の存在は，酸素の少ない（＝還元的な）環境では鉄が2価で溶存しやすいが，酸素が多い（＝酸化的な）環境では鉄が3価になって沈殿しやすいことから考えて，対象としている環境が還元的環境から酸化的な環境に変化したことを示唆する（第6章および第10章参照）．これは，地球全体が同様の変化を見せた25〜20億年前の地層で汎世界的に見られ，この時代に大気中の酸素濃度が増加したと考えられている．そこで図6.7を改めて見ると，縞状鉄鉱床の地層は25〜20億年前に確かに卓越しているが，全球凍結が終わった6億年前ころの地層にも多少見られることがわかる．全球凍結時には海洋は大気から孤立しており，海洋への酸素の供給が妨げられたであろう．すると海洋は徐々に還元的になり，鉄がFe^{2+}として溶けやすい環境になる．海底熱水などからはFe^{2+}が間断なく供給されたと考えられるので，全球凍結時にはFe^{2+}が海洋中に蓄積されたであろう（図7.7の3）．ここで全球凍結が解消され，大気から海洋に酸素が供給されると，Fe^{2+}は酸化され$Fe(OH)_3$などとして沈殿を形成したであろう．これが6億年前ころの地層に現れる縞状鉄鉱床であり，スノーボールアース仮説によりその生成が無理なく説明できる．

以上のように，スノーボールアース仮説は7〜6億年前に汎世界的に見られる多くの現象を説明できる仮説である．とくに本章でスノーボールアース仮説に触れたのは，その仮説の骨格が，CO_2による温室効果やCO_2濃度と岩石の風化の関係により構築されているためである．地質学的時間スケールでの気候変化において，これらの現象は中心プレーヤーなのである．

7.5.2 レイモ仮説

より現代に近い新生代の気候変化の原因についても，多くの研究がなされている．そのなかで，大気中のCO_2が風化に関わっていることを実際の地球科

学的現象に結び付けた例として，**レイモ仮説**（Raymo hypothesis）が有名である [38]．この仮説では，地球の**漸新世**（Oligocene）以降，とくに 34 Ma 以降の急激な寒冷化をヒマラヤの隆起による風化・浸食の増大による CO_2 の濃度減少と結び付けている．ヒマラヤは，**始新世**（Eocene）に始まるインド亜大陸のユーラシアプレートへの衝突により隆起したと考えられている．現在のヒマラヤの山頂は，海の生物の化石が見られる堆積岩で構成されており，これは衝突前に浅海であったなごりである．このヒマラヤの衝突による隆起は，現在の地球で最も活発な造山活動であり，地球全体の風化による CO_2 消費のかなりの部分を担っている可能性がある．そのため，この造山活動と CO_2 濃度の減少がしばしば関連づけられている．この研究では，大陸風化の見積もりに**ストロンチウム同位体比**（strontium isotope; $^{87}Sr/^{86}Sr$）を用いている．その概略を以下に紹介しよう．

4.1 節で述べたとおり，地球の ^{87}Sr は ^{87}Rb の β 壊変（半減期 488 億年；表 3.1）により増加する．そのため，式 (4.2) からわかるとおり，岩石中の Rb 濃度や Sr 同位体比を測定することで，その岩石の年代測定が可能になる．一方，岩石のもつストロンチウム同位体比は，年代だけではなく Rb/Sr 比（式 (4.2) では $^{87}Rb/^{86}Sr$ 比であるが，^{86}Sr 濃度は時間に対して一定で，^{87}Rb 濃度の減少も半減期が長いので，試料間に通常みられる Rb/Sr 比の変化に比べれば無視できる）にも依存する．もし年代が同じであれば，試料の $^{87}Sr/^{86}Sr$ 比は Rb/Sr 比に左右される．このような議論をする場合，モデル的に $^{87}Sr/^{86}Sr$ 比の時間変化を推定することが役に立つ．

マントルと地殻を例にとってみる．ルビジウムもストロンチウムも，金属状態にはなりにくく，核には分配されない（8.1 節参照）ので，核とマントルの分化の際にはほとんどマントルに分配されたであろう．ところが，マントルと地殻が分別した際には，ルビジウムとストロンチウムの挙動は異なる．ルビジウムとストロンチウムはイオン結合性が強く，価数も例外なくそれぞれ +1 価と +2 価である．これら 2 つのイオンは同じ周期に属するが Sr^{2+} のほうが価数が大きく電子はより原子核に引き付けられるので，イオン半径は Rb^+ のほうが大きい（Rb^+: 1.57Å（6 配位），Sr^{2+}: 1.21Å（6 配位）；図 8.1）．地殻は大まかにいえば，マントルから生成したマグマが地表付近に浮上し冷え固まったものである．マントルからマグマが生成するプロセスには，マントルの一部が融けて

7.5 地質学的時間スケールでの CO_2 濃度と地球環境の変化の関係

(部分融解)マグマが生成し,そこで生じる固相(かんらん岩;上部マントル)と液相(マグマ)の間での元素の分別が含まれる.そして,このマグマが固結したものを地殻とみなすことができる.この液相–固相間の分配に着目すると,主成分元素では Mg^{2+} はマントルに多く,FeO はほぼ同じである(図 8.4).その他のカリウムやバリウムなどの元素濃度は地殻で非常に高く,このような元素を不適合元素とよぶ.PC–IR 図(図 8.3)からも理解されるとおり,微量元素の鉱物への分配のされやすさはイオン半径に依存し,Rb^+ と Sr^{2+} では前者のほうが地殻に分配されやすい.

以上のことから,$^{87}Sr/^{86}Sr$ 同位体比の進化は Rb/Sr 比に依存するため,分化した年代が同じであれば,地殻の $^{87}Sr/^{86}Sr$ 比はマントルの $^{87}Sr/^{86}Sr$ 比よりも大きくなることがわかる.一方,海洋で生成する炭酸塩中のストロンチウムの起源には,大陸風化で供給された成分と海洋地殻(玄武岩)の変質でもたらされたものと,大きく分けて2つの成分がある.そのため $^{87}Sr/^{86}Sr$ 比は,その起源である大陸風化(相対的に大きな $^{87}Sr/^{86}Sr$ 比を生む)と海洋地殻の玄武岩の変質(相対的に小さな $^{87}Sr/^{86}Sr$ 比を生む)の2つの供給源の寄与の違いを反映すると考えられる.

Raymo と Ruddiman は,7,000 万年前以降の $^{87}Sr/^{86}Sr$ 同位体比の増加に着目した(図 7.8).この増加は,海洋地殻からのストロンチウムの寄与に比べて大陸風化が時代とともに増加してきたことを示すと解釈でき,その主要な因子がヒマラヤ山脈隆起による風化・浸食の増加によると指摘している.一方で,酸素同位体比からはこの時期に地球が寒冷化したと解釈されるため,これがヒマラヤの風化・浸食に起因すると Raymo と Ruddiman は指摘した.

しかしこのレイモ仮説は,その後の研究で多くの批判を受けている.そのひとつとして,レイモ仮説で示されたストロンチウム同位体比の増加は,ヒマラヤにおける炭酸塩の風化に起因することが示唆された [40].一般に炭酸塩は Rb/Sr 比が低いため,年代による $^{87}Sr/^{86}Sr$ 比の増加は見込めないが,ヒマラヤの炭酸塩は変成作用によりケイ酸塩から放出された高い $^{87}Sr/^{86}Sr$ 比をもつストロンチウムを含んでいると指摘された.炭酸塩の風化は CO_2 の消費には寄与しない(7.4 節)ので,この場合のストロンチウム同位体比の増加は CO_2 の取込み・減少とは無関係ということになる.そのほか,ヒマラヤから削剥され下流に運ばれた砕屑粒子が,ガンジス川流域で風化を受けることを指摘した研究も

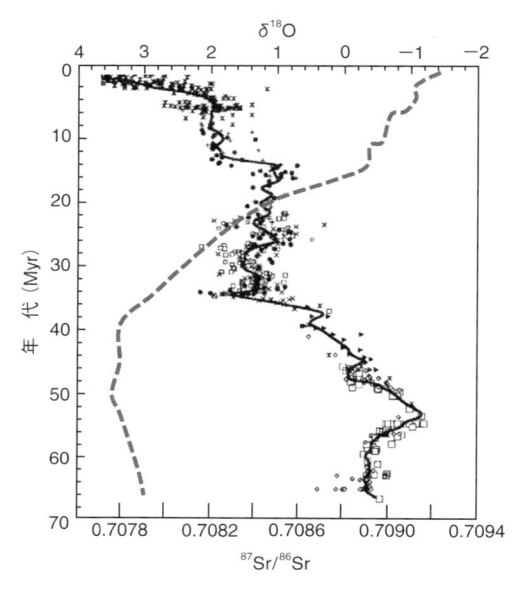

第 7 章 二酸化炭素濃度と気候変化

図 7.8 レイモ仮説における炭酸カルシウム中の $^{87}Sr/^{86}Sr$ 同位体比（点線）と酸素同位体比 $\delta^{18}O$（実線）の関係 [38]

ある [41]．この場合は，砕屑粒子の風化に CO_2 が使われることになる．ヒマラヤの例にみられるように，（ケイ酸塩）の風化過程での CO_2 の消費について多くの研究がなされているが，その定量的な評価には，風化を受けた鉱物の評価が重要であることがわかる．

以上述べてきたように，地質学的時間スケールでの気候変化では，CO_2 の温室効果が主要な因子として常に議論される．その議論は Berner の地球化学的モデリングによっても支持されているが，一方でその具体的な解釈においては，地球化学的知見を含む多くの証拠を総動員して議論する必要があることが，本節からもわかるであろう．

7.6　現在の大気中 CO_2 濃度の上昇

過去の CO_2 濃度の復元との比較からわかるとおり，現在の CO_2 濃度の増加

は非常に急激である．図 7.9 には，C. D. Keeling らによる 1958 年以降のハワイ島 Mauna Loa での CO_2 濃度の変化と氷床コアを利用して得たそれ以前の CO_2 濃度の変化を示した [42]．このデータは CO_2 濃度増加を直接的に測定した研究として名高く，1960 年代初頭に「ルーチン的な仕事である」とみなされて研究費が削減される危機を乗り越え，現在でも継続的なモニタリングがなされている．

この Mauna Loa の CO_2 濃度は，冬に高く夏に低い年周期を繰り返しながら，1958 年の 315 ppmv（体積比の 100 万分率）から 2010 年の 390 ppmv まで，約 60 年間で 1.2 倍以上になっている（図 7.9）．このうち季節変化は，夏には植物による光合成が盛んで，冬には呼吸が卓越することを反映している．この効果は，夏と冬の違いが大きい高緯度地域でとくに大きく，Barrow（アラスカ，北半球高緯度）での年変化の振幅は，Mauna Loa よりも大きい（図 7.10）．また南半球の年変化幅が北半球のそれより小さいのは，南半球で大陸面積が小さいため，陸上植物の光合成/呼吸の影響が北半球より小さいためと説明される．

一方，こうした季節変化を見せながらも CO_2 濃度は着実に上昇し，その原因は人為的な効果であると考えられている．この人為起源と考えられる理由のひ

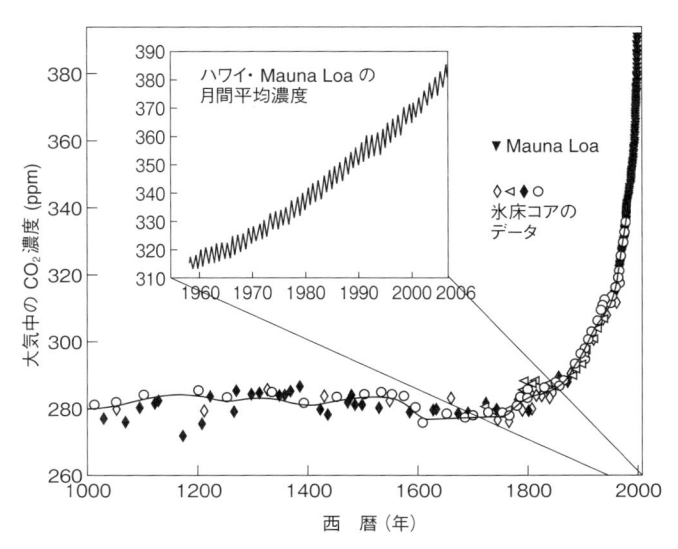

図 7.9 西暦 1000 年以降の大気中 CO_2 濃度の変化
1957 年以降は C. D. Keeling らのデータ（挿入図）．それ以前は氷床コアの分析による [42]．

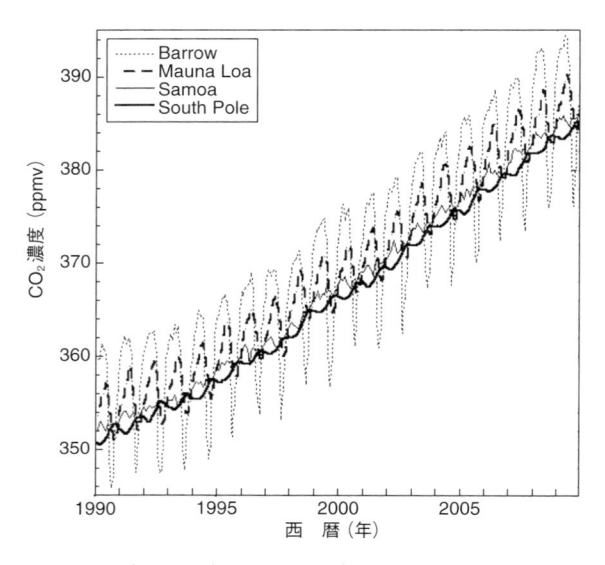

第7章 二酸化炭素濃度と気候変化

図 7.10 アラスカ（Barrow），ハワイ島（Mauna Loa），サモア（Samoa），南極（South Pole）での大気中 CO_2 濃度の変化
Scripps 海洋研究所のデータ（http://scrippsco2.ucsd.edu）による．

とつは，化石燃料の燃焼やセメント生産により発生した CO_2 濃度の増加曲線が，実際の濃度変化と似ていることである（図 7.11）．図 7.11 の曲線は，人為的に発生した CO_2 の 58% が大気中に残ったと仮定した場合の大気中の CO_2 濃度の変化であり，実際の変化とよくあっている [43]．

また炭素同位体比 $\delta^{13}C$ も，大気に負荷された CO_2 の起源を反映する．図 7.12 には，1980〜2005 年の間の Mauna Loa における CO_2 濃度および炭素同位体比 $\delta^{13}C$ の経年変化を示した．長期的な傾向として，平均して年 1.5 ppmv 増加する CO_2 濃度に対して，炭素同位体比 $\delta^{13}C$ は 0.03‰ ずつ減少し，明瞭な逆相関を見せている．いずれのデータでも 1990〜92 年ごろやや変化が鈍るなどの傾向も類似している．こうした長期的な $\delta^{13}C$ の減少は，$\delta^{13}C$ 値が -27‰ と低い値をもつ化石燃料の燃焼の寄与によると考えられる．また $\delta^{13}C$ の季節変化は，CO_2 濃度と同様に植物の光合成と呼吸の寄与が季節変化するためと考えられる．光合成が活発な時期は，植物が ^{12}C をより選択的に取り込むため，大気中の CO_2 の $\delta^{13}C$ は重いほうにシフトする．また図には示していないが，$\delta^{13}C$

7.6 現在の大気中 CO_2 濃度の上昇

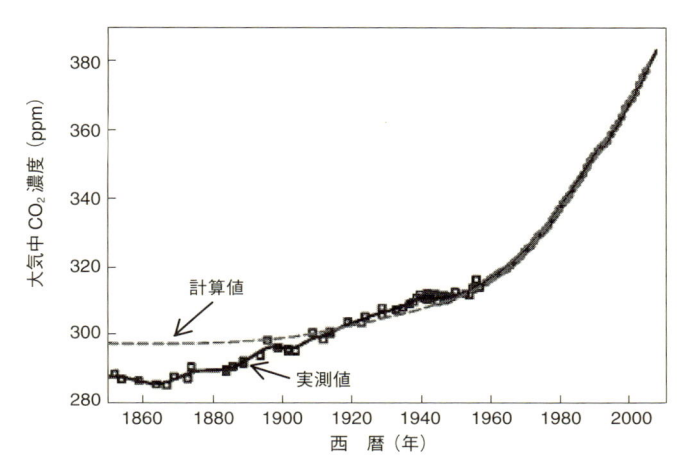

図 7.11 CO_2 濃度の実測値と計算値の比較 [43]
推定値は人為的に生成した CO_2 の 58% が大気中に残ると仮定して計算.

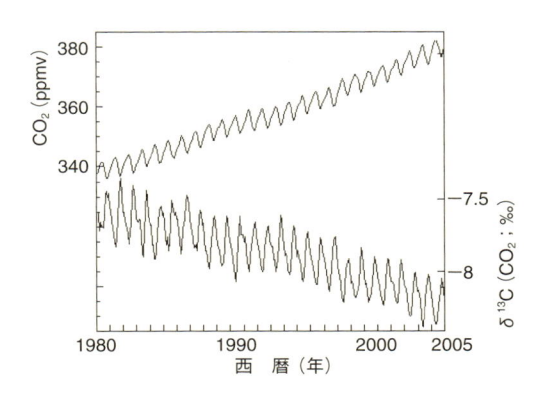

図 7.12 CO_2 濃度と炭素同位体比の比較 [46]

も緯度依存性があり，北半球に比べて南半球で季節変化の程度が小さい．これも光合成/呼吸の影響が，陸地面積の大きな北半球で南半球よりも大きいためと考えられる．

長期的な CO_2 濃度の増加を北半球と南半球で比べると，同じ年では北半球のほうが濃度が高い（図 7.10）．しかしこれは実は，南半球の濃度が北半球に約 2

第 7 章　二酸化炭素濃度と気候変化

年程度遅れて追随していると考えるべき現象である．北半球の濃度がより高いのは，(i) 各半球内では比較的速やかに大気の混合が起きること，(ii) CO_2 の発生源が北半球にあること，(iii) 北半球と南半球の大気の交換には 1 年以上を要すること，などに起因する．とくに (iii) の北半球と南半球の大気交換に要する時間は，人工放射性元素で希ガスであるクリプトン–95 の測定（放出量は南半球より北半球で多い．原子力発電などからの漏洩が発生源）からは，1.1 年と推定されており [44]，北半球に追随して南半球の CO_2 濃度が増加するという解釈と整合的である．

　これらの説明のなかで，人為的影響で大気に放出された CO_2 の多くが大気から除かれることは，**ミッシングシンク問題**（missing sink problem）として 1990 年代によく取り上げられた．その CO_2 の行方として，海洋による吸収と陸上植物による吸収量の増加が挙げられている．そのことを最も明瞭に示した研究のひとつが，R. F. Keeling（C. D. Keeling の子）による酸素濃度変化の解析である [45, 46]．この研究は，化石燃料（有機炭素）が燃焼する際に酸素を消費するので，CO_2 濃度の増加は O_2 濃度の減少を伴うという単純な発想に基づくが，この O_2 濃度の減少を検出するのは容易ではない．人為的な CO_2 の放出量は年に数 ppmv 程度であり，これは CO_2 濃度全体に対して 0.5% 程度の増加率である．一方，1 分子の CO_2 が生成するのに 1 分子の O_2 が消費されるとすると，O_2 濃度の減少はやはり数 ppmv/yr となる．O_2 の大気中濃度は約 21% なので，O_2 濃度の減少率は 10^{-5} 程度と非常に小さい．このように微小な O_2 濃度の減少を R. F. Keeling らは，(i) O_2 濃度の変化によって生じる空気の屈折率の微妙な変化を干渉計で測る手法の開発，および (ii) 大気中の変化が酸素に比べて無視できる窒素を利用し O_2/N_2 比を測定する，などの工夫により可能にした．また R. F. Keeling らは，結果の表示にもこの比から計算した $\delta(O_2/N_2)$ を用いている．

$$\delta(O_2/N_2) = \frac{(O_2/N_2)_{\text{sam}}}{(O_2/N_2)_{\text{ref}}} - 1 \tag{7.26}$$

ここで sam は試料空気を，ref は標準空気を意味する．O_2/N_2 比を用いる利点は，主成分の酸素をモル分率で表すと，分母に使う空気の全モル数が O_2 濃度の変化からも影響を受けてしまうため，という難点か解決できる点にもある．そのため，O_2/N_2 比のほうが O_2 濃度の変化を端的に表すことができる [47]．

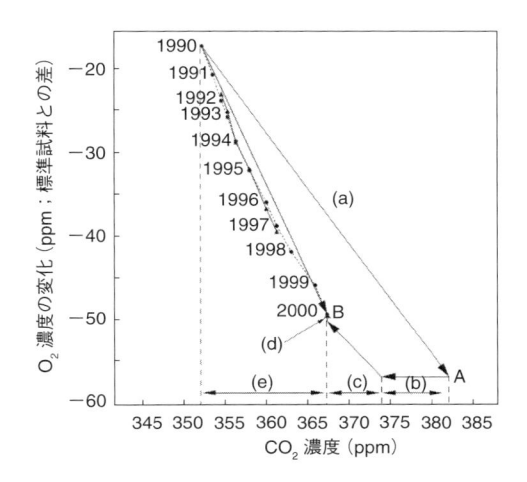

7.6 現在の大気中 CO_2 濃度の上昇

図 7.13 1990〜2000 年の間の CO_2 濃度と O_2 濃度の変化とその解釈 [48]
(a) 化石燃料の燃焼，(b) 海洋による吸収，(c) 陸域への吸収，(d) 海洋への吸収，(e) 正味の変化．

さて，この O_2 濃度減少の定量は，CO_2 濃度の増加量と比較することで，ミッシングシンク問題に有力な回答を与えた．これは，燃焼や光合成・呼吸といった CO_2 濃度の変化の要因は，多くの場合 O_2 濃度にも同時に影響を与えるからである．図 7.13 に示すように，もし化石燃料の燃焼などで放出された CO_2 すべてが大気中に残るとすると，CO_2 濃度と O_2 濃度は点 A になると予想される．しかし実測値（点 B）の CO_2 濃度は，この予想より低く，O_2 濃度はより高い．このギャップを埋める要因として，大気–海洋間の気体の交換を考えてみる．この場合，CO_2 は水に溶けやすいので，増加した CO_2 の一部は海洋に吸収されるが，O_2 は水に溶けにくく大気–海洋間の酸素の交換はほぼ無視できる．そのため，この海洋による気体交換（CO_2 の吸収）の寄与は，X 軸に平行なベクトルとなる．一方，陸上植物の光合成が活発化することで生じる CO_2 の吸収と O_2 の放出は，さまざまな試算から $\Delta O_2 / \Delta CO_2 = -1.1$ の傾きをもったベクトルとして図 7.13 上で表現される．このように O_2 濃度の測定を可能にしたことで，CO_2 濃度変化を二次元的にとらえることができるようになり，海洋と陸上植物への吸収の 2 つの成分の寄与を定量できるようになった．その結果，1990〜2000 年の期間に放出された 6.4 Gt の炭素のうち，海洋が 1.7 Gt，陸上植

物が 1.4 Gt を吸収したことが推定された．このように，主成分である O_2 濃度を測定しようという R. F. Keeling の斬新な発想は，父親である C. D. Keeling が明らかにした CO_2 の濃度変化の解釈に大きな進展を与えた．近年では，海水の温度上昇に伴う海水からの O_2 の脱ガスの寄与が重要であることが指摘され，この項を考慮した解析が進んでいる [46]．

7.7 現在の地球温暖化と放射強制力

前節で述べた CO_2 濃度の増加と同様に，地球が温暖化していることはもはや疑いのない事実になってきた（図 7.14, [48]）．同時に世界平均海面水位の上昇や北半球の積雪面積の減少も明確な事実となってきている．そのほか，寒い日（夜）が減少し，暖かい日（夜）が増加している傾向があることも報告されている [49]．また寒い日や温かい日の日数の変化が著しかった 1970 年代中ごろは，世界平均気温に変化が出始めた時期とも一致している．

一方で，地球温暖化の原因が CO_2 をはじめとした温室効果ガスの増加に直接起因するのかという点については，いまだに議論が続いている．とくに気候変化の解析は複雑であり，CO_2 濃度の増加と地球温暖化という 2 つの"不都合な事実"が原因と結果であることを示すのは容易ではない [50]．現在，この温室効果ガスの増加に対する気候の応答を評価しているのは，**大気大循環モデル**（global climate model, GCM）である．その結果に基づいて，**気候変動に関する政府間パネル**（Intergovernmental Panel on Climate Change, IPCC）では現在のところ，「20 世紀半ば以降に観測された世界平均気温の上昇は，人為起源の温室効果ガスの増加による可能性がかなり高い」と結論している．

この GCM によるシミュレーションにおいて，各成分の濃度と温室効果を結び付けるのが，**放射強制力**（radiative forcing）である．放射強制力とは，7.1 節でも述べた放射平衡な状態からある成分の量を変化させ，放射収支が不均衡な状態になった場合の放射量の変化量として定義される [3,4]．たとえば，CO_2 のような温室効果ガスの増加は，太陽放射（可視光）に対してはあまり影響を与えないが，大気上層から宇宙に散逸する地球放射（赤外光）を吸収する効果をもつので，大気から地表面への放射エネルギーは増加することになる．この場合，CO_2 は正の放射強制力をもつ．

7.7 現在の地球温暖化と放射強制力

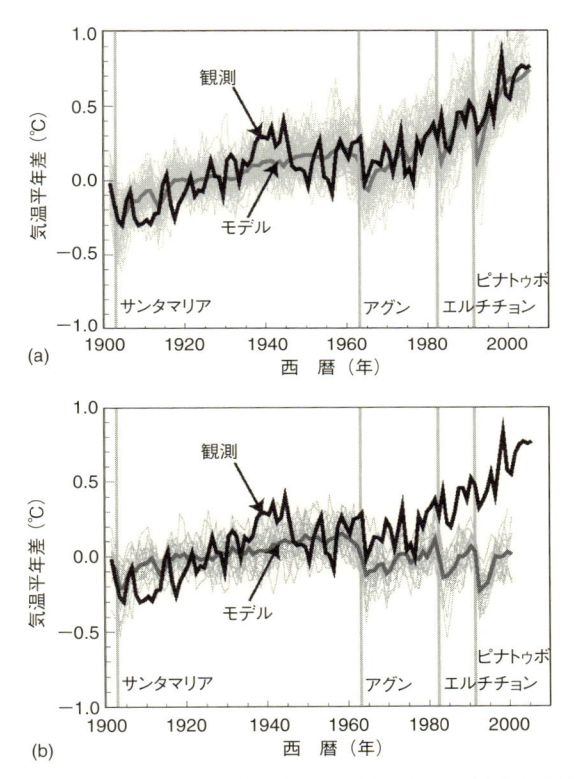

図 7.14 地球の平均気温の変化（観測）と人為起源および自然起源を考慮した GCM による気温変化のシミュレーション（モデル）[48]
(a) 人為起源および自然起源，(b) 自然起源のみ．

図 7.15 は，さまざまな物質や因子が，現在の地球が工業化以前の 1750 年に対してどの程度の放射強制力をもつかを示している [48]．放射強制力は物質量で規格化されていないので，この放射強制力は，単位物質量あたりの効果は小さくても，濃度変化が大きければ大きな値となる．図 7.15 から，温室効果ガスのなかでもとくに CO_2 濃度増加が地球温暖化に大きく寄与してきたことがわかる．一方で，CO_2 よりも濃度が低いメタン（CH_4），亜酸化窒素（N_2O），クロロフルオロカーボン（CFC；特定フロン）の寄与が大きいこともわかる．これらは，大気中の濃度増加量は CO_2 よりもずっと小さいが，1 分子あたりの温

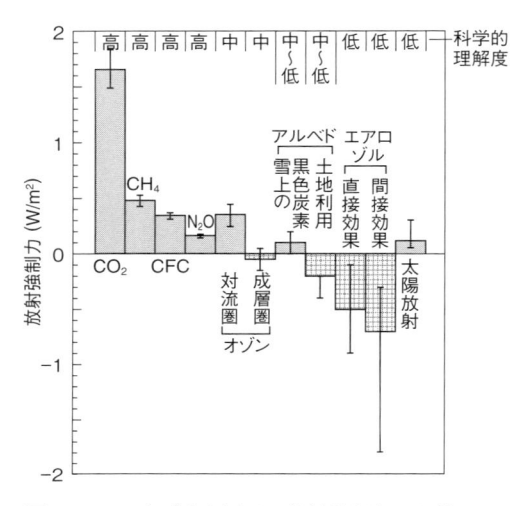

第 7 章 二酸化炭素濃度と気候変化

図 7.15 さまざまな因子の放射強制力の比較 [48]

室効果への寄与が大きい．このうちメタンや亜酸化窒素の増加は，化石燃料の燃焼のような直接的な人為的因子によるばかりでなく，水田や家畜からの発生（メタン）や農耕地や化学肥料の増加（亜酸化窒素）など，近代の農業活動の普及による寄与が大きい．またオゾン層破壊をもたらす物質であるクロロフルオロカーボンも，大気中濃度が CO_2 の $10^{-5} \sim 10^{-6}$ 程度でありながら，放射強制力は大きい．大気中寿命が CFC よりも短く，代替フロンとよばれる HCFC（ヒドロクロロフルオロカーボン）類は，オゾン層を破壊せず，濃度も CO_2 の 10^{-6} 以下でありながら，放射強制力は CO_2 の数％程度もある．モントリオール議定書により，特定フロンは 1996 年には先進国で，2010 年に開発途上国も含めて全廃されており，代替フロンも先進国では 2020 年までに全廃の予定である．

今後の温暖化への影響を考える場合，**地球温暖化ポテンシャル**（global warming potential, GWP）が重要である．このポテンシャルは，ある気体が大気中に一度に 1 kg 注入されたときの放射強制力の増加分を，同じように CO_2 が注入されたときの放射強制力の増加分で規格化したものである．この値は，着目する気体の大気中の寿命に依存して，注入が行われた時間からの経過時間とともに減少する（表 7.2）．たとえば，六フッ化硫黄 SF_6（絶縁性を有する気体と

表7.2 温室効果ガスの温暖化係数

気体	大気中寿命（年）	下記の積分時間での温暖化係数		
		20年	100年	500年
CO_2	約100	1	1	1
CH_4	12	72	25	7.6
N_2O	114	289	298	153
CFC-11（CCl_3F）	45	6,730	4,750	1,620
CFC-12（CCl_2F_2）	100	11,000	10,900	5,200
HCFC-22（$CHClF_2$）	12	5,160	1,810	549
HFC-134a（CH_2FClF_3）	14	3,830	1,430	435
SF_6	3,200	16,300	22,800	32,600

単位質量の温室効果ガスが大気中に放出されたときに，一定時間内（たとえば100年）に地球に与える温暖化への影響（CO_2を1とした場合）．

して重要．CFCなどと同様に完全な人為起源物質である）は，大気中でCO_2よりも安定であり，GWPは時間とともに増大する．またCO_2の温室効果は，大気カラムにおいてその赤外吸収バンドが飽和しているため（図7.1），濃度増加に対する温室効果への寄与は大きくない．一方，SF_6は大気の窓の領域である$910 \sim 1{,}010\,\mathrm{cm}^{-1}$に吸収をもち（図7.1），1分子あたりの温暖化への寄与が大きく，表7.2の中でも最大のGWPを有する．そのため，SF_6の場合，少量の放出でも温暖化への寄与は大きい．

一方，20世紀における地球の温度変化（図7.14）に見られる一時的な寒冷化は，大規模な火山噴火に伴うことが指摘されている．火山噴火は，地球を寒冷化する効果をもつエアロゾル（aerosol；大気中を浮遊する微粒子・液滴のこと）の増加をひき起こすためである．IPCCが示した図7.15の放射強制力には誤差が付されているほか，科学的理解度（level of scientific understanding, LOSU）でその信頼性が示されている．そのなかで，エアロゾルは地球を寒冷化する因子として大きな負の放射強制力を与えられているが，誤差が大きくその科学的理解度は低い．

エアロゾルの地球寒冷化効果は2つに分けられており，エアロゾルには直接太陽光を反射する直接冷却効果がある一方で，黒色の元素状炭素は赤外線を効率的に吸収するため，地球温暖化に寄与する．これらの総和として，直接効果は負の放射強制力をもつ．

第 7 章　二酸化炭素濃度と気候変化

　こうした直接効果以外に，エアロゾルには雲形成の核となり，その雲が太陽光を遮るために起きる間接的冷却効果（雲冷却効果）があると考えられている．実際に，たとえば原油の火災により排出された煙やエアロゾルが雲形成の核になって雲を生成している様子が，衛星写真などでも明確に捉えられている [51]．しかしこの間接効果は科学的信頼性がとくに低く，今後の大きな課題となっている．

　間接効果をもたらす物質は吸湿性が強いため，エアロゾルと水の親和性は重要な研究課題である．無機物としては硫酸エアロゾルの吸湿性が高いと考えられており，とくに硫酸塩の形態として重要な硫酸アンモニウムがよく調べられている [52, 53]．有機物には，疎水性と親水性の物質があり，間接効果には親水性の物質が寄与する．そのため，疎水性の有機物が大気中で酸化を受けて有機酸などの親水性の物質に変化していく過程が重要である [54, 55]．シュウ酸などの有機酸は，吸湿性が高く間接効果が大きな物質として注目されているが，その大気中の濃度や生成過程にはまだ未解明な点が多い [56]．たとえば，シュウ酸などの有機酸は，カルシウムなどの金属イオンと安定な錯体を形成すると吸湿性が大きく減少する．シュウ酸は大気中で金属錯体として存在する可能性があり，この場合，間接効果は大きくならない [57]．またこうした因子があいまって，実際に大気中で雲が生成・消滅する過程の理解は，さらに予測が難しい．こうした物理的・化学的な基礎的知見を積み上げることが，エアロゾルの冷却効果の精密化，ひいては正確な地球温暖化の予測につながるであろう．

7.8　おわりに

　本章では，大気成分の変化と地球の温暖化に関わる古気候解析や現在の地球温暖化研究に触れた．現在の CO_2 濃度は，絶対値としては過去に地球が経験してきた濃度レベルにはある．しかし，その増加は人為的な原因によるものであり，その増加の速さは過去に例がないものであろう．地球誕生後の 46 億年間を 1 年にたとえると，人間が化石燃料を使用し始めたのは，大みそかの午後 23 時 59 分 59 秒である．われわれ人間は，最近 200 年間で地球をいかに大きく変えてしまったかを，改めてかみしめるべきである．

　もちろん本章でも見てきたとおり，地球は多くの相互作用が複雑に関連して

7.8 おわりに

ひとつのシステムを形成しているので，何らかの異常な現象を抑制する効果（負のフィードバック効果）を常にもっている．しかし，このような急激な CO_2 濃度の増加や温暖化に対してどのように地球が振る舞うのかは，まだ誰もわからない．われわれは今後とも物理，化学，生物の知識を総動員して，こうした人間という地球上の一生物種がひき起こした環境変化に対して，地球がどのように応答するかを監視していく必要がある．

[補足] レイリーの式 [58]

　レイリーの式（Rayleigh's equation，正確にはレイリー蒸留の式）は，あるひとつの相から別の相が少量分離する過程を繰り返した場合に，それぞれの相の同位体比がどのように変化するかを記述する．それにより，個々の相分離の際の同位体分別は一定であるが，少量の分離を繰り返すことで同位体比が大きく変化することが理解できる．

　ここでは，大量の水蒸気から少量の水が少しずつ分離していく凝縮の過程をレイリーの式から考える．水蒸気中の軽い同位体の濃度を N（$H_2{}^{16}O$ を想定），重い同位体の濃度を N_i（$H_2{}^{18}O$ を想定）とし，少量の水の中でのこれらの濃度を dN および dN_i とする．このとき，**同位体分別係数**（isotopic fractionation coefficient）を α とすると

$$\frac{dN_i}{dN} = \alpha \frac{N_i}{N} \tag{7.27}$$

と書ける．これを変形し

$$\frac{dN_i}{N_i} = \alpha \frac{dN}{N} \quad \text{から} \quad d\ln N_i = \alpha \, d\ln N \tag{7.28}$$

となる．したがって

$$\frac{d\ln N_i}{d\ln N} - 1 = \frac{d\ln(N_i/N)}{d\ln N} = \alpha - 1 \tag{7.29}$$

となり，ここで N_i/N を同位体比 R で表すと

$$\frac{d\ln R}{d\ln N} = \alpha - 1 \tag{7.30}$$

となり，初期状態（0）から現在までの変化を以下のように積分すると

$$\int_{R_0}^{R} d\ln R = (\alpha - 1) \int_{N_0}^{N} d\ln N \tag{7.31}$$

$$\ln R - \ln R_0 = (\alpha - 1)(\ln N - \ln N_0) \quad \text{から} \quad \frac{R}{R_0} = \left(\frac{N}{N_0}\right)^{\alpha-1} \tag{7.32}$$

ここで N/N_0 は残留している水蒸気の割合 f に等しく，水蒸気中の同位体比を R_vapor とすると，

$$\frac{R_\text{vapor}}{R_\text{vapor,0}} = f^{\alpha-1} \tag{7.33}$$

と書ける．これがレイリーの式の基本形であるが，これを δ 表示の同位体比に変換する．$dN_\text{i}/dN = R_\text{rain} = \alpha R_\text{vapor}$ なので，

$$R_\text{rain} = R_\text{rain,0} f^{\alpha-1} = \alpha R_\text{vapor} = \alpha R_\text{vapor,0} f^{\alpha-1} \tag{7.34}$$

となる．ここで δ 値の定義により，$R/R_\text{std} = \delta^{18}\text{O}/1{,}000 + 1$ なので，

$$\frac{\delta^{18}\text{O}_\text{rain}}{1{,}000} + 1 = \left(\frac{\delta^{18}\text{O}_\text{rain,0}}{1{,}000} + 1\right) f^{\alpha-1} \tag{7.35}$$

$$\ln\left(\frac{\delta^{18}\text{O}_\text{rain}}{1{,}000} + 1\right) = \ln\left(\frac{\delta^{18}\text{O}_\text{rain,0}}{1{,}000} + 1\right) + (\alpha - 1)\ln f \tag{7.36}$$

となる．ここで，$\delta^{18}\text{O}_\text{rain,0}/1{,}000 \ll 1$ なので，$\ln(\delta^{18}\text{O}_\text{rain}/1{,}000 + 1) \approx \delta^{18}\text{O}_\text{rain}/1{,}000$ から，

$$\delta^{18}\text{O}_\text{rain} = \delta^{18}\text{O}_\text{rain,0} + 1{,}000(\alpha - 1)\ln f \tag{7.37}$$

となる．$\alpha = \Delta_\text{rain-vapor}/1{,}000 + 1$ とすると

$$\delta^{18}\text{O}_\text{rain} = \delta^{18}\text{O}_\text{rain,0} + \Delta_\text{rain-vapor} \ln f \tag{7.38}$$

と書け，$\delta^{18}\text{O}_\text{rain}$ は f（f は初期値が 1 で 0 まで減少する）とともに変化することがわかる．また，$R_\text{rain} = \alpha R_\text{vapor}$ から上記と同様の変形により

$$\delta^{18}\text{O}_\text{rain} = \delta^{18}\text{O}_\text{vapor} + 1{,}000 \ln \alpha \tag{7.39}$$

となり，$\alpha \approx 1$ のとき $\ln \alpha = \alpha - 1$ なので，

$$\delta^{18}\text{O}_\text{rain} = \delta^{18}\text{O}_\text{vapor} + 1{,}000(\alpha - 1) = \delta^{18}\text{O}_\text{vapor} + \Delta_\text{rain-vapor} \tag{7.40}$$

となるので，$\delta^{18}\text{O}_\text{rain}$ と $\delta^{18}\text{O}_\text{vapor}$ は f とともに変化するが，その差は $\Delta_\text{rain-vapor}$ で一定ということになる．これらの関係を f に対してプロットしたのが図 7.16 である．f が 0.6 ぐらいまでは直線的に変化するが，f が 0 に近づくにつれて，

7.8 おわりに

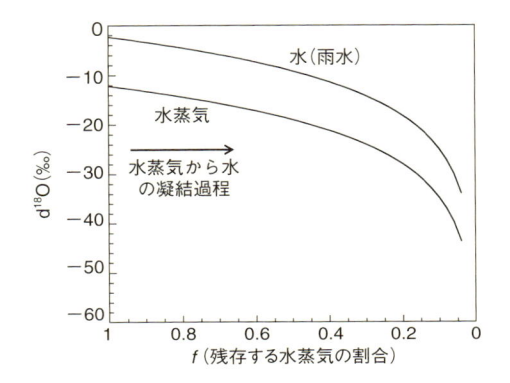

図 7.16 水蒸気から水（雨水）が分離していく過程での水の酸素同位体比 $\delta^{18}O$ の変化 [58]

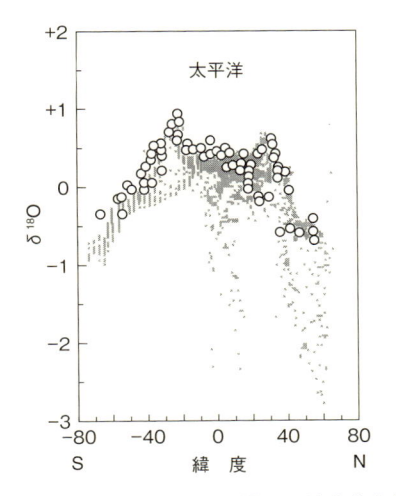

図 7.17 海水の酸素同位体比 $\delta^{18}O$ の緯度依存性 [59]
○：測定値，●：モデル計算による推定値．

同位体比は無限小になっていくことがわかる．

ひとつの例として，太平洋の海水の酸素同位体比の緯度による変化を図7.17に示した．大まかには，低緯度地域よりも高緯度地域で軽い同位体に富むことがわかる．低緯度での水蒸気の蒸発でできた雲が高緯度地域に運ばれ，水蒸気が雨や雪となって分離していくにつれて，大気中に残った水蒸気は軽い同位体

が多くなる．その水蒸気から降った高緯度地域の雨や雪は，低緯度地域のそれよりも軽い同位体に富むことになる．もっと詳細にみると，北緯および南緯20度付近の亜熱帯地域では，同位体比が極大をとり，赤道（熱帯域）ではやや低い値を示すことがわかる．これは，熱帯域では降水量が多く，亜熱帯域は乾燥し蒸発が卓越していることよる．実際，海水の塩濃度も，同様の効果のために熱帯域よりも亜熱帯域で高くなっている．

● 参考文献

[1] 松井孝典ほか,『地球惑星科学入門』,岩波講座地球惑星科学, p.47, 岩波書店（1996）.
[2] Fowler, C. M. R., "The Solid Earth", 2nd Ed., Cambridge University Press (2005).
[3] Jacob, D. J., "Introduction to Atmospheric Chemistry", Princeton University Press (1999) （近藤 豊 訳,『大気化学入門』, 東京大学出版会（2002）.
[4] Finlayson-Pitts, B. J. and Pitts, J. N. Jr., "Chemistry of the Upper and Lower Atmosphere", Academic Press (2000).
[5] Zachos, J., et al., Science, **292**, 686 (2001).
[6] Petit, J. R., et al., Nature, **399**, 429 (1999).
[7] Eur. Proj. Ice Coring Antarct. (EPICA) Community Memb., Nature, **429**, 623 (2004).
[8] Luthi, D., et al., Nature, **453**, 379 (2008).
[9] 蒲生俊敬,『環境の地球化学』, 培風館（2007）.
[10] 大河内直彦,『チェンジング・ブルー』, 岩波書店（2008）.
[11] Dansgaad, W., Tellus, **16**, 4 (1964).
[12] Jouzel, J. F., et al., J. Geophys. Res. **D12**, 4361 (2003).
[13] Caillon, N., et al., Science, **299**, 1728 (2003).
[14] Steffensen, J. P., et al., Science, **321**, 680 (2008).
[15] Veizer, J., Godderis, Y. and Franc'ois, L. M., Nature, **408**, 698 (2000).
[16] Brassell, S. C., et al., Nature, **320**, 129 (1986).
[17] Demicco, G. R., Lowenstein, T. K., and Hardie, L. A., Geology, **31**, 793 (2003).
[18] Retallack, G. J. Nature, **411**, 287 (2001).
[19] Cerling, T. E., et al., Nature, **389**, 153 (1997).
[20] Royer, D. L., Geochim. Cosmochim. Acta, **70**, 5665 (2006).
[21] Rye, R., Kuo, P. H., and Holland, H. D., Nature, **378**, 603 (1995).
[22] Sheldon, N. D. and Tabor, N. J., Earth-Sci. Rev., **95**, 1 (2009).
[23] Murakami, T., et al., Earth Planet. Sci. Lett., **224**, 117 (2004).

参考文献

[24] Sheldon, N. D., *Precambrian Res.*, **147**, 148（2006）.
[25] Pavlov, A. A., et al., *Geology*, **31**, 87（2003）.
[26] Yapp, C. J. and Poths, H., *Earth Planet. Sci. Lett.*, **137**, 71（1996）.
[27] Fletcher, B. J., et al., *Glob. Biogeochem. Cyc.*, **19**, GB3012（2005）.
[28] Urey, H. C., "The Planets: their Origin and Development", Yale University Press, New Haven, 245p.（1954）.
[29] Berner, R. A. *Am. J. Sci.*, **291**, 339（1991）.
[30] Berner, R. A. "The Phanerozoic Carbon Cycle", Oxford, New York（2004）.
[31] Berner, R. A. *Geochim. Cosmochim. Acta*, **70**, 5653（2006）.
[32] Tajika, E., *Earth Planet Sci. Lett.*, **160**, 695（1998）.
[33] Wallmann, K., *Geochim. Cosmochim. Acta*, **68**, 3005（2004）.
[34] Bergman, N. M., Lenton, T. M., and Watson, A. J., *Am. J. Sci.*, **304**, 397（2004）.
[35] Kashiwagi, H., Ogawa, Y., and Shikazono, N., *Paleogeogr. Palaeoclimatol. Palaeoecol.*, **270**, 139（2008）.
[36] Hoffman, P. F. and D. P., Schrag, *Terra Nova*, **14**, 129（2002）.
[37] Kennet, J. P. and Stott, L. D., *Nature*, **353**, 225（1991）.
[38] Raymo, M. E. and Ruddiman, W. F., *Nature*, **359**, 117（1992）.
[39] Hayes, J. M., Strauss, H., and Kaufman, A. J., *Chem. Geol.*, **161**, 103（1999）.
[40] Blum, J. D., et al., *Geology*, **26**, 411（1998）.
[41] West, A. J., et al., *Geology*, **30**, 355（2002）.
[42] Doney, S. C. and Schimel, D. S., *Annu. Rev. Environ. Resour.*, **32**, 31（2007）.
[43] Rafelski, L. E., Piper, S. C., and Keeling, R. F. *Tellus*, **61B**, 718（2009）.
[44] Jacob, D. J., et al., *J. Geophys. Re.s.*, **92**, 6614（1987）.
[45] Keeling, R. F., Piper, S. C., and Heimann, M., *Nature*, **381**, 218（1996）.
[46] Manning, A. C. and Keeling, R. F., *Tellus*, **58B**, 95（2006）.
[47] 遠嶋康徳，地球化学，**44**, 77（2010）.
[48] IPCC Climate Change 2007: Synthesis Report, the Intergovernmental Panel on Climate Change, Cambridge University Press（2007）.
[49] Alexander, L. V., et al., *J. Geophys. Res.*, **111**, D05109（2006）.
[50] 江守正多，『地球温暖化の予測は「正しい」か？』，化学同人（2008）.
[51] Rudich, Y., Sagi, A. and Rosenfeld, D., *J. Geophys. Res.*, **108**, D15, 4478（2003）.
[52] Takahashi, Y., et al., *Environ. Sci. Technol.*, **40**, 5052（2006）.
[53] Hallquist, M., et al., *Atmos. Chem. Phys.*, **9**, 5155（2009）.
[54] Kanakidou, M., et al., *Atmos. Chem. Phys.*, **5**, 1053（2005）.
[55] Maria, S. F., et al., *Science*, **306**, 1921（2004）.
[56] 河村公隆，地球化学，**40**, 65（2006）.

第 7 章 二酸化炭素濃度と気候変化

[57] Furukawa, T. and Takahashi, Y., *Atmos. Chem. Phys.*, **11**, 4289 (2011).

[58] Appelo, C. A. J. and Postma, D., "Geochemistry, groundwater and pollution", 2nd Ed., Balkema (2005).

[59] ヘフス, J. 著,和田秀樹 訳,『同位体地球化学の基礎』,丸善出版 (2012).

第8章 分子地球化学：元素の性質に基づく地球進化や物質循環の考察

これまでの章では，宇宙や地球の成り立ちと進化やそこで起きた現象を化学的な情報から明らかにする過程をみてきた．本章では，個々の元素の性質を理解することを興味の中心にし，そこから地球の分化や生命の進化，さらには環境問題を考える，という視点で地球を概観する．とくに原子・分子レベルのミクロな情報と，われわれが地球・環境で目にするマクロな情報がどのような関係にあるかを意識して，いくつかの問題を扱った．はじめに地球上での元素の基本的な性質と元素の分配の関係を述べ，地球の進化や環境問題などのより応用的な内容へと話題を移していく．

8.1 化学結合と元素の分配

地球化学の祖である V. M. Goldschmidt は，地球化学の目的は地球上の元素の分配を明らかにすることとし，**元素の地球化学的分類**（geochemical classification of elements）を行った [1]．コンドライトのような地球の材料物質を溶融し固化させた場合，**ケイ酸塩相**（silicate phase），**硫化物相**（sulfide phase），**金属相**（metallic phase）の3つの相が生じると考えられる．そこで，これらに分配される元素のことをそれぞれ**親石元素**（lithophile），**親銅元素**（chalchophile），**親鉄元素**（siderophile）とよび，気体になりやすい**親気元素**（atmophile）を加えて全元素をこの4つに分類した（図 8.1）[1]．4つの分類のうち親気元素は，単原子のままで安定な**希ガス**（noble gas）が主な構成員であり，化学結合はつく

らない．それ以外の親石元素，親銅元素，親鉄元素は，それぞれイオン結合，共有結合，金属結合により化合物をつくりやすいことで特徴づけられる．そこで，これらのグループの違いを化学結合の特徴に応じて理解してみよう．

8.1.1 電気陰性度

コアとマントルの元素分配の話に入る前に，その議論で有用な**電気陰性度**（electronegativity）について簡単に触れる．電気陰性度は，原子が電子を引き付ける能力を数値化したものであり，元素間の化学結合の性質を知るうえで有用な指標であるが，その定義は提唱者によって若干の違いがある．ここでは，そのうちのひとつのポーリング（Pauling）の電気陰性度について説明しよう．ある原子 A と B の結合エネルギー E_B の実測値を $E_B(AB)$ とすると，純粋な A-A や B-B の共有結合の結合エネルギーと，A-B の結合エネルギーとの差 $\Delta E_B(AB)$ が定義でき，以下のように定式化できる．

$$\Delta E_B(AB) = E_B(AB) - \sqrt{E_B(AA) \cdot E_B(BB)} \tag{8.1}$$

$E_B(AA)$ や $E_B(BB)$ は，A や B が共有結合をつくる際の結合エネルギーとみなせるので，$\Delta E_B(AB)$ は A-B 結合のイオン結合性を定量化したものとみなせる．Pauling は，A，B 原子の電気陰性度の差がイオン結合性の平方根に比例するものとして，電気陰性度 χ を

$$|\chi_A - \chi_B| = 0.208\sqrt{\Delta E_B(AB)} \tag{8.2}$$

と定義した．このうち 0.208 は，結合エネルギーを kcal/mol で表した場合に，水素の電気陰性度が 2.1 になるように決定した定数である．こうして得られた電気陰性度（E_n）を図 8.1 に示してある．全体的に電気陰性度は，周期表の左下で最も小さく，右上（希ガスを除く）になるに従って大きくなる傾向がある．

この電気陰性度を用いると，化学結合の性質をおおまかに理解できる．化学結合には，大きく分けてイオン結合，共有結合，金属結合がある．このうちイオン結合は，陽イオンと陰イオンの間の静電的な引力に起因する結合である．陽イオンと陰イオンは，それぞれ電子をほかに与えたりほかから得たりすることで，希ガス配置で安定な閉殻の電子状態をつくっている．こうして安定化した陽イオンと陰イオンの引っ張り合いでイオン結合は成り立ち，イオン間の電子

のやりとりはほとんどない．この場合，陰イオンを形成する元素は電気陰性度が大きく，陽イオンを形成する元素は電気陰性度が小さいことは，容易に想像がつこう．したがって，イオン結合は，電気陰性度が大きく異なる元素間でできやすい結合といえる．

一方共有結合では，2つの原子がそれぞれに属する電子を互いに共有することで安定化する．この場合，電子がいずれかの原子に局在することはなく，電気陰性度が近い元素で共有結合はできやすい．

また金属結合は，金属内を自由に動き回る自由電子で特徴づけられる結合であり，このような電子の海の中で陽イオンが結晶格子位置に配列している．このような非局在化した電子は，電気陰性度が近い元素が集まった場合に生じると考えられる．また，電気陰性度が大きな元素では，電子が自由に動き回れず，金属結合はつくりにくいと予想される．

それでは次に，このようにして分類された化学結合の性質や電気陰性度（図8.1）を念頭において，コア-マントル間の元素の分配や親石元素，親銅元素，親鉄元素の違いを整理しよう．

8.1.2 化学結合と元素の分配

地球のコア（核；core）は，原始地球の大きさが十分に大きく重力が大きいため，重い金属相が中心に沈降して形成したと考えられている．コアの沈降により放出された重力エネルギーは，地球内部の熱源となり温度がさらに上昇し流動性が高まることでコアの形成がさらに加速された．4.4節でも述べたとおり，コア形成のタイミングは消滅核種 ^{182}Hf の壊変に基づくタングステン同位体比の変動から精力的に研究されており，地球誕生後1億年より前のごく初期であったと考えられている [2]．コアのような地球内部の還元的で高温な環境では，地球を構成する主成分元素であること，溶融した際に密度が大きいことなどから，鉄を主成分とする Fe-Ni 合金がコアの主成分である可能性が高いが，地震波速度から推定されている核の密度は，金属鉄に比べると低く，コアには軽元素（H, C, O, Si, S）がある程度含まれると考えられている [3]．

このコア中の元素濃度を金属相への分配という観点から考えてみると，この分配の程度は，鉄との合金のできやすさに依存することがわかる．合金のできやすさは，金属結合半径が同程度で，電気陰性度が近い元素ほど大きい．実際，

第 8 章　分子地球化学：元素の性質に基づく地球進化や物質循環の考察

1	2	3	4	5	6	7	8	9
H(水素) (+1), E_n:2.1 +1: I −0.38, II −0.18								
Li(リチウム) (+1), E_n:1.0 +1: IV 0.590, VI 0.76, VIII 0.92	Be(ベリリウム) (+2), E_n:1.5 +2: III 0.16, IV 0.27, VI 0.45			親石元素	親銅元素	親鉄元素	親気元素	（ウラン,トリウム除き）安定核種がない元素
Na(ナトリウム) (+1), E_n:0.9 +1: IV 0.99, V 1.00, VI 1.02, VII 1.12, VIII 1.18, IX 1.24, XII 1.39	Mg(マグネシウム) (+2), E_n:1.2 +2: IV 0.57, V 0.66, VI 0.720, VIII 0.89							
K(カリウム) (+1), E_n:0.8 +1: IV 1.37, VI 1.38, VII 1.46, VIII 1.51, IX 1.55, X 1.59, XII 1.64	Ca(カルシウム) (+2), E_n:1.0 +2: VI 1.00, VII 1.06, VIII 1.12, IX 1.18, X 1.23, XII 1.34	Sc(スカンジウム) (+3), E_n:1.3 +3: VI 0.745, VIII 0.870	Ti(チタン) (+4), E_n:1.5 +2: VI 0.86 +3: VI 0.670 +4: IV 0.42, V 0.51, VI 0.605, VIII 0.74	V(バナジウム) (+5,+4,+3), E_n:1.6 +2: VI 0.79 +3: VI 0.640 +4: V 0.53, VI 0.58, VIII 0.72 +5: IV 0.355, V 0.46, VI 0.54	Cr(クロム) (+3,+6), E_n:1.6 +2: VI L 0.73 H 0.80 +3: VI 0.615 +4: VI 0.41, VI 0.55 +5: IV 0.345, VI 0.49, VIII 0.57 +6: IV 0.26, VI 0.44	Mn(マンガン) (+4,+3,+2), E_n:1.5 +2: VI H 0.66, VI H 0.75, VI L 0.67 H 0.830, VII H 0.96 +3: VI L 0.58 H 0.645 +4: IV 0.39, VI 0.530, +5: IV 0.33 +6: IV 0.255 +7: IV 0.25, VI 0.46	Fe(鉄) (+3,+2), E_n:1.8 +2: IV H 0.63, H 0.64, VI L 0.61 H 0.780, VIII H 0.92 +3: IV 0.39, V 0.58 VI L 0.55 H 0.645, VIII H 0.78 +5: IV 0.25 +6: IV 0.25	Co(コバルト) (+3,+2), E_n:1.8 +2: VI L 0.65 H 0.745 VII 0.90 +3: VI L 0.545 H 0.61 +4: IV 0.40, VI H 0.53
Rb(ルビジウム) (+1), E_n:0.8 +1: VI 1.52, VII 1.56, VIII 1.61, IX 1.63, X 1.66, XI 1.69, XII 1.72, XIV 1.83	Sr(ストロンチウム) (+2), E_n:1.0 +2: VI 1.18, VII 1.21, VIII 1.26, IX 1.31, X 1.36, XII 1.44	Y(イットリウム) (+3), E_n:1.2 +3: VI 0.900, VII 0.96, VIII 1.019, IX 1.075	Zr(ジルコニウム) (+4), E_n:1.4 +4: IV 0.59, VI 0.72, VII 0.78, VIII 0.84, IX 0.89	Nb(ニオブ) (+5,+4), E_n:1.6 +3: VI 0.72 +4: VI 0.68, VIII 0.79 +5: IV 0.48, VI 0.64, VIII 0.74	Mo(モリブデン) (+6,+4), E_n:1.8 +3: VI 0.69 +4: VI 0.650 +5: IV 0.46, VI 0.61 +6: IV 0.41, VI 0.59, VII 0.73	Tc(テクネチウム) (+7,+4), E_n:1.9 +4: VI 0.645 +5: VI 0.60 +7: IV 0.37, VI 0.56	Ru(ルテニウム) (+4,+3,0), E_n:2.2 +3: VI 0.68 +4: VI 0.620 +5: VI 0.565 +7: VI 0.38 +8: IV 0.36	Rh(ロジウム) (+3,+1,0), E_n:2.2 +3: VI 0.665 +4: VI 0.60 +5: VI 0.55
Cs(セシウム) (+1), E_n:0.7 +1: VI 1.67, VIII 1.74, IX 1.78, X 1.81, XI 1.85, XII 1.88	Ba(バリウム) (+2), E_n:0.9 +2: VI 1.35, VII 1.38, VIII 1.42, IX 1.47, X 1.52, XI 1.57, XII 1.61	*ランタノイド元素	Hf(ハフニウム) (+4), E_n:1.3 +4: IV 0.50, VI 0.71, VII 0.76, VIII 0.83	Ta(タンタル) (+5), E_n:1.5 +3: VI 0.72 +4: VI 0.68 +5: VI 0.64, VII 0.69, VIII 0.74	W(タングステン) (+6,+4), E_n:1.7 +4: VI 0.66 +5: VI 0.62 +6: IV 0.42, VI 0.51, VI 0.60	Re(レニウム) (+7,+4,0), E_n:1.9 +4: VI 0.63 +5: VI 0.58 +6: VI 0.55 +7: IV 0.38, VI 0.53	Os(オスミウム) (+8,+4,+3,0), E_n:2.2 +4: VI 0.630 +5: VI 0.575 +6: VI 0.545 +8: VI 0.49, VII 0.545 +7: VI 0.525 +8: IV 0.39	Ir(イリジウム) (+4,+3,0), E_n:2.2 +3: VI 0.68 +4: VI 0.625 +5: VI 0.57
Fr(フランシウム) (+1), E_n:0.7 +1: VI 1.80	Ra(ラジウム) (+2), E_n:0.9 +2: VIII 1.48, XII 1.70	**アクチノイド元素	Rf(ラザホージウム)	Db(ドブニウム)	Sg(シーボーギウム)	Bh(ボーリウム)	Hs(ハッシウム)	Mt(マイトネリウム)

| *ランタノイド元素 | La(ランタン) (+3), E_n:1.1 +3: VI 1.032, VIII 1.10, VIII 1.160, IX 1.216, X 1.27, XII 1.36 | Ce(セリウム) (+4), E_n:1.1 +3: VI 1.01, VII 1.07, VIII 1.143, IX 1.196, X 1.25, XII 1.34 +4: VI 0.87, VIII 0.97, X 1.07, XII 1.14 | Pr(プラセオジム) (+3), E_n:1.1 +3: VI 0.99, VIII 1.126, IX 1.179 +4: VI 0.85, VIII 0.96 | Nd(ネオジム) (+3), E_n:1.1 +2: VIII 1.29, IX 1.35 +3: VI 0.983, VIII 1.109, IX 1.163, XII 1.27 | Pm(プロメチウム) (+3), E_n:1.1 +3: VI 0.97, VIII 1.093, IX 1.144 | Sm(サマリウム) (+3), E_n:1.1 +2: VII 1.22, VIII 1.27, IX 1.32 +3: VI 0.958, VI 1.02, VIII 1.079, IX 1.132, XII 1.24 | Eu(ユウロピウム) (+3), E_n:1.1 +2: VI 1.17, VII 1.20, VIII 1.25, IX 1.30, X 1.35 +3: VI 0.947, VIII 1.01, VIII 1.066, IX 1.120 |

| **アクチノイド元素 | Ac(アクチニウム) (+3), E_n:1.1 +3: VI 1.12 | Th(トリウム) (+4), E_n:1.3 +4: VI 0.94, VIII 1.05, IX 1.09, X 1.13, XII 1.21 | Pa(プロトアクチニウム) (+4,+5), E_n:1.5 +3: VI 1.04 +4: VI 0.90, VIII 1.01 +5: VI 0.78, VIII 0.91, IX 0.95 | U(ウラン) (+6), E_n:1.7 +3: VI 1.025 +4: VI 0.89, VII 0.95, VIII 1.00, IX 1.05, XII 1.17 +5: VI 0.76, VII 0.84 +6: II 0.45, IV 0.52, VI 0.73, VII 0.81, VIII 0.86 | Np(ネプツニウム) (+5), E_n:1.3 +3: VI 1.01 +4: VI 0.87, VIII 0.98 +5: VI 0.75 +6: VI 0.72 +7: VI 0.71 | Pu(プルトニウム) (+6,+4,+3), E_n:1.3 +3: VI 1.00 +4: VI 0.86, VIII 0.96 +5: VI 0.74 +6: VI 0.71 | Am(アメリシウム) (+3), E_n:1.3 +2: VII 1.21, VIII 1.26, IX 1.31 +3: VI 0.975, VIII 1.09 +4: VI 0.85, VIII 0.95 |

図 8.1 元素の地球化学的分類と各元素の電気陰性度（E_n）および各価数

元素記号の下線は，その元素が生体必須元素 [51], であることを表す．元素記号の直後の括弧兼ねる元素もある．親気元素：C，O； 親銅元素：Fe，Ge，Mo，Sn，W；親鉄元素：As，

8.1 化学結合と元素の分配

10	11	12	13	14	15	16	17	18
								He(ヘリウム)
			B(ホウ素) (+3), E_n: 2.0 +3: III 0.01, IV 0.11, VI 0.27	C(炭素) (+4,0,−4), E_n: 2.5 +4: III −0.08, IV 0.15, VI 0.16	N(窒素) (+5,0,−3), E_n: 3.0 −3: IV 1.46 +3: VI 0.16, +5: III −0.104, VI 0.13	O(酸素) (0,−2), E_n: 3.5 −2: II 1.35, III 1.36, IV 1.38, VI 1.40, VIII 1.42	F(フッ素) (−1), E_n: 4.0 −1: II 1.285, III 1.30, IV 1.31, VI 1.33	Ne(ネオン)
			Al(アルミニウム) (+3), E_n: 1.5 +3: IV 0.39, V 0.48, VI 0.535	Si(ケイ素) (+4), E_n: 1.8 +4: IV 0.26, VI 0.400	P(リン) (+5), E_n: 2.1 +3: IV 0.44 +5: IV 0.17, V 0.29, VI 0.38	S(硫黄) (+6,0,−2), E_n: 2.5 −2: VI 1.84 +4: VI 0.37 +6: IV 0.12, VI 0.29	Cl(塩素) (−1), E_n: 3.0 −1: IV 1.81 +5: III 0.12 +7: IV 0.08, VI 0.27	Ar(アルゴン)
(ニッケル) ... +2: IV 0.55 sq 0.49, II 0.59 ... 0.63, VI 0.690 ... VI L 0.56 H ... VI L 0.48	Cu(銅) (+2,+1,0), E_n: 1.9 +1: II 0.46, IV 1.00 VI 0.77 +2: IV 0.57 sq 0.57, V 0.65, VI 0.73	Zn(亜鉛) (+2), E_n: 1.6 +2: IV 0.60, V 0.68, VI 0.740, VIII 0.90	Ga(ガリウム) (+3), E_n: 1.6 +3: IV 0.47, V 0.55, VI 0.620	Ge(ゲルマニウム) (+4,+2,0), E_n: 1.8 +2: VI 0.73 +4: IV 0.390, VI 0.530	As(ヒ素) (+5,+3,0), E_n: 2.0 +3: VI 0.58 +5: IV 0.335, VI 0.46	Se(セレン) (+6,+4,0,−2), E_n: 2.4 −2: VI 1.98, +4: VI 0.50 +6: IV 0.28, VI 0.42	Br(臭素) (−1), E_n: 2.8 −1: VI 1.96 +3: IV 0.59 +5: III 0.31 +7: IV 0.25, VI 0.39	Kr(クリプトン)
(パラジウム) ... +4,+2,0), E_n: 2.2 ... II 0.59 ... IV 0.64, VI 0.76 ... VI 0.615	Ag(銀) (+1,0), E_n: 1.9 +1: II 0.67, IV 1.00 sq 1.02, VI 1.09, VII 1.22, VIII 1.28 +2: IV 0.79, VI 0.94 +3: IV 0.67, VI 0.75	Cd(カドミウム) (+2), E_n: 1.7 +2: IV 0.78, V 0.87, VI 0.95, VII 1.03, VIII 1.10, XII 1.31	In(インジウム) (+3), E_n: 1.7 +3: IV 0.62, VI 0.800, VIII 0.92	Sn(スズ) (+4,+2,0), E_n: 1.9 +4: IV 0.55, V 0.62, VI 0.690, VII 0.75, VIII 0.81	Sb(アンチモン) (+5,+3), E_n: 1.9 +3: IV 0.76, V 0.80, VI 0.76 +5: VI 0.60	Te(テルル) (+6,+4,0,−2), E_n: 2.1 −2: VI 2.21 +4: III 0.52, IV 0.66, VI 0.97 +6: IV 0.43, VI 0.56	I(ヨウ素) (+5,0,−1), E_n: 2.5 −1: VI 2.20, +5: III 0.44, VI 0.95 +7: IV 0.40, VI 0.53	Xe(キセノン) (+8,0), 0.48
(白金) ... +4,+2,0), E_n: 2.2 ... IV 0.60, VI 0.80 ... VI 0.625 ... VI 0.57	Au(金) (+2,0), E_n: 2.4 +1: VI 1.37 +3: IV 0.68, VI 0.85	Hg(水銀) (+2,+1), E_n: 1.9 +1: II 0.97, VI 1.19 +2: II 0.69, IV 0.96, VI 1.02, VIII 1.14	Tl(タリウム) (+4,+3,+1), E_n: 1.8 +1: VI 1.50, VIII 1.59, XII 1.70 +3: IV 0.75, VI 0.885, VIII 0.98	Pb(鉛) (+4,+2), E_n: 1.8 +2: VI 1.23, VII 1.29, IX 1.35, X 1.40, XI 1.45, XII 1.49 +4: VI 0.65, VIII 0.73, VI 0.775, VIII 0.94	Bi(ビスマス) (+5,+3,0), E_n: 1.9 +3: V 0.96, VI 1.03, VIII 1.17 +5: VI 0.76	Po(ポロニウム) (+4,+2,0), E_n: 2.0 +2: VI 0.94 +4: VI 1.08, +6: VI 0.67	At(アスタチン) (+7,−1), E_n: 2.2 +7: VI 0.62	Rn(ラドン)
(ウンウンニウム)	Uuu(ウンウンニウム)	Uub(ウンウンビウム)						

| | Tb(テルビウム) (+3), E_n: 1.1 +3: VI 0.923, VII 0.98, VIII 1.040, X 1.095 +4: VI 0.76, VIII 0.88 | Dy(ジスプロシウム) (+3), E_n: 1.1 +3: VI 1.07, VII 1.13, VIII 1.19 | Ho(ホルミウム) (+3), E_n: 1.1 +3: VI 0.901, VIII 1.015, IX 1.072, X 1.12 | Er(エルビウム) (+3), E_n: 1.1 +3: VI 0.890, VII 0.945, VIII 1.004, IX 1.062 | Tm(ツリウム) (+3), E_n: 1.1 +2: VI 1.03, VII 1.09 +3: VI 0.880, VIII 0.994, IX 1.052 | Yb(イッテルビウム) (+3), E_n: 1.1 +2: VI 1.02, VII 1.08, VIII 1.14 +3: VI 0.868, VIII 0.925, IX 0.985, IX 1.042 | Lu(ルテチウム) (+3), E_n: 1.2 +3: VI 0.861, VIII 0.977, IX 1.032 | |
| (キュリウム) ... VI 0.97 ... VI 0.85, VIII 0.95 | Bk(バークリウム) (+3), E_n: 1.3 +3: VI 0.96 +4: VI 0.83, VIII 0.93 | Cf(カリホルニウム) (+3), E_n: 1.3 +3: VI 0.95 +4: VI 0.821, VIII 0.92 | Es(アインスタイニウム) (+3), E_n: 1.3 | Fm(フェルミウム) (+3), E_n: 1.3 | Md(メンデレビウム) (+3), E_n: 1.3 | No(ノーベリウム) (+3), E_n: 1.3 +2: VI 1.10 | Lr(ローレンシウム) | |

（アラビア数字）・配位数（ローマ数字）でのイオン半径（Å）[10]

内は，天然で多くみられる価数．元素の地球化学的分類では，このほかにも以下のグループを Pb．なお，L, H はそれぞれ低スピンおよび高スピンの電子状態を，sq は平面配位を表す．

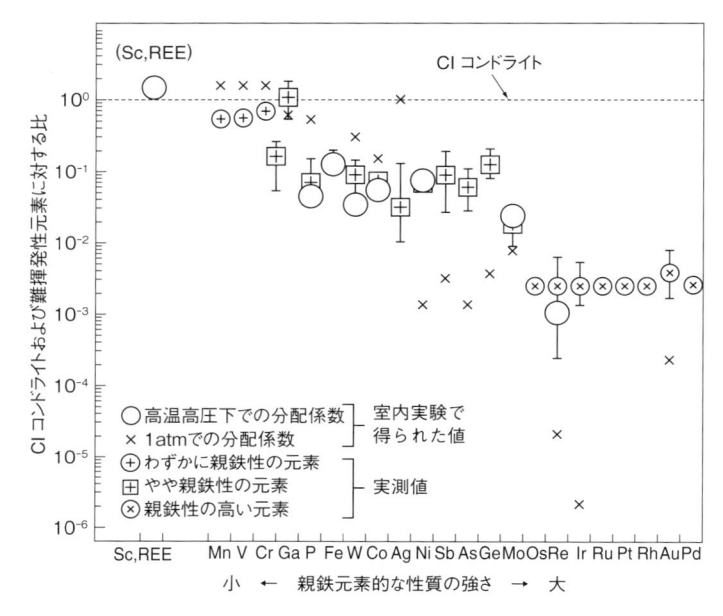

第 8 章　分子地球化学：元素の性質に基づく地球進化や物質循環の考察

図 8.2　地球の始原的な上部マントル中の元素濃度 [4]

親鉄元素であるニッケルやコバルトなどの元素はこれらの条件をよく満たし，その結果コア中に多量に含まれると考えられる．図 8.2 は始原的な上部マントル中の元素濃度を C1 コンドライトに対する比としてプロットしたものであり，核に濃集する元素はマントル中で大きく欠乏していることがわかる．同時に実験的に得られた金属相とケイ酸塩相間の分配係数（この分配係数は圧力に大きく依存する）からの計算値も示してあり，実測値をよく説明している．これらからも，Ni や Co が核に取り込まれやすいことが理解される．そのほか，金属鉄と金属結合をつくりやすく，やはり金属相への濃縮が予想される**白金族元素**（platinum group element, PGE）などは，マントル中でさらに大きく欠乏しており，これらはコアに濃縮しているためと考えられる（図 8.2）[4]．これらの元素は親鉄元素とよばれ，主に周期表の中央に位置している．

コアに取り込まれなかった元素は，結果的にマントルや地殻に存在することになる．電気陰性度は，マントル・地殻を構成するケイ酸塩に分配されやすい親石元素と，硫化物鉱床などに分配されやすい親銅元素との性質の違いを理解

するうえでも有用である．ケイ酸塩と硫化物は陽イオンがそれぞれ酸素あるいは硫黄と結合をつくっている化合物であり，その違いは電気陰性度の差の大小で評価できる．酸素は電気陰性度が 3.5 と大きく，陰イオンになりやすい．そのため，電気陰性度が小さく陽イオンになりやすい元素と静電的に強く引っ張りあってイオン結合を形成する．このような元素は，周期表の左側に位置する 1～4 族の元素に代表され，ケイ酸塩に分配されやすい（図 8.1）．

一方，硫黄は電気陰性度が 2.5 と酸素と比べて小さく，これと電気陰性度が近い元素は硫黄と安定な共有結合をつくりやすい．これらの元素は周期表の中央右側の 11～16 族付近に多くみられ，いずれも硫化物鉱床に濃集する元素である．また，たとえば第一遷移元素のスカンジウムから亜鉛に至る過程でみられるように，同じ遷移金属でもとくに後半の元素で硫化物をつくりやすい．同じ価数であれば，同周期の右側にいくほど電気陰性度は大きくなる．これはひとつには，増加した陽子による核の正電荷に対して，やはり増加した電子がもつ陰電荷による正電荷の打消し（遮蔽）の効果が小さいため，形式的な価数は同じでも有効な核電荷が大きくなる結果，電気陰性度も増加し，硫黄と同程度になるためである．また，d 電子数が増加すると，硫黄の 2p 電子との相互作用が大きくなることも，硫化物の安定性を増加させる．これらの効果で，第一遷移金属の後半は硫黄から電子を受け入れることによる安定化が大きくなり，硫化物ができやすくなる．

8.1.3 HSAB 理論

イオン結合性と共有結合性の違いは，酸‒塩基のかたさ（ハード性）と軟らかさ（ソフト性）からも理解できる．Pearson は，モノメチル水銀(II) との反応性の違いから，金属イオンの配位子となるルイス（Lewis）塩基を，ハードな塩基とソフトな塩基に分けた（**HSAB 理論**（HSAB theory），表 8.1）[5]．さらにこれらの配位子との反応性の違いを基に，ハードな配位子を好むものをハードな金属イオンと定め，金属イオン（ルイス酸）をハード，ソフト，中間の 3 つに分類した．ハード性の大きさは，イオンがもつ静電ポテンシャルである**イオンポテンシャル**（$= z/r$; ion potential）によって評価でき，イオンポテンシャルが大きなイオンほどハード性が高いと考えられる．また，価電子としての非共有電子対をもたず，分極しづらいイオンもよりハード性が大きい．このよう

第 8 章　分子地球化学：元素の性質に基づく地球進化や物質循環の考察

表 8.1　HSAB 理論による元素の分類 [5]

ハードな金属イオン	Mn^{2+}, Ga^{3+}, In^{3+}, Co^{2+}, Fe^{3+}, Sn^{4+}, REE^{3+}（希土類イオン）
ソフトな金属イオン	Cu^+, Ag^+, Au^+, Tl^+, Hg^+, Cd^{2+}, Hg^{2+}, Te^{4+}, Tl^{3+}
中間的な金属イオン	Fe^{2+}, Co^{2+}, Ni^{2+}, Cu^{2+}, Zn^{2+}, Pb^{2+}, Sn^{2+}, Sb^{3+}, Bi^{3+}
ハードな配位子	OH^-, Cl^-, CO_3^{2-}, カルボキシル基
ソフトな配位子	H_2S, HS^-, S^{2-}

金属イオンと配位子の相対的なハード性*
$F^- > Cl^- > Br^- > I^-$　　　$Zn^{2+} > Pb^{2+}$
$Cu^+ > Ag^+ > Au^+$　　　$H^+ > Li^+ > Na^+ > K^+ > Rb^+ > Cs^+$
$Zn^{2+} > Cd^{2+} > Hg^{2+}$

* 右へいくにつれてハード性は減少する．

な金属イオンは，イオン結合性が強く，硫黄よりも酸素を好む．

ソフトな金属イオンはこれらと逆の傾向を示し，硫化物をつくりやすい．また Pearson は，金属イオンについて中間的な性質をもつ分類を設けている [5]．同じ硫化物鉱床でも，ソフトなイオンと中間的なイオンは，それぞれ金銀鉱床（Ag，Au，Hg，Tl に富む）と卑金属鉱床（Fe(II)，Cu，Zn，Pb に富む）に多い．これは，前者では鉱床形成に熱水中の硫化物イオン（ソフトな配位子）との錯体が重要であるのに比べて，後者ではよりハード性が強い塩化物イオンが熱水中の錯生成に影響していると示唆されることから，その違いが理解される [6]．塩化物イオンは硫化物イオンに比べてハードであり，ややハード性の強い Fe(II)，Cu，Pb，Zn はこの影響を受ける．

本節で示したとおり，化学結合の性質と地球上での元素の分布は密接に関係している．電気陰性度，HSAB 理論などは，純粋に化学結合や化学種の安定性から導かれたものであるが，地球上での元素の挙動を理解するうえでも重要な指標になる．

8.2　地殻への元素の分配と希土類元素パターン

すでに述べているように，本章では元素の性質に基づいて元素の分配を理解することを目指している．実際の元素の分配は，プレートテクトニクスに代表される動的なプロセスの積み重ねでなされるものであるが，ここでは静的なイ

メージの，あるいは動的なプロセスの中の素過程のひとつとしての分配を考える．この枠組みの中で，元素の性質と分配の関係をさらに考えていこう．

8.2.1 地殻への元素の分配

マントルと地殻を構成する岩石は主にケイ酸塩である．ケイ酸塩は，Si^{4+} の周囲に O^{2-} が正四面体状に配位する構造をもち，陽イオンに対して酸素配位で結合するのでハードなイオンを好む．一方，マントルと地殻では，明確に化学組成が異なる．では地殻とマントルの化学組成の違いはどのような化学的要因によって規定されているのだろうか．

地殻に含まれる元素は，マントルが溶融し，固相（固体）と液相（マグマ）に分かれる際に液相に分配しやすい元素に相当する．この地殻−マントル間の元素の分配においても，主成分元素を考えることが重要である．地球全体において核が分離した後の残りの相の主成分は酸素，ケイ素，マグネシウム（および鉄）であり，これらはマグネシウムケイ酸塩（オリビン）をつくる．そのため，このマグネシウムを主成分とするケイ酸塩への元素の分配のされにくさが，地殻への元素の分配を支配する．

ケイ酸塩への微量元素の分配のされやすさは，小沼らによって系統的に調べられた [6,7]．小沼らは，微量元素の結晶−石基間の分配係数（結晶/石基）をイオン半径に対してプロットした図を多くの造岩鉱物に対して実験的に求めた．これらの図は**小沼ダイヤグラム**（Onuma diagram）あるいは **PC-IR 図**（partition coefficient-ionic radius diagram）とよばれる．ひとつの例として，オリビンに対する小沼ダイヤグラムを示す（図 8.3）．この図にみられるように，小沼ダイヤグラムは，特定のイオン半径にピークをもつ形状を示す [7,8]．とくに図 8.3 は，Mg^{2+} の席には特定のサイズの陽イオンが分配されやすく，それよりサイズが大きいあるいは小さい陽イオンは Mg^{2+} の席には分配されにくいことを示す．この図はイオン半径が鉱物への元素の分配を大きく支配していることを示している．また価数についても電気的に中性となるイオンのほうが安定であると期待されるが，ここでは詳細な議論はしない．

同様のことは，地殻とマントル間の分配係数をさまざまな元素の価数とイオン半径に対してプロットした図 8.4 にも見てとれる．2 価の陽イオンは，Mg^{2+} の大きさからずれるに従って地殻に分配される傾向が明瞭である．4 価の陽イ

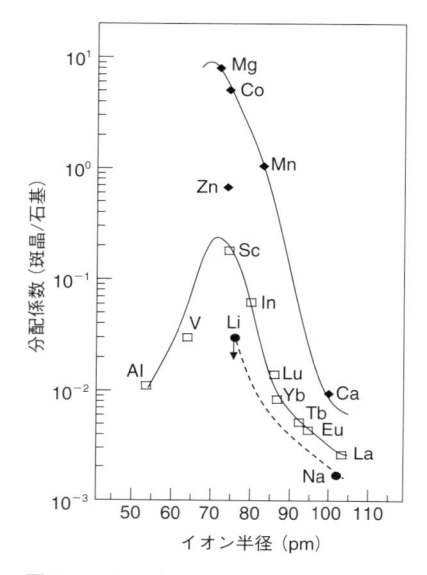

第 8 章　分子地球化学：元素の性質に基づく地球進化や物質循環の考察

図 8.3　オリビン−石基間の分配係数 [8]

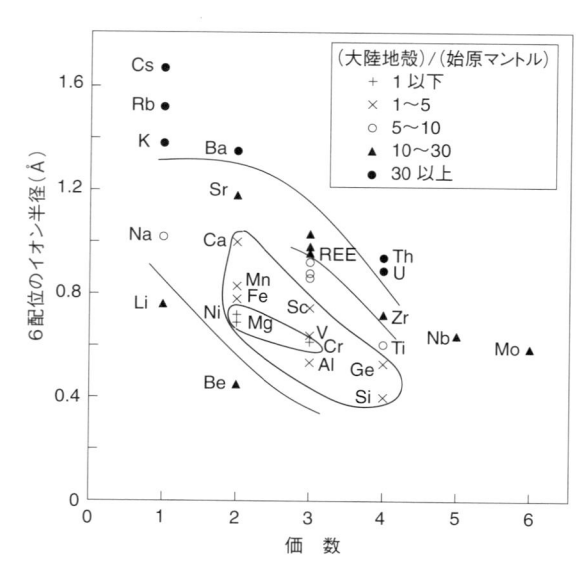

図 8.4　各元素の大陸地殻と始原マントルの濃度の比 [9, 10]

8.2 地殻への元素の分配と希土類元素パターン

オンでは，Si^{4+} からずれるとともに地殻に分配されやすくなり，Mg-Si を結ぶ領域からはずれた元素はいずれも地殻に濃集する．このように，ともにハードなイオンを好むケイ酸塩からなるマントル–地殻間の元素の分配は，イオン半径に大きく支配される．

マントル（オリビン）中の陽イオンのサイズに適合せず地殻に分配されやすい元素は，**不適合元素**（incompatible element）とよばれ，このうちとくにイオン半径が大きい元素は，**large-ion lithophile element**（**LIL 元素**）とよばれる．逆にイオン半径が小さく価数が大きな元素は，静電場が大きいため **high field-strength element**（**HFSE 元素**）とよばれる．これらの元素は，ケイ酸塩の陽イオンの席を置換できず，微量元素でありながら独立の鉱物をつくる．たとえば，Be^{2+} に対する緑柱石（beryl；$Be_3Al_2Si_6O_{18}$），Zr^{4+} に対するジルコン（$ZrSiO_4$），U^{4+} に対するウラニナイト（UO_2）などが代表例である．

8.2.2 希土類元素パターン

前項で述べた微量元素の不適合性は，**希土類元素パターン**（rare earth element pattern）[9] に明瞭に現れる．**希土類元素**（rare earth element, REE）は，原子番号 57 番のランタン（La）から 71 番のルテチウム（Lu）までのランタノイド 15 元素とイットリウム（Y）を含む元素群の総称（スカンジウムを含める場合もある）である．このうち La, Ce, Pr, Eu, Lu の電子配置は以下のようになっている．

La：$1s^2 2s^2 2p^6 3s^2 3p^6 3d^{10} 4s^2 4p^6 4d^{10}$ $4f^0$ $5s^2 5p^6$ $5d^1 6s^2$
Ce：$1s^2 2s^2 2p^6 3s^2 3p^6 3d^{10} 4s^2 4p^6 4d^{10}$ $4f^1$ $5s^2 5p^6$ $5d^1 6s^2$
Pr：$1s^2 2s^2 2p^6 3s^2 3p^6 3d^{10} 4s^2 4p^6 4d^{10}$ $4f^2$ $5s^2 5p^6$ $5d^1 6s^2$
Eu：$1s^2 2s^2 2p^6 3s^2 3p^6 3d^{10} 4s^2 4p^6 4d^{10}$ $4f^6$ $5s^2 5p^6$ $5d^1 6s^2$
Lu：$1s^2 2s^2 2p^6 3s^2 3p^6 3d^{10} 4s^2 4p^6 4d^{10}$ $4f^{14}$ $5s^2 5p^6$ $5d^1 6s^2$

（灰色背景は閉殻になっている軌道を示す）

これらの電子のうち 4f 電子より大きなエネルギーをもつ 5s, 5p, 5d, 6s 電子の空間的な広がりは図 8.5 のようになっている [11]．このうち，上に示した電子配置で灰色背景の部分は [Xe] の閉殻配置（$1s^2 2s^2 2p^6 3s^2 3p^6 3d^{10} 4s^2 4p^6 4d^{10} 5s^2 5p^6$）であり，これらの電子は隣接原子との結合に関与しない．残った電子配置を比べ

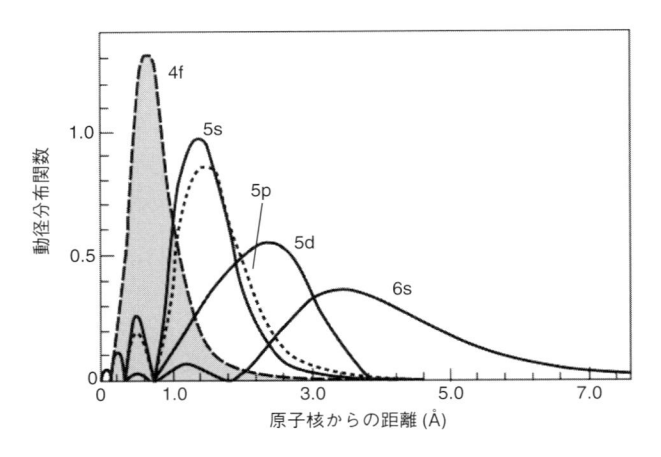

第 8 章 分子地球化学：元素の性質に基づく地球進化や物質循環の考察

図 8.5 4f, 5s, 5p, 6s の電子軌道の空間的な広がり [11]

ると，原子番号の増加とともに 4f 電子の数が増加していくことがわかる．ランタノイド原子の閉殻でない電子軌道のうち，空間的に外側に広がっている $5d^1 6s^2$ の 3 つの電子は奪われやすいが，4f 電子は内側に分布するため奪われにくい．そのため一般にランタノイド（Ln）は +3 価をとりやすい．また，8.1.2 項で述べた第一遷移金属元素と同様に，4f 電子による原子核の正電荷の遮蔽効果は不十分なので，原子番号の増加と有効核電荷は増加し，電子はより核に引き付けられる．そのため，原子番号の増加とともに Ln^{3+} のイオン半径は系統的に小さくなる（**ランタノイド収縮**（lanthanide contraction））．

このような電子配置による特徴から，REE はいずれも 3 価が安定であり相互に類似した性質を示す一方で，原子番号の増加とともに徐々にイオンポテンシャルが増していくため，系統的に微妙な違いが生じる．REE の挙動の類似性は，地球のさまざまな試料中の REE の相対濃度が類似していることからも理解される．図 8.6a に示された REE の絶対濃度は，宇宙での元素合成時に安定な原子核（= 陽子数が偶数の核種のほうが奇数よりも安定）をもつ元素がより多く生成したことを反映して，原子番号が偶数の元素が隣り合う奇数の元素よりも多い（**オッド–ハーキンス則**；Oddo–Harkins rule）．この傾向は，図 8.6a に示したように，さまざまな試料でもほぼ同様にみられ，REE の相互類似性を反映している．

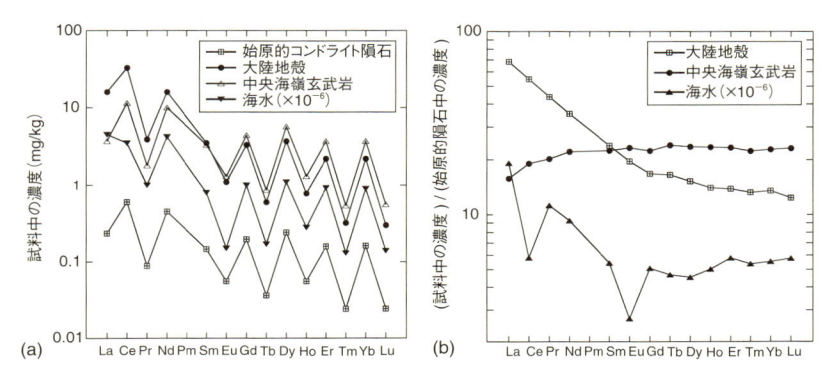

8.2 地殻への元素の分配と希土類元素パターン

図 8.6 典型的な地球化学試料の REE パターン [12, 72]
(a) 試料中の絶対濃度，(b) 始原的隕石の濃度で規格化した値．

一方で，絶対濃度をプロットした図 8.6a は，ジグザグのパターンが強調され原子番号に対する全体的な変化が見えにくい．そこで，適当な参照試料の濃度で規格化することで，イオン半径の系統的な違いに起因する元素間の微妙な差が現れる．このようにして規格化された REE 濃度を原子番号順にプロットしたものは REE パターン，あるいは発案者の名前を用いてマスダ–コリエル（Masuda-Coryell）プロットなどとよばれる [13, 14]．始原的なコンドライト隕石中の REE 濃度で規格化した REE パターンの例を図 8.6b に示した．上部マントルの特徴を保持する中央海嶺玄武岩（MORB）は，軽い REE（light REE, LREE）の濃度が相対的に少ない．始原的なマントルは始原的なコンドライト隕石と類似したフラットな REE パターンを示すはずなので，この LREE の欠乏は，イオン半径が大きく不適合性の高い LREE がマントルから除かれ地殻に分配されたことを示す．その結果，花崗岩や頁岩のような地殻物質（図 8.6b）は LREE に富んだ REE パターンを示す．このように，いずれもハードな化学種であるケイ酸塩からなるマントルと地殻の間の元素の分配は，マントルへの分配のされやすさ，つまりイオンのサイズ（と価数）で決まる不適合性に依存することがわかる．

8.2.3 セリウム異常・ユウロピウム異常と X 線吸収微細構造法（XAFS 法）

REE のうち，セリウムでは [Xe] の電子配置が閉殻で安定であるため特異的に

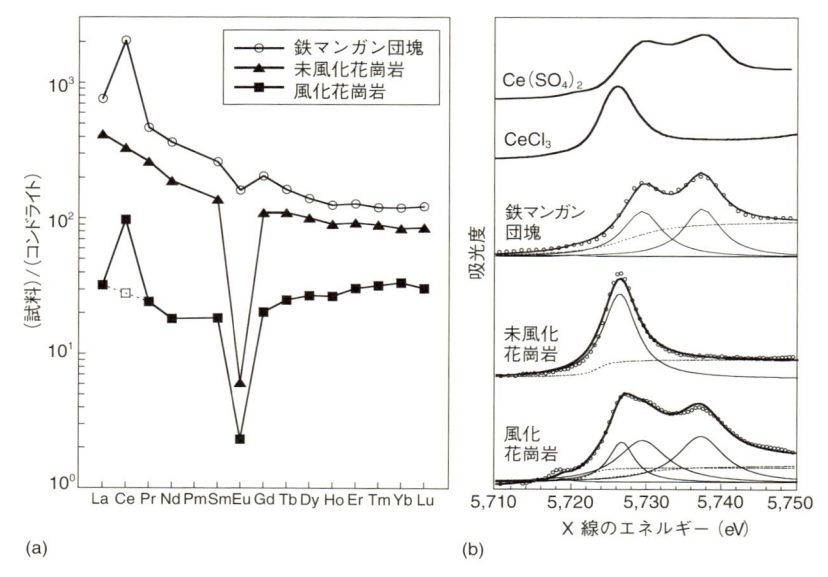

第8章 分子地球化学:元素の性質に基づく地球進化や物質循環の考察

図 8.7 鉄マンガン団塊,未風化花崗岩,風化花崗岩の REE パターン (a) と Ce L$_{III}$ 吸収端 XANES (b) [15]
実試料では,測定したスペクトルのほかに,フィッティング結果を示してある.(a) の□は,(b) で求めた風化花崗岩の 3 価のセリウムの割合から得た Ce (III) の濃度をプロットしたもの.

4 価も安定である.またユウロピウムは,7 つの 4f 軌道に 1 つずつ電子を配した $4f^75d^06s^0$ の電子配置が比較的安定であるため,Eu^{2+} も存在できる.Ce(IV) や Eu(II) が試料の生成過程で生じた場合,3 価が安定な他の希土類元素とは異なる挙動を示すため,それぞれ**セリウム異常**(cerium anomaly)や**ユウロピウム異常**(europium anomaly)といった異常値が REE パターンに現れる(図 8.6).こうした例として,**鉄マンガン団塊**(ferromanganese nodule)と海水中のセリウム異常および熱水中で生成したアパタイト中のユウロピウム異常を図 8.7 と図 8.8 に示した.鉄マンガン団塊を構成するマンガン酸化物は,固体表面で Ce^{3+} を不溶性の Ce^{4+} に酸化することでセリウムを濃縮し,セリウム異常を生じると考えられる [15].またアパタイト中では,Eu(II) が Ca^{2+} を置換することにより,ユウロピウムの濃集が生じ,ユウロピウム異常が現れると考えられる.

このような濃度異常から予想される微量元素の地球化学的挙動は,その価数や局所構造を分光法などで直接調べて理解されることが望ましい.そのために

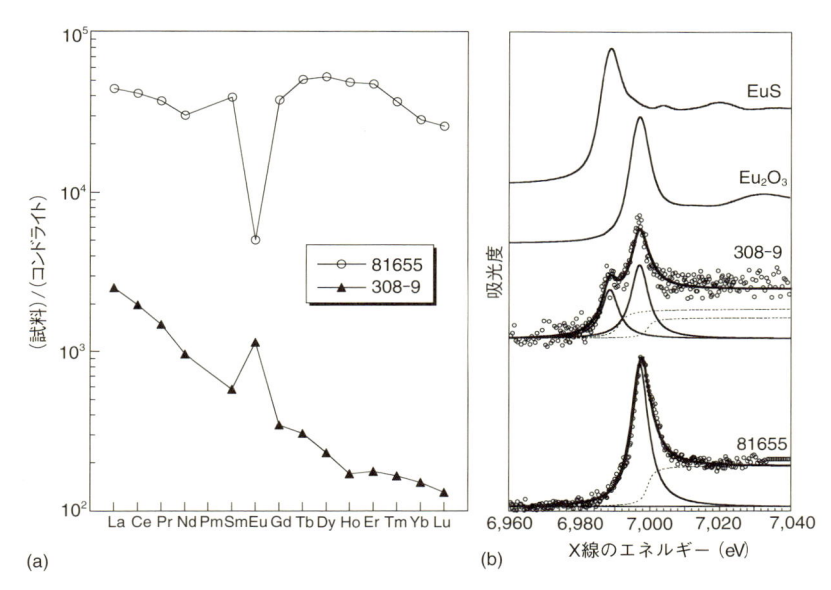

8.2 地殻への元素の分配と希土類元素パターン

図8.8 ペグマタイト中のアパタイトの REE パターン（a）と Eu L$_{\mathrm{III}}$ 吸収端 XANES（b）[16]

利用可能な手法として，赤外分光法，電子スピン共鳴法，核磁気共鳴法，光電子分光法などが挙げられるが，とくに 1990 年代以降 **X 線吸収微細構造法**（X-ray absorption fine structure, XAFS 法）が広く用いられるようになった．本節では，セリウム異常やユウロピウム異常と関連する Ce(IV) や Eu(II) の検出を例にして，XAFS 法について触れる．XAFS 法には，着目するエネルギー領域の違いから，**X 線吸収端構造**（X-ray absorption near-edge structure, XANES）**と広域 X 線吸収微細構造**（extended X-ray absorption fine structure, EXAFS）の 2 種類があり，それぞれ注目する元素の価数・対称性とその元素の近傍の構造（隣接原子の種類，原子間距離，配位数など）を反映する．

ここではセリウムやユウロピウムの価数に着目するので，XANES 法を適用する．図 8.7a は，マンガン団塊中のセリウムの L$_{\mathrm{III}}$ 吸収端 XANES を示している．その結果，マンガン団塊中のセリウムが Ce(IV) であることが明確にわかる．またこうした Ce^{4+} の生成によるマンガン酸化物への濃縮の結果，海水には大きな負のセリウム異常が現れると考えられる（図 8.6）．

第 8 章　分子地球化学：元素の性質に基づく地球進化や物質循環の考察

　さらに未風化の花崗岩とそれが風化した花崗岩についても，REE パターンと XANES を示した（図 8.7）．未風化花崗岩中のセリウムは 3 価であるが，風化花崗岩では 4 価の成分がみられる．フィッティングにより Ce(III) の割合を求め，元の REE パターンに Ce(III) 濃度をプロットすると，ちょうど La と Pr から内挿される位置にくる（図 8.7a の□）ことがわかり，実測の総セリウム濃度と Ce(III) 濃度の差が Ce(IV) の濃度となる．Ce(III) を含む風化花崗岩の REE パターンは，風化による水–岩石反応を受けていない相の REE パターンであり，そこから溶出した REE のうち，Ce のみが酸化されて Ce(IV) として岩石中に固定された，と解釈できる．

　一方，ユウロピウム異常の例としては，分化した花崗岩などにみられる大きな負のユウロピウム異常（図 8.7a）や，花崗岩形成末期に生成するペグマタイト中の鉱物の正のユウロピウム異常（図 8.8a）が挙げられる [16]．後者の例として，正のユウロピウム異常をもつアパタイトについて XANES 法を適用した結果，やはり Eu(II) が検出され，Eu の濃縮は熱水中での Eu(II) の生成に起因することがわかる（図 8.8b）．

　これらの事実から，セリウム異常やユウロピウム異常は価数変化に起因するため，酸化還元状態を示す地球化学的ツールとなることが期待される．セリウム異常は比較的酸化的な環境で生じるので，堆積岩に記録されたセリウム異常は，その堆積環境が酸化的であったことを大まかに示す [17]．一方 Eu(II) は地球表層では容易に Eu(III) に酸化され不安定であるが，熱水中やマグマ中では Eu(II) が安定に存在できるので，ユウロピウム異常は熱水やマグマの酸化還元状態を反映するツールとなりうる [18]．

8.2.4　イオン半径の意味

　前項ではやや横道にそれたが，8.2.1〜8.2.2 項で示したように，マントル–地殻間の元素分配では，イオン半径が重要なパラメータであることがわかる．そのため，Shannon が決めた配位数別のイオン半径の値 [10] は，絶対的な定数とみられがちである．しかし，このイオン半径の値は，実験値を基に決められたものであり，本来定数と考えるべきものではない．たとえば，図 8.3 の小沼ダイヤグラムにおいて，Zn^{2+} はイオン半径に対してみられるスムーズな変化からは外れた分配係数を示している．図 8.3 の横軸は，6 配位の化合物を調べて決

8.2 地殻への元素の分配と希土類元素パターン

められたイオン半径をプロットしている.しかし Zn^{2+} は第一遷移金属元素のなかでも4配位を好む傾向があるイオンであり,そのことが影響してこの異常が観察されたとみられる.

このように,化学種(配位子)によってイオンのサイズが変化することを,第一遷移金属元素を例に考えてみる.金属イオンのイオン半径は,配位子との結合の(共有結合性)/(イオン結合性),言い換えれば**配位子場**(ligand field)に対する電子軌道の影響の受けやすさによって変化し,イオン半径は配位子との相互作用の結果として決まる.たとえば,+2価の第一遷移金属イオンの錯体の安定性の大小は,

$$Mn^{2+} < Fe^{2+} < Co^{2+} < Ni^{2+} < Cu^{2+} > Zn^{2+} \tag{8.3}$$

となることが多い.この順序は,6配位八面体の対称性で形成される配位子場エネルギーと電子配置で説明でき,**アービング–ウイリアムス系列**(Irving–Willams series)とよばれている [19].6配位八面体の対称性では,遷移金属がもちうる10個のd電子が分配される軌道は,5重に縮重した状態から低エネルギーの三重項(t_{2g}軌道)と高エネルギーの二重項(e_g軌道)に分裂する(t_{2g}とe_gのエネルギー差Δ_0).このとき,d^5(Mn^{2+})とd^{10}(Zn^{2+})の配置は,5つの軌道すべてに1個ずつあるいは2個ずつの電子が配置されるため,d軌道の分裂による安定化を受けない.しかし,それ以外のd^6(Fe^{2+}),d^7(Co^{2+}),d^8(Ni^{2+}),d^9(Cu^{2+})のd電子数をもつ金属イオンは,t_{2g}に優先的に電子が配置される結果,それぞれ$0.4\Delta_0$,$0.8\Delta_0$,$1.2\Delta_0$,$0.6\Delta_0$だけ安定化する(図8.9,高スピン状態の場合を示している).その結果,式(8.3)に示したような錯体の安定性の違いが生まれる.水との錯体である水和イオンでも,その安定性には$Mn^{2+} < Fe^{2+} < Co^{2+} < Ni^{2+} < Cu^{2+} > Zn^{2+}$という関係がみられる.このことは,これらのイオンの水和による安定化エネルギー($-\Delta H$)に明瞭に現れている(図8.9)[20].またその結果がイオン半径にも表れており,図8.9の右の軸にとったこれらの+2価の金属イオンのイオンポテンシャル($= z/r$)は,$-\Delta H$と傾向が一致している.スピンのイオン半径を用いた場合,$-\Delta H$との相関は失われる.このことは,イオン半径が電子配置に依存して変化することを如実に示している.

アービング–ウイリアムス系列からわかるように,2価の遷移金属イオンのう

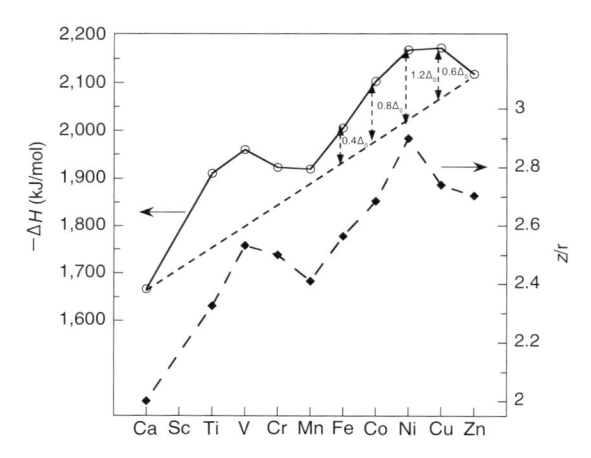

第 8 章　分子地球化学：元素の性質に基づく地球進化や物質循環の考察

図 8.9　第一遷移金属元素（+2 価）の水和エンタルピー（ΔH）とイオンポテンシャル（z/r）

ちとくに Cu^{2+} イオンは，多くの配位子と特異的に安定な錯体を形成する．その結果，たとえば海洋での Cu^{2+} は有機配位子と強く錯生成する．銅は**生体必須元素**（essential element）であり，プランクトンなどは水中にフリーな銅イオンが一定量存在していないと，必要な量の銅を利用することができない．10.4 節で示すように，フリーな銅イオンの濃度は配位子濃度に反比例するので，有機配位子濃度が高いと，生物による銅イオンの取込みが阻害される．一方で，銅は過剰に存在した場合有害であり，[Cu^{2+}]/[有機配位子] 比が大きく，フリーな銅イオン濃度が高いと，生体にとって有害になる [21]．

　以上みてきたように，共有結合性をもつイオンの場合，イオン半径は配位子との相互作用によって変化する．8.10 節で扱う REE パターンにみられるテトラド効果も，同様のことを示している [22]．これらの現象は，イオン半径が必ずしも不変の定数ではないことを示唆しており，本節ではこの点をイオン半径を考える場合の注意点として述べた．しかしながら，地球の分化に伴う元素の分配などを考えるうえで，イオン半径が第一義的に重要なパラメータであることはいうまでもない．

8.3　錯体化学・溶液化学に基づく元素の水溶解性の考察

　地殻に分配された元素の一部は，化学的な性質に基づいて海洋などの水相に溶解する．生物は海洋で進化したと考えられるので，元素の水への溶解性を理解することは，生命の誕生と進化を議論するうえでも出発点となる．一方で，水圏の環境汚染は直接的な健康被害を与えることが多く，こうした環境化学的見地からも，元素の水への溶解性は重要である．では，元素の水溶解性はどのような化学的要因によって規定されるのであろうか．

　元素の水溶解性は，現在の酸化的な海水であれば水や水酸化物イオンとの反応性でおおまかに説明できる．そして，さまざまな元素が水に溶けた場合の形態は，みかけのイオン半径 r と価数 z に明瞭に依存する．そこで，まず水酸化物イオン OH^-（イオン半径 r_{OH}，価数 z_{OH}．r_{OH} は O^{2-} のイオン半径と同じと仮定）とさまざまなイオン M^{z+}（イオン半径 r_M，価数 z_M）の錯生成について考える（図 8.10）[23]．横軸にとった $z_M z_{OH}/(r_M + r_{OH})$ は，各イオンと水酸化物イオン間にはたらく静電ポテンシャル ΔE_{ES} に比例する．縦軸は，各イオンと水酸化物イオンの錯生成定数 β_{MOH} の対数値である．平衡定数の対数値は，標準生成反応自由エネルギー変化 ΔG_R° と以下のような関係にある（式 (10.24)）．

$$\ln \beta_{MOH} = \frac{-\Delta G_R^\circ}{RT} \tag{8.4}$$

このとき，ΔG_R° にはさまざまな相互作用が含まれ，そのうちのひとつが ΔE_{ES} である．ほかに水和したイオンから水を離す脱水和エネルギーなどを考慮する必要があり，これらをまとめて ΔG_{others} とすると，

$$\ln \beta_{MOH} = \frac{-(\Delta E_{ES} + \Delta G_{others})}{RT} = k\frac{z_M z_{OH}}{(z_M + z_{OH})} - \frac{\Delta G_{others}}{RT} \tag{8.5}$$

と書ける（k は定数）．第 1 項が ΔG_R° に寄与する割合が大きければ，さまざまなイオンの $\log \beta_{MOH}$ と $z_M z_{OH}/(r_M + r_{OH})$ は直線関係を示すはずである．図 8.10 では，K^+，Na^+，Li^+，Ba^{2+}，Sr^{2+}，Ca^{2+} がこのような直線関係を示すことは明瞭である．このことは，これらのイオンの水酸化物イオンとの錯生成が，水酸化物イオンとの静電的な結合による安定化に依存しており，その結合がイオン結合であることを示す．

　ところが，Ca^{2+} と同じ静電的なポテンシャル $z_M z_{OH}/(r_M + r_{OH})$ をもつ Hg^{2+}

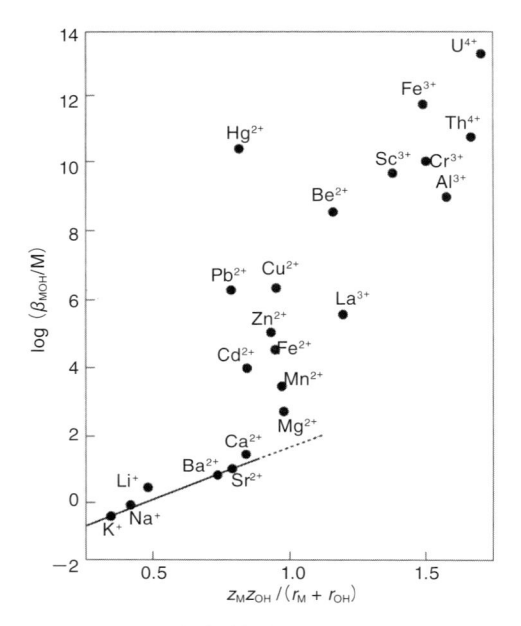

第 8 章　分子地球化学：元素の性質に基づく地球進化や物質循環の考察

図 8.10　イオンポテンシャルと水酸化物イオンとの錯体の錯生成定数（β_{MOH}）の関係 [23]

や Pb^{2+} は，明らかにこの直線からはずれる．これは，これらのイオンで共有結合性が強いため，水酸化物イオンとも共有結合的な結合をつくり，イオン結合よりも安定になった結果である．実際，Ca^{2+} と同程度の $z_{\mathrm{M}}z_{\mathrm{OH}}/(r_{\mathrm{M}}+r_{\mathrm{OH}})$ をもちながら，上記の直線からはずれている Mn^{2+}，Fe^{2+}，Cu^{2+}，Zn^{2+}，Cd^{2+} などのイオンは，よりソフトなイオンで硫化物をつくりやすく，親銅元素とみなせる．またこれらの親銅元素の多くは人体に有害である．この理由は一般的に，チオール基（-SH 基）をもつアミノ酸（システインなど）とこれらの元素が体内で安定な錯体を生成し，タンパク質などの本来の機能を阻害するためであると考えられる．これも，これらのイオンの共有結合性の強さから予想できる性質である．このように，水酸化物イオンとの錯生成定数にも化学結合の性質が如実に現れ，それが地球上の元素の分布や水溶解性，ひいては生物の元素利用性とも関連することがわかる．

同じような検討を他の元素にも拡張し（図 8.11），イオンのサイズ・価数に対

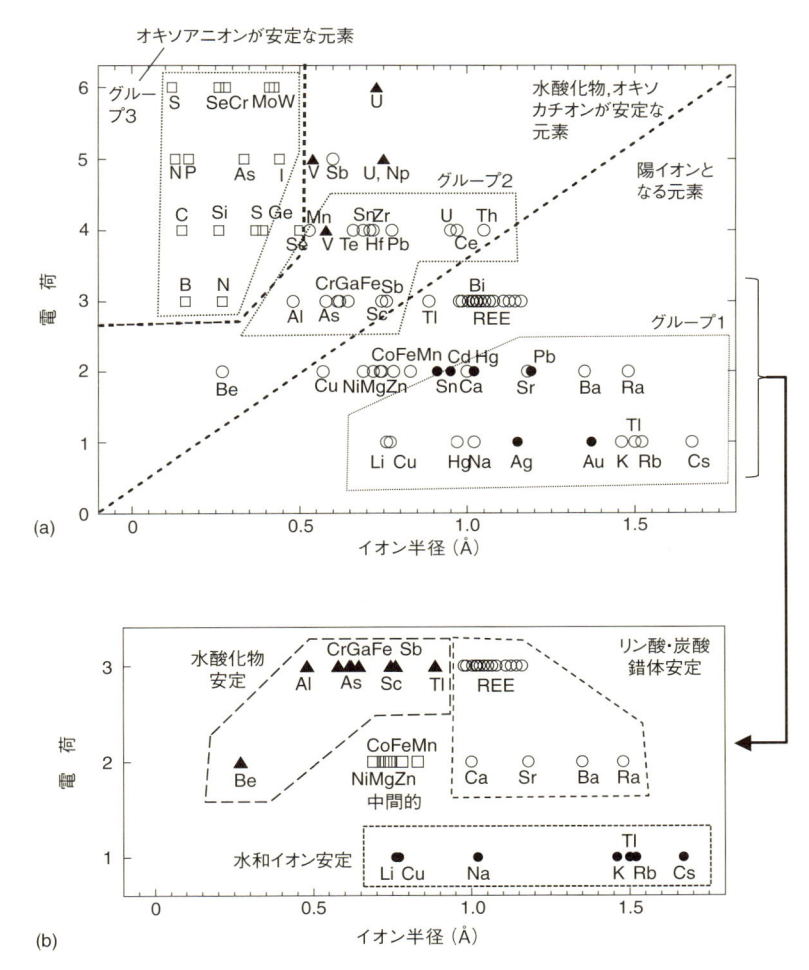

8.3 錯体化学・溶液化学に基づく元素の水溶解性の考察

図 8.11 さまざまなイオンの見かけのイオン半径と電荷 [24～26]
●：共有結合性の強いイオン，▲：オキソ陽イオン，□：オキソ陰イオン．

してイオンの水溶解性・溶存化学種がどのような関係にあるかを系統的にみてみる [23]．この図 8.11 において，イオンポテンシャル z/r は右下から左上に向かって増加する．右下のグループ 1 に位置するアルカリ金属イオンなどのイオンは，イオンポテンシャルや電荷密度が小さいため，静電的な結合をつくりに

第 8 章　分子地球化学：元素の性質に基づく地球進化や物質循環の考察

くい．そのためこれらのイオンでは，水酸化物イオンなどとの錯体は生成しにくく，水和イオンとして水に溶解する．

　この傾向は +2 価をとるアルカリ土類金属などでも同様であり，Mg^{2+} や Ca^{2+} は pH が中性の水溶液中でも水酸化物をつくらず，水和イオンとして溶解する．しかし，その他の 2 価陽イオンのうち Sn^{2+}，Hg^{2+}，Pb^{2+} などは，図 8.10 の検討でも述べたとおり共有結合性が強く，水酸化物イオンと安定な錯体を生成する．水酸化物イオンと錯生成しやすいと，その結果，電荷を失い沈殿しやすくなるので，これらのイオンは水への溶解性が低い．また，アルカリ土類金属でもイオン半径が小さくイオンポテンシャルがさらに大きくなると，Be^{2+} のように pH が中性の領域でも水酸化物を形成し，溶解しにくくなる．この溶解しにくくなる傾向は，図 8.11a の中央に位置する元素で顕著になる（図 8.11 のグループ 2）．3 価および 4 価でイオン半径の小さな Al^{3+}，Cr^{3+}，Fe^{3+} や Ti^{4+}，U^{4+}，Zr^{4+}，Hf^{4+} などは，いずれも安定な水酸化物を生成するため溶解性が非常に低いイオンである．さらに 5 価や 6 価のイオンでは，酸素を強くひきつけ酸素と二重結合をもつ結果，NpO_2^+，UO_2^{2+}，PuO_2^{2+} などのオキソ酸陽イオンを形成する．

　価数が 3 価以上でみかけの陽イオン半径が上記のイオンに比べてさらに小さなイオンは，イオンポテンシャルが非常に大きく，酸素と二重結合をもった 4 配位の陰イオンを形成する（図 8.11 のグループ 3）．とくに π 結合性が強く二重結合をつくりやすいイオンは，オキソ酸陰イオン（CO_3^{2-}，NO_2^-，NO_3^-，PO_4^{3-}，SO_3^{2-}，SO_4^{2-}，CrO_4^{2-}，AsO_4^{3-}，SeO_3^{2-}，SeO_4^{2-}，MoO_4^{2-}，IO_3^-，WO_4^{2-} など）を形成する．これらは水中で陰イオンを形成し，水に溶解しやすい．

　以上のような検討から，図 8.11 の右下（グループ 1）および左上（グループ 3）に位置する元素は水に溶けやすいこと，中央に位置する元素（グループ 2）は溶けにくいことが系統的に理解されよう．ここに見られる傾向は，海水中の元素濃度からも明確である（表 8.2）．つまり，海水中で主成分であるアルカリ金属，アルカリ土類金属などは図 8.11 では右下に位置し，溶けやすい元素である．やはり主成分である硝酸イオン，硫酸イオンなどは，図 8.11 では左上に位置するオキソ酸陰イオンで，やはり溶けやすい元素と考えられる（8.5 節も参照）．

8.3 錯体化学・溶液化学に基づく元素の水溶解性の考察

表 8.2　海水中の元素濃度 [30, 74]

原子番号	元素	海水中の主要な化学種	海水中の濃度 （　）内は平均濃度	log（平均滞留時間/年）
1	H	H^+(68%), HSO_4^-(29%), HF^0(3%)		
2	He	He		
3	Li	Li^+(98%), $LiSO_4^-$(2%)	$(25.9\,\mu mol\,kg^{-1})$	7.1
4	Be	$Be^{2+}/BeOH^+/Be(OH)_2^0$	$4\sim30\,pmol\,kg^{-1}(23)$	2.4
5	B	$B(OH)_3^0/B(OH)_4^-$	$416\,\mu mol\,kg^{-1}$	9.5
6	C	$CO_2/HCO_3^-/CO_3^{2-}$	$1.9\sim2.5\,mmol\,kg^{-1}(2.25)$	8.3
7	N	NO_3^-, NO_2^-, N_2; NH_4^+/NH_3	$N_2:350\sim610\,\mu mol\,kg^{-1}(590)$	7.3
			$NO_3^-:0.01\sim45\,\mu mol\,kg^{-1}(30)$	7.3
8	O	O_2	$1\sim350\,\mu mol\,kg^{-1}(175)$	
9	F	F^-(50%), MgF^+(50%)	$(68\,\mu mol\,kg^{-1})$	6.6
10	Ne	Ne		
11	Na	Na^+ 98%, $NaSO_4^-$(2%)	$(468\,mmol\,kg^{-1})$	8.9
12	Mg	Mg^{2+}(90%), $MgSO_4^0$(10%)	$(53\,mmol\,kg^{-1})$	8.1
13	Al	$Al(OH)_2^+/Al(OH)_3^0/Al(OH)_4^-$	$0.3\sim40\,nmol\,kg^{-1}(\sim2)$	1.7
14	Si	$Si(OH)_4/SiO(OH)_3^-$	$0.5\sim180\,\mu mol\,kg^{-1}(100)$	4.2
15	P	$H_2PO_4^-/HPO_4^{2-}/PO_4^{3-}$	$0.001\sim3.5\,\mu mol\,kg^{-1}(2.3)$	4.9
16	S	SO_4^{2-}(33%), $NaSO_4^-$(35%), $MgSO_4^0$(20%) HSO_4^-/SO_4^{2-}	$(28\,mmol\,kg^{-1})$	9.6
17	Cl	Cl^-(100%)	$(546\,mmol\,kg^{-1})$	11.4
18	Ar	Ar		
19	K	K^+(99%)	$(10.2\,mmol\,kg^{-1})$	7.5
20	Ca	Ca^{2+}(89%), $CaSO_4^0$(11%)	$10.1\sim10.3\,mmol\,kg^{-1}(10.3)$	7.4
21	Sc	$Sc(OH)_2^+/Sc(OH)_3^0/Sc(OH)_4^-$	$8\sim20\,pmol\,kg^{-1}(16)$	1.8
22	Ti	$Ti(OH)_3^+/Ti(OH)_4^0$	$6\sim250\,pmol\,kg^{-1}(160)$	—
23	V	$VO_2(OH)_2^-/VO_3(OH)^{2-}/VO_4^{3-}$	$30\sim36\,nmol\,kg^{-1}$	4.5
24	Cr	$Cr(OH)_2^+$, $Cr(OH)_3^0$, $Cr(OH)_4^-$	$3\sim5\,nmol\,kg^{-1}(4)$	3.6
25	Mn	Mn^{2+}(72%), $MnCl^+$(21%)	$0.08\sim5\,nmol\,kg^{-1}(0.3)$	2.0
26	Fe	$Fe(OH)_2^+/Fe(OH)_3^0$, $Fe(OH)_4^-$	$0.02\sim2\,nmol\,kg^{-1}(0.5)$	1.9
27	Co	Co^{2+}(65%), $CoCl^+$(14%)	$4\sim300\,pmol\,kg^{-1}(20)$	3.5
28	Ni	Ni^{2+}(53%), $NiCl^+$(9%)	$2\sim12\,nmol\,kg^{-1}(8)$	4.5
29	Cu	$Cu^{2+}/CuOH^+$, $Cu^{2+}/CuCo_3^0$	$0.5\sim4.5\,nmol\,kg^{-1}(3)$	3.9
30	Zn	Zn^{2+}(64%), $ZnCl^+$(16%)	$0.05\sim9\,nmol\,kg^{-1}(5)$	4.3
31	Ga	$Ga(OH)_2^+/Ga(OH)_3^0/Ga(OH)_4^-$	$12\sim30\,pmol\,kg^{-1}$	3.5
32	Ge	$Ge(OH)_4^0/GeO(OH)_3^-/GeO_2(OH)_2^{2-}$	$1\sim100\,pmol\,kg^{-1}(70)$	4.0
33	As	$H_2AsO_4^-/HAsO_4^{2-}/AsO_4^{3-}$ $As(OH)_3/As(OH)_4^-$	$20\sim25\,nmol\,kg^{-1}(23)$	6.4

第8章 分子地球化学：元素の性質に基づく地球進化や物質循環の考察

表 8.2（つづき）

原子番号	元素	海水中の主要な化学種	海水中の濃度 （ ）内は平均濃度	log（平均滞留時間/年）
34	Se	SeO_4^{2-} (100%) $H_2SeO_3/HSeO_3^-/SeO_3^{2-}$	$0.5\sim2.3$ nmol kg^{-1} (*1.7*)	6.4
35	Br	Br^- (100%)	0.84 mmol kg^{-1}	10.7
36	Kr	Kr		
37	Rb	Rb^+ (99%), $RbSO_4^-$ (1%)	1.4 μmol kg^{-1}	6.3
38	Sr	Sr^{2+} (86%), $SrSO_4^0$ (14%)	90 μmol kg^{-1}	7.6
39	Y	$Y^{3+}/YCO_3^+/Y(CO_3)_2^-$	$60\sim300$ pmol kg^{-1} (*200*)	—
40	Zr	$Zr(OH)_3^+/Zr(OH)_4^0/Zr(OH)_5^-$	$12\sim300$ pmol kg^{-1} (*200*)	—
41	Nb	$Nb(OH)_4^+/Nb(OH)_5^0/Nb(OH)_6^-$	≤50 pmol kg^{-1}	
42	Mo	$HMoO_4^-/MoO_4^{2-}$	105 nmol kg^{-1}	7.3
43	Tc	TcO_4^- (100%)	安定同位体なし	
44	Ru	$Ru(OH)_n^{4-n}$	<50 fmol kg^{-1}?	
45	Rh	$RhCl_a(OH)_b^{3-(a+b)}$	$0.4\sim1$ pmol kg^{-1} (*0.8*)	—
46	Pd	$PdCl_4^{2-}/PdCl_3OH^{2-}$	$0.2\sim0.7$ pmol kg^{-1} (*0.6*)	—
47	Ag	$AgCl_3^{2-}$ (66%), $AgCl_2^-$ (26%)	$1\sim35$ pmol kg^{-1} (*20*)	4.9
48	Cd	$CdCl^+$ (36%), $CdCl_2^0$ (45%), $CdCl_3^-$ (16%)	$1\sim1,000$ pmol kg^{-1} (*600*)	6.0
49	In	$In(OH)_2^+/In(OH)_3^0/In(OH)_4^-$	$40\sim100$ fmol kg^{-1} (*70*)	3.3
50	Sn	$Sn(OH)_3^+/Sn(OH)_4^0$	$1\sim20$ pmol kg^{-1} (*4*)?	4.0
51	Sb	$Sb(OH)_5^0/Sb(OH)_6^-$	1.6 nmol kg^{-1}	6.3
52	Te	$Te(OH)_6^0/TeO(OH)_5^-/TeO_2(OH)_4^{2-}$ $Te(OH)_4^0/TeO(OH)_3^-/TeO_2(OH)_2^{2-}$	$0.5\sim1.2$ pmol kg^{-1} (*0.6*)	—
53	I	IO_3^- (89%); I^- (100%)	$400\sim460$ nmol kg^{-1} (*450*)	8.6
54	Xe	Xe		
55	Cs	Cs^+ (99%)	2.2 nmol kg^{-1}	5.1
56	Ba	Ba^{2+} (86%), $BaSO_4$ (14%)	$30\sim150$ nmol kg^{-1} (*110*)	4.5
57	La	$La^{3+}/LaCO_3^+/La(CO_3)_2^-$	$13\sim37$ pmol kg^{-1} (*30*)	2.7
58	Ce	$Ce^{3+}/CeCO_3^+/Cd(CO_3)_2^-$	$16\sim26$ pmol kg^{-1} (*20*)	2.2
59	Pr	$Pr^{3+}/PrCO_3^+/Pr(CO_3)_2^-$	4 pmol kg^{-1}	2.3
60	Nd	$Nd^{3+}/NdCO_3^+/Nd(CO_3)_2^-$	$12\sim25$ pmol kg^{-1} (*10*)	2.4
61	Pm	$Pm^{3+}/PmCO_3^+/Pm(CO_3)_2^-$	安定同位体なし	
62	Sm	$Sm^{3+}/SmCO_3^+/Sm(CO_3)_2^-$	$3\sim5$ pmol kg^{-1} (*4*)	2.3
63	Eu	$Eu^{3+}/EuCO_3^+/Eu(CO_3)_2^-$	$0.6\sim1$ pmol kg^{-1} (*0.9*)	2.3
64	Gd	$Gd^{3+}/GdCO_3^+/Gd(CO_3)_2^-$	$3\sim7$ pmol kg^{-1} (*6*)	2.5
65	Tb	$Tb^{3+}/TbCO_3^+/Tb(CO_3)_2^-$	0.9 pmol kg^{-1}	2.3
66	Dy	$Dy^{3+}/DyCO_3^+/Dy(CO_3)_2^-$	$5\sim6$ pmol kg^{-1} (*6*)	2.6

表 8.2（つづき）

原子番号	元素	海水中の主要な化学種	海水中の濃度 （ ）内は平均濃度	log（平均滞留時間/年）
67	Ho	$Ho^{3+}/HoCO_3^+/Ho(CO_3)_2^-$	1.9 pmol kg^{-1}	2.6
68	Er	$Er^{3+}/ErCO_3^+/Er(CO_3)_2^-$	4～5 pmol kg^{-1} (*5*)	2.8
69	Tm	$Tm^{3+}/TmCO_3^+/Tm(CO_3)_2^-$	0.8 pmol kg^{-1}	2.7
70	Yb	$Yb^{3+}/YbCO_3^+/Yb(CO_3)_2^-$	3～5 pmol kg^{-1} (*5*)	2.8
71	Lu	$Lu^{3+}/LuCO_3^+/Lu(CO_3)_2^-$	0.3～1.5 pmol kg^{-1} (*1*)	2.7
72	Hf	$Hf(OH)_3^+/Hf(OH)_4^0/Hf(OH)_5^-$	100～800 fmol kg^{-1} (*700*)	3.3
73	Ta	$Ta(OH)_4^+/Ta(OH)_5^0/Ta(OH)_6^-$	60～220 fmol kg^{-1} (*200*)	—
74	W	HWO_4^-/WO_4^{2-}	60 pmol kg^{-1}	5.0
75	Re	ReO_4^- (100%)	40 pmol kg^{-1}	5.2
76	Os	OsO_4^0 (?)	15～60 fmol kg^{-1} (*50*)	—
77	Ir	$IrCa_a(OH)_b^{3-(a+b)}$	0.5～1 fmol kg^{-1}	—
78	Pt	$PtCl_4^{2-}/PtCl_3OH^{2-}$	0.2～1.5 pmol kg^{-1} (*0.25*)?	—
79	Au	$AuCl_2^-$ $AuCl_3(OH)^-/AuCl_2(OH)_2^-/AuCl(OH)_3^-$	10～100 fmol kg^{-1} (*<100*)	6.6
80	Hg	$HgCl_4^{2-}$ (88%), $HgCl_3^-$ (12%)	0.2～2 または 2～10 pmol kg^{-1} (*1*)	5.0
81	Tl	Tl^+ (61%), $TlCl^0$ 37% $TlCl_4^-/Tl(OH)_3^0$	60～80 pmol kg^{-1} (*70*)	4.4
82	Pb	$PbCl_n^{2-n}/PbCO_3$	5～150 pmol kg^{-1} (*10*)	2.6
83	Bi	$Bi(OH)_2^+/Bi(OH)_3^0/Bi(OH)_4^-$	<0.015～0.24 pmol kg^{-1}	5.3

8.4 水中の元素の化学種の考察

　前節で述べたように，水や水酸化物イオンとの反応性を考えることで，溶存イオンの化学形態や反応性などの基本的な性質を理解できる．一方，天然水で重要な配位子としては，水酸化物イオン以外に**炭酸イオン**（carbonate ion）がある．いずれも酸素配位のハードな配位子であるが，どのような陽イオンが水酸化物イオンあるいは炭酸イオンを好むか，というのはこれまで明確には議論されてこなかった．たとえば，大気平衡の炭酸イオン存在下でさまざまなイオンの溶存種を計算すると（図 8.12），イオンによって水酸化物を形成したり，炭酸錯体を形成したりとさまざまである．しかしよくみると，イオン半径の大きなイオンほど炭酸イオンを好む傾向があることがわかる（2 価および 3 価のイ

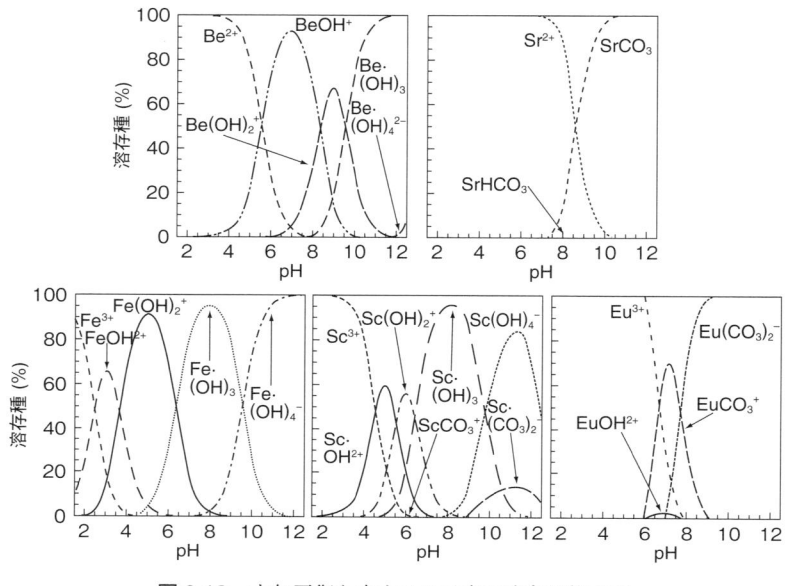

第 8 章 分子地球化学：元素の性質に基づく地球進化や物質循環の考察

図 8.12 大気平衡な水中での元素の溶存状態 [26]

オンの例を図 8.11b に示す）．たとえば，アルカリ土類金属のうちサイズが小さな Be^{2+} は水酸化物を好むが，Ba^{2+} は炭酸錯体を好む．3 価の場合では，Fe^{3+} や Al^{3+} はサイズが小さく水酸化物を好む一方で，サイズの大きな REE は炭酸錯体を好む．また炭酸錯体が安定なイオンは，カルボン酸錯体やリン酸錯体も相対的に安定である．

このような水酸化物と炭酸錯体（＋カルボン酸錯体，リン酸錯体）の違いは，水和した金属イオン $M^{z+} \cdot n\,H_2O$ と配位子 L との錯生成反応

$$M^{z+} \cdot n\,H_2O + a\,L^{y-} \rightleftharpoons ML_a^{(z-ay)+} \cdot (n-m)\,H_2O + m\,H_2O \tag{8.6}$$

の標準反応自由エネルギー変化 ΔG_R° と，その反応の標準反応エンタルピー変化（ΔH_R°）および標準反応エントロピー変化（ΔS_R°）から議論できる．よく知られているように，

$$\Delta G_R^\circ = \Delta H_R^\circ - T\,\Delta S_R^\circ \tag{8.7}$$

という関係が成り立つ．このうち ΔH_R° は，反応物 $M^{z+} \cdot n\,H_2O$ における M^{z+}

と水和した水分子の酸素との結合と，生成物 ML における M と L の結合のエネルギー差に由来すると考えられる．一方，ΔS_R° は，錯生成反応により脱水和した水の数に支配される．水和イオンの錯生成反応では，多くの場合，正の ΔS_R° が生成物の安定化（ΔG_R°）に寄与する．

このことを念頭において，熱力学的データが豊富で炭酸と類似している錯体として，酢酸錯体やマロン酸錯体の ΔH_R° や ΔS_R° を用い，水酸化物イオンとの錯体のデータと比較する [24, 25]．酢酸錯体やマロン酸錯体では，いずれの金属イオンとの反応も正の ΔS_R° を示すが，加水分解反応の場合，小さなイオン（2価では Be^{2+}，Mg^{2+} など．3価では Al^{3+}，Sc^{3+}，Fe^{3+} など）では正の ΔS_R° を示すが，大きなイオン（2価では Cd^{2+}，Ba^{2+}．3価では La^{3+}）では負ないし0に近い ΔS_R° を示す．カルボキシ基や炭酸イオンは2つの酸素で金属イオンに配位できるので，多くの水分子が除かれて，どのようなイオンでも ΔS_R° が正になる．しかし，1つの酸素で配位する水酸化物イオンの場合，小さな陽イオンでは水酸化物イオンとの錯生成による水和構造の破壊が大きなエントロピー増を生むが，大きなイオンではこの効果は小さく，ΔS_R° の利得は小さいと考えられる．そのため，大きなイオンでは相対的に加水分解が起きにくく，カルボン酸錯体，炭酸錯体，リン酸錯体などが相対的に安定になる．

このような傾向は，天然の鉱物を見ても明らかである．小さなイオンである Be^{2+} はアルカリ土類金属イオンでありながら炭酸塩にはあまり分配されない．また Mg^{2+} は水酸化物の沈殿（ブルーサイト）を形成するが，より大きなイオンである Ca^{2+} 以降のアルカリ土類金属イオンは水酸化物よりも炭酸塩やリン酸塩を好む．3価でも同様に，サイズが小さな Al^{3+} や Fe^{3+} では水酸化物の沈殿が重要であるが，3価の REE は炭酸塩やリン酸塩鉱物として見いだされる．これら REE の炭酸塩やリン酸塩は，金属資源として重要な「レアアース」の原料となる．また Sc^{3+} は REE の仲間に含まれる場合もあるが，他の REE よりも著しく小さなイオンであるため，加水分解しやすく，炭酸錯体は安定ではない．Sc^{3+} はむしろ苦鉄質岩や超苦鉄質岩で濃度が高く，他の REE とは異なる挙動を示す．

以上のように，水への溶解性や溶存イオンの化学種などを考えるうえでも，地殻-マントル間の分配と同様に，イオンの大きさや価数が重要なパラメータとなっている．これらを意識することで，一見バラバラで統一感がないように見

えるさまざまな元素の挙動が，系統的に理解できることがわかるだろう．次節では引き続きイオンの水への溶解性に影響を与える吸着反応について考える．

8.5 吸着反応と海水中の元素濃度や鉛直分布

8.3 節で示したとおり，水酸化物イオンとの反応性などが元素の水溶解性と関連しており，図 8.11 の中央に位置する元素は海水中での濃度は一般に低い．これは溶解–沈殿反応に基づく元素の水溶解性の解釈であるが，微量元素の天然水中の溶存濃度は，特定の鉱物の溶解度から予想される濃度をさらに下回る．これは，主要元素が構成する鉱物の表面に微量元素が**吸着**（adsorption）される結果，その濃度が溶解度で規定される濃度よりも低くなるためである（図 10.6）．このような性質をもつ固相としては，海底堆積物や海水中の粒子状物質などに含まれる粘土鉱物や自生鉱物（水酸化鉄，マンガン酸化物など），有機物，微生物などがあり，吸着反応を通じて微量元素を海水から除去する役割を担う．

Li は，陽イオンの水酸化物イオンとの錯生成定数や陰イオンの酸解離定数に対して，海水（SW）と粘土鉱物（OP）中の微量元素 M の分配係数 $D(= [\mathrm{M}]_{\mathrm{OP}}/[\mathrm{M}]_{\mathrm{SW}})$ をプロットし，一定の傾向を得た（図 8.13）[27]．この図にみられるとおり，陽

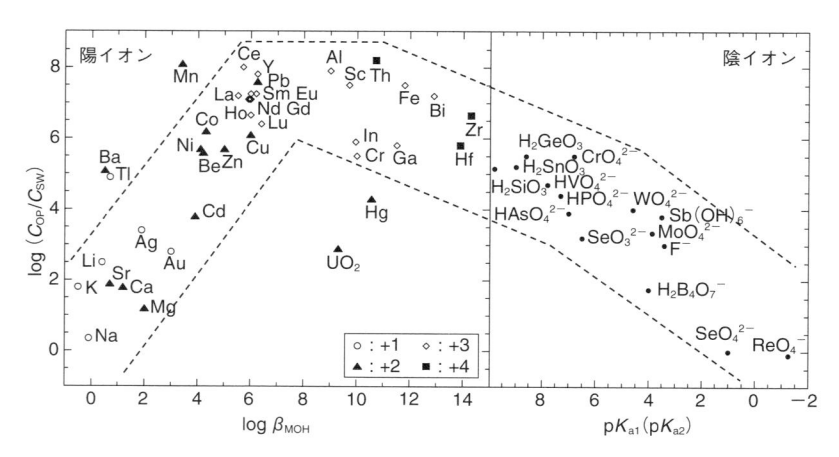

図 8.13 粘土鉱物と海水間の元素の分配と $\log \beta_{\mathrm{MOH}}$（陽イオン）あるいは酸解離定数（陰イオン；$\mathrm{p}K_{\mathrm{a1}}$ あるいは $\mathrm{p}K_{\mathrm{a2}}$）の関係 [27]

8.5 吸着反応と海水中の元素濃度や鉛直分布

イオンでは水酸化物の安定性が大きいイオンほどこの D 値が大きい．水酸化物の安定性は，以下の反応の平衡定数 β_{MOH} で表される．

$$\mathrm{HO^- + M^{z+} \longrightarrow H\text{--}O\text{--}M^{(z-1)+}} \quad \beta_{\mathrm{MOH}} = \frac{[\mathrm{MOH}^{(z-1)+}]}{[\mathrm{M}^{z+}][\mathrm{OH}^-]} \tag{8.8}$$

一方 10.5.2 項で示すとおり，固相である酸化物（R）の表面ヒドロキシ基（R–OH）は，プロトンを解離して M^{z+} と以下のように反応し，表面錯体を生成する（平衡定数 K_{ROM}）．

$$\mathrm{R\text{--}O^- + M^{z+} \longrightarrow R\text{--}O\text{--}M^{(z-1)+}} \quad K_{\mathrm{ROM}} = \frac{[\mathrm{RO\text{--}M}^{(z-1)+}]}{[\mathrm{RO}^-][\mathrm{M}^{z+}]} \tag{8.9}$$

この反応は，式 (8.8) の HO^- と RO^- が入れ替わった形をしており，さまざまな M^{z+} に対する式 (8.8) と (8.9) の平衡定数は相関することが期待される [28]．

$$\log K_{\mathrm{ROM}} = a \log \beta_{\mathrm{MOH}} + b \tag{8.10}$$

これは**直線自由エネルギー関係**（linear free energy relationship，LFER）とよばれ，錯体の安定性を議論する際にしばしば利用され，さまざまな元素の反応性の比較に有効である．K_{ROM} は，固相表面に誘起される電場の影響を含むみかけの平衡定数ではあるが（10.5 節参照），海水などイオン強度や共存元素濃度が同じ条件の水に対する M^{z+} の分配係数 D に対しては比例すると期待される．これらのことから，Li [26] に示されている D は，

$$\log D = a' \log \beta_{\mathrm{MOH}} + b' \tag{8.11}$$

と書ける．この関係は，図 8.13 の左側の相関に現れており，これらのイオンが粘土鉱物などの酸化物への吸着反応に規定されて海水中に溶存していることを示している．またこの図中で，左下のアルカリ金属イオン，アルカリ土類金属イオンなどは反応性が低く，海水中に分配されやすいことがわかる．一方これらのイオンに比べて，REE などイオンポテンシャルの大きなイオンは β_{MOH} が大きい．したがって，酸化物と反応し海洋から除かれやすく，吸着反応の結果，海水中の濃度が低いと理解される．

イオンポテンシャルがさらに大きい 3 価で小さな陽イオン（Fe^{3+}, Al^{3+}, Cr^{3+}, Sc^{3+} など）や 4 価の陽イオン（Zr^{4+}, Hf^{4+}, Th^{4+} など）は，大きな β_{MOH} のため加水分解しやすく，溶解度がきわめて低い．これらのイオンは，図 8.13 中

第 8 章 分子地球化学：元素の性質に基づく地球進化や物質循環の考察

で式 (8.11) の関係からははずれており，これらの元素の分配は単純な吸着反応では表現できず，沈殿生成や砕屑物（海水に粒子態として供給され水には溶けない）としての挙動が重要と考えられる．

一方，図の右側に配されている陰イオン（M'OH）の D は，酸解離定数 K_a と相関がある．酸解離反応は，以下のように書ける．

$$\mathrm{M'O^-} + \mathrm{H^+} \longrightarrow \mathrm{M'OH}$$

$$\frac{1}{K_a} = \frac{[\mathrm{M'OH}]}{[\mathrm{M'O^-}][\mathrm{H^+}]} \tag{8.12}$$

一方，$\mathrm{M'O^-}$ の固相（ROH）への吸着反応は

$$\mathrm{M'O^-} + \mathrm{R{-}OH_2^+} \longrightarrow \mathrm{R{-}OM'} + \mathrm{H_2O}$$

$$K'_{\mathrm{ROM}} = \frac{[\mathrm{ROM'}]}{[\mathrm{M'O^-}][\mathrm{R{-}OH_2^+}]} \tag{8.13}$$

と書ける．式 (8.12) と (8.13) もやはり類似の反応であり，LFER に基づき

$$\log K'_{\mathrm{ROM}} = -c \log K_a + d \quad (= c\,\mathrm{p}K_a + d) \tag{8.14}$$

と書ける．この関係は，M'OH が強い酸であればあるほど，固相へ吸着されにくいことを示す．このことが，海水中での陰イオンの分配比 D にも現れるならば，

$$\log D = c'\,\mathrm{p}K_a + d' \tag{8.15}$$

と書けると予想され，確かにこの傾向も図 8.13 の右側に明確にみられる．たとえば，強酸性である硫酸や，やはり強酸であるセレン酸，過レニウム酸はほとんど吸着されないと考えられるが，弱酸性である亜硫酸やリン酸などは比較的吸着されやすい．

これらの反応性は，海水中の元素の鉛直分布や平均滞留時間とも相関している（図 8.14，表 8.2）．平均滞留時間 T_M とは，海洋に存在するある物質の量が定常状態にあり，単位時間あたりの流入量と除去量が等しい（以下の $F_\mathrm{in} = F_\mathrm{out}$）ときに，その物質が平均してどれぐらいの時間海洋に留まるかを示した量であり，

$$\begin{aligned}T_\mathrm{M} &= \frac{M\,(\text{全海洋での存在量})}{F_\mathrm{in}(\text{単位時間あたりの流入量})} \\ &= \frac{M\,(\text{全海洋での存在量})}{F_\mathrm{out}(\text{単位時間あたりの除去量})}\end{aligned} \tag{8.16}$$

8.5 吸着反応と海水中の元素濃度や鉛直分布

と表される．ある元素 M の反応性が低いと，海洋から除去されにくく，平均滞留時間 T_M（表 8.2）が長くなる [29]．この時間 T_M が海洋大循環に要する 2,000 年程度の時間よりも長ければ，M は海洋中で十分に混合されるので，その鉛直分布は表層から深層まで一様な直線的な分布を示す [30]．これに該当するのは，主成分のイオン（アルカリ金属イオン，ハロゲン，Mg^{2+}，Ca^{2+}，Sr^{2+}）以外に，モリブデン酸，過レニウム酸などの反応性の低い化学種である（図 8.14）．ウランも酸化的な現在の海洋では 6 価のウラニルイオン UO_2^{2+} として存在し，これが炭酸イオンと安定な錯陰イオン $UO_2(CO_3)_3^{2-}$ となり，反応性が低いため直線的な分析を示し，T_M が長い．

一方，比較的反応性の高いイオンは，表層で濃度が低く，深層で高い鉛直分布を示す．これは栄養塩型とよばれ，海洋の主要な栄養塩であるリン酸イオン，硝酸イオン，ケイ酸と類似の分布を示す．これら栄養塩類は，海洋のプランクトンに利用される結果，表層濃度が低いが，プランクトンを含む粒子が沈降する過程で分解すると，深層でこれら栄養塩類が再生される．反応性の高い微量元素は，表層で沈降粒子による吸着や**共沈**（coprecipitation）を受けることで粒子とともに深層に運ばれるが，沈降粒子の分解とともに液相に放出される結果，栄養塩類と類似の鉛直分布を示すと考えられる．これらは除去されやすい元素なので，平均滞留時間は短くなる（図 8.14）．

3 つ目の鉛直分布の分類として，スキャベンジ型とよばれ，表層で濃度が高く，深層で減少する分布がある．このタイプの元素としては，Al，Mn，Pb などがあり，平均滞留時間は 1,000 年以下と非常に短い．これらの元素は，反応性が高いため吸着や沈殿生成を起こしやすく，表層（エアロゾルや表層海流など）に供給源がある，という特徴をもつ．たとえば，表層でマンガンの溶存濃度が高いのは，大気由来の粒子が表面海水に沈着する際に，粒子上の MnO_2 が光還元により Mn^{2+} となって海水に溶出するためである [31]．そのため，表層海水（水深 0〜100 m）では溶存マンガン濃度が高く，マンガンの 99% 以上が溶存態として存在する．対照的に 500 m 以深では，Mn^{2+} の酸化で生じた MnO_2 を含む粒子態が相対的に増加し，溶存態の濃度は減少する．

本節でみてきたように，吸着反応などの元素の反応性を理解することは，海水中の溶存濃度，鉛直分布パターン，平均滞留時間などの理解と密接に関係している．

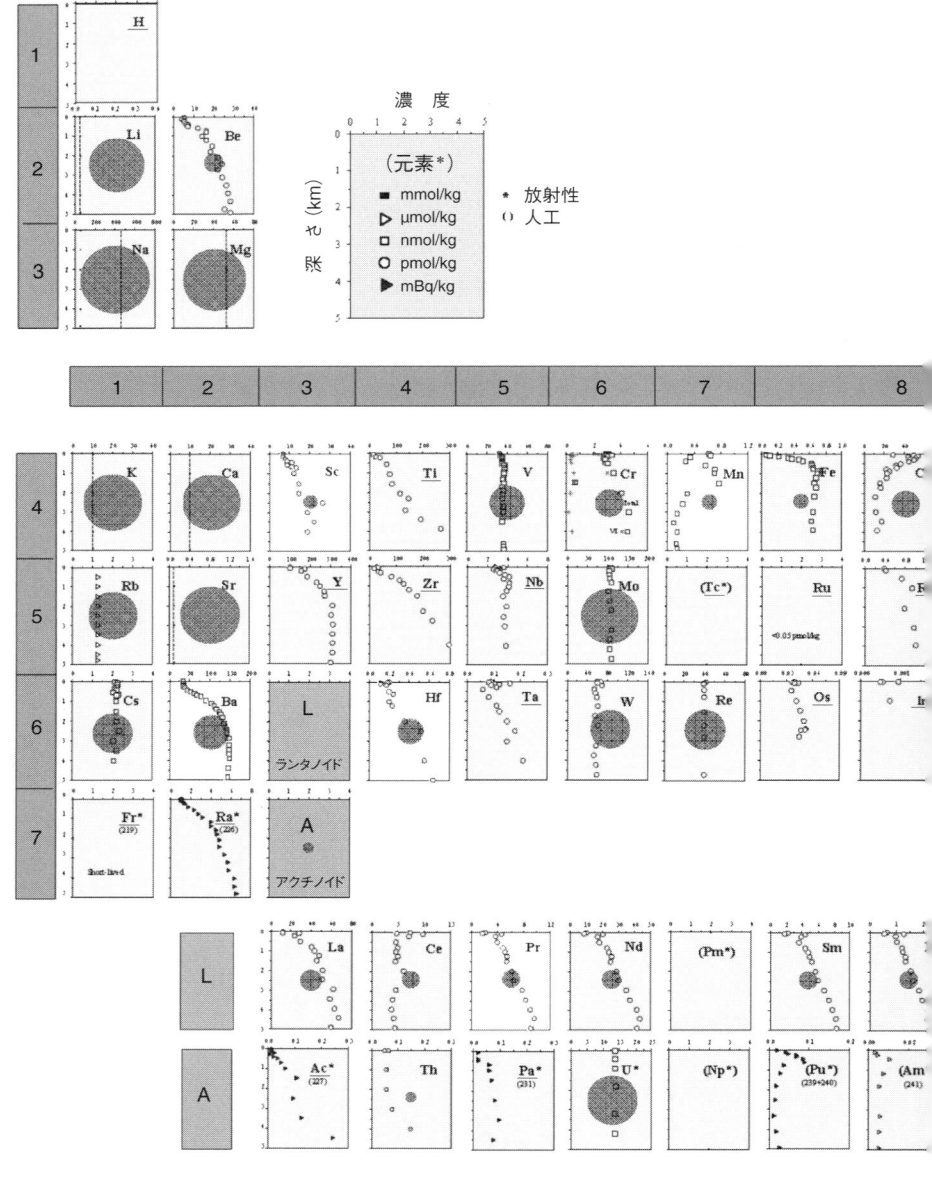

第 8 章　分子地球化学：元素の性質に基づく地球進化や物質循環の考察

図 8.14　北太平洋での海水中の元素濃度の鉛直プロファイル
元素記号の下線は，平均対流時間が定義できないか未決定の元素

8.5 吸着反応と海水中の元素濃度や鉛直分布

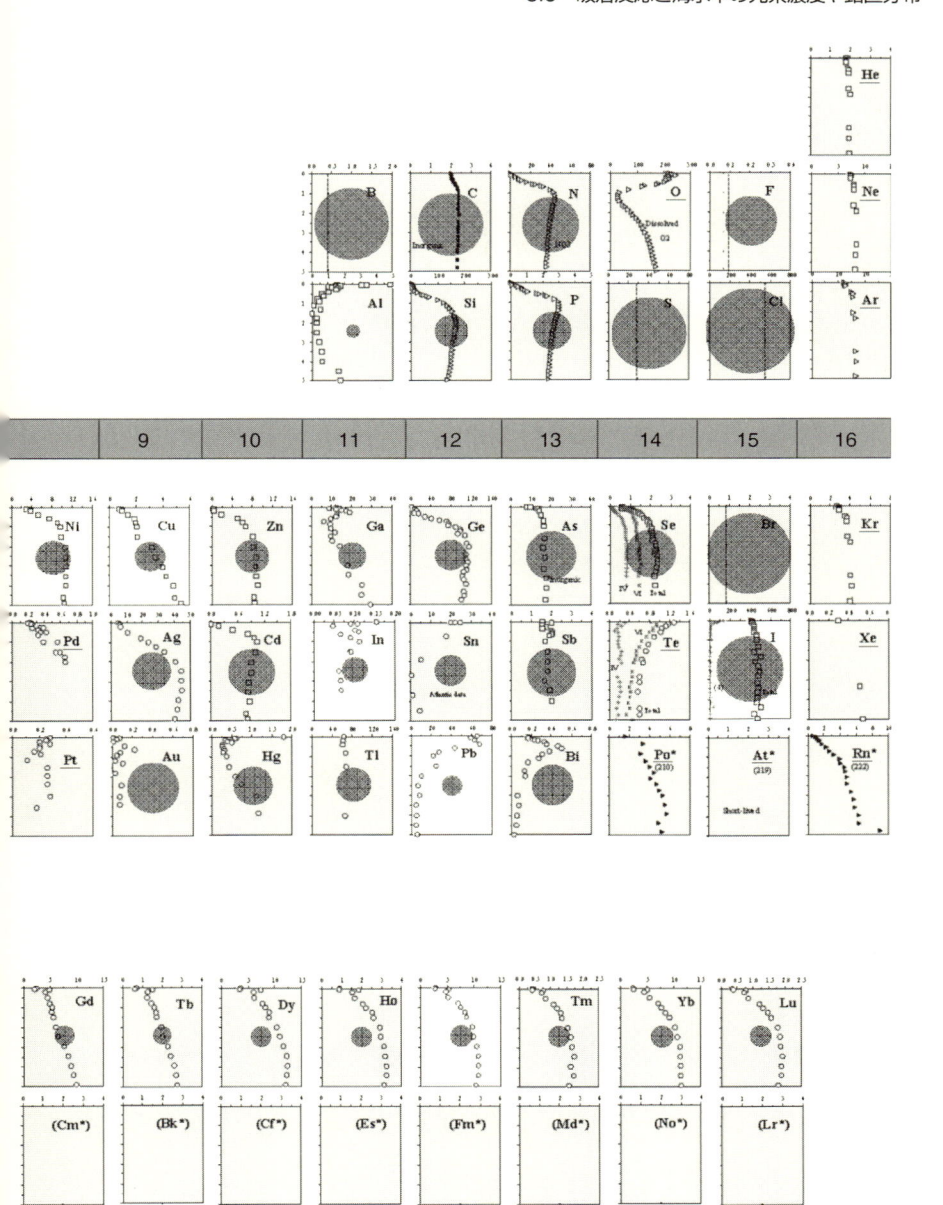

平均滞留時間（円の大きさ）[29]

8.6 吸着種の構造と元素の濃度・同位体比

前節で述べたとおり，海水への元素の溶解性や鉛直分布は，元素の基本的な熱力学的性質から予想でき，とくに固相への吸着反応が重要である．しかし，固相への吸着種の構造は，適用可能な手法が少ないため，十分な理解が進んでいなかった．近年，8.2.3 項で触れた XAFS 法をはじめさまざまな分光法を用いてこうした吸着種の構造・化学種を決めることで，吸着種の構造を明らかにし，吸着反応の反応性との関係が議論できるようになってきた．

8.6.1 微量元素の鉄マンガン酸化物への吸着のされやすさと吸着種の関係

ここでは，鉄マンガン酸化物への元素の吸着構造と分配の関係を述べる．鉄マンガン酸化物は，海底では鉄マンガン団塊や鉄マンガンクラストとして存在するし，海水中の懸濁・沈降粒子中にも広く存在する．この鉄マンガン酸化物と海水間の微量元素の分配も，図 8.13 と同様な傾向をもっている．また鉄マンガン酸化物への元素の濃縮機構の解明は，資源科学的にも重要である [32]．

ここではひとつの例として，セレンとテルルの研究 [33] を取り上げる．この 2 つの元素は同族で 4 価と 6 価の酸化数をとり，第一近似としては類似の挙動を示すと推定されている．しかし，海水中から鉄マンガン酸化物への除去の過程では大きく分別し，セレンは鉄マンガン酸化物には取り込まれにくいが，テルルは鉄マンガン酸化物に濃集する（図 8.15）[34]．このうち，鉄マンガン酸化物中でセレンやテルルのホスト相である可能性があるフェリハイドライト（ferrihydrite，水酸化第二鉄，HFO）やゲーサイトについて，EXAFS スペクトルを測定した例を示す（図 8.16）[33]．図 8.16 では，EXAFS で得られるデータのうち動径構造関数（radial structural function；RSF）とよばれる結果を示している．この図の横軸は対象とする元素（原点）からの距離 R に関連しており，縦軸は配位数に関連する．そのため，この図は対象元素近傍の構造を反映している．ここで扱う吸着系では，セレンやテルルがフェリハイドライトの酸素を共有して吸着する場合，RSF には第二近接原子である鉄の寄与がみられるはずである（図 8.16）．しかし，セレン酸（SeO_4^{2-}；図では Se(VI) と示した）の吸着種の RSF では，最近接の酸素以外に近接する元素は明確には見られず，第二近接原子とし

8.6 吸着種の構造と元素の濃度・同位体比

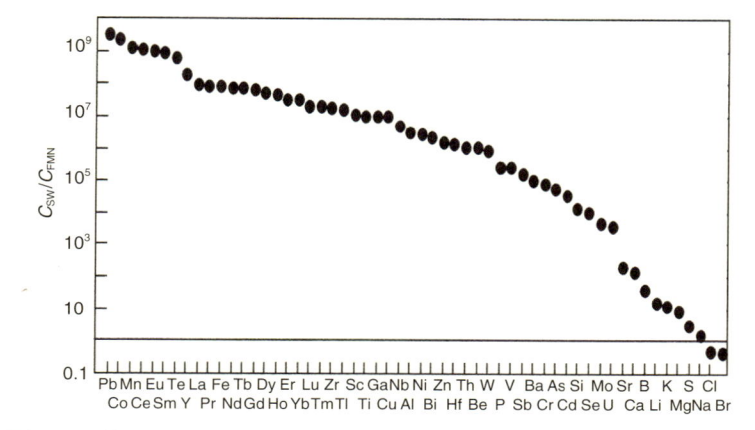

図 8.15 鉄マンガンクラスト（C_{FMN}）と海水（C_{SW}）中の元素濃度の比 [34]

ての鉄の存在は確認されない．そのため，セレン酸は吸着媒である水酸化鉄と直接の結合をもたないことが示唆される．このような吸着種は，水和したまま静電的に固液界面に引き寄せられていると考えられ，外圏錯体とよばれる（10.5.2 項）．このように EXAFS 解析から，セレン酸は水酸化鉄に対して外圏錯体を形成して吸着されることがわかる（図 8.16）．

一方，図 8.16 に示した他の亜セレン酸（SeO_3^{2-}；Se(IV)），亜テルル酸（TeO_3^{2-}；Te(IV)），テルル酸（$Te(OH)_6$; Te(VI)）の場合には，RSF に第二近接原子である鉄の寄与がみられる．このことから，これらの吸着種は水酸化鉄表面の酸素と結合をもって吸着されることがわかり，これは内圏錯体とよばれる．内圏錯体と外圏錯体を比べると，直接化学結合をつくる内圏錯体のほうが固相とより安定な表面錯体をつくるため，固相へ分配されやすい．

実際の海洋を考えた場合，セレンの多くはセレン酸として存在するが，これは外圏錯体を形成しやすいので，吸着を通して固相に濃縮することはない．テルルは海水中で 4 価と 6 価のどちらも取りうるが，いずれの化学種も内圏錯体を形成するため，固相に吸着し固定されやすいと予想される．これらの傾向は鉄マンガン酸化物への濃縮度とも相関しており，セレンに比べてテルルのほうが鉄マンガン酸化物への分配係数が 10^5 以上大きく，濃縮されやすい．このように，固液界面で内圏錯体と外圏錯体のいずれを形成するかが，元素の吸着に

229

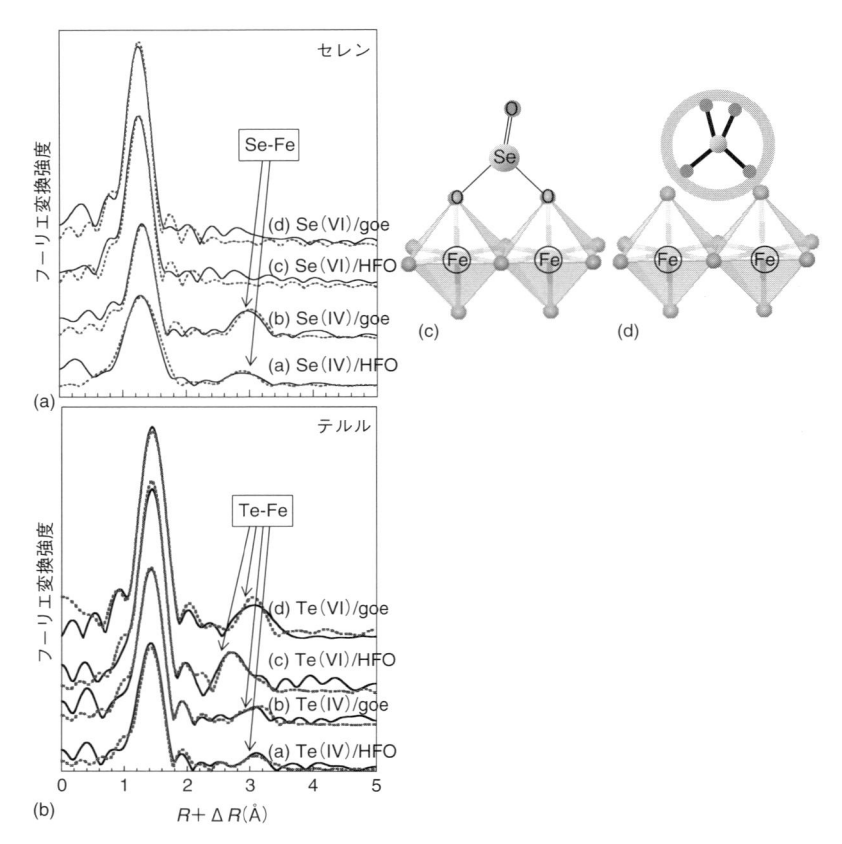

図 8.16 フェリハイドライト（HFO）およびゲーサイト（goe）に吸着された（a）Se(IV) と Se(VI)，（b）Te(IV) と Te(VI) の EXAFS の動径構造関数（[33] および未発表データ）および（c）内圏錯体および（d）外圏錯体の模式図

よる濃縮度を支配することがわかる．

この外圏錯体と内圏錯体のいずれを形成しやすいかという問題も，図 8.13 で示したようにオキソ酸の酸性度と関連がみられる [3, 35, 36]．つまり硫酸（pK_{a2}: 1.99），セレン酸（pK_{a2}: 1.70），モリブデン酸（pK_{a2}: 3.87）などの強い酸の場合には，外圏錯体として吸着される傾向が強い．一方で，タングステン酸（pK_{a2}: 4.6），亜セレン酸（pK_{a2}: 8.46），テルル酸（pK_{a2}: 11.0）などは内圏錯体として吸着される傾向が強い（図 8.17a）．

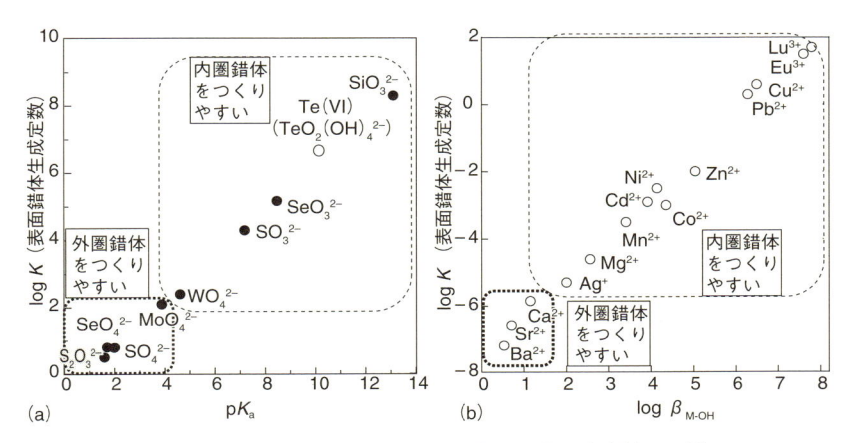

8.6 吸着種の構造と元素の濃度・同位体比

図 8.17 pK_a および log β_{MOH} と表面錯体生成定数の関係
(a) 陰イオン，(b) 陽イオン．外圏および内圏錯体をつくりやすい化学種も区別した．

同様に陽イオンについても，水酸化物イオンとの錯生成定数 β_{MOH} と表面錯体定数 K_{int-2} も，LFER を反映してよく相関する [35]（図 8.17）．たとえば，β_{MOH} や K_{int-2} が小さな Sr^{2+} や Ca^{2+} などは，外圏錯体として水酸化鉄に吸着されるが [37, 38]，β_{MOH} や K_{int-2} が大きな遷移金属イオンや REE は内圏錯体として吸着される [39]．これらの結果は，海洋中の元素の分配を示した図 8.13 ともよく相関しており，水酸化鉄のような酸化物への吸着挙動と海洋中の元素の濃度が強く関連していることがここでもわかる．

8.6.2 固液界面の微量元素の吸着と同位体分別

前項では，海水中の微量元素の濃度は固液界面への吸着種の構造から議論できることがわかった．一方，微量元素の同位体比は，濃度情報と並んで地球化学の重要な研究ツールである．とくに近年，マルチコレクター型 ICP 質量分析計の発展に伴い，比較的重い元素の安定同位体比の分別が議論されるようになってきた [40]．そこでここでは，最近明らかになってきた重元素の同位体比の変動と化学種の関係について述べる．

このような重元素のなかで，とくにモリブデン同位体比について多くの研究がなされている．詳細は 8.7 節で述べるが，モリブデンでは酸化的な海洋に存在

第 8 章 分子地球化学：元素の性質に基づく地球進化や物質循環の考察

する鉄マンガン酸化物に軽い同位体が選択的に取り込まれ，$\delta^{97/95}$Mo が 2‰ を超える大きな同位体分別値を示す [41, 42]．これは重元素の安定同位体の分別としては大きいが，その同位体分別メカニズムには明確な説明がなされていなかった．その原因は，固液界面の化学種の解明が難しかったためである．XAFS法に基づく吸着種の解明から，この同位体分別のメカニズムの理解が可能である [36, 43]．

ここでは，鉄マンガン酸化物を構成する水酸化鉄およびマンガン酸化物に対するモリブデン酸（MoO_4^{2-}）の吸着種を XANES および EXAFS から調べた例を示す [36]．モリブデンの L_{III} 吸収端 XANES は，モリブデンの対称性（4配位または 6 配位）に敏感である．その特徴を利用して，酸化的な海水中で安定な 4 配位四面体のモリブデン酸イオンは，4 配位を保ったまま外圏錯体として非晶質水酸化鉄（フェリハイドライト）に吸着されることがわかった（図 8.18）．一方，マンガン酸化物に吸着される場合には，6 配位に対称性を変えて内圏錯体として吸着されることがわかった．同様に EXAFS からも，モリブデン酸は水酸化鉄およびマンガン酸化物の 2 つの固相にそれぞれ外圏錯体および内圏錯体として吸着されることがわかった．また EXAFS の解析から，マンガン酸化物に吸着された場合，モリブデンと隣接酸素との平均的な結合距離は長くなることがわかった．さらに，結晶性の異なる（水）酸化鉄であるゲーサイトおよびヘマタイトへの吸着種は内圏錯体を生成し，その対称性（＝Mo(4 配位) と Mo(6 配位) の比）は，フェリハイドライト＜ゲーサイト＜ヘマタイト＜マンガン酸化物の順に 6 配位の吸着種の割合が増えることを示した．また天然の鉄マンガン酸化物中で，モリブデンはマンガン酸化物相に取り込まれていることもわかった．

一方，これまでのモリブデン同位体比に関する報告から，溶存種に対するモリブデン吸着種の同位体比が，フェリハイドライト＞ゲーサイト＞ヘマタイト＞マンガン酸化物の順に小さくなり，このうちフェリハイドライトへの吸着種は，溶存種とほぼ同じ同位体比を示すことがわかっている．この同位体分別の傾向は，上で示した吸着種の構造情報ときわめて整合的である．

Bigeleisen と Mayer は，その安定同位体分別に関するバイブル的論文 [44]の中で，「同位体平衡にある 2 つの化学種では，強い結合（＝配位数が小さい，結合距離が短い）をもつ化学種に重い同位体が濃縮する」と述べている．これは，

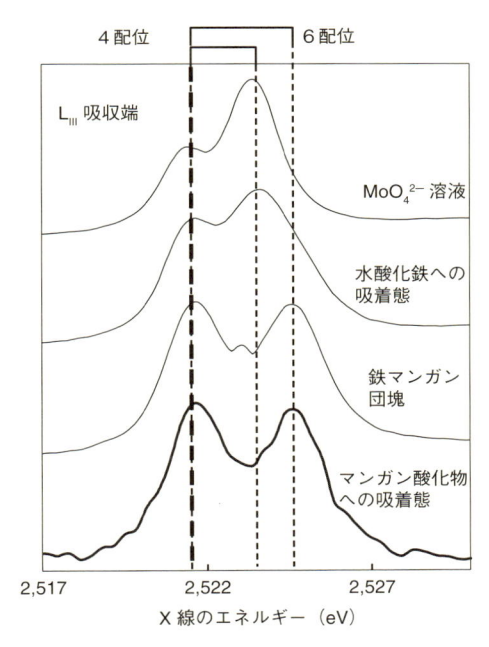

8.6 吸着種の構造と元素の濃度・同位体比

図 8.18 モリブデン酸溶液，天然の鉄マンガン団塊中のモリブデン，水酸化鉄およびマンガン酸化物へのモリブデンの吸着種のモリブデン L_{III} 吸収端 XANES

量子化学的な検討から得られた一般則で，重い同位体が軽い同位体に比べてわずかにゼロ点エネルギーが低いことに由来する．この分別則に基づくと，溶存モリブデン酸イオンが4配位のまま外圏錯体として水酸化鉄に吸着される場合，配位環境にほとんど変化がないので，同位体比は変わらなくてよい．一方で，マンガン酸化物への吸着種である6配位化学種では，配位数が4から6に増加し結合距離が長くなるので，軽い同位体が選択的に吸着されることが理論的にも支持される．また，これらの中間的な配位構造（4配位化学種と6配位化学種の混合物）を示すゲーサイトとヘマタイトへの吸着種では，同位体分別の程度も中間的であった．また，天然の鉄マンガン酸化物に軽いモリブデンが選択的に取り込まれることは，鉄マンガン酸化物中のモリブデンのホストがマンガン酸化物であることから説明できる．以上のように，これまで説明が困難だった海洋環境でのモリブデン同位体分別のメカニズムも，吸着種の構造を明らか

にすることで明快に説明できる．

吸着反応を例に本節で示したとおり，対象とする系での化学種を明確にすることにより，天然環境での濃度および同位体比の変動は，非常にきれいに説明できる．これまでの微量元素地球化学では，化学種の情報が欠如していたため，その濃度や同位体比の変動を合理的に説明できないこともあった．今後微量元素についても，化学種の解明に基づく地球化学反応の解析に基づいて，地球で起きる化学物質の挙動の正確な将来予測が可能になると期待される（分子地球化学）．

8.7 元素濃度・同位体比に基づく地球の酸化還元状態の変化の考察

第6章でも述べたとおり，地球は25億年前ころにシアノバクテリアなどの酸素発生型光合成細菌が出現し，その結果，おおよそ25億年前から18億年前にかけて，大気海洋系の酸素濃度が増大した．これは Great Oxidation Event（GOE；大酸化イベント）とよばれている．そしていったん酸素濃度は $P_{O_2} = 10^{-2}$（atm）程度で安定した後で，8億年前から5億年前にかけてふたたび酸素濃度が増加して現在のレベルに達したと考えられている（図 8.19 [45]）．一方で，こうした大気進化に対応した海洋全体の酸化還元状態の変遷には，従来とは異なる説が微量元素の濃度や同位体比から議論されている．これまでは，海洋が酸化的な状態に変化する過程は，

(1) 大気–海洋系において，酸素が乏しい環境でシアノバクテリアが酸素を放出した．
(2) 大気と海洋表層が酸化的状態に変化し，縞状鉄鉱床が形成した．
(3) 海洋深層まで酸化的になり，縞状鉄鉱床の生成が止まった．

というプロセスで起きたと考えられていた [46]．これに対して Canfield は，硫黄同位体比などの検討から，GOE 以降の海洋中の酸化還元環境に関して新たな解釈の可能性を指摘した [47]．とくに重要なのは，18億年前に縞状鉄鉱床の生成が止まった理由として，硫化物イオンが支配的な海洋が出現したためと指

8.7 元素濃度・同位体比に基づく地球の酸化還元状態の変化の考察

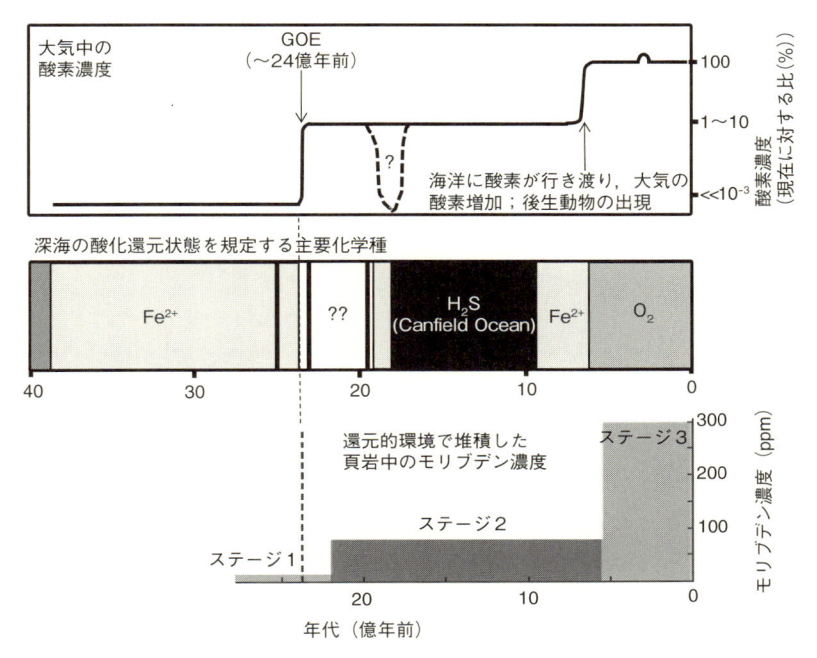

図 8.19 大気および海洋の酸化還元状態の変化 [45] と還元的環境で堆積した頁岩中のモリブデン濃度 [42]

摘した点にある．またこの現象には，大気中の酸素濃度が増大し，硫化物の酸化的風化により多くの硫酸イオンが海洋にもたらされたことが関係しているとしている．この Canfield 説が発表されてから，GOE 以降の海洋の古酸化還元状態について，微量元素の濃度や同位体比を用いた多くの研究がなされている．それらについて，扱っている現象の年代順に，ニッケル濃度，クロム同位体，モリブデン濃度・同位体比に関する研究を紹介する．

ニッケルは，水中では 2 価のみが安定であり，酸化還元環境の変化では挙動は大きく変化しない．これが，後に述べるクロムやモリブデンと大きく異なる点で，酸化還元状態に応答する微量元素としてはユニークな存在である．そのため，縞状鉄鉱床（banded iron formation, BIF）中のニッケル濃度は，海水から酸化鉄への単純な吸着反応で決まり，BIF 中のニッケル濃度は当時の海水中の濃度を反映すると考えられる．一方ニッケルは微生物のメタン生成に必須の金

第 8 章　分子地球化学：元素の性質に基づく地球進化や物質循環の考察

属イオンであり，海洋中のニッケル濃度の減少は，大気中のメタン濃度の減少をひき起こす．さて，初期の生命は，高温環境に生息し，二酸化炭素を水素で還元してメタンを生成する際のエネルギーを利用して有機物を合成していたと考えられている．これらはメタン生成菌とよばれ，その活動によって GOE 以前は大気中のメタン濃度が比較的高かったと推定されている．またメタン生成菌の増加は，シアノバクテリアの活動以前に二酸化炭素濃度を減少させた可能性が指摘されている [48]．こうした背景の下で Konhauser らは，BIF 中のニッケル濃度の変化から，27 億年前ころに海洋中のニッケル濃度が減少したことを指摘した [49]．またこの原因として，このころ上部マントルの温度が低下し，ニッケルに富んだ超塩基性岩の噴出が減った結果，海洋中のニッケル濃度が減少した可能性を示した．そして，海洋中のニッケル濃度が減少した結果，メタン生成菌の活動が弱まり，それが後のシアノバクテリアによる酸素増大を誘発する環境を生んだと指摘している．この研究は，テクトニックな要因と微量元素濃度・微生物活動・大気進化を結び付けている点で興味深い．

クロム（Cr）の同位体は，GOE 直後の酸素濃度の変化を時間分解能よくとらえられる点で重要であろう．クロムは地球表層では 3 価（Cr^{3+}）と 6 価（クロム酸；CrO_4^{2-}）の状態をとる．クロム同位体比（$\delta^{53/52}Cr$；δ の定義は式 (5.8) と同様）では，酸化的な陸上での風化で Cr(III) からクロム酸が生成する際に重い同位体がクロム酸側に濃縮される．クロム酸は，Cr(III) に比べて溶解性が高く，海洋でのクロムの主要な溶存種と考えられる．また，海洋のクロム同位体比は酸化鉄などへの吸着過程で分別をあまり起こさないため，海洋のクロム同位体比は BIF などにそのまま記録される．Frei らは，このようなクロム同位体比を年代の異なる BIF について測定した [50]．その結果，GOE の前にいったん増加した BIF 中のクロム同位体比は，18.8 億年前ころまでに減少したことを示した．このことは，GOE の前に大気中の酸素濃度の一時的な増加があったこと，また GOE 以降酸素濃度はやや減少傾向にあったこと，などを示している．

こうした GOE 前後での大気海洋系の酸化還元状態が活発に研究される一方，Canfield の説で重要な点，つまり原生代中期（18 億〜7.5 億年前ころ）において硫化物が支配的で euxinic（還元的で硫化物が生成する環境；Euxine Sea（黒海の古名）が語源）な海洋が存在したことについて，多くの地球化学的知見が発表されている．これを示す最も重要な研究が，モリブデン同位体比（$\delta^{98/95}Mo$）

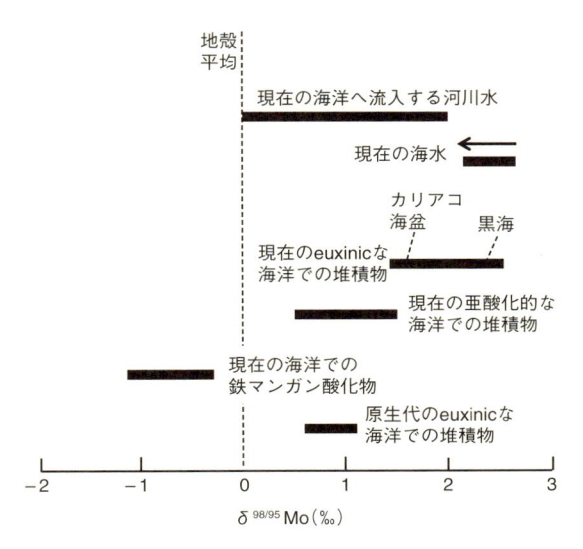

8.7 元素濃度・同位体比に基づく地球の酸化還元状態の変化の考察

図 8.20 さまざまな環境でのモリブデン同位体比 [42]

による古酸化還元状態の推定である．$\delta^{98/95}$Mo には，(i) 酸化的な海洋に存在する鉄マンガン酸化物にモリブデンが取り込まれる際に大きな同位体分別を示すこと（8.6 節），(ii) 硫化物中の $\delta^{98/95}$Mo は系に存在するモリブデンをほぼ完全に取り込むため同位体分別が小さく，当時の海水の同位体比を示すこと，(iii) モリブデン（モリブデン酸）の平均滞留時間（図 8.14）が長く，$\delta^{98/95}$Mo は海洋全体で均一だったと考えられること，などの特徴がある [42]．そのため，硫化物中の $\delta^{98/95}$Mo は，当時の海洋で酸化的な沈殿物（鉄マンガン酸化物など）が多いと重いほうにシフトし，それが古海洋での酸化的沈殿物の量を示すと考えられている．現世の黒海やカリアコ海盆（ベネズエラ）の硫化物沈殿の $\delta^{98/95}$Mo（地殻平均が標準）は，現在の海洋で多くの軽いモリブデンが鉄マンガン酸化物に取り込まれる結果，大きな $\delta^{98/95}$Mo（1.5～2.7‰）を示す．これに対して，原生代中期の $\delta^{98/95}$Mo は 0.4～1.5‰ となり，現在とは異なる海洋環境，つまり鉄マンガン酸化物の少ない還元的な海洋の証拠と考えられている（図 8.20）．ただし，硫化物の $\delta^{98/95}$Mo 比がどの程度海洋全体の値を反映するかについては，多くの議論がある．

同様の結論は，euxinic な環境で生成した黒色頁岩中のモリブデン濃度からも

第8章 分子地球化学：元素の性質に基づく地球進化や物質循環の考察

指摘されている．図 8.19 にはこのような頁岩中のモリブデン濃度の 3 つのステージを示した [42]．モリブデンの海洋での収支は，陸上での風化による海洋への供給に依存するのに対して，シンクである硫化物と酸化物の比は，海洋の酸化還元状態に応じて変化する．ステージ 1 は還元的環境にあるため，陸上の風化から硫酸イオンが海洋に供給されないため，海洋で硫化物が沈殿されない．そのため，モリブデンが硫化物に固定されず，頁岩中のモリブデン濃度は低い．次にステージ 2 では，硫化物の沈殿が海洋全体で生じ，モリブデンがこれに取り込まれる．次にステージ 3 では，酸化的な環境になったため，硫化物を含む頁岩の生成が一部の地域に限られ，そこにモリブデンが濃集する．ステージ 2 と 3 を比べると，ステージ 2 では，硫化物の沈殿が汎世界的に起きたため，結果的にステージ 3 よりも頁岩中のモリブデン濃度が低くなったと解釈されている．このような検討から，頁岩中のモリブデン濃度は，24 億年前の GOE 以降から 7 億年前まで海洋全体が euxinic な環境にあったことを示していると考えられている．

以上のように，微量元素の濃度や同位体比を物理化学的に解釈することによって，客観的なデータから過去の地球進化の歴史をたどることができるようになってきた．こうした証拠が積み重ねられることにより，これまで得てきた地球進化の描像は複雑になる傾向にある．しかしながら，実際には途方もない年月である太古代や原生代の歴史は，研究が詳細になるにつれて複雑化するのはむしろ当然である．そのため，求める答えがより複雑になるのを恐れてはならないが，それだけに，物理化学的な証拠が明確な事実を積み上げていくことが，今後の地球進化の研究において重要である．

8.8 微量元素の反応性に基づく生物地球化学

本章ではここまで，地球の分化や進化に伴う元素の分配についてみてきた．これらの元素の分配のひとつの帰結として，生物への元素の分配がある（図 8.1 には生体必須元素 [51]を示してある）．一方，海水中の元素濃度とヒトの血液中の元素濃度は相関（図 8.21）していることが知られており，海洋から生命が生まれたことの根拠のひとつとなっている [52, 53]．海洋中の元素濃度は，地球化学的な反応の結果決定されると考えられるので，生物進化における元素の必須

8.8 微量元素の反応性に基づく生物地球化学

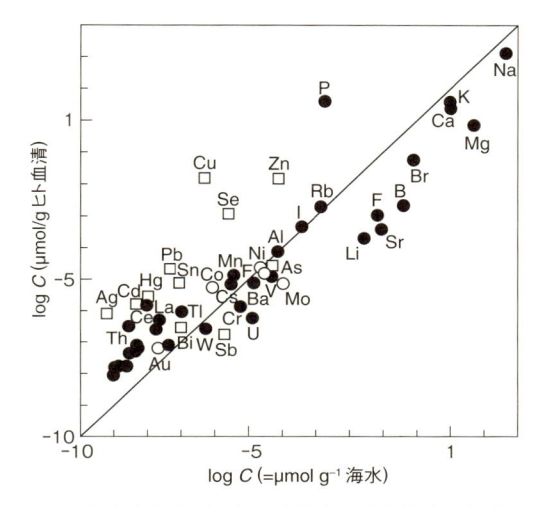

図 8.21 海水中およびヒトの血清中の元素濃度の相関 [53]
○：親鉄元素, ●：親石元素, □：親銅元素.

性の歴史は，地球の化学環境の変化と相関している可能性がある．

まず，現在の海洋への元素の分配を考えてみよう．図 8.22 には，海洋に元素を供給するおおもととなる上部大陸地殻の元素濃度を反映した頁岩中の元素濃度 [54] を原子番号順に第 5 周期までプロットし，生体必須元素 [51] を区別した．一見して，頁岩中の濃度が高い元素ほど海洋中の濃度が高い結果として，生体必須元素になったと考えられる．しかし，Al^{3+}，Ti^{4+}，Ga^{3+}，Zr^{4+} などは，生体必須元素である陽イオンのなかで最も濃度が低い Co^{2+} よりも頁岩中の濃度が高いにもかかわらず，生体必須元素ではない．これは 8.4 節でも示したとおり，これらがイオンポテンシャルの大きな陽イオンであるため水溶解性が低く，地殻中の濃度は高いが海水中の濃度が低いため，進化の過程で生体必須になれなかったと考えられる．

一方で，Co^{2+} よりも頁岩中の濃度がおよそ 1 桁以上低い，SeO_4^{2-}，MoO_4^{2-}，I（溶存種：IO_3^- および I^-）は，生体必須元素である．これらのうち SeO_4^{2-} や MoO_4^{2-} は，8.6 節で述べたとおり固相への吸着種が外圏錯体をとりやすく，水溶解性が高い元素である．そのため，これらの元素では地殻中の濃度は低いが水に溶けやすいために，生体必須元素になりえたと考えられる．このように，

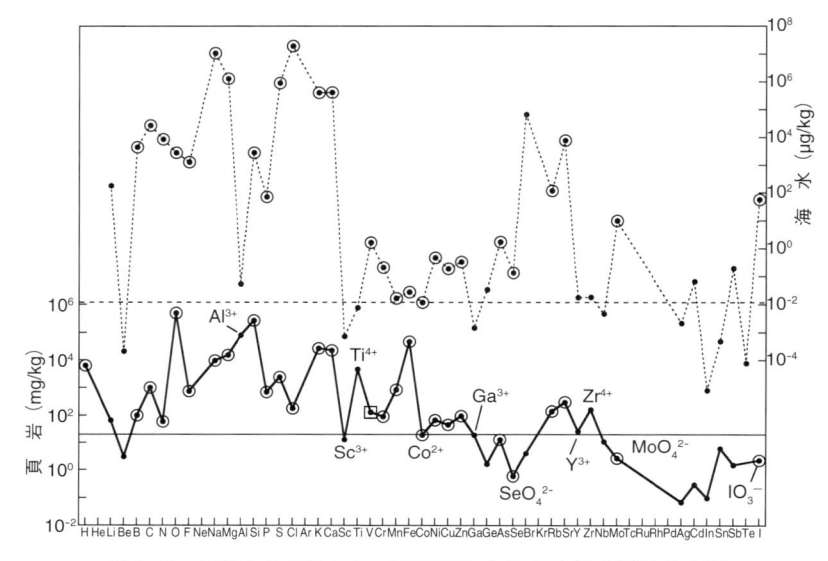

第 8 章　分子地球化学：元素の性質に基づく地球進化や物質循環の考察

図 8.22　頁岩および海水中の元素濃度（●）と生体必須元素（○）

　元素の生体必須性は，地殻中の元素濃度と元素の水溶解性から系統的に理解することができる．

　このことは，過去の地球の物理化学的状態から予想される海水中の元素濃度から，生体必須元素の変遷を予想できることを示唆する．こうした見地に立って，Williams らは，物理化学的に予想される過去の海水中の微量元素濃度と生体必須元素の関係について多くの指摘を行っている [55, 56]．ちなみにこの Williams は，8.2.4 項で述べたアービング–ウィリアムズ（Irving–Williams）系列を提唱した Williams 博士であり，60 年近くにわたって錯体化学の知見に基づく生命進化の議論をリードしている．Williams と da Silva [55]は，現在の酸化的な海水に対して，初期海洋における硫化水素濃度が 10^{-2} M であると仮定し，海水中のフリーなイオンの濃度を推定した（表 8.3）．それによると，Na^+，K^+，Mg^{2+}，Ca^{2+} などの主要イオンの濃度は大きく変化しないが，現在の酸化的環境では酸化物の沈殿をつくる鉄やマンガンの濃度が，初期海洋では高かったと推定される．さらに Williams と da Silva は，硫化物が安定な銅や亜鉛の濃度は初期海洋では低かったと推定しており，そのため初期生命体には銅や亜鉛を利用する酵

表 8.3 酸化的海洋および硫化物イオン濃度が高い初期海洋での元素濃度 [54]

金属イオン	初期海洋での濃度（M）	酸化的海洋での濃度（M）
Na^+	$> 10^{-1}$	$> 10^{-1}$
K^+	$\sim 10^{-2}$	$\sim 10^{-2}$
Mg^{2+}	$\sim 10^{-2}$	$> 10^{-2}$
Ca^{2+}	$\sim 10^{-3}$	$\sim 10^{-3}$
Mn^{2+}	$\sim 10^{-6}$	$\sim 10^{-8}$
Fe	$\sim 10^{-7}$ (Fe^{II})	$\sim 10^{-19}$ (Fe^{III})
Co^{2+}	$< 10^{-9}$	$\sim (10^{-9})$
Ni^{2+}	$< 10^{-9}$	$< 10^{-9}$
Cu	$< 10^{-20}$（非常に低い），Cu^I	$< 10^{-10}$, Cu^{II}
Zn^{2+}	$< 10^{12}$（低い）	$< 10^{-8}$
Mo	$< 10^{-10}$ [MoS_4^{2-}, $Mo(OH)_6$]	10^{-8} (MoO_4^{2-})
W	$\sim 10^{-9}$ [WS_4^{2-}]	10^{-9} (WO_4^{2-})
H^+	pH 低い (6.5?)	pH 7.6〜8.2 (海水)
H_2S	10^{-2}	低い [SO_4^{2-} (10^{-2})]
HPO_4^{2-}	10^{-3}	$< 10^{-3}$

素はなかっただろうと述べている [55]．また Saito ら [57] は，同様の考えを推し進めてより定量的な検討を行い，硫化物イオンが支配する環境での元素の溶存濃度を推定し，生物の進化との対応を解析している．

ここで議論された微量元素のなかでも，同族で化学的に類似しているモリブデンとタングステンは，表 8.3 で対照的な変化を見せている点で興味深い．これらのイオンは，酸化的な海洋ではほとんど同じ形状のモリブデン酸（MoO_4^{2-}）およびタングステン酸（WO_4^{2-}）として溶解する．8.6 節で述べたとおり，現在の酸化的海洋ではモリブデン酸は，固液界面で外圏錯体を形成しやすいことから，金属酸化物による除去を受けにくく，溶存濃度は比較的高い．一方でタングステン酸は，水酸化鉄やマンガン酸化物に内圏錯体として吸着されるため [43]，現在の海水中の濃度は低い（図 8.15）．これに対し，硫化物イオン濃度が高い初期海洋では，モリブデンが硫化物としてより沈殿しやすいことから，タングステンのほうが溶存濃度が高かったと推定されている（表 8.3）．これは，タングステン酸の W–O 結合が安定であるため，モリブデンのほうが硫化物になりやすいという分子軌道計算の結果からも支持される [58]．

生物側からみてみると，モリブデンは現在，ほとんどの生命体において窒素

固定酵素に必要な必須微量元素である．一方で，還元的な海洋環境に存在し，最適生育温度が 100℃ 程度の好熱性古細菌である *Pyrococcus furiosus* の成長にはタングステンが必要であることが報告されており，タングステンを含む 5 種類の酵素が同定されている [59, 60]．海底熱水系は初期生命体の活動の場であったと考えられるので，この微生物学的な知見と Williams と da Silva の物理化学的な予想は，互いに整合的であるといえる．

別のアプローチとして Dupont ら [61] は，古細菌（23 種），バクテリア（233 種），真核生物（57 種）を調べ，全遺伝子にプログラムされた全タンパク質の数に対して亜鉛，鉄，マンガン，コバルトを含むタンパク質の数をプロットし，log–log スケールで両者がよく相関することを見いだした．そして，その傾きを調べた結果，亜鉛の場合にこの傾きが，古細菌 < バクテリア < 真核生物となっていることを見いだした．これは，進化の途上で真核生物がより亜鉛を使うタンパク質を増やしていったことを示唆している．古細菌と真核生物は，それぞれ還元的および酸化的環境で進化したと考えられ，亜鉛濃度は還元的環境から酸化的環境に変化する際に増加したと考えられるので（表 8.3），ここでも微生物学的な知見と地球化学的推定は整合的である．

これらの知見は，地球の物理化学的環境が元素の溶解性に影響を与え，その結果として生物の生理的な進化がコントロールされていることを示唆しており，こうした地球と生命の進化における両者の相互作用は，現在さまざまな角度から活発に研究されている．8.7 節で述べた大気の進化の研究や微量元素の同位体比の分別機構の解明なども含めて，物理化学，地球化学，生命科学を融合した研究が，地球と生命の共進化の研究をより確かで精密なものに導くであろう．

8.9 　有害元素の環境挙動解析

酸化還元状態の変化と微量元素の挙動の変化が重要なのは，地球進化の研究ばかりではない．たとえば，現在水圏で最も大きな環境問題とされる東南アジアでの地下水ヒ素汚染の問題 [62〜64] などでも，こうした元素の化学状態の違いによる挙動変化がきわめて重要である．

ヒ素は，地球表層の岩石，堆積物，土壌などに数 ppm 程度の濃度で含まれている．主要な酸化数である As(III) および As(V) は，地球表層でいずれもオキ

ソ酸（H_3AsO_3 および H_3AsO_4）を形成し，非解離の中性化学種または陰イオンとして水に溶解する．一方，現在の酸化的環境では酸化物が主体であるため，鉱物表面は中性の pH では負に帯電している場合が多い．そのため，鉱物への吸着はより陽イオンに対して重要になる．そのため，ヒ素はとくに pH が中性の領域では沈殿形成や鉱物表面などへの吸着を受けにくく，比較的水に溶けやすい元素である．一方でヒ素は人体に有毒な元素であり，そのため古くから環境化学的に多くの研究がなされてきた．とくに 1990 年代後半以降は，インド西ベンガル州やバングラデシュなどの西ベンガル地方，カンボジア，ベトナムなどにおいて，ヒ素を高濃度に含む地下水に関する報告が相次ぎ，ここ数年は地下水中のヒ素に関する論文が毎年 100 編以上報告されるに及んでいる．この東南アジアにみられる地下水中の高濃度のヒ素は，各地域で自然に発生したもので，人為的に放出されたものではない．そのため，その生成メカニズムの解明は，世界の他の地域でも生じると考えられる．そのため，高濃度のヒ素の溶出現象の原因を地球化学的に把握することは重要である．これまでヒ素の生成メカニズムとして，固相中でヒ素を保持している水酸化第二鉄が還元的な地下水中で還元・溶出することに伴い，ヒ素も溶出することが考えられている．

このことは，XAFS を用いた状態分析により詳細に調べることができる．たとえば，バングラデシュの堆積物中のヒ素は，不飽和層（4 m 以浅）ではヒ酸（As(V)）が主要な化学種であるが，地下水面以下では亜ヒ酸（As(III)）の割合が急増し，10 m 以深ではほとんどが亜ヒ酸として存在することが多い [65]（図 8.23）．同様に，鉄の状態も K 吸収端 XANES から求めることができる．図 8.23 では，鉄の酸化数を表す XANES のプレエッジピークのエネルギーシフトを示しているが，これはとくに堆積物の粒子表面で鉄の還元が進行していることを意味する．一般にバングラデシュなどでは，不飽和層では Fe(III) が支配的であるが，地下水面付近で Fe(II) の割合が急増し，深部に向かって Fe(II) が支配的になることが多い．これらの結果は，ヒ酸や水酸化第二鉄の還元反応が飽和層と不飽和層の境界付近で起こっていることを示している．こうした還元反応の進行は，地下水中のヒ素濃度と相関がある．つまりヒ素や鉄の還元に伴って，地下水中のヒ素濃度が増加することが多い．これらは，(i) ヒ酸は水酸化鉄と内圏型の表面錯体を形成するが，亜ヒ酸では外圏型の錯体ができやすいため，ヒ酸よりも亜ヒ酸で水溶解性が増すこと，(ii) ヒ素のホスト相である水酸化第二

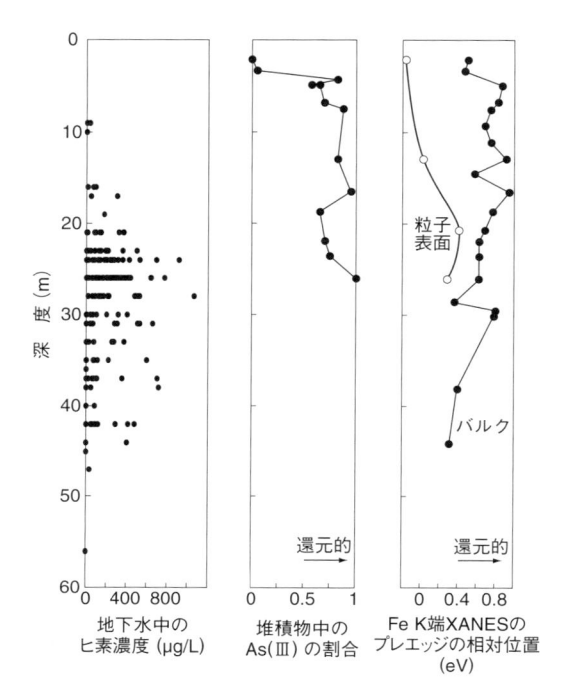

第 8 章　分子地球化学：元素の性質に基づく地球進化や物質循環の考察

図 8.23　地下水中のヒ素濃度の深度プロファイルと堆積物中の As(III) の割合と鉄の価数 [65]
深さの異なる井戸で採取した水試料の分析による．

鉄が還元し，Fe(II) となって溶解することでヒ素が放出されること，などから考えて，高濃度ヒ素地下水の形成の原因と考えられる．

バングラデシュでは，井戸の設置による大量の地下水の揚水が 1990 年代以降行われるようになったことから，ここで述べたような化学的な要因のほかに，井戸の設置と利用の影響などに関連した原因解明も行われている [66]．またバングラデシュの地下水ヒ素汚染の特徴として，高濃度ヒ素が見いだされる井戸のすぐそば（メートルオーダーあるいはそれ以下）の井戸で低いヒ素濃度がみられるなど，空間的に不均質性が大きいことも特徴である．これらの現象の解明のために，現在も多くの研究が進行中である．

一方，水田は西ベンガル地方での主要な土地利用形態であり，稲や人体への移行も考えられるため，水田に関連したヒ素の挙動解明が近年盛んに研究され

ている [67～69]．とくに水田には，土壌が還元的な状態となる湛水期と酸化的な非湛水期があり，上記のヒ素の溶出メカニズムを考慮すると，酸化還元状態が周期的に変化する水田土壌でのヒ素の挙動は，環境化学的に重要な研究対象である．実際の圃場を用いた実験において，土壌水・地下水中の鉄，マンガン，ヒ素は，非湛水期に比べ湛水期で高い濃度を示した [69]．また，湛水期では表層が水に覆われるため，その下の土壌層はより還元的になることが実測された．これらのことは，ヒ素の溶出が水酸化第二鉄相の還元的溶解に依存するというこれまでの知見と整合的である．またこうしたホスト相の溶解以外に，ヒ酸が亜ヒ酸に還元されることで，ヒ素自身の溶解性が増すことも指摘されている [70]．

以上述べてきたように，元素の化学種と，その個々の化学種の性質を明確にすることが，ヒ素のような環境化学的に重要な元素の挙動解明にも貢献することがわかる．今後は，このような化学種の情報が，有害物質の挙動解明の研究に不可欠となるであろう．

8.10 微量元素存在度に反映される化学種の情報

8.10.1 希土類元素の固液分配パターン

8.5 節でも述べたとおり，水圏に存在する懸濁物質は，希土類元素（REE）やアクチノイド元素の重要なキャリアであり，この吸着反応の理解は放射性廃棄物の地層処分などで重要なアクチノイドの挙動予測においても，主要な研究対象である．アクチノイド元素が天然に存在した場合の挙動については，室内系での多くの研究があるが，天然には存在しない Am(III) や Cm(III) などの挙動の解明には，アナログとなる元素を用いて天然での挙動を予想している．Am(III) や Cm(III) と 3 価の REE は熱力学的な性質が似ているため，もし REE パターンに化学種の情報が内包されていれば，天然で実際に起きている REE の吸着反応について新たな知見が得られる可能性が出てくる．そこで本節では，REE パターンの変化と化学種の関係について述べ，とくに電子軌道の安定化が，REE パターンにみられるテトラド効果や Y/Ho 比の変動に与える影響や，固液界面での反応の関係について紹介する．なお，本節でこの話題を取り上げる理由は，本節の議論が有害元素の挙動解析，電子状態とイオン半径の関係，REE パター

第 8 章 分子地球化学：元素の性質に基づく地球進化や物質循環の考察

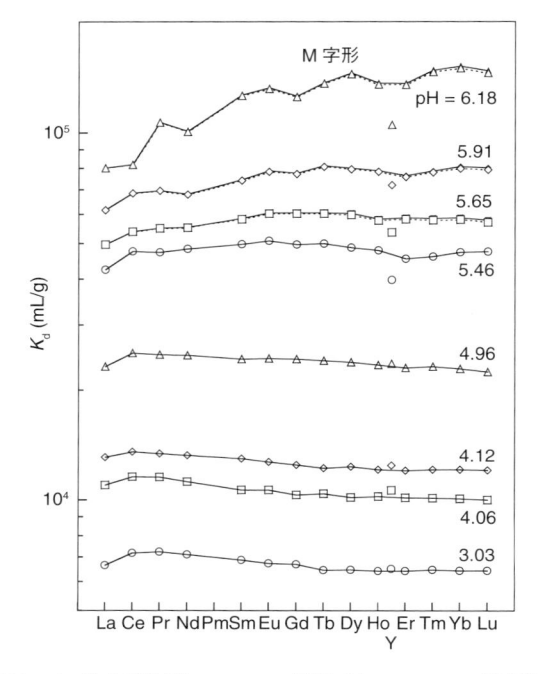

図 8.24 水–粘土鉱物間の REE の分配パターンの pH 依存性 [70]
K_d: 吸着分配係数.

ンなど，本章で述べてきた内容と関連が深いためでもある．

さて，吸着に関する REE の分配パターンの例として，水とモンモリロナイト（粘土鉱物の一種．土壌などにおいて金属イオンを吸着する）の間の REE の分配係数（K_d，固/液）を原子番号順にプロットした結果を示した（図 8.24）．その結果，pH が低い場合（$4<pH<5$）には，イオン半径が大きな軽希土類（LREE）ほど，より吸着されることがわかる．一般に REE のように同じ価数のイオン間では，イオン半径が大きなイオン（つまり LREE）ほど水和イオン半径が小さくなることが知られている．そのため図 8.24 の低 pH 領域で見られた LREE のほうが上がった REE パターンは，(i) REE が水和イオンとしてモンモリロナイトに吸着されること，(ii) 軽い REE ほど水和イオン半径が小さいためモンモリロナイトにより安定に吸着されること，という事実を示唆している．そこで

実際にレーザー誘起蛍光法（LIF 法）とよばれる手法を用いて，Eu(III) 吸着種の水和数を調べた結果，Eu(III) や REE は pH<5 で水和イオンのまま外圏錯体としてモンモリロナイトに吸着されることがわかった [70]．モンモリロナイトでは，アルミノケイ酸の骨格中に，同形置換（Si^{4+} の Al^{3+} による置換，Al^{3+} の Mg^{2+} による置換など）によって生じた永久電荷が存在する [22]．この永久電荷に対して，水和イオンが静電的に引き寄せられて吸着が起きた場合に，水和イオンがそのまま外圏錯体として吸着されると考えられる．

一方，pH が高い場合（pH 5.65, 5.91）には，重希土類（HREE；イオン半径小）ほどよりモンモリロナイトに吸着されやすくなる（図 8.24）．pH が高くなると，モンモリロナイトの層構造末端のヒドロキシ基は解離し（変異電荷），陽イオンと直接結合することが可能になる．したがって，この pH では，モンモリロナイト表面のヒドロキシ基と REE 間の内圏錯体の生成が顕著になる．その際の結合の安定性は，イオン半径が小さくイオンポテンシャルが大きな HREE ほど安定に吸着されると考えられる．LIF 法からは，pH>5.5 の領域では，Eu(III) や REE が内圏錯体を形成してモンモリロナイトに吸着されることがわかった．このように，REE パターンの pH 変化は，LIF 法から得た吸着構造の pH 変化の結果と調和的であった．このことは，REE パターンが REE の吸着種の情報を反映していることを示している．

また pH の増加に伴って，REE の分配パターンに現れる**テトラド効果**（tetrad effect）が顕著に見られた．テトラド効果とは，REE パターンの La–Ce–Pr–Nd, (Pm)–Sm–Eu–Gd, Gd–Tb–Dy–Ho, Er–Tm–Yb–Lu の部位に 4 組の湾曲した曲線を生む効果で，その原因は 4f 電子が結合へ関与する度合いに由来する．低い pH では REE が水和イオンとして吸着されるので，吸着反応の際に REE の局所的な化学状態は変化せず，配位子場は吸着によってあまり影響を受けないであろう．そのため，4f 電子の結合への関与は変化せず，テトラド効果は現れない．一方高い pH では，吸着反応の際に REE の化学種が，水和イオンから表面ヒドロキシ基との内圏錯体に変化する．後者では 4f 電子がより結合に関与するようになり，その際の自由エネルギー変化の REE 相互の差が，テトラド効果として現れる．

8.10.2 理論的解釈

テトラド効果の理論的な解釈は，川邊らにより精力的に研究されており [71]，REE パターンに現れるテトラド効果の有無や極性はラカー（Racah）係数というパラメータを用いて系統的に説明されている．ラカー係数は，配位子場の変化によって REE の 4f 電子の電子雲が拡大・縮小する効果，言い換えるとイオン結合性と共有結合性の寄与の違いを反映する．この理論によれば，吸着反応でテトラド効果が出現するのは，4f 電子の結合への関与の程度が反応の前後で変化する場合であり，REE の各化学種に固有のラカー係数を比較することで，図 8.24 に現れているテトラド効果の極性も解釈できる．以下にこの理論に基づいて，上で述べたモンモリロナイトへの REE 分配パターンのテトラド効果を説明する．

図 8.24 の K_d の対数値（$\log K_\mathrm{d}$）は，吸着反応において溶存種から吸着種に変化した際の自由エネルギー（それぞれ G_a, G_s とする）の差（ΔG_R）に対応し，次のように書ける（R, T はそれぞれ気体定数と絶対温度）．

$$\begin{aligned}
\log K_\mathrm{d} &= -\frac{G_\mathrm{s} - G_\mathrm{a}}{2.303 RT} + \mathrm{const.} \\
&= -\frac{\Delta G_\mathrm{R}}{2.303 RT} + \mathrm{const.}
\end{aligned} \tag{8.17}$$

このうち，const. とあるのは，吸着反応における REE 以外の化学種の自由エネルギー変化を表し，どの REE についても同じ値になる．ΔG_R は，各 REE の溶存種と吸着種の 4f 電子の安定性の差 ΔE を含む．これは川邊によれば，

$$\Delta E = \Delta E' + \left(\frac{9}{13}\right) n(S) \Delta E^1 + m(L) \Delta E^3 \tag{8.18}$$

と書ける [71]．ここで係数 $n(S)$ および $m(L)$ は，それぞれ全スピン量子数 S と全軌道角運動量子数 L の関数で，各 REE について決まった値となる．ΔE を決める因子のうち，$\Delta E'$，ΔE^1，ΔE^3 は REE の原子番号に対してスムーズに変化するが，$n(S)$ はガドリニウムで極小をもつカーブを描き，$m(L)$ は Nd–Pm および Ho–Er に 2 つの極小をもったカーブとなる．このことに起因して，La–Ce–Pr–Nd，(Pm)–Sm–Eu–Gd，Gd–Tb–Dy–Ho，Er–Tm–Yb–Lu の各部位の曲線として，ΔE にテトラド効果が現れる．そして最終的にその極性は，溶存種と吸着種のラカー係数の差である ΔE^1 および ΔE^3 に依存することがわかる．

$$\Delta E^1 = E_a^1 - E_s^1, \tag{8.19}$$

$$\Delta E^3 = E_a^3 - E_s^3. \tag{8.20}$$

このうち E_a^1 と E_a^3 は溶存種のラカー係数であり，E_s^1 と E_s^3 は吸着種のそれである．もし ΔE^1 と ΔE^3 が正の値をとれば $\log K_d$ の REE パターンには M 型のテトラド効果が現れ，ΔE^1 と ΔE^3 が負の値をとれば W 字形のテトラド効果が現れることが，この理論から予想される．

本研究の pH 5.65 および 5.91 の結果の実験条件では，溶存種は水和イオンであり，吸着種はモンモリロナイト表面のヒドロキシ基との内圏錯体と考えられる．このうち後者は，水酸化物イオンとの錯体と類似の性質をもつと推定される．川邊らによって報告されたラカー係数の大小関係によると，水和イオン（E_{Ln}）と水酸化物イオンとの錯体（$E_{Ln(OH)_3}$）では，

$$E_{Ln}^1 > E_{Ln(OH)_3}^1, \quad E_{Ln}^3 > E_{Ln(OH)_3}^3 \tag{8.21}$$

となる．したがって，ΔE^1 と ΔE^3 は正の値となり，この pH 領域でのテトラド効果は M 字形となると予想され，これは実験で得られたパターンと一致する．逆にいえば，M 字形のテトラド効果が現れる（図 8.24 参照）ことは，水酸化物様の内圏錯体がモンモリロナイト表面で生成していることを示唆している．

以上のように，REE の吸着反応においても，吸着種の解析から，REE パターンの傾きの変化やテトラド効果の極性をより詳細に議論できる．そして，これらの議論を基礎にすることで，REE パターンの形状の変化から，天然で REE が受ける化学反応を議論できるようになる．たとえば，東濃ウラン鉱床（岐阜県）での地下水–岩石相互作用における希土類元素の移行挙動を調べるうえでテトラド効果が有用な指標となることが示されている [72]．

8.11 おわりに

本章では，地球の分化と元素の分配，元素の水溶解性，生物の進化，環境化学などでのさまざまな例を通じて，元素がもつ化学的性質が，われわれが普段目にするマクロな現象にどのように反映されているかを説明した．とくに天然試料に含まれる微量元素に対してでも，直接的に化学種を明らかにできる手法

第 8 章　分子地球化学：元素の性質に基づく地球進化や物質循環の考察

が発達し，元素の性質に立ち戻って微量元素の濃度や同位体比の変化を議論できるようになってきた．また，ここでは詳細な記述は行わなかったが，分子軌道法などを駆使することにより，各元素の電子状態や安定な構造を推定し，それを基に地球で起きる化学反応を考察する研究も多く報告されるようになってきた．このような原子・分子レベルから，地球や環境に見られるマクロな現象を理解していく研究分野は分子地球化学とよぶことができ，今後の地球化学が発展する主要な方向性のひとつとなるであろう．

◎ 参考文献

[1] Goldschmidt, V. M., "Geochemistry", (Muir, A. ed) Clarenton Press, Oxford (1954).
[2] 平田岳史，『マントル・地殻の地球化学』，地球化学講座 3，日本化学会監，培風館 (2001).
[3] Lin, H.-F., et al., Science, **308**, 1892 (2005).
[4] Drake, M. J. and Righter, K., Nature, **416**, 39 (2002).
[5] Pearson, R. G., J. Chem. Educ., **45**, 581 (1968).
[6] 鹿園直建，『地球システムの化学——環境・資源の解析と予測』，東京大学出版会 (1997).
[7] Onuma, N., et al., Earth Planet. Sci. Lett., **5**, 47 (1968).
[8] 松井義人・坂野昇平，『岩石・鉱物の地球化学』，岩波書店 (1992).
[9] 鳥海光弘ほか，『地球惑星物質科学』，新装版 地球惑星科学 第 5 巻，岩波書店 (2010).
[10] Shannon, R. D., Acta Cryst., **A32**, 751 (1976).
[11] 足立吟也，『希土類の科学』，化学同人 (1999).
[12] Taylor, S. R. and McLennan, S. M., "The Continental Crust", Wiley-Blackwell (1991).
[13] Masuda, A., J. Earth Sci., Nagoya Univ., **10**, 173 (1962).
[14] Coryell, C. D., et al., J. Geophys. Res., **68**, 559 (1963).
[15] Takahashi, Y., et al., Earth Planet Sci. Lett., **182**, 201 (2000).
[16] Takahashi, Y., et al., Min. Mag., **69**, 177 (2005).
[17] Zhao, Y. Y., et al., Chem. Geol., **265**, 345 (2009).
[18] Bau, M., Chem. Geol., **93**, 219 (1991).
[19] Irving, H. and Williams, R. J. P., J. Chem. Soc., 3192 (1953).
[20] 大滝仁志 ほか，『溶液反応の化学』，学会出版センター (1977).
[21] Sunda, W. G. and Guillard, R. R. L., J. Marine Res., **34**, 511 (1976).
[22] 白水晴雄，『粘土鉱物学』，朝倉書店 (1998).

[23] Langmuir, D., "Aqueous Environmental Geochemistry", Prentice Hall (1996).
[24] NIST Critically Selected Stability Constants of Metal Complexes: Version 8.0, NIST Standard Reference Database 46, National Institute of Standards and Technology, U.S. Dept. of Commerce, Gaithersburg, MD (2004).
[25] The IUPAC Stability Constants Database, SC-Database, Academic Software and K. J. Powell (1999) http://www.acadsoft.co.uk
[26] Takahashi, Y., et al., Geochim. Cosmochim. Acta, **63**, 815 (1999).
[27] Li, Y. -K., Geochim. Cosmochim. Acta, **46**, 1993 (1982).
[28] Stumm, W., "Chemistry of the Solid-Water Interface: Processes at the Mineral-Water and Particle-Water Interface in Natural Systems", Wiley-Interscience (1992).
[29] Nozaki, Y., "Encyclopedia of Ocean Sciences", Vol. 2 (eds. Sttele, J. H. et al.), 840 (2001).
[30] Bruland, K. W. and Lohan, M. C., "The Oceans and Marine Geochemistry, Treatise on Geochemistry", Chap. 6.02, Elsevier (2003).
[31] Sunda, W. G., Huntsman, S. A., Mar Chem., **46**, 133 (1994).
[32] 臼井 朗, 『海底鉱物資源』, オーム社 (2010).
[33] Harada, T. and Takahashi, Y., Geochim. Cosmochim. Acta, **72**, 1281 (2008).
[34] Hein, J. R., et al., Geochim. Cosmochim. Acta, **67**, 1117 (2003).
[35] Dzombak, D. A. and Morel, F. M. M., "Surface Complexation Modeling: Hydrous Ferric Oxide", Wiley-Interscience, New York (1990).
[36] Kashiwabara, T., et al., Geochim. Cosmochim. Acta, **75**, 5762 (2011).
[37] Rahnemaie, R., et al., J. Colloid Interface Sci., **297**, 379 (2006).
[38] Langley, S., et al., Environ. Sci. Technol., **43**, 1008 (2009).
[39] Manceau, A., et al., Rev. Mineral. Geochem., **49**, 341 (2002).
[40] Johnson, C. M., et al., Rev. Min. Geochem., 55 (2004).
[41] Arnold, G. L., et al., Science, **304**, 87 (2004).
[42] Lyons, T. W., et al., Annual Rev. Earth Planet. Sci. **37**, 507 (2009).
[43] Kashiwabara, T., et al., Geochem. Cosmochim. Acta, **106**, 364 (2013).
[44] Bigeleisen, J. and Mayer, M. G., J. Chem. Phys., **15**, 261 (1947).
[45] Lyons, T. W., et al., Geobiology, **7**, 489 (2009).
[46] 平 朝彦 ほか, 『地球進化論』, 岩波講座地球惑星科学 13, 岩波書店 (1998).
[47] Canfield, D. E., Nature, **396**, 450 (1998).
[48] Catling, D. C., et al., Science, **293**, 839 (2001).
[49] Konhauser, K. O., et al., Nature, **458**, 750 (2009).
[50] Frei, R., et al., Nature, **461**, 250 (2009).

第 8 章　分子地球化学：元素の性質に基づく地球進化や物質循環の考察

[51] 櫻井 弘, 化学と教育, **48**, 459（2000）.
[52] Faibane, M. and Williams, D. R., "The Principle of Bio-inorganic Chemistry", Chemical Society Monographs for Teachers, No. 31, The Chemical Society, London, UK（1981）.
[53] Haraguchi, H., *J. Anal. At. Spectrom.*, **19**, 5（2004）.
[54] Krauskopf, K. B. and Bird, D. K., "Introduction to Geochemistry", 3rd Ed., MaGraw-Hill（1995）.
[55] Williams, R. J. P. and da Silva, J. R. R. F., *J. Theor. Biol.*, **220**, 323（2003）.
[56] Williams, R. J. P., *Coord. Chem. Rev.*, **216**, 583（2001）.
[57] Saito, M. A., *et al.*, *Inorg. Chimi. Acta*, **356**, 308（2003）.
[58] Holm, R. H., *et al.*, *Coord. Chem. Rev.*, **255**, 993（2011）.
[59] Schicho, R. N., *et al.*, *Arch. Microbiol.*, **145**, 380（1993）.
[60] Sevcenco, A. M., *et al.*, *Metallomics*, **1**, 395（2009）.
[61] Dupont, C. L., *et al.*, *Proc. Natl. Acad. Sci. USA*, **103**, 17822（2006）.
[62] Polizzotto, M. L., *et al.*, *Nature*, **454**, 505（2008）.
[63] Smedley, P. L. and Kinniburgh, D. G., *Applied Geochem.*, **18**, 1453（2002）.
[64] 板井啓明, 地球化学, **45**, 61（2011）.
[65] Itai, T., *et al.*, *Applied Geochem.*, **25**, 34（2010）.
[66] Harvey, C. F., *et al.*, *Science*, **298**, 1602（2002）.
[67] Roberts, L. C., *et al.*, *Nature Geosci.*, **3**, 53（2010）.
[68] Williams, P. N., *et al.*, *Environ. Sci. Technol.*, **41**, 6854（2007）.
[69] Takahashi, Y., *et al.*, *Environ. Sci. Technol.*, **38**, 1038（2004）.
[70] Takahashi, Y., *et al.*, *Anal. Sci.*, **20**, 1301（2004）.
[71] 川邉岩夫, 元素の分配,『マントル・地殻の地球化学』（野津憲治・清水 洋 編）, p.51, 培風館（2003）.
[72] Takahashi, Y., *et al.*, *Chem. Geol.*, **184**, 311（2002）.
[73] Faure, G., "Principles and Applications of Geochemistry", 2nd ed, Prentice Hall（1998）.
[74] Byrne, R. H., *Geochem. Trans.*, **3**, 11（2002）.

第2部
宇宙地球化学の基礎

第9章 宇宙地球化学の基礎知識

　地球化学の基礎知識として，これまでの教科書で多く取り上げられているのは，化学平衡，結晶化学と分配，状態図と相律，物質の収支と移動，元素と同位体，放射壊変と年代測定などである．このなかで熱力学を基礎とする化学平衡，結晶化学と分配，状態図と相律については，第8章の一部と第10章で詳しく説明してある．ここでは元素と同位体，放射壊変，年代測定の解説を中心にし，加えて機器分析法の基礎を概説する．一方，物質の収支と移動については，第1章から第8章までの各論の中で必要に応じて解説している．

9.1　元　　素

　物質の根源である最小の単位を探す，そして考察する試みは古代文明として有名なエジプト，インド，中国にも文書として残っているが，哲学，宗教あるいは易，呪術に属するものと理解される．現代の化学に連なる最初の試みは1805年にドルトン（Dalton, J.）が提案した原子説に基づく [1]．これは2,000年以上前にギリシャの哲学者デモクリトス（Democritos）が提唱した「すべての物質は不可分な粒子である "atomos" から構成される」という原子説の復活である．この原子説によって，化学の基礎理論である質量保存の法則，定比例の法則，倍数比例の法則，気体反応の法則が説明できる．20世紀に入り，"原子（atom）" に内部構造があり，**電子**（electron）と**原子核**（nucleus）により構成されることが明らかになった．また原子核は**陽子**（proton）と**中性子**（neutron）により構

第9章 宇宙地球化学の基礎知識

成される．さらに高エネルギー物理学の進歩により，陽子や中性子は**クオーク**（quark）とよばれる基本粒子により構成されることがわかっている．しかし，ここではクオークの種類や数について立ち入って議論はしない．

元素の化学的性質は原子核の周りを運動している負電荷をもつ電子の数やエネルギーの状態によってかなりの部分は決定づけられる．この考え方を最初に明確に示したのがボーア（Bohr, N.）による**原子モデル**（atomic model）である [2]．このモデルは，それまでに発表されていた各種の元素を高温に加熱したときに得られる発光スペクトルの研究成果をもとにしている．具体的には炎色反応で塩化ナトリウムが黄色に，塩化ストロンチウムが赤色に光るのを思い出してほしい．これは個々の原子による光の吸収と発光が波長の決まった線スペクトルを与えること，線スペクトルの波数の間には簡単な関係が存在することによる．とくに最も簡単な原子である水素の発光スペクトルを説明するために，Bohr は発光のメカニズムを電子エネルギー状態の変化と結び付けた．彼のモデルは以下のようにまとめられる．

(a) 水素原子の電子は原子核のまわりを安定な円軌道を描いて運動している．
(b) 安定な軌道では，負に帯電した電子と正に帯電した原子核との間の静電力が電子の円運動に必要な遠心力と釣り合っている．
(c) 安定な軌道は電子の角運動量が定数 $h/2\pi(=\hbar)$ の整数倍になる．ここで h は基礎定数で**プランク定数**（Plank constant; 6.626×10^{-34} J s）とよばれる．
(d) 電子はある安定軌道（エネルギー準位ともいう）から別の軌道に移ることができて，このときに軌道のエネルギーの差に相当する電磁波を吸収または放出する．

ボーアのモデルは量子力学の発展により，波動力学の理論として**シュレーディンガー方程式**（Schrödinger equation）に置き換えられた [3]．この方程式では，エネルギー準位について発光の線スペクトルに対応する一義的な解が得られるが，原子内のある瞬間の電子位置は一義的には決まらず，ある範囲の値をとる確率分布により表現される．電子のシュレーディンガー方程式の解は三次元空間に対応する3つの量子条件を満足しなければならない．この条件を満たすための解には3つの量子数とよばれる整数が入っている．それらには次の名前が

付けられている．

- (a) **主量子数**（n; principal quantum number）：軌道のエネルギーを決定する．
- (b) **方位量子数**（l; azimuthal quantum number）：軌道の形を規定する．
- (c) **磁気量子数**（m_l; magnetic quantum number）：軌道の方向性を決定する．

ここで，$n = 1, 2, 3, \cdots$ に対してK殻，L殻，M殻… という名前が与えられている．また，lの値が $0,1,2,3,4\cdots$ の軌道を s,p,d,f,g,$\cdots$ で表し，nと組み合わせて電子軌道を表す記号とする．たとえば $n = 3, l = 2$ の軌道は 3d と表され，この中には 5 個の異なる磁気量子数をもつ軌道がある．さらに電子の自転とそれに伴う磁気モーメントによって決定される 4 つ目のスピン量子数（m_s）が存在する．この量子数は $+1/2$ あるいは $-1/2$ を取ることが知られている．以上をまとめると，原子中の電子は 4 つの量子数により規定される．さらに**パウリの排他原理**（Pauli exclusion principle）[4] により，4 つの量子数をすべて同じくする電子状態は許されない．そこで，先に例に挙げた 3d 軌道には 5 個の軌道（$m_l = 0, \pm1, \pm2$）に，おのおのスピンの異なる 2 個の電子が入るので総計で 10 個の電子が入ることができる．図 9.1 に原子の軌道エネルギーの相対的な準位を示す．電子は 1s, 2s, 2p, 3s, 3p と順につまっていくが，カリウム（K）の 19 番目の電子は 3d ではなく 4s に入る．これは**フントの法則**（Hund's rule）[5] により，電子スピンの平行状態の安定化が 3d と 4s の軌道エネルギーの差を上回っているため，4s の総合的なエネルギー準位が 3d より低くなることによる．表 9.1 に水素（H）からカルシウム（Ca）までの電子配置を示す．原子番号の増加とともに，一番外側の電子殻にある最外殻電子の数が規則的に変化していることがわかる．基本的にはこの規則性が元素の化学的性質を決め，周期表を構成する原理である．したがって，最外殻電子の配置が同じである元素の間で化学的類似性が最大になる．たとえば，ヘリウム（He），ネオン（Ne），アルゴン（Ar），クリプトン（Kr），キセノン（Xe），ラドン（Rn）の 6 種類の元素を希ガス元素とよぶ．これらの元素では，最外殻電子がおのおの K 殻，L 殻，M 殻，N 殻，O 殻，P 殻の軌道を埋めており，化学結合にあずかる電子が存在しない．この状態を**閉殻**（closed shell）とよび，化学反応性が著しく低い．天然に存在するほとんどの原子は，原子番号が近い希ガス元素の原子と同じ電子配置を取ろうとする．そのために電子を失ったり得たりして，陽イオンや陰イオ

第 9 章　宇宙地球化学の基礎知識

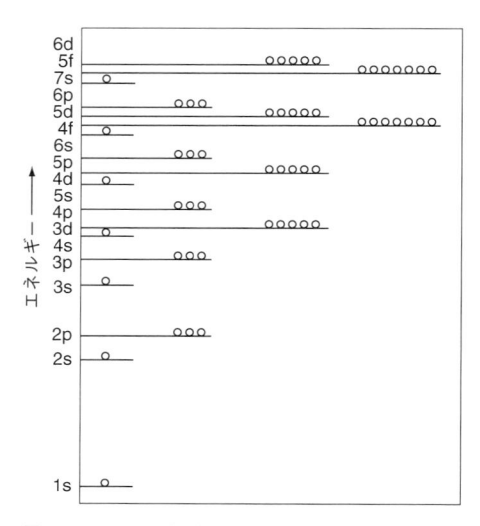

図 9.1　原子の軌道エネルギーの相対的な準位

表 9.1　水素からカルシウムまでの電子配置

元素名	原子	電子殻				元素名	原子	電子殻			
		K	L	M	N			K	L	M	N
水　素	$_1$H	1				ナトリウム	$_{11}$Na	2	8	1	
ヘリウム	$_2$He	2				マグネシウム	$_{12}$Mg	2	8	2	
リチウム	$_3$Li	2	1			アルミニウム	$_{13}$Al	2	8	3	
ベリリウム	$_4$Be	2	2			ケイ素	$_{14}$Si	2	8	4	
ホウ素	$_5$B	2	3			リ　ン	$_{15}$P	2	8	5	
炭　素	$_6$C	2	4			硫　黄	$_{16}$S	2	8	6	
窒　素	$_7$N	2	5			塩　素	$_{17}$Cl	2	8	7	
酸　素	$_8$O	2	6			アルゴン	$_{18}$Ar	2	8	8	
フッ素	$_9$F	2	7			カリウム	$_{19}$K	2	8	8	1
ネオン	$_{10}$Ne	2	8			カルシウム	$_{20}$Ca	2	8	8	2

ンになる．たとえば，ナトリウム原子（Na）は 1 個の最外殻電子を失って，ネオン原子（Ne）と同じ電子配置，つまり 1 価の陽イオン Na^+ になる．一方，塩素原子（Cl）は，電子を外部から 1 個取り入れてアルゴン原子（Ar）と同じ電子配置となり，1 価の陰イオン Cl^- になる．

9.2 原子核と同位体

どの原子の内部にも正に帯電した原子核が存在する．これは 1911 年のラザフォード（Rutherford）の粒子線の散乱の実験により明らかにされた [6]．原子核は原子の質量の 99.9% 以上を占めており，陽子と中性子から構成される．これらの質量はほぼ等しく，核子とよばれる．原子核のまわりを，負電荷をもついくつかの電子が運動している．電子の質量は陽子や中性子の質量に比べて非常に小さく約 1/2,000 である．したがって，原子の質量は原子核の質量にほぼ等しい．原子の大きさは直径が 10^{-10} m 程度であるが，原子核の直径は約 10^{-15} m にすぎない．元素が同じであれば，どの原子も同じ数の陽子をもっている．この数を **原子番号**（atomic number）とよび，記号 Z で表す．同じ元素でありながら，中性子数の異なる原子どうしを **同位体**（isotope）とよぶ．同位体は，その化学的性質は等しく元素の周期表の上で同じ位置を占める．核子の総数を **質量数**（mass number）とよび，記号 A で表す．中性子数 N は $N = A - Z$ で求められるので記載する必要はない．元素記号の左肩に質量数，左下に原子番号を記入して 1 つの元素を表す．図 9.2 に示すように質量数を付して区別された原子を **核種**（nuclide）とよぶ．しかし，元素記号を書けば原子番号は自動的に決まるので，Z は省略されることが多い．

核種ごとに固有の名称を付けることはなく，核種の名称は酸素-16 のように元素名の後に質量数を追加したものを用いる．ただし伝統的に水素の同位体だけには固有名がついている．^{1}H を原子核が陽子だけから構成される水素（図 9.2），^{2}H を陽子と中性子から構成される重水素（図 9.2），^{3}H を陽子と中性子 2 個か

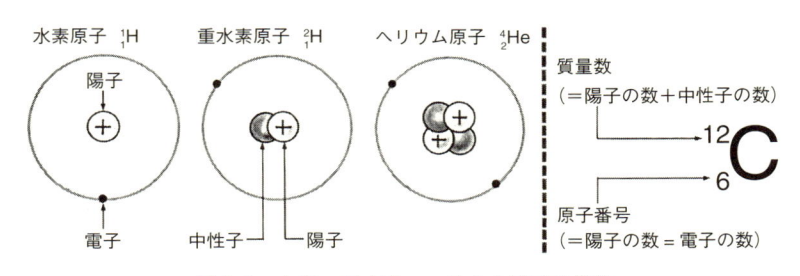

図 9.2 水素，重水素，ヘリウム原子の構造

ら構成される三重水素とよぶ．さらに ^{2}H と ^{3}H はおのおの D（deuterium, ジュウテリウム）と T（tritium, トリチウム）として記述する場合もある．さらにこれらのイオンにも固有名があり，^{1}H$^+$，^{2}H$^+$，^{3}H$^+$ は，おのおの陽子（proton），重陽子（deuteron），トリトン（triton）とよぶ．同様に，ヘリウム-4（図9.2）の2価イオン ^{4}He^{2+} を α 粒子（α particle）という固有名で記述する．Rutherfordが散乱の実験に用いたのはラジウムから約 1.5×10^7 m/s という非常な高速度で放射される α 粒子線である．なお，原子核から放出された高速の電子を β 粒子（β particle）とよぶことはあるが，熱電子，光電効果により放出された電子を β 粒子とはよばない．

すべての元素が数種類の同位体をもつことが知られている [7]．このうちあるものは天然に存在し，またあるものは加速器や原子炉で人工的に合成される．天然に存在する元素の同位体には，ほとんど永久に安定・不変な**安定同位体**（stable isotope）と1秒以下の短い時間から数十億年に及ぶ長い寿命で自発的に壊れて別の核種に変化する同位体がある．後者のような変化を**放射壊変**（radioactive decay）とよび，その際にさまざまな種類の放射線を出すので，不安定な核種を**放射性同位体**（radioisotope）とよぶ．たとえば，酸素は原子核内に8個の陽子をもつが，中性子数で見ると8個，9個，10個をもつ安定な同位体（^{16}O，^{17}O，^{18}O）と中性子数で6個，7個，11個，12個をもつ放射性同位体が存在する．先にも述べたが，原子の化学的性質は原子核のまわりを運動している核外電子によりほとんど決定される．したがってある元素の同位体はすべて，きわめて似た化学的性質を示す．これらの同位体を分離するためには，原子核の質量の差を利用する以外に手法はない．たとえば，水（H_2O）には水素と酸素の同位体の組合せで，HD^{16}O，HT^{16}O，H$_2^{18}$O など異なる質量の水が存在する．重い同位体を含む水は蒸留を繰り返すことで濃縮できる．このような重い水を単純に**重水**（heavy water）とよぶが，天然にほとんど存在しない D_2O を重水，厳密には酸化重水素とよぶ．

9.3 放射壊変

放射性同位体は時間とともに自発的にさまざまな放射線を出して，最終的には安定な同位体に変化する．この放射壊変にはさまざまな様式があり，原子核

9.3 放射壊変

表 9.2 放射壊変の様式のまとめ [30]

名　称		記号	Z 変化	A 変化	放出放射線
α 壊変		α	-2	-4	α 線
β 壊変	陰電子壊変	β^-	$+1$	0	β^- 線, $\bar{\nu}$
	陽電子壊変	β^+	-1	0	β^+ 線, ν, 消滅 γ 線
	軌道電子捕獲	EC	-1	0	ν, 転換電子, オージェ電子, X 線
核異性体転移		IT	0	0	γ 線, 転換電子, オージェ電子, X 線
内部転換転移		IC	0	0	転換電子, オージェ電子, X 線
自発核分裂		SF	大	大	核分裂片, 中性子
遅延粒子放射					β^-–p, β–n

がヘリウム原子核 ($^4\text{He}^{2+}$) を放出する **α 壊変**（α decay）や電子を放出する **β^- 壊変**（β^- decay），原子核に最も近い軌道電子を取り込んで X 線を放出する**軌道電子捕獲**（electron capture, EC）などが知られている．壊変する核種を**親核種**（parent nuclide）とよび，壊変の結果生ずる核種を**娘核種**（daughter nuclide）とよぶ．ここで壊変の様式をまとめて表 9.2 に示す．α 壊変では原子核からヘリウム-4 の分として陽子が 2 個と中性子が 2 個失われるので，Z はマイナス 2，A はマイナス 4 となる．β^- 壊変では原子核から電子 1 個分が失われるが，Z はプラス 1，A は変化しない．これは電子の質量が陽子や中性子の約 1/2,000 にすぎないためである．一方，軌道電子捕獲では Z はマイナス 1，A は変化しない．これらの壊変のほかに，原子核が正電荷の電子（陽電子）を放出する **β^+ 壊変**（β^+ decay），ウラン–235（^{235}U）など重い不安定な原子核が自発的にほぼ同じ大きさの原子核 2 個に割れる**自発核分裂**（spontaneous fission, SF），電子や X 線，γ 線を放出するが Z と A がともに変化しない**核異性体転移**（isomeric transition, IT）や**内部転換転移**（internal transition, IC）が知られている．ただし地球惑星科学においては，最も後者の 2 つを扱うことはほとんどない．

α 壊変では α 粒子と娘核種の質量数を加えたものは親核種の質量数と等しく，質量数保存則が成り立っている．図 9.3 に α 壊変の例を示す．図中の水平線は原子核のさまざまなエネルギー順位を示している．親核種の ^{238}U の原子核は最低のエネルギー状態（基底状態）にあるから，水平線は 1 本である．^{238}U は 2 種類のエネルギーの α 粒子を放出する．このうち約 77% の α 粒子は 4.195 MeV

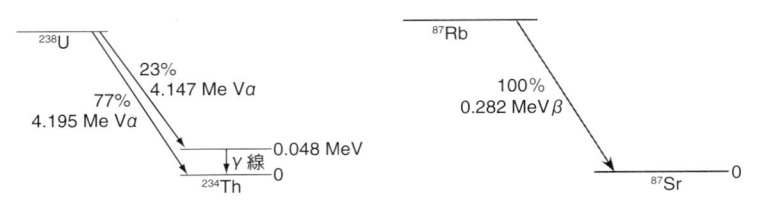

図 9.3　放射壊変のうち，α 壊変の例　　図 9.4　放射壊変のうち，β 壊変の例

の運動エネルギーをもっている．ここで 1 eV は 1 個の電子が 1 V の電位差で加速されたときのエネルギーで 1.6022×10^{-19} J にあたる．原子核に関連したエネルギーは通常，この 10^6 倍の MeV で表されることが多い．^{238}U から放出される残りの約 23% の α 粒子は 4.147 MeV の運動エネルギーをもっている．図 9.3 にその様子を 2 本の斜めの矢印で示す．エネルギー保存則が成り立つとすれば，異なるエネルギーの α 粒子を放出した後の娘核種である ^{234}Th には 2 つのエネルギーをもつ原子核が存在すべきである．この予想は正しいことが認められており，低いエネルギーの α 粒子を放出して生成した ^{234}Th は，高いエネルギーの α 粒子を放出した ^{234}Th よりも大きいエネルギーをもっている．このようなエネルギーの高い状態の原子核を励起状態とよぶ．図 9.3 の ^{234}Th の 2 つの水平線は 2 つのエネルギー状態を示している．励起状態の原子核は，短い時間で過剰のエネルギーを電磁波の形で放出する．これが γ 線 (gamma ray) とよばれるもので，同じ放射線である X 線よりも波長が短く，エネルギーが大きい．実際には ^{234}Th の 2 つの水平線の間の垂直な矢印が γ 線を示している．

β^- 壊変で原子核から電子が 1 個放出されると Z は 1 単位増えるが，質量数は保存されて A は変化しない．図 9.4 に β 壊変の例を示す．この場合，壊変形式は単純であり，親核種の ^{87}Rb も娘核種の ^{87}Sr もともに基底状態にある．ところが放出される β 粒子のエネルギーは図 9.5 のように幅をもっている．そして最大のエネルギーが 0.282 MeV である．このように β 粒子のエネルギースペクトルは 0 から最大値にわたる連続スペクトルとなり，α 粒子のエネルギーが定められた値をもつ線スペクトルであるのと際立った違いを示す．放出される β 粒子のエネルギーが原子核ごとに異なるのは物理学上の大問題であり，エネルギー保存の法則が成り立たないことを示唆している．ここで Pauli は詭弁ともいえる説明を展開した [8]．すなわち，β 粒子とともに仮想的な別の粒子が放

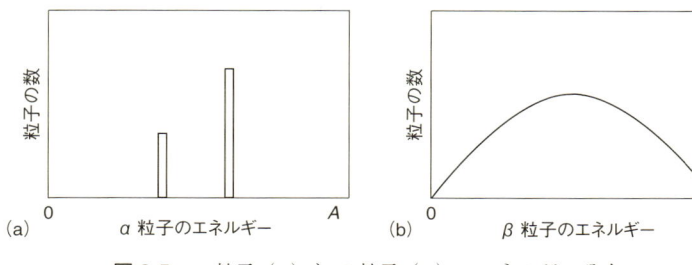

図 9.5　α粒子（a）とβ粒子（b）のエネルギー分布

出され，それがエネルギーを持ち去ることでエネルギー保存則が成り立つという考えである．しかし，当時はそのような質量ゼロ，電荷ゼロの粒子は検出できなかった．この仮想的粒子はニュートリノ（中性微子；neutrino）と名づけられた．現在では，岐阜県神岡鉱山にある"カミオカンデ"において観測データが得られ，小柴によるニュートリノ天文学に発展している [9]．

9.4　年代測定

　地球や月，火星など惑星上で起こったあらゆる自然現象・地質現象を年代順に配列し客観的に比較するためには，今から1,000年前とか1億年前のように絶対的な数値としての年代（**絶対年代**，absolute age）を示すとわかりやすい [10]．一方，地層と化石を基準とする年代は，その時代がより新しいか，より古いかを示す相対的なもので**相対年代**（relative age）とよばれる．これらは対立する概念ではなく相補的な関係にあり，両者を上手に組み合わせることで，地球惑星科学は進歩してきた．絶対年代を求めるためには，放射性同位体の壊変を利用する．不安定な原子核が壊変する速さは，その原子核のエネルギー状態を反映しており，核力という電磁力や重力とは比較にならない強い力に支配されているために，普通は温度，圧力，元素濃度，イオンの価数などの化学的状態により変動することはない．1秒間に放射壊変する原子核の数は，そのときに存在する原子核の総数 N に比例することがわかっている．この際の比例定数は，原子核の壊変様式に固有の値をもち，**壊変定数**（decay constant）または崩壊定数とよばれ，記号 λ で表す．この壊変の関係はある閉じられた系の中では，次

第 9 章 宇宙地球化学の基礎知識

式で表される．

$$-\frac{dN}{dt} = \lambda N \tag{9.1}$$

ここで $t=0$ のときに系内に存在していた原子核の総数を N_0 として積分すると，t 時間後に存在する原子核の数 N が簡単に次式で求められる．

$$N = N_0 e^{-\lambda t} \tag{9.2}$$

N が N_0 の $1/2$ になるまでの時間を**半減期**（half life；$T_{1/2}$）と定義する．式 (9.2) から λ と $T_{1/2}$ の関係が次式で表される．

$$T_{1/2} = \frac{\ln 2}{\lambda} \tag{9.3}$$

放射壊変による娘核種が安定な同位体である場合には，生じた娘核種の系内の総数を D^* とすると時間 t において，

$$D^* = N_0 - N \tag{9.4}$$
$$= N_0(1 - e^{-\lambda t}) \tag{9.5}$$

で表される．式 (9.2) と (9.5) を組み合わせると，現在残っている親核種の総数 N と D^* の関係は次のように表される．

$$D^* = N(e^{\lambda t} - 1) \tag{9.6}$$

この閉鎖系内にはじめから娘核種が D_0 だけ含まれていたとすると，時間 t が経過した場合の娘核種の総数は次のように表される．

$$D = D_0 + N(e^{\lambda t} - 1) \tag{9.7}$$

この式が**放射年代測定法**（radiometric dating）の基本方程式である．いま式 (9.7) を経過時間 t に対して表すと次の式になる．

$$t = \frac{1}{\lambda} \ln \left[\left(\frac{D - D_0}{N} + 1 \right) \right] \tag{9.8}$$

D と N は現在の系内の親核種と娘核種の総数なので測定可能である．同じ時間 t が経過した 2 つの閉鎖系で D と N を正確に分析すれば，簡単に式 (9.8) の 2 つの未知数である D_0 と t を求めることができる．これが後に述べる**アイソクロン**（等時線，isochron）の考え方である．ここで，図 9.3 の ^{238}U のように

9.4 年代測定

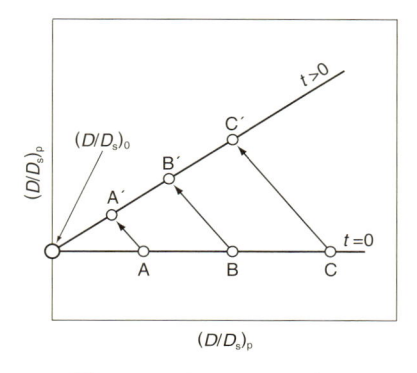

図 9.6 アイソクロンの原理

娘核種の ^{234}Th が不安定な同位体である場合には壊変の式 (9.3) は複雑になるが，ここでは深く立ち入らない．なお，放射壊変は統計的な現象であって，式 (9.1) が成り立つためには，原子核の総数 N が十分に大きな数であることが必要とされる．たとえば 1 個の原子核を観測していたのでは，$T_{1/2}$ の値とは関係なく，壊変はまったく偶然に起こるので年代測定には使えない．

地球惑星科学における実験では，岩石や鉱物など考えられる閉鎖系の中で式 (9.8) の D と N の絶対量を正確に求めるよりも別の安定な同位体との比，すなわち元素の同位体比として分析するほうが，後に述べるように精度の高い測定が一般的に行える．系内の娘核種の中で放射性起源の付加のない，つまり数が増加することのない安定な同位体の総数を D_S とすると，式 (9.7) の両辺を単純に割ることで次の式を得る．

$$\left(\frac{D}{D_S}\right) = \left(\frac{D_0}{D_S}\right) + \left(\frac{N}{D_S}\right)(e^{\lambda t} - 1) \tag{9.9}$$

ここでは，(D_0/D_S) と経過時間 t が未知数である．同時に形成した起源を同じくする岩石や鉱物が閉鎖系を保っているとき，A, B, C という 3 つの試料の同位体比 (D/D_S) と元素濃度比 (N/D_S) を測定し，縦軸に (D/D_S) をとり，横軸に (N/D_S) をプロットすると，式 (9.9) から勾配が $(e^{\lambda t} - 1)$ で，y 切片が (D_0/D_S) の直線が得られる．図 9.6 はこの関係を示している．具体的には，ある火山の下でマグマから同時に鉱物 A, B, C が晶出したと仮定する．そのときを $t = 0$ とすれば，すべての鉱物の (D_0/D_S) は同じ同位体比となり，図 9.6 では水平な直

第 9 章　宇宙地球化学の基礎知識

線を形成する．時間が経つと親核種の壊変により娘核種の総数 D は増加する．系内に親核種の総数の少ない鉱物 A では娘核種の増加も小さく，図上では矢印のように A′ に移る．親核種の多い鉱物 C では娘核種の増加も大きく C′ に移動する．同様に鉱物 B は B′ に移動する．その結果，A′，B′，C′ は傾き $(e^{\lambda t} - 1)$ の直線上にのるアイソクロンを形づくる．地球惑星科学で年代測定によく用いられる親核種の半減期は知りたい自然現象・地質現象の年代より十分に大きいので，λt は十分に小さな値となり，式 (9.9) は次のように近似できる．

$$\left(\frac{D}{D_S}\right) = \left(\frac{D_0}{D_S}\right) + \left(\frac{N}{D_S}\right)\lambda t \tag{9.10}$$

この場合には図 9.6 で得られる傾きを壊変定数 (λ) で割るだけで放射年代が求まる．

9.5　機器分析法

エレクトロニクスの著しい進歩とともに分析化学のなかでの機器分析法の重要性は高まっており，理工学，医学，薬学，農学などあらゆる分野で用いられてきた [11]．地球惑星科学も例外ではなく，目的に応じてさまざまな分析装置が用いられている．分析手法には種々のものがあるが，機器から得られた信号により分類すると，主な手法は表 9.3 にまとめられる．このなかで近年の地球化学において重要と思われる手法について以下に解説する．

表 9.3　機器分析法のまとめ

信　号	信号の検出法に基づく分析法の分類
電磁波の放出	発光分析（γ 線，X 線，紫外光，可視光），蛍光分析，りん光分析
電磁波の吸収	吸光分析（γ 線，X 線，紫外光，可視光，赤外光），核磁気共鳴吸収，電子スピン共鳴吸収
電磁波の散乱	ラマンスペクトル
電磁波の回折	X 線回折，電子線回折
電　圧	ポテンショメトリー，クロノポテンショメトリー
電　流	クーロメトリー，ポーラログラフィー，ボルタンメトリー
質量数	質量分析法

9.5.1 発光分析

分析対象となる試料が放出する電磁波を使って定性,定量分析を行う手法をすべて**発光分析**(emission analysis)とすれば,そこには**炎光分析**(flame analysis),**ICP 発光分析**(ICP atomic emission analysis),**蛍光 X 線分析**(X-ray fluorescence analysis),**エネルギー分散型 X 線分光分析**(energy-dispersive X-ray analysis),**電子線プローブマイクロアナライザー**(electron microanalyzer),**中性子放射化分析**(neutron activation analysis)などが含まれる.

炎光分析法は塩化ナトリウムが火炎中で黄色に光る炎色反応と同じ原理であり,目的とする金属元素を含む溶液を酸素＋アセチレンなどにより,約3,000℃で燃焼するフレーム(化学炎)中に噴霧して,その最外殻軌道の電子を燃焼熱により高いエネルギー準位の軌道に移して原子を励起状態にする(たとえば電子は図 9.1 の 1s など低いエネルギー準位から 2s などの高い準位に遷移する).この電子がより低いエネルギー状態に戻る際に放射する発光スペクトルの強度から定量分析する方法である [12]. 元素によりエネルギー準位が異なるので,特有の発光スペクトルが得られる.後に述べる原子吸光法に比べて感度が低いことから最近ではあまり用いられていないが,励起エネルギーの低いアルカリ金属元素の感度は他の手法より高く,現在でも岩石のカリウム–アルゴン年代測定法においてカリウムの定量に用いられている.これは装置の構造が簡単であり,運用コストも低いことによる.

ICP 発光分析は,原理は炎光分析と同じであるが,原子の励起をフレームの代わりに 6,000℃ 以上になるアルゴンの**高周波誘導結合プラズマ**(inductively coupled plasma, ICP)で行うために,多数の電子が高いエネルギー準位に遷移する結果,発光スペクトルの強度が非常に高く感度が良い.また,発光スペクトルを分解能の良い水晶や溶融石英のプリズムや回折格子の分光器を使って分離できるので,多元素を同時に分析できる.このために運用コストは高いが,1980年代初めまで微量分析の主流であった原子吸光法から王座を奪い取った [13].現代の地球化学の分野では最もよく使われる溶液化学分析の手法のひとつである.岩石・鉱物試料の分析では,前処理として固体試料を粉末にした後にフッ酸＋硝酸あるいはフッ酸＋過塩素酸を用いて化学分解し,溶液にする必要がある.イオン交換樹脂などにより,目的元素を分離・精製すれば,微量元素の分

第 9 章　宇宙地球化学の基礎知識

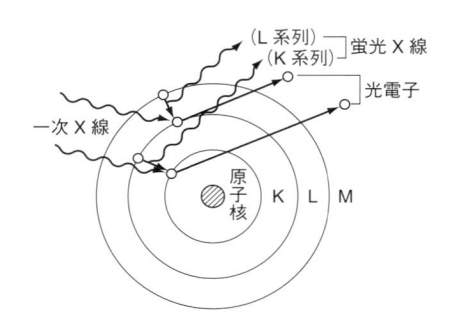

図 9.7　蛍光 X 線分析の原理（[28], p.120）

析精度と感度はともに上昇する．

　蛍光 X 線分析（XRF）は封入式管球から発生する一次 X 線を照射することで試料中の原子の内殻軌道の電子を外部にたたき出し，その空位に外殻軌道から電子が遷移するときに発生する固有の蛍光 X 線を利用する分析法である（図9.7）[14]．この蛍光 X 線の波長や強度から試料に含まれる元素の種類や量を決定できる．なお，X 線はエネルギー分解能の高い半導体検出器や波長分散（後で述べる）で測定する．検出器とつながったマルチチャンネル波高分析器によりエネルギーを分離し，元素ごとの強度を求める．この方式をエネルギー分散方式とよぶ．この装置では試料を粉末にすることで，主成分元素や数百 ppm のレベルの微量元素を迅速に定量できるので，ケイ酸塩岩石の全岩化学分析法として最も普及している手法である．ただし，発生した二次 X 線が試料自身の厚みで吸収されたり，他元素が発する蛍光 X 線により目的元素が二次的に励起される場合もあり，試料の共存元素の違いを受けやすい．このような効果を**マトリックス効果**（matrix effect）とよぶ．蛍光 X 線分析による岩石の精密な定量分析では，主成分マトリックスの似ている標準試料と比較する必要がある．現在では最先端の手法として，励起源の一次 X 線に大型の加速器による**シンクロトロン放射光**（synchrotron radiation, SR）を使う分析法がある．この手法は放射光蛍光 X 線分析（SR-XRF）とよばれ，従来の蛍光 X 線分析に比べて感度が著しく高く，数十 ppb の極微量元素を非破壊で定量できるが，加速器の光源のビームタイムを前もって確保する必要がある．

　エネルギー分散型 X 線分光分析は SEM-EDX ともよばれる．これは走査型

9.5 機器分析法

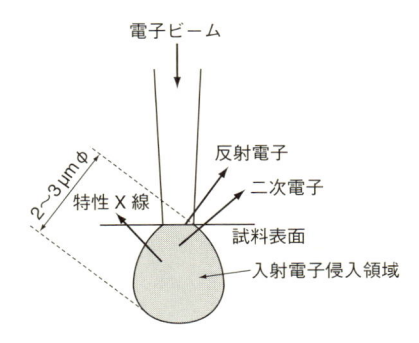

図 9.8 電子線分析における入射電子の侵入領域 ([11], p.157)

電子顕微鏡（SEM）に付属している場合が多いからである．SEMでは細く絞った電子ビームを固体試料の表面に照射して，試料中の元素から放出される二次電子や試料から反射された反射電子を検出することで（図 9.8），試料表面の凹凸や試料物質の原子密度（構成元素の平均的な原子質量数）を検出する．電子線が照射されることで，図 9.7 の X 線照射と同じように原子の内殻軌道の電子が外部にたたき出される．その結果，外殻軌道から内殻軌道に電子が遷移する際に固有の蛍光 X 線（特性 X 線ともいう）を放射する．電子ビームの直径を $1\,\mu m$ 以下に絞っても，図 9.8 で示すように電子の侵入領域はビーム直径より数倍大きく，分析対象となる領域は直径 $2 \sim 3\,\mu m$ の球状である．この領域から放射される蛍光 X 線を用いて XRF と同じように試料に含まれる元素の定性・定量をエネルギー分散方式により行う（EDX）．XRF に比較して二次蛍光 X 線の強度が弱いので，定量分析の信頼度は落ちる．地球化学の分野では，主成分の定性分析の手法として理解されている．

電子線プローブマイクロアナライザー（EPMA）は SEM-EDX とよく似た分析法であり，絞った電子ビームを固体表面に当てて，放射される蛍光 X 線を分析する．ただし，X 線の分光器には精度の高い分光結晶を用いるため，波長分散方式といわれる．この方式はエネルギー分散方式に比べて感度が高く，固体試料の主成分から数百 ppm の微量成分まで分析できる [15]．蛍光 X 線分析に比べると，空間分解能が優れているので，岩石中の微細な鉱物を特定し化学分析することができる．SEM-EDX に比べると装置が高額であり，機械操作の難易

度が高いが，主な大学の地球惑星科学教室には必ず設置されている装置である．

中性子放射化分析法は粉末にした固体試料に原子炉でエネルギーの小さい熱中性子を照射し，安定な核種を放射性に変換し，壊変に伴う γ 線を追いかけて分析する手法である [16]．たとえば，安定核種である ^{23}Na に熱中性子を照射すると，原子核が中性子を吸収して放射性の ^{24}Na に変換される．^{24}Na は半減期15時間で β^- 壊変して ^{24}Mg に変わるが，その際に 1.37 MeV と 2.75 MeV の γ 線を放出する．この γ 線強度を測定することで，もとの ^{23}Na の定量が可能となる．岩石試料のような複雑なマトリックスをもつ試料の分析では，中性子照射後に担体（同じ元素の安定同位体）を加えて目的核種を化学分離し，その後に γ 線を測定する放射化学中性子放射化分析法がきわめて有効である．たとえば，通常，試料が数 mg しか得られない貴重な隕石の主成分および微量元素の分析に適している．

9.5.2 吸光分析

分析対象となる試料が吸収する電磁波を使って定性，定量，状態分析を行う手法をすべて吸光分析とすれば，そこには**原子吸光分析**（atomic absorption analysis），**FT-IR 分析**（Fourier transform-infrared spectroscopy），**X 線吸収微細構造**（X-ray absorption fine structure, XAFS）**分析**などが含まれる．

原子吸光分析法は ICP 発光分析法が普及する 1980 年代半ばまでは溶液中の化学分析法の王座にあった [17]．炎光分析と同様に目的元素を含む溶液をフレーム中に噴霧すると，加熱されて原子蒸気となる．しかし約 3,000℃ の化学炎中では，励起エネルギーの低いアルカリ金属元素を除くと，ほとんどの原子は大部分基底状態にある．したがって，励起状態から基底状態への遷移に基づく発光法（炎光分析）よりも基底状態から励起状態への遷移を利用する吸光法が明らかに有利である．原子吸光はこの原理を実現した分析法であるが，吸光を起こさせるための光源が必要である．図 9.9 にこの分析法の概略図を示す．光源として白色光のような連続スペクトルをもつ光（連続光）を用いると，分光に使う回折格子のスリットを透過する光のスペクトルの幅が原子吸光のスペクトルの幅より大きく，吸収された光を検知する効率が悪い．そこで，原子吸光法では，光源として目的元素の吸光スペクトルの幅より狭い共鳴線を放射する中空陰極ランプを用いる．このランプは実際には目的元素の発光スペクトルを用

9.5 機器分析法

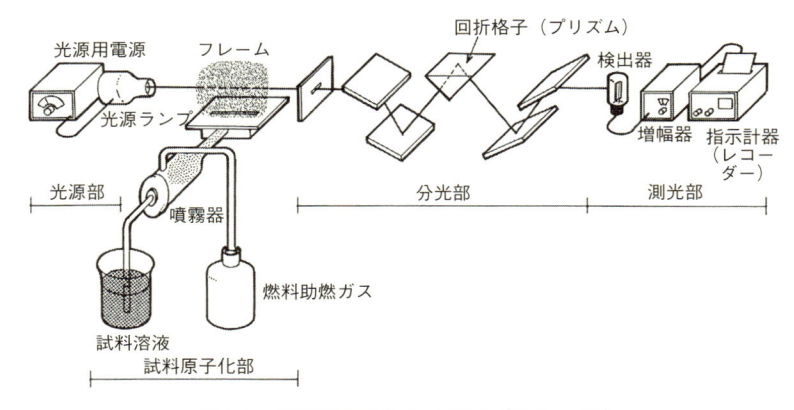

図 9.9 吸光分析の装置の原理（[28], p.73）

いており，分析元素が変わればランプも交換する必要がある．原子吸光法はほとんどの金属元素が感度よく定量できることから広い分野で用いられてきたが，多元素同時定量ができない弱点があり，地球化学の分野でも溶液試料の定量分析では，ICP 発光分析法に置き換わられつつある．

FT-IR 分析はフーリエ変換赤外分光法の省略語であり，基本的には分子の振動や回転状態を反映した赤外吸収スペクトル分析と変わらない [18]．これまで述べてきた分析法は中性子放射化分析法を除くと，すべて原子の基底状態−励起状態の遷移に関わるものだが，赤外吸収は分子内の原子の結合状態の変化を示すものである．たとえば，二酸化炭素の炭素と酸素の結合を考えると，結合軸に沿っての振動（伸縮振動）と結合の角度に変化が起こる振動（変角振動）があり，それぞれ固有の赤外吸収を示す．同様に水の水素と酸素の結合，メタンの水素と炭素の結合などが固有の赤外吸収を示す．赤外吸収スペクトル分析は，表 9.4 に示すようにさまざまな波長の吸収強度から有機化合物の定量や構造を推定する場合に有効である．FT-IR 分析は光源から出た光をマイケルソン干渉計（Michelson interference meter）に入れて，干渉波形（インターフェログラム）を生成させて試料を通し，その吸光を調べる手法である．近年，光源から出た光を絞ることで数十 μm の微小領域の分析を可能とした顕微 FT-IR が導入され，地球化学の分野では火山岩や変成岩の斑晶中の微小な包有物に含まれる水やメタン，二酸化炭素の定量分析で成果を出している．

第 9 章 宇宙地球化学の基礎知識

表 9.4　原子間の結合に固有の赤外吸収（[11], p.36）

波数領域（cm^{-1}）	吸収を示す主な原子団
3,700〜3,100	O–H, N–H
3,300〜2,700	C–H
1,800〜1,500	C=O, C=N, C=C
1,500〜1,000	C–C, C–O, C–N
1,100〜800	Si–O, P–O
1,000〜650	=C–H（変角）
800〜650	C–Cl, C–Br

　XAFS 分析は X 線吸収微細構造（X-ray absorption fine structure）の省略語であり，大型の加速器によるシンクロトロン放射光のつくる一次 X 線による内殻電子励起分光法である [19]．そのスペクトルは，内殻準位の電子の励起に相当する X 線吸収エネルギー領域で吸収端とよばれる急激な立ち上がりののち，エネルギーとともに緩やかに波打ちながら減衰する．吸収端立ち上がりの微細構造を XANES（X-ray-absorption near-edge structure），高エネルギー側の波打ち構造を EXAFS（extended X-ray absorption fine structure）とよぶ．XAFS 分析では，海底堆積物試料などに含まれる鉄やマンガンなどの複数の原子価を取る元素の酸化還元状態を直接調べることができる．加速器のビームタイムを確保する煩雑さはあるが，元素の化学状態を非破壊で調べる手法は，ほかにはメスバウアー分光法（Mössbauer spectroscopy）が知られている程度と少なく，貴重な手法である．また，FT-IR と同様に一次 X 線を数 μm まで絞ることで，微小領域の状態分析を可能としたマイクロ–XAFS 法が発展し，今後は地球化学の分野で多く使われるであろう．

9.5.3　質量分析法

　分析対象となる試料が放出するイオンを使って，電荷あたりの質量の違いを計測する手法を**質量分析**（mass spectroscopy）とすれば，そこには**表面電離質量分析**（thermal ionization mass spectroscopy），**気体質量分析**（gas mass spectroscopy），**ICP 質量分析**（ICP mass spectroscopy），**二次イオン質量分析**（secondary ion mass spectroscopy）などが含まれる．これらは同位体比の精密測定や微量元素の定量で，現在の地球化学において最もよく使われる機器分析

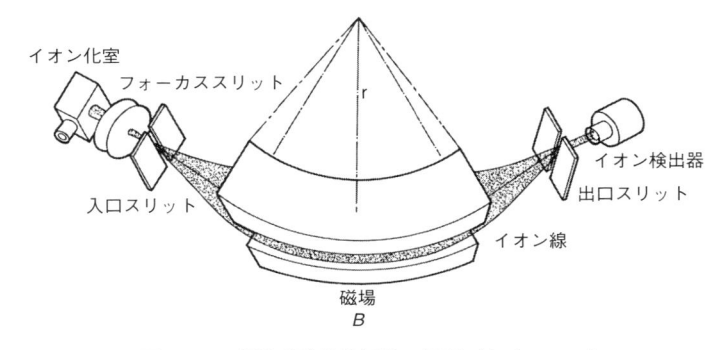

図 9.10　磁場型質量分析計の原理（[28], p.166）

法である [20].

　表面電離質量分析法は TIMS（thermal ionization mass spectrometry）ともよばれ，地球惑星科学の分野では，目的元素を岩石や鉱物，海水，地熱水などの試料から分離・精製し，塩化物などのかたちで金属フィラメントに塗り，電流を流すことで試料をイオン化し質量分析する手法である．質量分析には電磁石による一様磁場を用いて電荷あたりの質量の違いでイオンを分離する磁場型（図 9.10）と 2 対の双極子電極（四重極）に高周波の交流電圧を加えることで目的のイオンだけを通過させる四重極型（図 9.11）がある．**四重極型質量分析計**（quadrupole mass spectrometer）は磁場型に比べて，質量数のスキャンが速く，軽量，低コストであるが，質量分解能が悪く，測定可能な最高質量数は 200 程度と小さい．イオン化した試料の検出器には直接電流を測定するファラデーカップ（Faraday cup）と，イオン衝撃により初段の電極から二次電子を出し，加速して次の電極に当ててさらに二次電子を増やすことを繰り返す**二次電子増倍管**（secondary electron multiplier, SEM）が用いられる．TIMS では岩石や鉱物から分離した鉛，ストロンチウム，ネオジムなど放射性起源の同位体を含む元素の同位体比を精密に分析するために，6 桁に及ぶ高精度の分析が可能なファラデーカップを備えた磁場型を用いることが多い．この分析法は 1970 年代には確立されていたが，21 世紀初頭の現在でも最も高精度に元素の同位体比が測定できる手法である [21].

　気体質量分析法は，地球化学の分野では，火山ガスや天然ガス，大気，海水溶

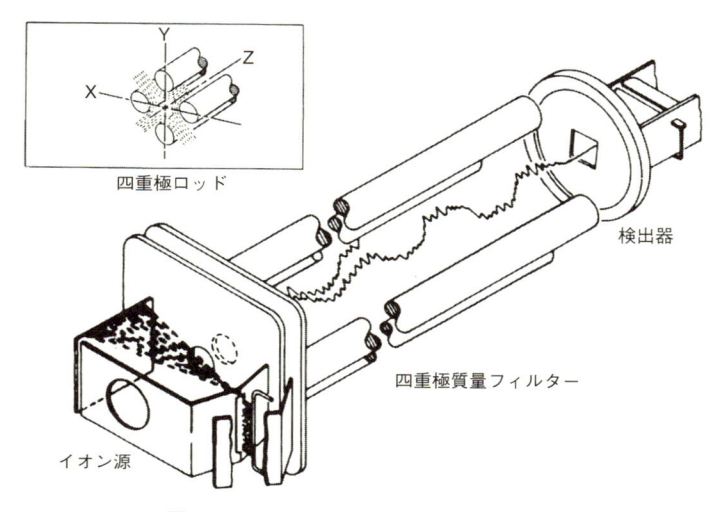

図 9.11　四重極型質量分析計の原理 [29]

存ガスなどの試料から目的元素を分離精製し，熱フィラメントから出た電子流により試料原子・分子の電子をたたき出し，イオン化した後に質量分析する方法である．TIMS の場合と同様に，質量分析には磁場型と四重極型の両者を用いるが，前者は酸素や窒素，アルゴンなどの同位体比測定，後者が試料気体中の主成分や微量成分の定性・定量分析に用いられる．また，酸素や窒素の同位体分析では，試料を気体容器から磁場型質量分析計に導入し，真空ポンプで排気しながら分析を行う真空動作動型装置が一般的であるが，ヘリウムやアルゴンなどの希ガス元素の同位体分析は，試料気体を質量分析計内に導入後，真空排気ポンプから切り離して測定する真空静作動型装置で行う．動作動型に比べて，静作動型では少量の試料で分析できるが，分析計を超高真空に保つ必要がある [22]．イオンの検出器も TIMS と同様に高精度の測定ではファラデーカップ，高感度の測定では SEM が使われる．1990 年代からガスクロマトグラフィーと燃焼炉および動作動型の同位体質量分析計を組み合わせた GC-IR-MS が開発され（図 9.12），メタン，エタン，プロパンなどの混合気体を導入すると，おのおのの分子がガスクロで分離され，燃焼炉で別々に酸化されて二酸化炭素に変えて，その炭素同位体比が連続的に分析できるようになった．この手法は従来法に比

9.5 機器分析法

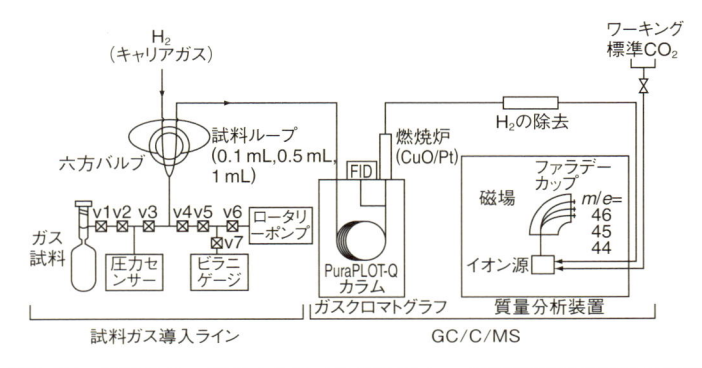

図 9.12 連続フロー型ガスクロマトグラフィー–同位体質量分析計の原理

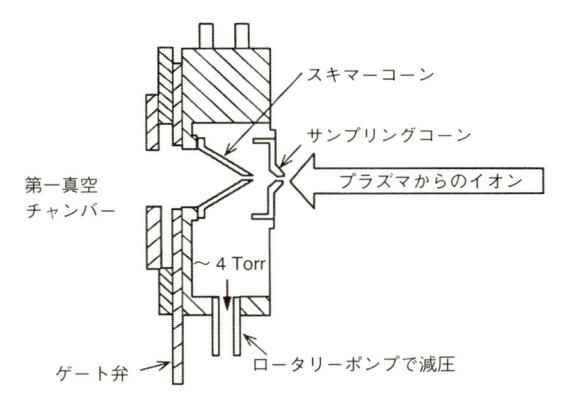

図 9.13 ICP-質量分析計の質量分析部へのインタフェースの原理 ([11], p.33)

べて感度が高く，有機地球化学の分野で王座を占めつつある [23]．

ICP-質量分析法は，イオン源に発光分析の項で述べたアルゴンの高周波誘導結合プラズマ（ICP）を用いるもので，質量分析には TIMS や気体質量分析計の場合と同様に磁場型と四重極型の両者を用いる．ICP ではイオン化温度が高いので，導入された試料中の元素は 90% 以上の効率でイオン化される．しかし，大気圧下で稼働する ICP から高真空で稼働する質量分析部へのインタフェース部（図 9.13）において，イオン化した試料の 90% 以上はサンプリングコーンとスキマーコーンを通過できずにロータリーポンプによる差動排気で失われる．

第 9 章　宇宙地球化学の基礎知識

　イオンの検出器も先に述べたようにファラデーカップと SEM が使われる．多くの装置は四重極型であり，現在使用される溶液中の金属元素の定量法としては，多くの元素について最も高感度である [24]．しかし，アルゴンやアルゴンの酸化物イオン，マトリックス元素に起因する妨害を受けることもあり，低質量領域で注意が必要である．これらの妨害を避けるために高質量分解能の磁場型装置も存在し，地球惑星科学の分野では同位体比の測定のために，複数のファラデーカップを備えたマルチコレクター型の ICP-質量分析法が近年導入された．この装置では TIMS では分析しにくいリチウム，ホウ素，鉄，トリウム，白金族元素などの同位体測定が可能であり，non-traditional isotope geochemistry とよばれる新しい地球化学の研究分野が生まれた [25]．欠点としては装置が高額なことと操作およびメンテナンスが四重極型に比べて難しいことが挙げられる．

　二次イオン質量分析法は SIMS（secondary ion mass spectrometry）ともよばれ，きわめて高い空間分解能を有する固体試料の元素および同位体分析法である．真空中で固体表面に正または負電荷をもつイオンビーム（一次イオン）を照射すると，表面から電子やイオン（二次イオン）などの荷電粒子，中性の原子や分子，X 線などが放出される．この現象をスパッタリングとよぶ．このスパッタリングで生じた二次イオンを質量分析するのが SIMS の原理であるが，装置にはこれまで述べた他の手法と同様に磁場型と四重極型の両者が存在する [26]．検出器もファラデーカップと SEM が使われる．地球惑星科学の分野では，対象となる岩石や鉱物のマトリックスが複雑なために，さまざまな二次分子イオンが生成し，目的元素の質量数を妨害するのを防ぐために，高質量分解能の磁場型装置を用いる．この装置では，一次イオン源を酸素やセシウムから選択することで，希ガス元素を除くすべての元素が測定できる．また一次イオンビームを絞ることで，$20 \sim 30\,\mu m$ の微小領域の分析ができる．さらに ppm～ppb レベルの高感度分析ができる．図 9.14 にオーストラリア国立大学で開発された大型の SIMS である SHRIMP（sensitive high resolution ion microprobe）を示す [27]．この装置では，電場収束と磁場偏向を組み合わせた大型の二重収束のイオン光学系により，鉱物中の鉛同位体比やウラン/鉛比を，妨害分子の影響を受けずに正確に測定することが可能であり（ジルコン鉱物；$ZrSiO_4$ 中の ^{208}Pb と $^{196}Hf^{16}O_2$ が質量分解能 5,500 で分離できる），現在はフランス Cameca 社製の大型 SIMS である ims-1280 とともに放射年代測定の王座を占めている．欠点

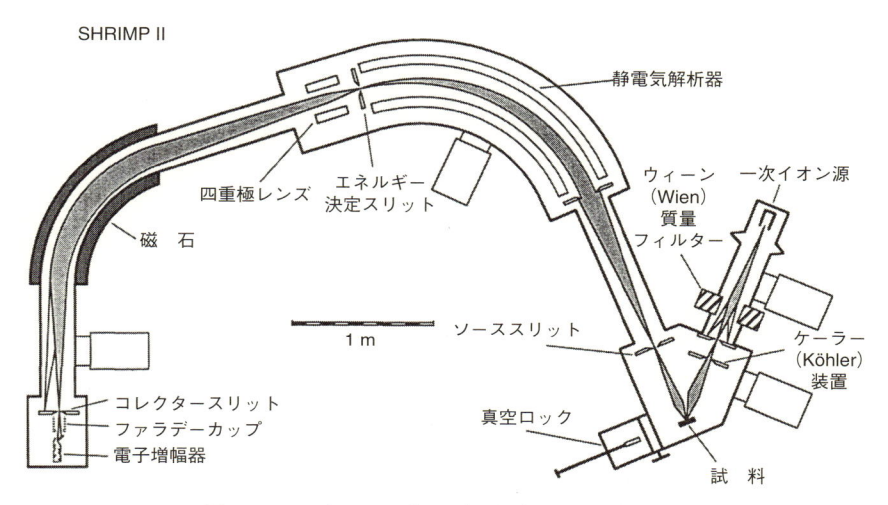

図 9.14 二次イオン質量分析計（SHRIMP）[27]

としては装置が非常に大きく，マルチコレクター型の ICP-質量分析計より高額なこと，操作およびメンテナンスが難しいことが挙げられる．

参考文献

[1] Dalton, J., "A New System of Chemical Philosophy", Manchester (1808).
[2] Bohr, N., *Philosophical Magazine*, **26**, 1 (1913); Bohr, N., *Nature*, **106**, 104 (1921).
[3] Schrodinger, E., *Phys. Rev.*, **28**, 1049 (1926).
[4] Pauli, W., *Zeitschrifi Fur Physic*, **31**, 373 (1925).
[5] Hund, F., *Zeitschrifi Fur Physic* **33**, 345 (1925).
[6] Rutherford, E., *Philosophical Magazine. Series 6*, **21**, 669 (1911).
[7] 木越邦彦，『放射化学概説』，培風館（1968）．
[8] Pauli, W., "Physik und Erkenntnistheorie", Braunschweig (1984).
[9] Koshiba, M., *Phys. Rev.* **220**, 229 (1992).
[10] 兼岡一郎，『年代測定概論』，東京大学出版会（1998）．
[11] 赤岩英夫，『機器分析入門』，裳華房（2005）．
[12] 大道寺英弘・中原武利，『原子スペクトル—測定とその応用』，学会出版センター（1989）．
[13] 原口紘炁，『ICP 発光分析の基礎と応用』，講談社（1986）．

第9章 宇宙地球化学の基礎知識

- [14] 中井 泉,『蛍光 X 線分析の実際』,朝倉書店(2005).
- [15] 木ノ内嗣郎,『EPMA 電子プローブ・マイクロアナライザー』,技術書院(2008).
- [16] 橋本芳一・大歳恒彦,『放射化分析法・PIXE 分析法』,共立出版(1986).
- [17] 鈴木正巳,『原子吸光分析法』,共立出版(1984).
- [18] 平石次郎,『フーリエ変換赤外分光法—化学者のための FT-IR』,学会出版センター(1985).
- [19] 石井忠男,『EXAFS の基礎』,裳華房(1994).
- [20] Duckworth, H. E., *et al.*, "Mass Spectroscopy", Cambridge University Press (1958).
- [21] 平田岳史,ぶんせき,**2002**, 152(2002).
- [22] 佐野有司,地球化学,**22**, 1(1988).
- [23] 奈良岡浩 ほか,地球化学,**31**, 193(1997).
- [24] 川口広司・中原武利,『プラズマイオン源質量分析』,学会出版センター(1994).
- [25] Johnson, C. M., *et al.*, "Geochemistry of Non-Traditional Stable Isotopes", Reviews in Mineralogy and Geochemistry, Vol. 55, Mineralogical Society of America (2004).
- [26] 日本表面科学会,『二次イオン質量分析法』,丸善出版(1999).
- [27] 日高 洋・佐野有司,地球化学,**31**, 1(1997).
- [28] 庄野・脇田,『入門機器分析化学』,三共出版(1988).
- [29] Watson, J. T., "Introduction to Mass Spectrometry", p.87, Raven Press(1985).
- [30] 海老原,『基礎核化学』, p.72, 講談社サイエンティフィク(1987).

第10章 化学熱力学の基礎と地球表層での無機化学反応

　本書で触れた太陽系や地球の進化を根本から支配している法則は，熱力学である．すべての自発的な変化は，（宇宙の）エントロピーが増大し，（系内の）自由エネルギーが減少する方向に進む．この原理から導かれた化学平衡の概念は，みかけ上定常状態とみなせる地球の化学的環境を記述するためのよりどころとなっている．本章では，主に地球表層での化学反応や物質循環を学ぶうえで最低限必要な化学熱力学について触れる．また例として，関連する地球表層での化学反応にも随時触れる．主に常温常圧での水圏での化学反応を扱い，温度および圧力が変化する系での熱力学には触れない．

10.1　熱力学の3法則 [1～3]

　出発点は，熱力学の基本中の基本である**熱力学の3法則**（laws of thermodynamics）であり，それは以下のようにまとめられる．

(1) 第一法則：エネルギーは仕事や熱に形態を変えるが，全体として保存される（エネルギー保存則）．
(2) 第二法則：自発変化に伴ってエントロピー（entropy）の総量は増大する（エントロピー増大則）．
(3) 第三法則：完全結晶のエントロピーは絶対零度ではすべて等しく，統計力学的に0とみなす．

第 10 章　化学熱力学の基礎と地球表層での無機化学反応

まず第一法則から，系がもつ**内部エネルギー**（internal energy）U の変化 ΔU は系に加えられる仕事 W と熱 Q を用いて

$$\Delta U = Q + W \tag{10.1}$$

で与えられる．このうち，W が圧力 P によるとし，系の体積が V_0 から V_1 に変化した場合，

$$W = -\int_{V_0}^{V_1} P\,\mathrm{d}V \tag{10.2}$$

と書ける．このとき P が一定とすると，$W = -P(V_1 - V_0) = -P\Delta V$ となる．以上のことから，定圧条件では，

$$Q = \Delta U + P\Delta V = \Delta(U + PV) = \Delta H \tag{10.3}$$

となる．ここで，定圧条件で系に入る熱量**エンタルピー**（enthalpy）H（$H \equiv U + PV$）が定義される．

第二法則は，さまざまな言い換えがなされるが，自発的変化はすべて**不可逆**（irreversible）である，と表現できる．たとえば，自動車のエンジンが二酸化炭素 100% の排気ガスを大気中に放出したとすると，二酸化炭素は空気中の窒素や酸素と混合して一定の濃度になる．しかし，窒素や酸素と混合した状態で一定濃度の CO_2 が，自発的に分離をして純粋な CO_2 に戻ることはない．これは，ものは乱雑に分散する傾向があるためである．同様に，温泉水が河川水と混合して中間の温度になることはあっても，中間の温度の水が自発的に温かい水と冷たい水に分かれることはない．エネルギーは分散する傾向をもつためである．このような分散状態や乱雑さの尺度がエントロピーであり，第二法則は，「系のエントロピー S は自発変化が起これば増加する」，と言い換えられる．これは数式では

$$\Delta S \geqq \frac{Q}{T} \tag{10.4}$$

と表される．このうち等号は**可逆な**（reversible）変化の場合である．

以上のことで最も大事なことは，われわれが未来を予測するよりどころは，「自発変化はエントロピーが増大する方向に起きる」にある点である．しかし注意すべき点は，ここでいうエントロピーは，宇宙全体のエントロピーをさす，と

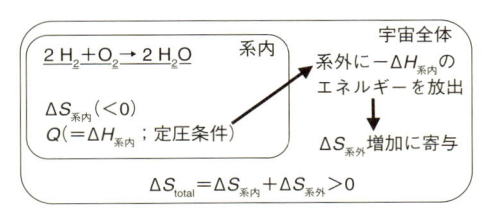

図 10.1 系内のエントロピー変化 $\Delta S_\text{系内}$ と宇宙全体のエントロピー変化 ΔS_total の関係

いうことである．そのことを理解するために，標準状態（25℃, 1 atm）での水の生成反応を考えてみる．

$$2\,\text{H}_2(\text{気体}) + \text{O}_2(\text{気体}) \longrightarrow 2\,\text{H}_2\text{O}(\text{液体}) \tag{10.5}$$

この反応は，液体に比べてより激しく運動する気体の状態にある水素と酸素が反応して，ビーカーの底に収まるような乱雑さの低い状態である液体（= 水）が生成するので，系内のエントロピー変化は負になると予想され，実際この反応での系内のエントロピー変化 $\Delta S_\text{系内}$ は $-327\,\text{J/K}$ と大きな負の値となる．しかし，よく知られているように，水素と酸素は激しく反応して水を生成するので，反応式 (10.5) は著しく右に進みやすい．このことは，エントロピーが増大する方向に自発変化が進む，という第二法則に反してはいないだろうか．

この一見矛盾した事実は，系内と系外をあわせた「宇宙の」エントロピー ΔS_total を考えることで矛盾なく説明できる（図 10.1）．この式 (10.5) は激しく発熱する反応で，その反応熱 $Q = 572\,\text{kJ}$ が系外に放出される．その熱により生じる系外のエントロピー変化 $\Delta S_\text{系外}$ は，式 (10.4) から

$$\Delta S_\text{系外} \geq \frac{572 \times 10^3\,\text{J}}{298\,\text{K}} = 1{,}920\,\text{J/K} \tag{10.6}$$

となる．そのため，宇宙のエントロピー変化 ΔS_total は

$$\Delta S_\text{total} \geq -327 + 1{,}920 = 1{,}590\,\text{J/K} \tag{10.7}$$

となる．このことから，確かにこの反応はエントロピー増大則に従い，右向きの反応が激しく自発的であることが示される．系内ではエントロピーが減少しても，生成する熱が系外でエントロピーを増大させるからである．このように，

第 10 章 化学熱力学の基礎と地球表層での無機化学反応

化学反応は全エントロピーが増加するように進行する．

10.2 自由エネルギーと化学反応 [1～3]

全エントロピーは自発的変化の方向を決めるが，そのために系内のみならず系外のエントロピー変化を求めねばならないのは面倒である．そこで，(**ギブズ**) **自由エネルギー**（Gibbs free energy）G を導入する．全エントロピー ΔS_{total} を

$$\Delta S_{\text{total}} = \Delta S_{系内} + \Delta S_{系外} \tag{10.8}$$

と書く．定温・定圧で可逆な変化を考えた場合，$\Delta S_{系外}$ は系が出す熱量 Q（定圧なので $\Delta H_{系内}$ に等しい．系外が受け取る熱量は $-\Delta H_{系内}$）を用いると

$$\Delta S_{系外} = -\frac{\Delta H_{系内}}{T} \tag{10.9}$$

となるので，式 (10.8) は

$$-T\,\Delta S_{\text{total}} = -T\,\Delta S_{系内} + \Delta H_{系内} \tag{10.10}$$

と書ける．ここで重要なのは，全エントロピーが系内の熱力学的変数 $\Delta S_{系内}$ と $\Delta H_{系内}$ で書き替えられたことにある．そこでギブズ自由エネルギー G を $G \equiv H - TS$ と定義すると，一定の温度では $\Delta G = \Delta H - T\Delta S$ となるので，$\Delta G_{系内} = \Delta H_{系内} - T\Delta S_{系内}$ となり，これと式 (10.10) を見比べると

$$\Delta G_{系内} = -T\,\Delta S_{\text{total}} \tag{10.11}$$

と書ける．このことは，全エントロピー ΔS_{total} を系内の熱力学的変数である $\Delta G_{系内}$ で書き直せたことを意味する．つまりこの式から，第二法則「自発的変化は ΔS_{total} が増大する方向に進む」は，「自発的変化は $\Delta G_{系内}$ が減少する方向に進む」と言い換えることができたことになる．そのため，今後はやや実態のつかみづらいエントロピー S のことは忘れて，自由エネルギー G に着目して，地球で起きる現象の自発変化を予想すればよいことになる．

では G を用いて，化学反応の進みやすさはどのように予想できるだろうか．すでに化学熱力学は，物質のもつ自由エネルギーを用いて化学反応が議論できるように体系化されている．標準状態で，ある化学反応が完全に進行した場合

10.2 自由エネルギーと化学反応

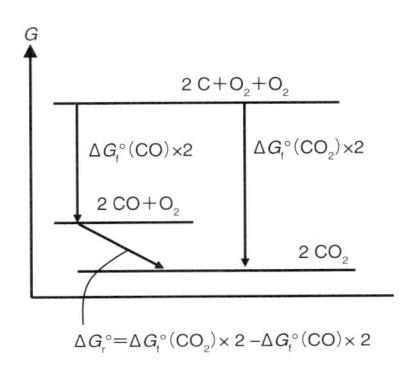

図 10.2 CO₂ の生成の自由エネルギー変化

の自由エネルギー変化は，標準反応自由エネルギー ΔG_r° とよばれる．たとえば，オゾン O_3 から酸素 O_2 ができる反応 $2\,O_3 \leftrightarrow 3\,O_2$ では，2 mol のオゾンが 3 mol の酸素に完全に変化した場合に，その ΔG_r° が $-326\,\mathrm{kJ}$ であることがわかっている．この意味は，2 mol のオゾンと 3 mol の酸素では，後者がもつ自由エネルギーが 326 kJ だけ低いことを示しており，このことからオゾンよりは酸素のほうが安定な物質であることが理解される．

さらに複雑な化合物についても，標準状態での自由エネルギー変化の基準である**標準生成自由エネルギー**（standard free energy of formation；標準状態にある単体からその化合物を生成する場合の自由エネルギー変化）ΔG_f° を用いて，その化合物がもつ自由エネルギーを比較することができる．たとえば次の反応

$$2\,\mathrm{CO(g)} + \mathrm{O_2(g)} \rightleftharpoons 2\,\mathrm{CO_2(g)} \tag{10.12}$$

の ΔG_r° は，CO，CO_2，O_2 の ΔG_f° を用いて計算できる．つまり

$$\Delta G_r^\circ = \{2\,\Delta G_f^\circ(\mathrm{CO_2})\} - \{2\,\Delta G_f^\circ(\mathrm{CO}) + \Delta G_f^\circ(\mathrm{O_2})\} \tag{10.13}$$

と書ける．ここで CO の生成に関する $\Delta G_f^\circ(\mathrm{CO})$ は $\mathrm{C} + (1/2)\,\mathrm{O_2} \to \mathrm{CO}$ の標準反応自由エネルギー変化であり，同様に $\Delta G_f^\circ(\mathrm{CO_2})$ は $\mathrm{C} + \mathrm{O_2} \to \mathrm{CO_2}$ の標準反応自由エネルギー変化である．なお O_2 は単体なので，$\Delta G_f^\circ(\mathrm{O_2}) = 0$ である．

このことを，自由エネルギーを縦軸にとって表すと，図 10.2 のようになる．$\Delta G_f^\circ(\mathrm{CO}) = -137\,\mathrm{kJ}, \Delta G_f^\circ(\mathrm{CO_2}) = -394\,\mathrm{kJ}$ であることから，$\Delta G_r^\circ(\mathrm{CO\text{-}CO_2}) =$

$2 \times (-394) - \{2 \times (-137) + 0\} = -514\,\mathrm{kJ}$ となるので，式 (10.11) では標準状態では CO_2 のほうが安定であることを示す．CO_2 は炭素化合物のなかでも最も安定な物質であり，炭素は放っておけば（＝自発的に）CO_2 になりやすい．その結果が現在の CO_2 濃度の増加であり，この CO_2 を減らすには何かエネルギーを加える必要がある．植物が行う光合成反応は，CO_2 と水に光エネルギーを加えることで，より大きな自由エネルギーをもつ有機物を合成している．

10.3 化学ポテンシャルと平衡定数 [1〜3]

しかし，図 10.2 のようにして標準状態での各化合物の自由エネルギーを比べるだけで，化学反応を完全に予測できるわけではない．その理由は，化学物質の濃度は，それ自体がポテンシャル（エネルギー）と関係するからである．確かに気相に CO と O_2 があれば，激しく反応して CO_2 を生成する．しかしだからといって，厳密には CO の濃度は完全に 0 にはならない．それは，CO_2 のもつ自由エネルギーが CO_2 濃度の増加とともに大きくなるためである．そこでわれわれは，この濃度変化を考慮した自由エネルギー G を知る必要がある．

ある気体の分圧が P°（標準状態）と P であるときの自由エネルギー G° と G を比較してみよう．G の定義（$G \equiv H - TS$）から，

$$dG = dH - T\,dS \quad (\text{温度一定}) \tag{10.14}$$

$$dG = dU + P\,dV + V\,dP - T\,dS \quad (H \equiv U + PV \text{ より}) \tag{10.15}$$

ここで，$dU = Q + W$ で，定圧・可逆変化では $W = -P\,dV$，$Q = T\,dS$ であることから

$$dG = Q + W + P\,dV + V\,dP - T\,dS = V\,dP \tag{10.16}$$

となることがわかる．1 mol の気体で，分圧が $P^\circ \to P$ に変化したときの自由エネルギー変化 ΔG は，

$$\Delta G = G - G^\circ = \int_{P^\circ}^{P} dG = \int_{P^\circ}^{P} V\,dP = \int_{P^\circ}^{P} \frac{RT}{P}\,dP = RT \ln \frac{P}{P^\circ} \tag{10.17}$$

となる．溶液の場合，溶質の活動度（activity；濃度に活量係数をかけたもの）a は $a = P/P^\circ$ と書けるので，ある物質 x が 1 mol あると，その自由エネルギー

10.3 化学ポテンシャルと平衡定数

（＝化学ポテンシャル）である $G(\mathrm{x})$ は，x の**活量** a_x を用いて

$$G(\mathrm{x}) = G^\circ(x) + RT\ln(a_\mathrm{x}) \tag{10.18}$$

と書ける．これが濃度を考慮した化学種 x の自由エネルギー（＝**化学ポテンシャル**（chemical potential））である．G°（標準生成自由エネルギー）は，濃度 $a_\mathrm{x} = 1\,\mathrm{mol/kg}$（標準状態）のときの G である．

このようにして表される濃度を考慮した自由エネルギーを化学反応

$$a\mathrm{A} + b\mathrm{B} \rightleftharpoons c\mathrm{C} + d\mathrm{D} \tag{10.19}$$

に当てはめてみよう．それぞれの物質がもつ自由エネルギー $G(\mathrm{x})$ は式（10.18）で表されるので，式（10.19）の反応の反応自由エネルギー ΔG_r は

$$\begin{aligned}\Delta G_\mathrm{r} &= \{cG(\mathrm{C}) + dG(\mathrm{D})\} - \{aG(\mathrm{A}) + bG(\mathrm{B})\} \\ &= [c\{G^\circ(\mathrm{C}) + RT\ln(a_\mathrm{C})\} + d\{G^\circ(\mathrm{D}) + RT\ln(a_\mathrm{D})\} \\ &\quad - [a\{G^\circ(\mathrm{A}) + RT\ln(a_\mathrm{A})\} + b\{G^\circ(\mathrm{B}) + RT\ln(a_\mathrm{B})\}\end{aligned} \tag{10.20}$$

と書ける．これを整理すると

$$\Delta G_\mathrm{r} = \{cG^\circ(\mathrm{C}) + dG^\circ(\mathrm{D}) - aG^\circ(\mathrm{A}) - bG^\circ(\mathrm{B})\} + RT\ln\left(\frac{a_\mathrm{C}^c a_\mathrm{D}^d}{a_\mathrm{A}^a a_\mathrm{B}^b}\right) \tag{10.21}$$

となる．このうち第 1 項は $\Delta G_\mathrm{r}^\circ$（標準反応自由エネルギー）である．また**反応商**（reaction quotient）Q を次のように定義すると

$$Q = \frac{a_\mathrm{C}^c a_\mathrm{D}^d}{a_\mathrm{A}^a a_\mathrm{B}^b} \tag{10.22}$$

式（10.21）から

$$\Delta G_\mathrm{r} = \Delta G_\mathrm{r}^\circ + RT\ln Q \tag{10.23}$$

と書ける．この式の意味はたいへん重要で，ΔG_r，つまり式 (10.18) の反応がどちらに進行（マイナスなら右向きに進む）するかは，Q に依存することを意味する．反応初期には式 (10.19) のうち A と B しか存在せず，C と D はほとんどなかったとすると，Q の初期値は大きな負の値をとる（図 10.3）．この状態で，もし標準状態の自由エネルギーの比較である $\Delta G_\mathrm{r}^\circ$ も負の値であれば，この反応は右向きに進む．反応の進行とともに Q は増加し，$a_\mathrm{C}^c a_\mathrm{D}^d > a_\mathrm{A}^a a_\mathrm{B}^b$ の状態に

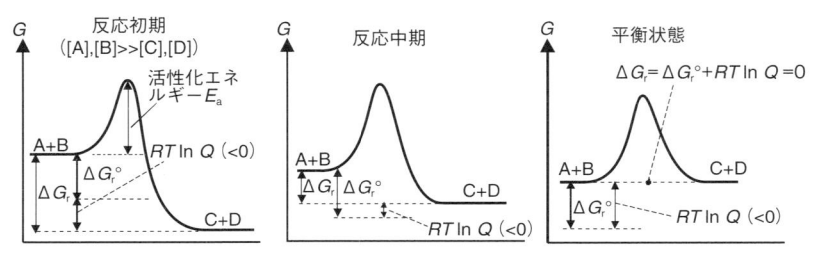

図 10.3 反応の進行に伴って変化する ΔG_r や Q と ΔG_r° の関係

なると $RT \ln Q$ は正の値になるが，$\Delta G_r^\circ + RT \ln Q$（$\Delta G_r^\circ$ は定数であることに注意）がまだ負であれば，反応は継続して右に進む（図 10.3）．ではこの反応はどこで止まるのだろうか．ΔG_r が負の場合に自発的変化が生じるが，ΔG_r が 0 となった場合に，この反応は停止する．その特別な状態での Q を K とすると，

$$\Delta G_r^\circ = -RT \ln Q = -RT \ln K \tag{10.24}$$

となる．この K が**平衡定数**（equilibrium constant）であり，a_A, a_B, a_C, a_D が平衡濃度 a_A^{eq}, a_B^{eq}, a_C^{eq}, a_D^{eq} に達したときの Q の値に等しいので，式 (10.21) より

$$K = \frac{(a_C^{eq})^c (a_D^{eq})^d}{(a_A^{eq})^a (a_B^{eq})^b} \tag{10.25}$$

となる．これが**質量作用の法則**（mass action law）であり，式 (10.19) の化学反応の平衡定数 K は，平衡なときの濃度を用いて式 (10.25) のように書ける．この法則は，平衡と見なせる系の化学的な状態を調べるうえで，たいへん便利である．一方，式 (10.24) より，K はその反応の標準反応自由エネルギー ΔG_r° を用いて

$$K = \exp\left(-\frac{\Delta G_r^\circ}{RT}\right) \tag{10.26}$$

と書ける．

10.4 錯生成反応と溶解度 [3〜5]

水の中に溶けている陽イオンは，M^{z+} と書かれるが，実際には水分子が酸素

10.4 錯生成反応と溶解度

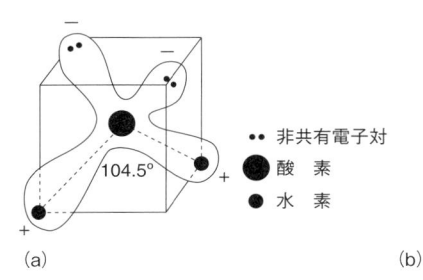

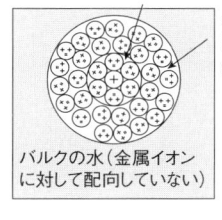

図 10.4 水分子の構造（a）と陽イオンに対する水和の様子（b）

を陽イオン側に向けて配位し，フリーなイオンを形成している．水は中性分子であるが，H–O–H の結合角が 104.5° で，2 対の非共有電子対も含めると正四面体に近い構造をもっている（図 10.4）．この水分子中で，水素は正電荷を帯び，非共有電子対は負電荷を帯びている．そのため水分子は，たとえば陽イオンに対して酸素の側を向けて結合するという配向した状態になり，これを**水和イオン**（hydrated ion）や**アコ錯体**（aquocomplex）などとよぶ．この水との結合は比較的安定であり，たとえばカルシウムは溶存状態で 6 つの水分子と直接結合をもつ（第一水和圏）．またその外側の第二水和圏には，さらに多くの水分子がカルシウムイオンに対して配向した状態で存在する．また，この水和したカルシウムイオンが硫酸イオンと溶液中で錯体を形成する場合，6 つの水分子の外側に硫酸イオンが位置する．このようなイオンを外圏錯体とよび，固液界面での吸着種の議論などでも本書でしばしば登場する．

　天然水中のさまざまなイオンは，水和イオンとして溶けている場合もあるが，一方で天然水中の水酸化物イオン，炭酸イオン（8.4 節参照），**腐植物質**（humic substances）などと結合し，溶存錯体とよばれる状態で存在することも多い．また水中での金属イオンの溶存濃度は，**溶解度**（solubility）という熱力学定数で規定される．そこで，ここでは質量作用の法則を用いて溶解度や**錯生成反応**（complexation reaction）を記述してみる．なかでも最も基本的な化学反応のひとつが，溶液中の溶存種の錯生成反応である．この反応は一般に

$$M^{z+} + n L^{y-} \rightleftharpoons ML_n^{(z-ny)+} \tag{10.27}$$

と書け，錯生成定数（stability constant）β_{ML} は

$$\beta_{\mathrm{ML}} = \frac{[\mathrm{ML}_n^{(z-ny)+}]}{[\mathrm{M}^{z+}][\mathrm{L}^{y-}]^n} \tag{10.28}$$

となる．なお，熱力学定数は活量に対して一定の値を示し，式 (10.28) の $[\mathrm{M}^{z+}]$ などは本来活量であるが，ここでは便宜上濃度とよぶ．式 (10.28) から，β_{ML} は定数なので，天然水中の配位子の濃度がわかっていれば，フリーな M^{z+}（水和 M^{z+} イオン）の濃度に対する錯生成種 $\mathrm{ML}_n^{(z-ny)+}$ の濃度は，以下のようになる．

$$\frac{[\mathrm{ML}_n^{(z-ny)+}]}{[\mathrm{M}^{z+}]} = \beta_{\mathrm{ML}}[\mathrm{L}^{y-}]^n \tag{10.29}$$

天然水中にさまざまな配位子 L_i が存在していた場合，溶存種全体の濃度 $[\mathrm{M}]_{\mathrm{total}}$ は

$$\begin{aligned}[\mathrm{M}]_{\mathrm{total}} &= [\mathrm{M}^{z+}] + [\mathrm{ML}_1] + [\mathrm{ML}_2] + \cdots \\ &= [\mathrm{M}^{z+}](1 + \beta_{\mathrm{ML}1}[\mathrm{L}_1] + \beta_{\mathrm{ML}2}[\mathrm{L}_2] + \cdots)\end{aligned} \tag{10.30}$$

と書ける（錯体種の電荷省略）．そのため，M の溶存種の総濃度に対する溶存種 $[\mathrm{ML}_i]$ の割合は，

$$\frac{[\mathrm{ML}_i]}{[\mathrm{M}]_{\mathrm{total}}} = \frac{\beta_{\mathrm{MLi}}[\mathrm{L}_i]}{1 + \beta_{\mathrm{ML}1}[\mathrm{L}_1] + \beta_{\mathrm{ML}2}[\mathrm{L}_2] + \cdots} \tag{10.31}$$

となる．このようにして溶存種の割合を決めることを，**スペシエーション計算**（speciation calcluation）ということもあり，天然水中のイオンの溶存種を知る重要な手法である．

たとえば，鉄の 3 価のイオン Fe^{3+} は加水分解しやすく，中性付近の pH では OH^- と FeOH^{2+}，$\mathrm{Fe(OH)}_2{}^+$，$\mathrm{Fe(OH)}_3$，$\mathrm{Fe(OH)}_4{}^-$ などの溶存錯体を生成する．これらの錯生成定数 β_i は

$$\beta_i = \frac{[\mathrm{Fe(OH)}_i^{(3-i)+}]}{[\mathrm{Fe}^{3+}][\mathrm{OH}^-]^i} \tag{10.32}$$

と書け，$\beta_1 = 10^{11.8}/\mathrm{M}$，$\beta_2 = 10^{22.3}/\mathrm{M}^2$，$\beta_3 = 10^{29.4}/\mathrm{M}^3$，$\beta_4 = 10^{34.4}/\mathrm{M}^4$ などと決定されている．上で示したとおり，このとき溶存している鉄の総濃度は，次のように求められる．

10.4 錯生成反応と溶解度

$$\sum_{i=1}^{4}[\text{Fe}_i] = [\text{Fe}^{3+}][\text{FeOH}^{2+}] + [\text{Fe(OH)}_2{}^+] + [\text{Fe(OH)}_3] + [\text{Fe(OH)}_4{}^-]$$

$$= [\text{Fe}^{3+}] + \beta_1[\text{Fe}^{3+}][\text{OH}^-] + \beta_2[\text{Fe}^{3+}][\text{OH}^-]^2 + \beta_3[\text{Fe}^{3+}][\text{OH}^-]^3$$

$$+ \beta_4[\text{Fe}^{3+}][\text{OH}^-]^4$$

$$= [\text{Fe}^{3+}]\left(1 + \sum_{i=1}^{4}\beta_i[\text{Fe}^{3+}][\text{OH}^-]^i\right) \tag{10.33}$$

たとえば pH 7 では，$\left(1 + \sum_{i=1}^{4}\beta_i[\text{Fe}^{3+}][\text{OH}^-]^i\right) = 10^{8.7}$ となり，主に水酸化物からなる鉄の総濃度は，$[\text{Fe}^{3+}]$ の $10^{8.7}$ 倍も存在することがわかる．このように，質量作用の法則に基づけば，（錯生成定数がわかっていれば）測定によらずとも溶存化学種の濃度を推定できる．

一方，沈殿生成反応のような相の違う物質間の平衡はどのように書けるだろう．たとえば，炭酸カルシウム CaCO_3 の溶解反応

$$\text{CaCO}_3 \rightleftharpoons \text{Ca}^{2+} + \text{CO}_3{}^{2-} \tag{10.34}$$

の平衡定数 K_{SP}（とくに溶解反応の場合，**溶解度積**（solubility product）とよぶ）は，Ca^{2+} の活量 $[\text{Ca}^{2+}]$ などを質量作用の法則に代入して

$$K_{\text{SP}} = \frac{[\text{Ca}^{2+}][\text{CO}_3{}^{2-}]}{[\text{CaCO}_{3\text{-solid}}]} \tag{10.35}$$

と書ける．このうち，純粋な固相の活量は 1 とするきまりなので，$[\text{CaCO}_{3\text{-solid}}] = 1$ となる．そのため，固相として CaCO_3 が存在し，式 (10.34) が平衡に達していた場合，

$$K_{\text{SP}} = [\text{Ca}^{2+}][\text{CO}_3{}^{2-}] \tag{10.36}$$

となり，沈殿が存在するときの $[\text{Ca}^{2+}]$ や $[\text{CO}_3{}^{2-}]$ には式 (10.36) のような制約が与えられる．CaCO_3 には，**方解石**（calcite），**アラレ石**（aragonite），**ファーテライト**（vaterite）の 3 つの**多形**（polymorph）が存在するが，このうち常温常圧で最も溶解度の低い方解石では，$K_{\text{SP}} = 10^{-8.5}\ \text{M}^2$ である．たとえば，対象とする水の中の $[\text{CO}_3{}^{2-}]$ が 10^{-5} M であったとき，水に溶解できる Ca^{2+} の上限の活量は，$10^{-8.5}/10^{-5} = 10^{-3.5}$ M となる．しかし，これは水に溶解できる Ca の総濃度の上限を与えるわけではない．もし溶液中で Ca^{2+} が，$\text{CO}_3{}^{2-}$

第 10 章 化学熱力学の基礎と地球表層での無機化学反応

とは異なる配位子と錯体を形成した場合,フリーな Ca^{2+} の濃度は $10^{-3.5}$ M で一定であるが,Ca の総濃度は錯体種の寄与の分だけ大きくなる.

この錯生成によるみかけの溶解度の増加を水酸化鉄の溶解平衡から見てみよう.褐色の沈殿として天然に広く存在する水酸化第二鉄 $Fe(OH)_3$(フェリハイドライト,ferrihydrite)の溶解度は,

$$K_{SP} = [Fe^{3+}][OH^-]^3 = 10^{-37.1} \text{ M}^4 \tag{10.37}$$

と非常に小さい.たとえば,$Fe(OH)_3$ の沈殿が存在する pH 7 の水の中では,$[Fe^{3+}] = 10^{-37.1}/(10^{-7})^3 = 10^{-16.1}$ M となる.しかしこれは,溶存している鉄の総濃度を表すわけではない.本節前半で述べたとおり,Fe^{3+} は,OH^- と $FeOH^{2+}$,$Fe(OH)_2^+$,$Fe(OH)_3$,$Fe(OH)_4^-$ などの溶存錯体を生成するからである.式 (10.33) から,pH 7 では,$\left(1 + \sum_{i=1}^{4} \beta_i [Fe^{3+}][OH^-]^i\right) = 10^{8.7}$ となり,溶存水酸化物種が生成した分だけ溶存鉄の総濃度は増加することになる.溶解平衡にあるとき $[Fe^{3+}] = 10^{-16.1}$ M だったので,溶解している鉄の総濃度は,$10^{-7.4}$ M となる.このように,錯生成の効果により Fe は $10^{8.7}$ 倍溶けやすくなっている.しかし Fe^{3+} の場合,錯生成の効果を考慮しても,非常に水に溶けにくいことがわかる.

より一般化すると,$[Fe^{3+}]$ に対する錯体種 $[Fe(OH)_i]$ の比は,式 (10.32) などを用いて

$$\log\left(\frac{[Fe(OH)_i^{(3-i)+}]}{[Fe^{3+}]}\right) = \log \beta_i + \log [OH^-]^i$$
$$= \log \beta_i + i\,(\text{pH} - 14) \tag{10.38}$$

と書ける.たとえば $i = 1$ では,$\log([FeOH^{2+}]/[Fe^{3+}]) = 11.8 + (\text{pH} - 14) = \text{pH} - 2.2$ などとなる.これらを図示すると図 10.5 のようになり,溶存鉄の総濃度と溶存種に占める各水酸化物種の寄与がわかる.

先ほどの炭酸カルシウムの溶解反応で出てきた二酸化炭素の水への溶解反応は,第 7 章でもみられたように,地球表層の物質循環では重要な反応であるので,これについても質量作用の法則で理解しておこう.二酸化炭素は,水に溶けて炭酸 H_2CO_3 を生成する.

$$CO_2(\text{aq}) + H_2O \rightleftharpoons H_2CO_3$$

10.4 錯生成反応と溶解度

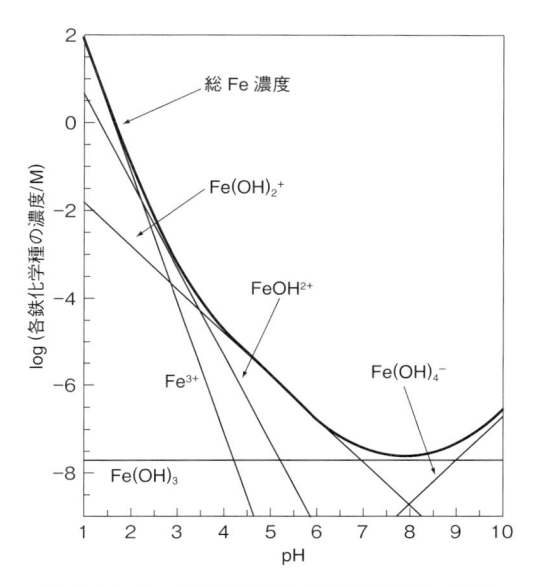

図 10.5 鉄の溶解度曲線および各溶存種の寄与

$$K_{\mathrm{CO_2}} = \frac{[\mathrm{H_2CO_3}]}{P_{\mathrm{CO_2}}} = 10^{-1.47}\,\mathrm{M/atm} \tag{10.39}$$

この式は,気体の液体への溶解度は気体の分圧に比例する(**ヘンリーの法則** (Henry's law))ことを表しており,$P_{\mathrm{CO_2}}$ (atm) は気相中の二酸化炭素の分圧である.炭酸は以下のように 2 段階で $\mathrm{H^+}$ を放出し,それぞれ**酸解離定数** (dissociation constant) K_1 と K_2 が決定されている.

$$\mathrm{H_2CO_3} \rightleftharpoons \mathrm{H^+} + \mathrm{HCO_3^-}, \quad K_1 = \frac{[\mathrm{H^+}][\mathrm{HCO_3^-}]}{[\mathrm{H_2CO_3}]} = 10^{-6.35}\,\mathrm{M} \tag{10.40}$$

$$\mathrm{HCO_3^-} \rightleftharpoons \mathrm{H^+} + \mathrm{CO_3^{2-}}, \quad K_2 = \frac{[\mathrm{H^+}][\mathrm{CO_3^{2-}}]}{[\mathrm{HCO_3^-}]} = 10^{-10.33}\,\mathrm{M} \tag{10.41}$$

ここで水に溶解している炭酸化学種の総濃度 C_T は

$$\begin{aligned}
C_\mathrm{T} &= [\mathrm{H_2CO_3}] + [\mathrm{HCO_3^-}] + [\mathrm{CO_3^{2-}}] = [\mathrm{H_2CO_3}]\left(1 + \frac{K_1}{[\mathrm{H^+}]} + \frac{K_1 K_2}{[\mathrm{H^+}]^2}\right) \\
&= K_{\mathrm{CO_2}} P_{\mathrm{CO_2}}\left(1 + \frac{K_1}{10^{-\mathrm{pH}}} + \frac{K_1 K_2}{10^{-2\mathrm{pH}}}\right)
\end{aligned} \tag{10.42}$$

となる.このことから,pH が高くなると $\mathrm{CO_2}$ が水に溶解する量が急激に増

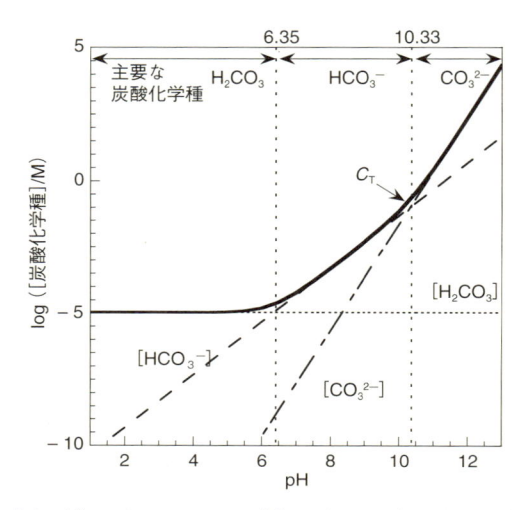

図 10.6 大気平衡下（$P_{CO_2} = 10^{-3.5}$ atm）での各炭酸化学種の溶存濃度

大することがわかる（図 10.6）．また溶解した炭酸化学種に占める $[H_2CO_3]$，$[HCO_3^-]$，$[CO_3^{2-}]$ の寄与は，図 10.6 のとおりである．それぞれの交点は，式 (10.39)～(10.41) から求められる．たとえば，海水のような pH 8 の水中での炭酸化学種の主要成分は，H_2CO_3，HCO_3^-，CO_3^{2-} のいずれであろうか．$[HCO_3^-]$ と $[CO_3^{2-}]$ の濃度が等しくなる pH は，式 (10.40) と $\log[HCO_3^-] = \log[CO_3^{2-}]$ から

$$\log[H^+] + \log[CO_3^{2-}] - \log[HCO_3^-] = -10.33, \quad \log[H^+] = -\text{pH} \quad (10.43)$$

より，pH=10.33 となる．したがって，pH 10.33 以下では主要な炭酸化学種は HCO_3^- である．同様に，$[H_2CO_3]$ と $[HCO_3^-]$ が等しくなる pH は pH 6.35 である．これらのことから，pH 8 の水では炭酸は主に HCO_3^- の状態で溶解していることがわかる．

10.5 固液界面の化学

前節で述べたとおり，溶解度は元素の溶けやすさを規定する最も基本的な熱力学定数である．また溶液中での錯生成反応はみかけ上元素の溶解性を高める

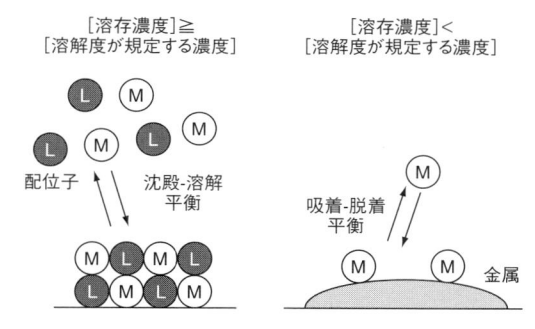

図 10.7 沈殿–溶解平衡と吸着–脱着平衡

が，溶解性を最終的に決めているのが溶解度であることに変わりはない．では溶存濃度が溶解度を下回っている場合，もはやその元素は固相中に固定されることはないのだろうか．こうした場合，元素の溶存濃度は固相への吸着反応で規定される場合が多い（図 10.7，8.6 節）．**吸着**（adsorption）反応は，固相と液相の間の界面で液相中の溶質の濃度が，固相のバルク中の濃度よりも高いような現象をさす．

たとえば，バングラデシュの地下水では 1990 年ころからヒ素濃度が高いことが指摘され，ヒ素中毒の危機に瀕する人の数が数千万人ともいわれている [6,7]（8.9 節）．このヒ素の起源として，もともとは蛇紋岩や雲母などの鉱物から溶け出したものであることが示唆されている [7,8]．こうして溶出したヒ素は，そのまま安定に水中に溶存し続けるわけではなく，固相中でヒ素を吸着する能力が高い鉱物の表面に吸着されると考えられる．したがってヒ素の溶存濃度は，この新たな反応（＝吸着反応）に従って決定されることになる．

主に酸化的な環境では，天然に存在する**吸着媒**（adsorbent）として，酸化物系の物質が重要である．代表的なものを表 10.1 に挙げた．これらは，粒径が小さいか層構造を有する結果，イオンを吸着できる表面積が大きいのが特徴である．

10.5.1 巨視的な吸着モデル [3〜5, 9, 10]

吸着が沈殿と異なるのは，吸着量には一定の容量がある場合が多いことである．そのため，吸着力の強い固相があるからといって，無限にイオンを吸着することはできない．これは，溶液中のあるイオン M の濃度 $[M_{dis}]$ と吸着濃度 $[M_{ads}]$

第 10 章 化学熱力学の基礎と地球表層での無機化学反応

表 10.1 天然環境に存在するさまざまな吸着媒 [3]

鉱物名	吸着表面積 (m^2/g)	結合サイト密度 ($/nm^2$)	pH_{ZPC}
$Fe(OH)_3$ (フェリハイドライト,水酸化第二鉄)	250〜600	20	8.5〜8.8
$\alpha\text{-}FeOOH$ (ゲーサイト,針鉄鉱)	45〜169	2.6〜18	5.9〜6.7
$\alpha\text{-}Fe_2O_3$ (ヘマタイト,赤鉄鉱)	1.8〜3.1	5〜22	4.2〜6.9
MnO_2 (二酸化マンガン)	140〜290	2〜18	1.5〜2.8
SiO_2 (石英)	0.14	4.2〜11.4	1〜3
SiO_2 (非晶質シリカ)	53〜292	4.5〜12	3.5
$\alpha\text{-}Al(OH)_3$ (ギブサイト)	120	2〜12	10
カオリナイト (kaolinite)	10〜38	1.2〜60	<4.6
イライト (illite)	65〜100	0.4〜5.6	-
モンモリロナイト (montmorillonite)	600〜800	0.4〜1.6	<3

(単位固相あたりの吸着量)の関係を表した**等温吸着線**(adsorption isotherm) から理解される.

例として,ラングミュア(Langmuir)型の等温吸着式を考えてみる.吸着媒 (固相)には有限の吸着サイトがあり,吸着するイオン M(電荷省略)で吸着サイトが占められている割合(被覆率)を θ とする.M の吸着速度 R_{ads} は $[M_{dis}]$ と,空いている吸着サイトの割合 $(1-\theta)$ に比例すると考えられるので,

$$R_{ads} = k_{ads}(1-\theta)[M_{dis}] \tag{10.44}$$

と書けるであろう.ここで k_{ads} は吸着反応の速度定数である.一方,M の吸着媒からの**脱離**(desorption,あるいは脱着)の速度 R_{des} は,M が吸着しているサイトの割合 θ に比例するが,$[M_{dis}]$ とは無関係であろう.そのため,

$$R_{des} = k_{des}\theta \tag{10.45}$$

と書ける(k_{des} は脱離反応の速度定数).吸着–脱離がみかけ上平衡であるとき,$R_{ads} = R_{des}$ となり,速度定数の比 k_{ads}/k_{des} を吸着の平衡定数 K_{ads} とすると (10.7 節参照),

$$\theta = \frac{K_{ads}[M_{dis}]}{1+K_{ads}[M_{dis}]} = 1 - \frac{1}{1+K_{ads}[M_{dis}]} \tag{10.46}$$

$$[M_{ads}] = \frac{[M]_{max}K_{ads}[M_{ads}]}{1+K_{ads}[M_{ads}]} \tag{10.47}$$

10.5 固液界面の化学

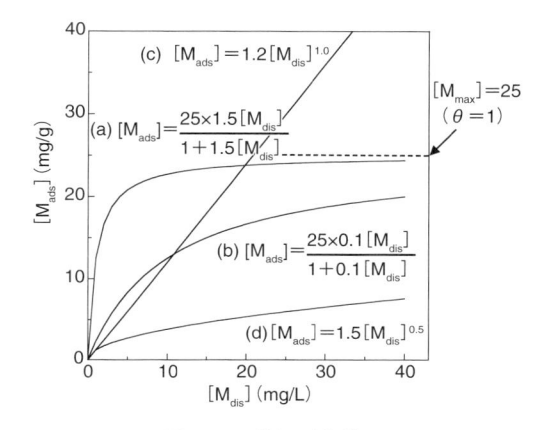

図 10.8 等温吸着線 [3]
(a,b) ラングミュア型, (c,d) フロイントリヒ型.

などとなることがわかる．この式は，$[M_{dis}]$ の増加とともに $\theta = 1$ に漸近する曲線を描き（図 10.8），$\theta = 1$ のときの吸着量を飽和吸着量 $[M]_{max}$ とよぶ．これは，固相にある吸着サイトの数は有限であることに由来する．式 (10.47) は，

$$\frac{1}{[M_{ads}]} = \frac{1}{[M]_{max}} + \frac{1}{[M_{dis}][M]_{max}K_{ads}} \tag{10.48}$$

となり，$[M_{ads}]$ と $[M_{dis}]$ の関係から $[M]_{max}$ を求めることができる．固相へのイオンの吸着は，**ラングミュア型の吸着等温式**（Langmuir adsorption isotherm）を満たすことが多く，対象とするイオンがどの程度固相に吸着されるかを考えるうえで重要である．

このほか，$[M_{dis}]$ と $[M_{ads}]$ の関係にはフロイントリヒ（Freundlich）型とよばれる吸着等温式が適用されることも多く，この式は

$$[M_{ads}] = K_F [M_{dis}]^{1/n} \tag{10.49}$$

と表される．この場合，K_F と n は $[M_{dis}]$ の $[M_{ads}]$ の関係から実験的に決定される．ラングミュア型は理論的に導かれたものであるが，フロイントリヒ型は経験的に得られる実験式である．これらの実験式の例を図 10.9 に示す [11]．この例にあるカオリナイトへの Pb^{2+} の吸着では，pH 4.0 まではラングミュア型に近い曲線を示すが，それより pH が高い領域での吸着等温線は，メカニズムの

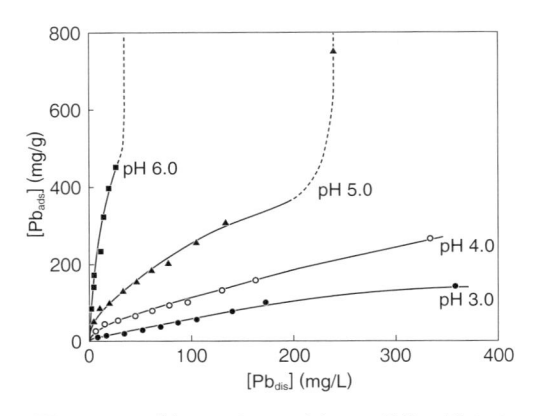

図 10.9　Pb^{2+} のカオリナイトへの吸着の例 [11]

違う吸着か Pb^{2+} の沈殿生成（$Pb(OH)_2$ など）が起きたことを示す曲線になっている．

10.5.2　表面錯体モデル

吸着等温線のような巨視的な吸着の理解以外に，表面吸着サイトとの化学反応を書き下す**表面錯体モデル**（surface complexation model, SCM）が数多く考案されている [3～5]．表 10.1 に示された吸着媒の多くは，表面にヒドロキシ基をもち，以下のような反応で H^+ や OH^- を溶液中とやりとりする．

$$R\text{–}O^- + H^+ \rightleftharpoons R\text{–}OH \tag{10.50}$$

$$R\text{–}OH + H_2O \rightleftharpoons R\text{–}OH_2^+ + OH^- \tag{10.51}$$

こうした反応の結果，固相表面は正あるいは負の電荷を帯びる．これらの反応の起きやすさは，R で示した元素種により異なり，その結果，固相全体の正味の電荷が正負のいずれになるかも固体によって異なる．また反応式からわかるとおり，pH が低いほど（$=[H^+]$ 大，$[OH^-]$ 小）$R\text{–}OH_2^+$ が増加し，固相全体としては正に帯電する．同様に，pH が高いほど $R\text{–}O^-$ が増加し，固相全体としては負に帯電する．また，全体が中性であることは，実際には $R\text{–}OH_2^+$ と $R\text{–}O^-$ の量が等しいことを意味する．このみかけ上中性になる状態のことを**等電点**（point of zero charge, PZC）といい，そのときの pH を pH_{PZC} と表す．

10.5 固液界面の化学

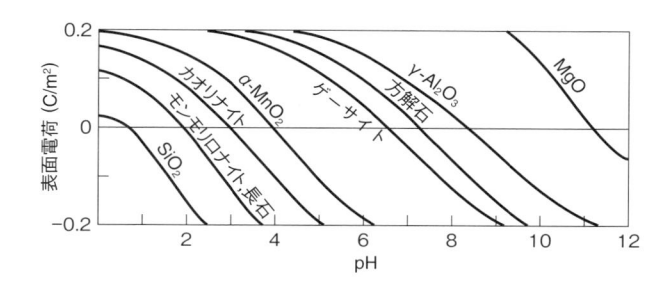

図 10.10 さまざまな鉱物の水溶液中での表面電荷の pH 依存性 [9]

固相による電荷の pH 依存性や pH_{PZC} を図 10.10 および表 10.1 に示す．一般に pH_{PZC} よりも低い pH では固相は陰イオンに対する吸着性が高く，高い pH では陽イオンに対する吸着性が高い．たとえば，鉄やアルミニウムの（水）酸化物は比較的高い pH まで正電荷を保持しており，中性領域でも陰イオンを吸着でき，水酸化鉄はヒ素（ヒ酸イオンないし亜ヒ酸イオンなどのオキソアニオンとして存在）のホスト相として重要である．一方，マンガン酸化物は pH_{PZC} が低く，中性領域では陽イオンに対する吸着性が高い．

このような陽イオン（M^{z+}）や陰イオン（L^-）も，H^+ や OH^- と同様に，固相表面と以下のような化学反応を起こすと考えられる．

$$R\text{–}O^- + M^{z+} \rightleftharpoons R\text{–}O\text{–}M^{(z-1)+} \tag{10.52}$$

$$R\text{–}OH + L^{y-} + H^+ \rightleftharpoons R\text{–}L^{(y-1)-} + H_2O \tag{10.53}$$

式 (10.52) や (10.53) のように表現することで，水溶液中の錯生成反応に似た考え方で吸着を理解できる．一方で水溶液中の反応と大きく異なる点は，吸着の場合は固相に酸解離基が複数固定されているため，固相に多くの電荷が蓄積される結果，その近傍に静電場が誘起されることにある．

H^+ が表面から解離する反応（式 (10.50) の逆反応）を例として考えてみる．ある H^+ が解離した場合，その結果生じる固相表面の負電荷は，次に解離する H^+ を引き付ける効果があるため，1 段目の H^+ の解離に比べて 2 段目の H^+ の解離は起きにくくなる．水溶液に溶存している炭酸のような場合，酸解離基（たとえば HCO_3^-）は互いに十分遠くに離れているので，このような効果はな

第 10 章 化学熱力学の基礎と地球表層での無機化学反応

い．しかし固相では，同じ分子内に解離基が複数存在するため，静電場を生じる．この固相特有の静電場の電位 Ψ は，電荷 z のイオン 1 mol を $-zF\Psi$ のエネルギー ΔG_{el} 分だけ安定化させる．そのため，吸着反応における自由エネルギー変化 ΔG_{ad} は，表面サイトとの結合による安定化 ΔG_{chem} 以外に ΔG_{el} の安定化の効果があり，

$$\Delta G_{ad} = \Delta G_{chem} + \Delta G_{el} = \Delta G_{chem} - zF\Psi \tag{10.54}$$

と書ける．ここで吸着反応のみかけの表面錯体生成定数 K_{ad} と結合サイトの性質のみで決まる真の表面錯体生成定数 K_{int} は，それぞれ $\Delta G_{ad} = -RT \ln K_{ad}$ や $\Delta G_{chem} = -RT \ln K_{int}$ などと表せるので，

$$K_{ad} = K_{int} \exp\left(-\frac{zF\Psi}{RT}\right) \tag{10.55}$$

と書ける．このうち，$\exp(-zF\Psi/RT)$ は**ボルツマン因子**（Boltzmann factor）とよばれる項である．一般に $\exp(-\Delta E/RT)$ は，気体分子のエネルギー分布（ボルツマン分布）において，ΔE（$= E_A - E_B$；A と B の 1 mol あたりの化学ポテンシャルの差）のエネルギー差がある 2 つの状態に分配された粒子の濃度比であり，

$$\frac{[A]}{[B]} = \exp\left(-\frac{E_A - E_B}{RT}\right) = \exp\left(-\frac{\Delta E}{RT}\right) \tag{10.56}$$

と書ける．したがって，$\exp(-zF\Psi/RT)$ は価数 z^+ のイオンが，ポテンシャルが Ψ だけ異なる 2 相に分配された場合の濃度比を表す．固相表面とは無関係なバルク溶液中のフリーなイオンを $[M^{z+}]$ とし，Ψ に引き寄せられた成分を $[M^{z+}{}_{el}]$ とすると，$\exp(-zF\Psi/RT)$ は $[M^{z+}{}_{el}]/[M^{z+}]$ 比に対応する．一方 K_{int} は静電場の影響を受けない，真に化学的な表面錯体の安定度を表し，$[M^{z+}{}_{el}]$ に対して実際に吸着している化学種 $[M^{z+}{}_{ad}]$ の比を与えると解釈できる．K_{ad} はバルクのフリーなイオン $[M^{z+}]$ に対する吸着種 $[M^{z+}{}_{ad}]$ の比を表し，$[M^{z+}{}_{ad}]$ が受けた静電的な安定化は $\exp(-zF\Psi/RT)$ に集約されている，というのが式 (10.55) の本質的な意味である．

式 (10.55) の Ψ は固相表面の電荷密度 σ と関係があり，表面錯体モデルの種類によって異なる仮定がおかれる（図 10.11）．代表的なものに**拡散二重層モデル**（diffuse double layer model，DDLM）と**三重層モデル**（triple layer model，

10.5 固液界面の化学

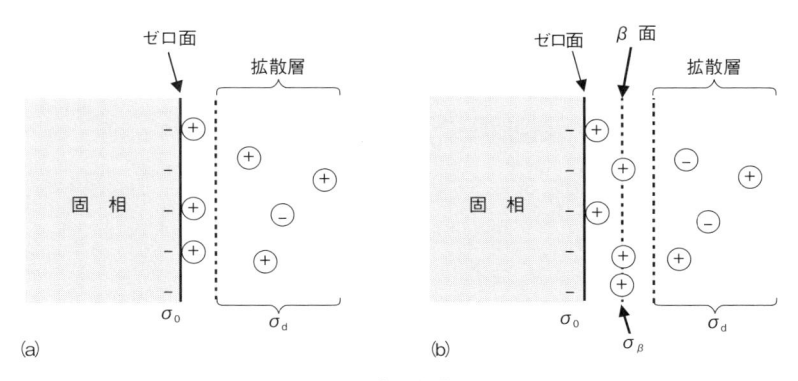

図 10.11 表面錯体モデル
(a) 拡散二重層モデル (diffuse double layer model), (b) 三重層モデル (triple layer model).

TLM) がある．拡散二重層モデルでは，固相の最表面であるゼロ面で H^+ や OH^- が結合すると考え，吸着されるイオンは固相表面近傍の拡散層に存在すると考える．そのため，固相表面の電荷 σ_0 と拡散層がもつ電荷 σ_d は，電気的中性条件から，$\sigma_0 + \sigma_d = 0$ という関係にある．拡散二重層モデルは，グーイ–チャップマン (Goy-Chapman) 理論に基づき σ_d を

$$\sigma_d = -0.1174 I^{1/2} \sinh\left(\frac{zF\Psi}{2RT}\right) \tag{10.57}$$

と表す（I はイオン強度）．σ_0 は，式 (10.50)〜(10.53) に示された電荷をもつ表面化学種の $R-O^-$, $R-OH_2^+$, $R-O-M^{(z-1)+}$, $R-L^{(y-1)-}$ の総和である．したがって，式 (10.57) は表面化学種と Ψ を結ぶ関係を与える．このモデルは，実験結果とのフィッティングにより得られるパラメータが少なく，Dzombak と Morel によりデータがまとめられている [10] こともあり，吸着データの説明によく用いられる．

一方，吸着種の構造解析として，古くは**電子スピン共鳴**（electron spin resonance, ESR）法などから，現在では **X 線吸収微細構造**（X-ray absorption fine structure, XAFS）法や Eu(III) などに適用可能な**レーザー誘起蛍光**（laser-induced fluorescence, LIF）法などで多くの情報が得られている [12〜14]．その結果，吸着種には固相表面と化学結合をもつ**内圏錯体**（inner-sphere complex）に加えて，固相表面と化学結合はもたないが，固相がもつ電荷によって静電的に引き

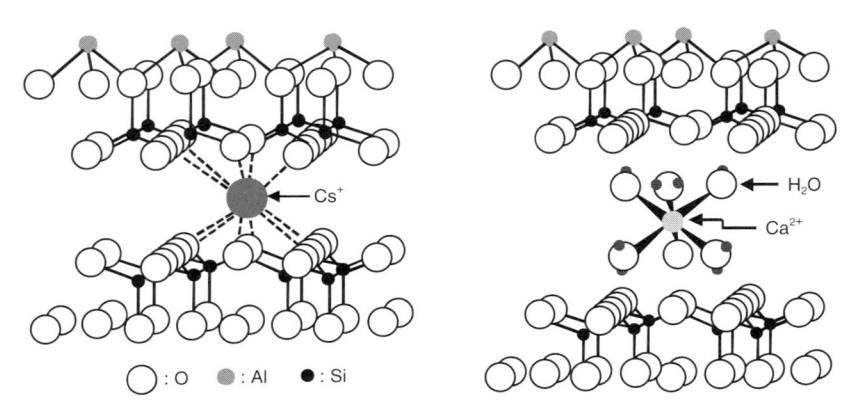

第10章 化学熱力学の基礎と地球表層での無機化学反応

図 10.12 2：1型層状ケイ酸塩のシロキサンのくぼみ（siloxane ditrigonal cavity, SDC）に対する表面錯体の形成
Cs^+ は内圏錯体を形成し，Ca^{2+} は外圏錯体を形成する．

寄せられている**外圏錯体**（outer-sphere complex）の成分があることが明らかである．たとえば，福島第一原子力発電所事故で問題となっている放射性セシウムは，水への溶解性が高いアルカリ金属イオンでありながら（8.3節），大気から沈着後に土壌表面に留まっている．これは，土壌の主要構成成分である粘土鉱物などの2：1層状ケイ酸塩のシロキサンのくぼみに脱水したセシウムが結合し，内圏錯体を形成するため（図10.12）と考えられている [15]．一方で，カルシウムイオンなどは水和したイオンが外圏錯体を形成するため，土壌中でも動きやすい．これらの化学種を表面錯体モデルで記述するために，下記のとおり多くの研究がなされている．

拡散二重層モデルでは上記で述べたように，ゼロ面に存在して固相と化学結合をもつ化学種を前提としており，この点で現実とあわない．Dzombak と Morel は，陰イオンの吸着に対しては1つのサイトでフィットできるが，陽イオンの吸着に対しては弱い結合サイトと強いサイトを仮定した解析が必要だと述べている [10]．これは，式 (10.55) の K_{int} が2種類あり，吸着種は同じ固相表面でも少量で強い結合サイトと，より数の多い弱い結合サイトに吸着されることを示唆している．しかし分光学的に調べた化学種（外圏錯体と内圏錯体）とこの2つの化学種がどのような関係にあるのかは必ずしも明確ではない．

一方二重層モデル [16～18] では，固相表面の吸着種は，固相表面のゼロ面に

加えて，その外側の β 面の 2 つに存在できる（図 10.11）．後者は外圏錯体に該当し，ゼロ面への吸着種は内圏錯体であると考えられる．このように新たな層を考えることにより，各面での電荷 σ_0, σ_β, σ_d を考える必要があり，パラメータは増加するが，二重層モデルは，内圏型と外圏型を明確に区別できる点で重要である．さらに近年では，内圏錯体の生成に伴う固相表面からの水分子の脱離を考慮した拡張三重層モデル（extended triple layer model, ETLM）が考案された結果，分光学的に調べられた化学種をより正確に再現できると報告されている [18, 19]．今後表面錯体モデルは，分光法などで得られた固液界面の吸着種の描像を再現しつつ，水–岩石相互作用で重要な吸着反応の予測を可能にするために，さらに発展すると期待される．一方で，量子化学計算などで原子同士の相互作用をシミュレーションし，固液界面の現象を理解するアプローチも多く試みられつつあり，この分野も今後さらに発展するであろう．

10.6 酸化還元反応

元素の挙動は，**価数**（valence）に大きく依存する．鉄であれば，0 価は金属状態で核に濃集し（8.1 節），マントル中では主に 2 価で存在する．現在の酸化的な地球表層では鉄は 3 価が主体であり，その場合 10.4 節で述べたとおり，鉄の水への溶解度は 2 価に比べて著しく低くなる．鉄は原子核が安定であるため，遷移金属の中では突出して宇宙の元素存在度が高い（2.2 節）．そのことと，価数の違いで多様な化学的挙動をとることから，地球で起きる化学プロセスの中で鉄はしばしば重要な役割を果たす．酸化還元状態による挙動の変化は，先に述べた錯生成反応などよりも元素の挙動に与える影響がずっと大きく，その挙動の違いを逆に利用して，過去の地球環境の情報を得ることもできる．このような**酸化還元反応**（redox reaction）を理解するうえで，E_H–pH 図（E_H-pH diagram あるいは pε-pH diagram）とよばれる図は，酸化還元環境に依存した各元素の化学種の変化をわかりやすく示したものであり，地球で起きる化学を理解するうえで役に立つ．そこで，E_H-pH 図をつくることをここでの目標にしよう．

酸化還元反応では，錯生成反応などと違って電子のやりとりがある．電子はある**電位**（electric potential）E を超えてやりとりされるので，その過程で自由

エネルギー変化 ΔG が生じる．それぞれの酸化還元反応の基準となる電位のことを**標準電位**（standard electric potential）といい，通常還元反応に対して定義するので，**標準還元電位** $E°$ という．$E°$ は相対的な値なので，その基準は水素電極で起きる還元反応

$$2\,\mathrm{H}^+ + 2\,\mathrm{e}^- \rightleftharpoons \mathrm{H}_2 \tag{10.58}$$

の**還元電位**（reduction potential）にとる．$E°$ が正の値の還元反応は，式 (10.58) の反応よりも起きやすいことを意味する．

ある還元反応で，電子 n モルが電位 E によって移動したときの自由エネルギー変化 ΔG は，(電荷)×(電位)がエネルギーとなるので

$$\Delta G = -nFE \quad (\text{また標準状態では} \Delta G° = -nFE°) \tag{10.59}$$

と書ける．F はファラデー定数（Faraday constant）で，電子 1 mol あたりの電荷量を表す．この関係を式 (10.23) に代入すると

$$E_\mathrm{H} = E_\mathrm{H}° - \frac{RT}{nF}\ln Q \tag{10.60}$$

となる．これは**ネルンストの式**（Nernst equation）とよばれ，酸化還元反応を考える場合の基本式となる．なおここで，E は水素電極を基準とするので，E_H と書き替えた．温度 25℃ で $\ln$ を $\log$ に書き替え，$R = 8.32\,\mathrm{J/K\,mol}$ と $F = 9.65 \times 10^4\,\mathrm{C/mol}$ を考慮すると，式 (10.60) は

$$E_\mathrm{H} = E_\mathrm{H}° - \frac{0.0592}{n}\log Q \tag{10.61}$$

となり，常温ではこの式を用いて E_H と化学種の関係を計算できる．また E_H の代わりに pε を用いる場合もある．p$\varepsilon = -\log[\mathrm{e}^-]$ なので，式 (10.60) で $E_\mathrm{H}° = 0$，$n = 1$ を入れると，

$$\mathrm{p}\varepsilon = \frac{FE_\mathrm{H}}{2.30RT} \tag{10.62}$$

となる．

10.6.1 水の存在条件

式 (10.61) を用いて，鉄の E_H-pH 図を描いてみるが，その前に地球表層で水が存在した場合の環境を考えると，とりうる E_H-pH 領域に制限が加えられる．

水が存在した場合，以下の酸化還元平衡が成立するはずである．

$$2\,H^+ + \frac{1}{2}O_2 + 2\,e^- \rightleftharpoons H_2O \quad (この還元反応の E_H{}^\circ = 1.23\,V) \quad (10.63)$$

この反応を式 (10.61) に代入すると

$$\begin{aligned}
E_H &= 1.23 - \frac{0.0592}{2}\log\frac{1}{[H^+]^2[O_2]^{\frac{1}{2}}} \\
&= 1.23 + \frac{0.0592}{4}\log[O_2] + 0.0592\log[H^+] \\
&= 1.23 + 0.0148\log[O_2] - 0.0592\,pH \quad (10.64)
\end{aligned}$$

となる．ここで地球表層での酸素および水素の分圧 P_{O_2} と P_{H_2} の変動範囲には，以下の 2 つの制約がある．

(i) $2\,H_2O(l) \rightleftharpoons O_2(g) + 2H_2(g)$ が平衡にある．
(ii) $0\,atm \leqq P_{O_2},\,P_{H_2} \leqq 1\,atm$ の範囲にある．

(i) の式の平衡定数の報告値より $P_{O_2}P_{H_2}{}^2 = 10^{-83.1}$ であり，(ii) より $P_{H_2} = 1\,atm$ のとき，$P_{O_2} = 10^{-83.1}\,atm$ となり，これが P_{O_2} の最小値となる．したがって，地球表層で P_{O_2} が取りうる範囲は，$10^{-83.1}\,atm < P_{O_2} < 1\,atm$ となる．これと式 (10.64) より，天然水の存在は

$$E_H \leqq 1.23 + 0.0148\log(1) - 0.0591\,pH = 1.23 - 0.0592\,pH \quad (10.65)$$
$$E_H \geqq 1.23 + 0.0148\log 10^{-83.1} - 0.0591\,pH = -0.0592\,pH \quad (10.66)$$

となる．これを図示すると，たとえば図 10.13 の E_H-pH 図の上限 ($P_{O_2} = 1\,atm$) と下限 ($P_{H_2} = 1\,atm$) の線を引くことができ，この間の領域が天然水の存在範囲 (地球表層の水でありうる E_H-pH 領域) ということになる．

10.6.2 鉄の E_H-pH 図

この範囲の中で，鉄の状態がどのように変化するかは，以下のように計算できる．E_H-pH 図を描く場合，まず考慮する相を決める必要がある．ここでは例として，金属鉄 Fe(0)，磁鉄鉱 Fe_3O_4，赤鉄鉱 (ヘマタイト) Fe_2O_3，溶存 Fe^{2+}，溶存 Fe^{3+} を考え，溶存種の濃度は $10^{-6}\,M$ とする．

まず磁鉄鉱と金属鉄の境界を考える．この酸化還元反応は次のように書ける．

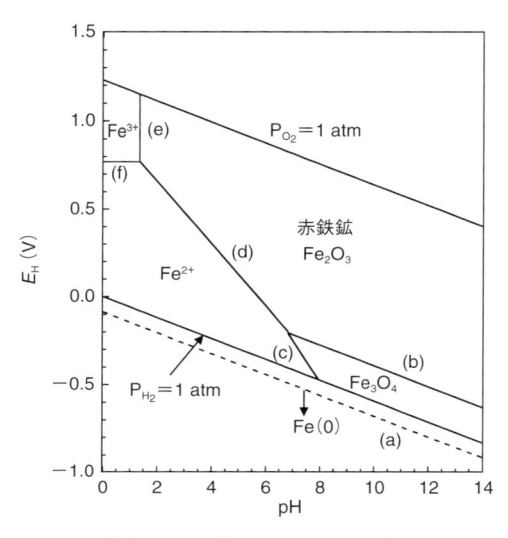

第 10 章 化学熱力学の基礎と地球表層での無機化学反応

図 10.13 鉄の E_H-pH 図の例
(a)〜(f) については本文参照.

$$\mathrm{Fe_3O_4 + 8\,H^+ + 8\,e^- \rightleftharpoons 3\,Fe + 4\,H_2O} \quad (E_H^\circ = -0.086\,\mathrm{V}) \tag{10.67}$$

これを式 (10.61) に入れると

$$E_H = -0.086 - 0.0592\,\mathrm{pH} \tag{10.68}$$

となる.磁鉄鉱と金属鉄のなかで磁鉄鉱のほうが酸化形なので,上の直線よりも E_H が高い側で安定である.ここで得られた図 10.13 の直線 (a) は,水の存在条件から規定される式 (10.66) の $P_{H_2} = 1\,\mathrm{atm}$ の直線よりも下側にくることがわかる.そのため,水が存在するいかなる環境でも金属鉄が安定な領域は存在しないことがわかる.われわれの身の周りには工業的に製造された金属鉄が多く存在するが,これは実は熱力学的には不安定であり,すべて酸化を受ける運命にあることがこの結果からわかる.一時的に存在できているのは,酸化反応が遅く,まだ平衡に達していないためである (10.7 節参照).

次に赤鉄鉱と磁鉄鉱の境界を考えてみる.この酸化還元反応は,以下のように表されるので,その境界の E_H と pH の関係は以下のようになる.

$$\mathrm{Fe_2O_3 + 2\,H^+ + 2\,e^- \rightleftharpoons 2\,Fe_3O_4 + H_2O} \quad (E_H^\circ = 0.20\,\mathrm{V}) \tag{10.69}$$

$$E_H = 0.20 - \frac{0.0592 \log(1/[H_2]^2)}{2} = 0.20 - 0.0592\,\text{pH} \tag{10.70}$$

この関係は図 10.13 の直線 (b) のようになり，水の存在領域の中なので，対応する E_H や pH に応じて，赤鉄鉱と磁鉄鉱の安定性が異なることを意味し，E_H が高く酸化的な環境では赤鉄鉱が主となると期待される．ただし，実環境においては，さらに多くの準安定な鉱物（フェリハイドライトや針鉄鉱（ゲーサイト）など；表 10.1 参照）も多く，E_H-pH 条件がこの領域にあっても，沈殿した鉄が速やかに赤鉄鉱を生成することはむしろまれである [20]．フェリハイドライトや針鉄鉱の化合物を E_H-pH 図に反映させるのであれば，それらの関係する E_H および pH の式を書き下す必要がある．

次に溶存種である Fe^{2+} の寄与を考える．溶存 Fe^{2+} と磁鉄鉱の関係は

$$Fe_3O_4 + 8H^+ + 2e^- \rightleftharpoons 3Fe^{2+} + 4H_2O \quad (E_H{}^\circ = 0.88\,\text{V}) \tag{10.71}$$

$$E_H = 0.888 - \frac{0.0592 \log([Fe^{2+}]^3/[H^+]^8)}{2}$$
$$= 0.888 - 0.237\,\text{pH} - 0.089 \log[Fe^{2+}] \tag{10.72}$$

となる．ここで仮定した条件から溶存種の濃度 $[Fe^{2+}] = 10^{-6}\,\text{M}$ であったので，これを考慮すると，

$$E_H = 1.41 - 0.237\,\text{pH} \tag{10.73}$$

となる．この直線 (c) は磁鉄鉱と必ず境界が接するので，pH 6.82 以下では線が引けない．それより低い pH では，溶存 Fe^{2+} と赤鉄鉱の関係から直線が得られるはずである．その結果，Fe^{2+} と赤鉄鉱の酸化還元反応は以下のように書ける．

$$Fe_2O_3 + 6H^+ + 2e^- \rightleftharpoons 2Fe^{2+} + 3H_2O \quad (E_H{}^\circ = 0.65\,\text{V}) \tag{10.74}$$

$$E_H = 0.65 - \frac{0.0592 \log([Fe^{2+}]^2/[H^+]^6)}{2} = 1.01 - 0.177\,\text{pH} \tag{10.75}$$

となる．この直線 (d) は磁鉄鉱と Fe^{2+} が接した最低 pH に交点をもち，溶存 Fe^{2+} と赤鉄鉱の境界を規定する．しかしまだ，溶存 Fe^{2+} と溶存 Fe^{3+} の安定性を調べていない．そのために，溶存 Fe^{3+} と赤鉄鉱の境界を考える．これは電子のやりとりを含まず，溶解度に従うので，溶解度積を K_{sp} とすると，

$$\mathrm{Fe_2O_3 + 6\,H^+} \rightleftharpoons \mathrm{2\,Fe^{3+} + 3\,H_2O}, \quad K_{\mathrm{sp}} = \frac{[\mathrm{Fe^{3+}}]^2}{[\mathrm{H^+}]^6} = 10^{-3.91}\,\mathrm{M^{-4}} \tag{10.76}$$

となる．溶存種の総濃度は 10^{-6} と仮定しているので，$[\mathrm{Fe^{3+}}] = 10^{-6}\,\mathrm{M}$ とすると，pH 1.35 が得られる．これは縦軸に平行な線（e）であり，溶存 $\mathrm{Fe^{3+}}$ と赤鉄鉱の関係を示している．最後に溶存 $\mathrm{Fe^{2+}}$ と溶存 $\mathrm{Fe^{3+}}$ の境界を調べる

$$\mathrm{Fe^{3+} + e^-} \rightleftharpoons \mathrm{Fe^{2+}} \quad (E_\mathrm{H}^\circ = 0.77\,\mathrm{V}) \tag{10.77}$$

$$Eh = 0.77 - 0.0592 \log\left(\frac{[\mathrm{Fe^{2+}}]}{[\mathrm{Fe^{3+}}]}\right) \tag{10.78}$$

となる．ここで $[\mathrm{Fe^{2+}}]$ と $[\mathrm{Fe^{3+}}]$ の境界は，$[\mathrm{Fe^{2+}}] = [\mathrm{Fe^{3+}}]$ であり，$\log([\mathrm{Fe^{2+}}]/[\mathrm{Fe^{3+}}]) = 0$ なので，$E_\mathrm{H} = 0.77\,\mathrm{V}$ となる．これは pH が関与せず水平な線（f）となる．最終的にこれらをまとめた E_H-pH 図が，図 10.13 である．

この図から，pH が低いときには $[\mathrm{Fe^{2+}}]$ の領域が大きいが，pH が高くなると赤鉄鉱の割合が増えることがわかる．この傾向は，$\mathrm{Fe^{3+}}$ の水溶液の pH を酸性側から増加させるときに観察できる沈殿である．また，磁鉄鉱の生成は，pH が高く E_H が低い環境でなければ現れないことが示唆される．このような鉱物の安定領域から，過去の地球の酸化還元状態を推定することが可能である．

E_H-pH 図で最も注意すべきことは，自分が想定している相が必ず計算に含まれていることである．図 10.13 の例では，鉄のケイ酸塩（fayalite など），炭酸塩（$\mathrm{FeCO_3}$；シデライトあるいは菱鉄鉱），硫化物（FeS，$\mathrm{FeS_2}$ など）などを考慮していない．これらが存在する環境（ケイ酸，炭酸イオン，硫化物イオンが多い環境など）を想定する場合には，その化学反応を考慮して E_H-pH 図を書く必要がある．

10.7 反応速度論

ここまでは主に化学平衡状態の記述について述べてきた．しかし天然には，非平衡状態にある系が少なくない．たとえば前節で述べたとおり，工業的に製造された金属鉄は地球表層の環境では不安定で，非平衡状態にあるが，酸化速度が遅いので一見安定にみえる．第 7 章などで触れた火成岩中のケイ酸塩の一

次鉱物風化反応は，概して反応物と生成物が異なっており，これは地球表層ではケイ酸塩の一次鉱物が不安定であることを意味する．しかし，地表には常に多くのケイ酸塩が存在しており，その風化反応は大気中の二酸化炭素濃度と関連した重要な反応であるため，多くの研究がなされている．また生物による化学物質の取込みは，常に化学平衡を乱す存在である．本節では，このような速度論的現象の基礎を概説する．

10.7.1 反応速度式

一般的に $A + B \rightarrow C + D$ のような化学反応の反応速度 R は

$$R = k[A]^a[B]^b \tag{10.79}$$

と書け，これを $(a + b)$ 次反応とよぶ．a, b は実験的に決定されるもので，とくに気相の反応では小数もありうる．k は**速度定数**（rate constant）とよばれ，濃度に依存しない定数であるが，温度には依存する．例として，0～2 次反応について触れる．0 次反応 $A \rightarrow P$ では，**反応速度**（reaction rate）R は，

$$R = -\frac{d[A]}{dt} = \frac{d[P]}{dt} = k \tag{10.80}$$

と定義される．これを積分すると，

$$[A] = -kt + [A]_0 \tag{10.81}$$

と表され，$[A]_0$ は $[A]$ の $t = 0$ での初期値である．0 次反応での $[A]$ の時間変化，R の $[A]$ に対する依存性は図 10.14 のようになる．同様に 1 次反応 $A \rightarrow P$ では，R は以下のようになる．

$$R = -\frac{d[A]}{dt} = k[A] \tag{10.82}$$

これは放射壊変と同様のかたちであり，

$$[A] = [A]_0 \exp(-kt) \tag{10.83}$$

となり，$[A]$ の半減期 $t_{1/2}$ は，$t_{1/2} = \ln 2/k$ となる．2 次反応では，

$$R = -\frac{d[A]}{dt} = k[A]^2, \quad \frac{1}{[A]} - \frac{1}{[A]_0} = kt \tag{10.84}$$

などとなる．これらの結果を，図 10.14 にまとめた．

第 10 章　化学熱力学の基礎と地球表層での無機化学反応

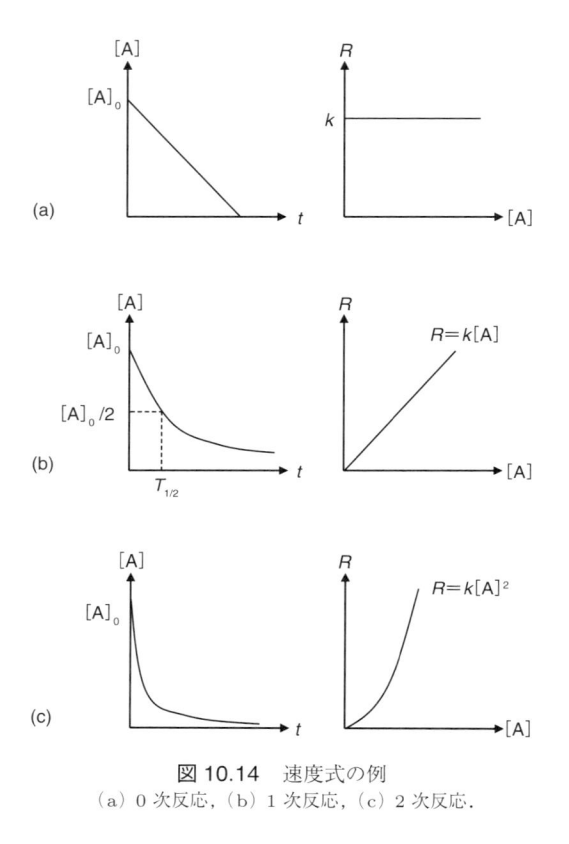

図 10.14　速度式の例
(a) 0 次反応，(b) 1 次反応，(c) 2 次反応．

例として，Fe^{2+} の酸化反応 Fe(III) への酸化反応を挙げる [3]．この反応は，pH 条件によって反応速度が大きく異なり，pH が高く $Fe(OH)_3$ の沈殿が生成しやすいほど，Fe^{2+} は不安定になり，酸化反応は速くなる．この反応速度定数 k の pH 依存性は，実験的に図 10.15 のように求められている．また反応メカニズムや得られる速度式も pH によって異なり，以下のように pH 範囲ごとに求められている．

$$\text{pH} < 2.2 \text{ のとき} \qquad Fe^{2+} + \frac{1}{4}O_2 + H^+ \longrightarrow Fe^{3+} + H_2O \qquad (10.85)$$

$$2.2 < \text{pH} < 3.5 \text{ のとき} \quad Fe^{2+} + \frac{1}{4}O_2 + \frac{1}{2}H_2O \longrightarrow FeOH^{2+} \qquad (10.86)$$

$$4 < \text{pH} \text{ のとき} \qquad Fe^{2+} + \frac{1}{4}O_2 + \frac{5}{2}H_2O \longrightarrow Fe(OH)_3 + 2H^+ \quad (10.87)$$

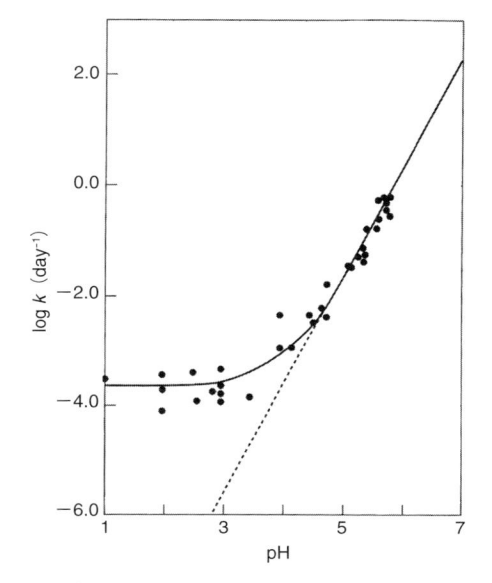

図 10.15 Fe^{2+} の無機的酸化反応速度定数 k の pH 依存性 [3]
●：実験値．

たとえば，$2.2 < pH < 3.5$ の条件では，Fe^{2+} の酸化速度は pH（つまり H^+ 濃度）に依存せず，その酸化速度 $-d[Fe^{2+}]/dt$ は

$$-\frac{d[Fe^{2+}]}{dt} = k[Fe^{2+}]P_{O_2} \tag{10.88}$$

となることがわかっている（ここでも P_{O_2} の係数は上に示した理想的な場合とは異なる）．20℃ では，$k = 10^{-3.2}/\mathrm{atm\,day}$ と求められており，P_{O_2} は大気平衡な $P_{O_2} = 0.2\,\mathrm{atm}$ で一定であると仮定すると，この反応は $[Fe^{2+}]$ に対する 1 次反応と考えられ，式 (10.82) と同じ形をとる．したがって，$[Fe^{2+}]$ が半減するのに要する時間 $t_{1/2} = \ln 2/(0.2k) = 5{,}500$ 日と求められる．

同じような pH 条件で，鉄酸化菌（バクテリア）が存在する場合の $[Fe^{2+}]$ の半減期が 8 分と求められている [3]．これは，上記の無機的な酸化に比べて，10^6 倍も速い．このように，バクテリアは地球表層で起きるさまざまな化学反応の触媒となり，反応速度を速める効果がある．このようなバクテリアと地球表層の化学物質の関係を研究する分野は，環境微生物学あるいは地球微生物学などと

よばれており，地球化学のなかでも現在盛んに研究されている領域 [21] である．

ここで注意したいことは，バクテリアは，ある環境で自発的に進む化学反応が放出する自由エネルギーを巧みに利用して生きている，という点である．しかし，バクテリアはある環境で熱力学的に不安定な物質をつくることはできない．つまり，バクテリアは，ある環境で安定な物質が生成することを促進する効果をもっているにすぎず，特別な物質を作り出すわけではない．しかし，その触媒効果は大変大きく，地球上の物質循環に果たす役割は大きい．

このような特徴から，バクテリアは，ある環境で不安定な物質が供給されるような場に多く生成する．海底熱水噴出孔（地下の還元的な熱水が，酸化的な海洋に流入）に広がるバクテリアの群集や還元的な地下水の流出部に生息する鉄酸化菌などはその典型例である [22]．

10.7.2 平衡に近づく過程

次に逆反応が無視できず平衡反応となる場合に，平衡に近づく過程を記述してみる．A が反応して B が生成し（反応速度 R_+），B の逆反応で A が生成する反応（反応速度 R_-）は，

$$R_+ = k_+[\text{A}], \quad R_- = k_-[\text{B}] \tag{10.89}$$

と書ける（k_+ と k_- は速度定数）．そのため [A] の時間変化は

$$\frac{d[\text{A}]}{dt} = k_-[\text{B}] - k_+[\text{A}] \tag{10.90}$$

$t=0$ で $[\text{B}]=0$, $[\text{A}]=[\text{A}]_0$ とすると

$$\begin{aligned}\frac{d[\text{A}]}{dt} &= -k_+[\text{A}] + k_-([\text{A}]_0 - [\text{A}]) \\ &= -(k_+ + k_-)[\text{A}] + k_-[\text{A}]_0\end{aligned} \tag{10.91}$$

これを積分し，初期値に注意して変形すると

$$-(k_+ + k_-)[\text{A}] + k_-[\text{A}]_0 = -k_+[\text{A}]_0 \exp\{-(k_+ + k_-)t\} \tag{10.92}$$

$$[\text{A}] = \frac{\{k_- + k_+ \exp\{-(k_+ + k_-)t\}\}[\text{A}]_0}{k_+ + k_-} \tag{10.93}$$

となる．$t \to \infty$ のとき，[A] と [B] の平衡濃度（$[\text{A}]_{\text{eq}}$, $[\text{B}]_{\text{eq}}$）は，

10.7 反応速度論

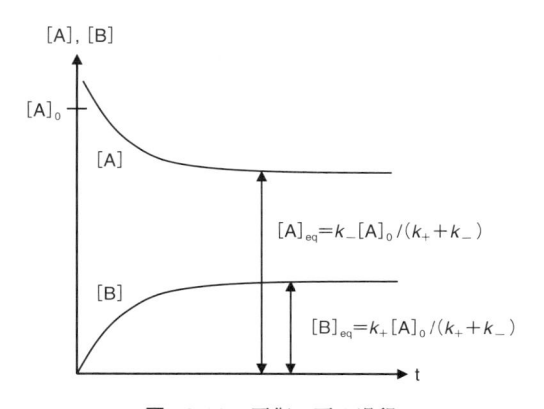

図 10.16 平衡に至る過程

$$[\mathrm{A}]_{\mathrm{eq}} = \frac{k_-[\mathrm{A}]_0}{k_+ + k_-}, \quad [\mathrm{B}]_{\mathrm{eq}} = \frac{k_+[\mathrm{A}]_0}{k_+ + k_-} \tag{10.94}$$

となる．[A] と [B] の時間変化は図 10.16 のように描ける．平衡定数 K は質量作用の法則から $[\mathrm{A}]_{\mathrm{eq}}$ と $[\mathrm{B}]_{\mathrm{eq}}$ を用いて以下のように書け，これは k_+ と k_- の比となることがわかる．

$$K = \frac{[\mathrm{B}]_{\mathrm{eq}}}{[\mathrm{A}]_{\mathrm{eq}}} = \frac{k_+}{k_-} \tag{10.95}$$

この結果は，反応速度定数の比 k_+/k_- が平衡定数と等しいことを意味している．

10.7.3 反応速度の温度依存性

化学反応は温度に大きく依存する．衝突理論によれば，化学反応は反応物が衝突し，そのエネルギーが活性化エネルギーを超えるに十分な場合に進行する．衝突の確率は反応物の濃度に比例するので，反応速度 R は濃度に依存した式になっている．一方，速度定数 k は濃度に依存しない項であり，k は活性化エネルギー E_a（図 10.3）に対して

$$k = P \exp\left(-\frac{E_\mathrm{a}}{RT}\right) \tag{10.96}$$

と表される．P は，濃度と衝突頻度を結ぶ比例定数であり，**指数前因子**（pre-exponential factor）や頻度因子などとよばれる．$\exp(-E_\mathrm{a}/RT)$ は，10.5.2 項でも述べたボルツマン因子であり，ここでは衝突した分子と活性化状態にある

第10章 化学熱力学の基礎と地球表層での無機化学反応

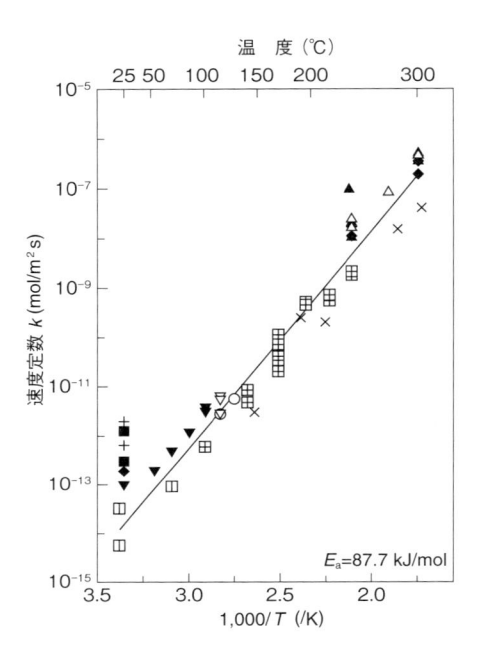

図 10.17 石英の溶解反応のアレニウスプロット（[23]の図を改変）
異なる記号は異なる研究で得られたプロットを表す．

分子の比を表す．速度定数 k は温度に依存し，それは主に $\exp(-E_a/RT)$ の項に起因し，P は限られた温度範囲では一定とみなされる場合が多い．式 (10.96) から

$$\log k = \log P - \frac{E_a}{2.303RT} \tag{10.97}$$

と書ける．いくつかの温度 T に対して反応速度を決定し，$\log k$ と $1/T$ をプロットすることで，**活性化エネルギー**（activation energy）E_a を決定することができる．このプロットのことを**アレニウスプロット**（Arrhenius plot）とよぶ．例として，Tester らによってまとめられている石英の溶解反応速度定数 k の温度変化（アレニウスプロット）を図 10.17 に示す [23]．この反応の E_a は 87.7 kJ/mol であり，化学反応としては比較的大きい．一般に鉱物の溶解は温度が高いほど速く，このことは第7章の風化速度と地球表層の温度との関係を論じるうえでの基礎となっている．

他の速度論的過程の E_a と比較 [24] してみると,水溶液中でのイオンの拡散や本章で述べた物理吸着反応(化学結合を伴わない吸着)の E_a は 10 kJ/mol 以下であり,これらは化学結合の開裂や生成を伴わないために小さな E_a をとると考えられる.一方,固相中のイオンの拡散は 20〜120 kJ/mol であり,低温では結晶内の元素の拡散が起きにくいことを示している.

参考文献

[1] Atkins, P. W.,『物理化学』,第 6 版(千原秀昭・中村亘男訳),東京化学同人(2001).
[2] 佐野瑞香,『化学熱力学』,基礎化学選書,裳華房(1989).
[3] Langmuir, D., "Environmental Aqueous Geochemistry", Prentice-Hall, 1997.
[4] Stumm, W. and Morgan, J. J., "Aquatic Geochemistry", Wiley(1996).
[5] Appelo, C. A. J. and Postma, D., "Geocehmistry, Groundwater and Pollution", Balkema(2005).
[6] Smedley, P. L. and Kinniburgh, D. G., *Applied Geochem.*, **17**, 517(2002).
[7] 板井啓明,地球化学,**45**, 61(2011).
[8] Guillot, S. and Charlet, L., *J. Environ. Sci. Health A*, **42**, 1785(2007).
[9] Stumm, W., "Chmistry of the Solid-Water Interface", Wiley(1992).
[10] Dzombak, D. A. and Morel, F. M. M., "Surface Complexation Modeling. Hydrous Ferric Oxides", Wiley(1987).
[11] Griffin, R. A. and Shimp, N. F., *Environ. Sci. Technol.*, **10**, 1256(1976).
[12] Mitsunobu, S., *et al.*, *Environ. Sci. Technol.*, **44**, 3712(2010).
[13] Kashiwabara, T., *et al.*, *Geochem. J.*, **43**, e31(2009).
[14] Takahashi, Y., *et al.*, *Geochim. Cosmochim. Acta*, **71**, 984(2007).
[15] 高橋嘉夫,表面科学,in press(2013).
[16] Hayes, F. K., *et al.*, *J. Colloid Interface Sci.*, **125**, 717(1998).
[17] Hiemstra, T. and van Riemsdijk, W. H., *J. Colloid Interface Sci.*, **179**, 488(1996).
[18] Sverjensky, D. A. and Fukushi, K., *Environ. Sci. Technol.*, **40**, 263(2006).
[19] 福士圭介,地球化学,**45**, 147(2011).
[20] Cornell, R. M. and Schwertmann, U., "The Iron Oxides", Wiley(2003).
[21] Ehrich, H. L., "Geomicrobiology", 4th ed., Marcel Dekker(2002).
[22] Konhauser, K., "Introduction to Geomicrobiology", Blackwell(2007).
[23] Tester, J. W., *et al.*, *Geochim. Cosmochim. Acta*, **58**, 2407(1994).
[24] Lasaga, A. C. *Rev. Mineral.*, **8**, 135(1981).

索　引

あ　行

ICP 質量分析　272
ICP 発光分析　267
アイソクロン　264
アインシュタイン方程式　4
アクチニウム系列　51
アパタイト　67
アービング–ウイリアムス系列　211
アポロ有人探査　68
アラレ石　289
亜硫酸　132
α 壊変　261
α 過程　34
α 粒子　260
r-プロセス　39
安定同位体　260

E_H-pH 図　301
イオンポテンシャル　201
イスア地方　136
I 型超新星爆発　34

ウイットロカイト　67
ウィドマンシュテッテン　28
宇宙定数　4
海　69
ウラン系列　51
ウラン–鉛アイソクロン　59

エアロゾル　187
エイコンドライト　23
HSAB 理論　201

HFSE 元素　205
s-プロセス　38
XAFS 法　209
X 線吸収端構造　209
X 線吸収微細構造　209, 270, 299
エネルギー分散型 X 線分光分析　267
FT-IR 分析　270
LIL 元素　205
炎光分析　267
塩酸　132
エンスタタイトコンドライト　23
エンタルピー　280

オッド–ハーキンス則　206
小沼ダイヤグラム　203
親核種　261
オルバースのパラドックス　3
温室効果ガス　158

か　行

外核　92
外圏錯体　300
壊変定数　53, 263
海洋島玄武岩　84
化学化石　149
化学進化　136
化学ポテンシャル　285
核　197
核異性体転移　261
拡散二重層モデル　298
核種　259
核破砕反応　41
核分裂反応　36

隠れた海　69
価数　301
火星　135
化石　146
カタストロフィック脱ガスモデル　101
活性化エネルギー　312
カノニカル値　64
ガモフの仮説　7
カリウム–アルゴン法　67
カルシウムとアルミニウムに富む包有物　57
還元電位　302
間氷期　162
γ 線　262
かんらん石　96

希ガス　195
希ガス同位体　46
気候変動に関する政府間パネル　184
気体質量分析　272
軌道電子捕獲　261
希土類元素　137, 205
希土類元素パターン　205
揮発性元素　26
ギブズ自由エネルギー　282
急激な温暖化イベント　172
球状星団　55
吸着　222, 293
吸着媒　293
共沈　225
巨大ガス惑星　18
巨大氷惑星　19
銀河ハロー　55
金星　135

索引

金属コア　68
金属相　195

クオーク　256
クリープ岩　69, 88
グリーンランド　161
クレーター　69

蛍光 X 線分析　267
ケイ酸塩鉱物　18
ケイ酸塩相　195
原子　255
原子核　255
原子吸光分析　270
原子質量単位　11
原始大気　129
原始太陽　44
原子番号　259
原子モデル　256
原始惑星　45
原始惑星系円盤　44
元素の地球化学的分類　195
玄武岩　136

コア　197
広域 X 線吸収微細構造　209
光球　16
光合成　168
高周波誘導結合プラズマ　267
高地　69
降着円盤　45
鉱物分離　66
黒体放射　7, 156
古土壌　163
コロナ　17
コンドライト　23
コンドリュール　22

さ　行

最終氷期　162
砕屑性ジルコン　77
彩層　17

錯生成定数　288
錯生成反応　287
酸解離定数　291
酸化還元反応　301
酸素呼吸　168
酸素同位体　133
酸素同位体比　28, 160

シアノバクテリア　139
磁気単極子　9
磁気量子数　257
自己重力不安定　45
四重極型質量分析計　273
示準化石　146
糸状体　146
地震　91
始新世　176
地震波　91
指数前因子　311
自生鉱物　165
質量欠損　12
質量作用の法則　286
質量数　259
質量に依存する分別　83
質量分析　272
自発核分裂　81, 261
縞状鉄鉱床　137, 175
シャゴッタイト　29
シャッシナイト　29
自由エネルギー　282
重水　260
シュテファン–ボルツマンの法則　156
主量子数　257
シュレーディンガー方程式　256
準惑星　17
消滅核種　61, 76
初生水　103
初生比　58
シリコンカーバイド　46
ジルコン　134
親気元素　195
シンクロトロン放射光　268

新星　39
親石元素　195
親鉄元素　195
親銅元素　195

水素同位体比　131, 160
ストロンチウム同位体比　176
スノーボールアース仮説　172
スピン量子数　257
スペシエーション計算　288

星間物質　55
生体必須元素　212
石質隕石　22
石鉄隕石　22
赤方偏移　4
セグレ図　12
絶対年代　57, 263
セファイド型脈動変光星　5
セリウム　138
セリウム異常　138, 208
漸近巨星分枝星　33
漸新世　176

相対年代　263
相対年代測定法　60
速度定数　307

た　行

ダイオジェナイト　29
大気大循環モデル　184
太陽系外縁天体　17
太陽黒点　15
太陽定数　158
大陸地殻　142
対流層　16
多形　289
ダスト　44
脱離　294
タングステン同位体　130
炭酸イオン　219

315

索　引

炭酸カルシウム　142
炭素質隕石　20
炭素質コンドライト　23
炭素循環モデル　142
炭素同位体比　49
炭素の地球化学的循環　167

地温勾配　155
地殻　92
地殻熱流量　155
地球温暖化ポテンシャル　186
地球型惑星　18
窒素同位体比　49
チャート　140
中央海嶺玄武岩　80
中心核　16
中性子　255
中性子星　39
中性子放射化分析法　36, 267
超金属欠乏星　55
超重元素　42
直線自由エネルギー関係　223

鉄隕石　22
鉄かんらん石　130
鉄族元素　34
鉄マンガン団塊　208
テトラド効果　247
電位　301
電気陰性度　196
電子　255
電子スピン共鳴　299
電子線プローブマイクロアナライザー　267

同位体　10, 259
同位体異常　46
同位体希釈法　54
同位体分別係数　189
等温吸着線　294
等時線　264

等電点　296
特殊相対性理論　11
ドップラー効果　4
ドーム C　160
トリウム系列　51
3α 反応　33
トロイライト　28

な　行

内核　92
内圏錯体　299
内部エネルギー　280
内部転換転移　261
ナクライト　29
鉛–鉛アイソクロン　59
II 型超新星爆発　39
二酸化炭素濃度　142
二次イオン質量分析　272
二次イオン質量分析計　134
二次元高分解能二次イオン質量分析計　48
二次電子増倍管　273
二重層モデル　298
ニュートリノ　263
熱中性子反応断面積　36
熱力学の 3 法則　279
ネプツニウム系列　51
ネルンストの式　302
ノースポール　146

は　行

配位子場　211
背弧海盆玄武岩　84
パイロライト　95, 130
パウリの排他原理　257
白色矮星　33
白金族元素　200
発光分析　267
ハッブル定数　7
ハドロン　9
パラサイト　28

バリオン　9
バルク分析　66
ハワーダイト　29
半減期　264
反応商　285
反応速度　307
斑れい岩　95

p-p チェイン反応　30
光ジェット　45
ビッグ・バン　3
非平衡コンドライト　25
非平衡普通コンドライト　64
標準生成自由エネルギー　283
標準電位　302
氷床コア　160
表面錯体モデル　296
表面電離質量分析　272
表面電離質量分析　59
微惑星　45
頻度関数　53

ファーテライト　289
ファヤライト　130
フェリハイドライト　228, 290
不可逆　280
腐植物質　287
普通コンドライト　23
不適合元素　205
フラウンホーファー線　4
ブラックホール　39
プランク定数　256
プレソーラーグレイン　46
プレートテクトニクス　141
フントの法則　257
閉殻　257
平衡コンドライト　25
平衡定数　286
β^+ 壊変　261

β^- 壊変　261
β 粒子　260
ヘリウム核　32
ヘンリーの法則　291

方位量子数　257
方解石　289
放射化　82
放射壊変　260
放射強制力　184
放射性核種　36
放射性同位体　260
放射層　16
放射年代測定法　146, 264
ボストーク　160
ボルツマン因子　298

ま 行

マウンダー極小期　15
マグネシウム・スーツ　69
マグマオーシャン　69
枕状溶岩　95
マスバランスの式　102
マトリックス効果　268
魔法数　39
マルチコレクター型 ICP–質量分析計　63

マントル　92

水の臨界温度　132
ミッシングシンク問題　182
ミランコビッチサイクル　160

娘核種　261

メソシデライト　28
メソン　9

モホ面　92
モホロヴィチッチ不連続面　92

や 行

ヤンガードライアス　162

ユウロピウム　138
ユウロピウム異常　208
ユークライト　29
ユーレイ反応　168

溶解度　287
溶解度積　289
陽子　255

ら 行

ラングミュア型の吸着等温式　295
ランタノイド収縮　206

硫化物相　195
量子トンネル効果　30
リン酸塩鉱物　67
ルビジウム–ストロンチウムアイソクロン　73
ルビジウム–ストロンチウム年代測定法　66
レイモ仮説　172, 176
レイリーの式　189
レゴリス　69
レーザーアブレーション装置を備えた ICP–質量分析計　47
レーザー誘起蛍光　299
レニウム–オスミウム系　68
連続脱ガス　101

わ 行

惑星状星雲　33

欧文索引

A

absolute age　263
absolute dating　57
accretion disk　45
achondrite　23
actinium series　51
activation energy　312
adsorbent　293
adsorption　222, 293
adsorption isotherm　294
aerobic respiration　168
aerosol　187
α decay　261
α particle　260
α process　34
apatite　67
Apollo program　68
aragonite　289
Arrhenius plot　312
asymptotic giant branch stars　33
atmophile　195
atom　255
atomic absorption analysis　270
atomic model　256
atomic number　259
authigenic mineral　165
azimuthal quantum number　257

B

BABB　84
back-arc basin basalt　84
banded iron formation　137, 175
basalt　136
β particle　260
β^+ decay　261
β^- decay　261
BIF　137, 175
Big Bang　3
bipolar jet　45
black body radiation　156
black hole　39
blackbody radiation　7
Boltzmann factor　298
BSE　80
bulk analysis　66
bulk silicate earth　80

C

Ca, Al-rich inclusion　57
CAI　57
calcite　289
calcium carbonate　142
canonical value　64
carbon cycle　167
carbon cycle model　142
carbon dioxide concentration　142
carbon isotope ratio　49
carbonaceous chondrite　23
carbonaceous meteorite　20
carbonate ion　219
catastrophic degassing　101
Cepheid variable　5
cerium　138
cerium anomaly　138, 208
chalchophile　195
chassignite　29
chemical evolution　136
chemical fossil　149
chemical potential　285
chert　140
chondrite　23
chondrule　22
chromosphere　17
closed shell　257
complexation reaction　287
continental crust　142
continuous degassing　101
convective zone　16
coprecipitation　225
core　16, 197
corona　17
cosmological constant　4
crater　69
critical temperature　132
crust　92
Crypt-Mare　69
cyanobacteria　139

D

daughter nuclide　261
DDLM　298
decay constant　53, 263
desorption　294
detrital zircon　77
diffuse double layer model　298
diogenite　29
dissociation constant

291
Dome C   160
Doppler effect   4
dust   44
dwarf planet   17

E

earthquake   91
EC   261
E_H-pH diagram   301
Einstein equations   4
electric potential   301
electron   255
electron capture   261
electron microanalyzer   267
electron spin resonance   299
electronegativity   196
emission analysis   267
energy-dispersive X-ray analysis   267
enstatite chondrite   23
enthalpy   280
Eocene   176
equilibrated chondrite   25
equilibrium constant   286
ESR   299
essential element   212
eucrite   29
europium   138
europium anomaly   208
EXAFS   209
extended X-ray absorption fine structure   209
extinct nuclide   61, 76
extremely metal-poor stars   55

F

fayalite   130
ferrihydrite   228, 290
ferromanganese nodule   208
filament   146
flame analysis   267
fossil   146
Fourier transform-infrared spectroscopy   270
Fraunhofer lines   4
frequency function   53

G

gabbro   95
galaxy halo   55
gamma ray   262
Gamov's hypothesis   7
gas giant   18
gas mass spectroscopy   272
GCM   184
geochemical classification of elements   195
geothermal gradient   155
Gibbs free energy   282
global climate model   184
global warming potential   186
globular cluster   55
greenhouse gas   158
Greenland   161
GWP   186

H

hadron   9
half life   264
heavy water   260
helion   32
Henry's law   291
high field-strength element   205
howardite   29
HSAB theory   201

Hubble constant   7
humic substances   287
Hund's rule   257
hydrochloric acid   132
hydrogen isotope   131, 160
hydrogen sulfite   132

I

IC   261
ice core   160
ice giant   19
ICP   267
ICP atomic emission analysis   267
ICP mass spectroscopy   272
incompatible element   205
index fossil   146
inductively coupled plasma   267
initial ratio   58
inner core   92
inner-sphere complex   299
interglacial period   162
Intergovernmental Panel on Climate Change   184
internal energy   280
internal transision   261
interstellar material   55
ion potential   201
IPCC   184
iron group element   34
iron meteorite   22
irreversible   280
Irving–Williams series   211
isochron   264
isomeric transition   261
isotope   10, 259
isotope anomaly   46
isotope dilution method

319

欧文索引

54
isotopic fractionation coefficient 189
Isua region 136
IT 261

K

K-Ar dating 67
KREEP 69, 88

L

LA-ICP-MS 47
Langmuir adsorption isotherm 295
lanthanide contraction 206
large-ion lithophile element 205
laser abulation inductively coupled plasma mass spectrometer 47
laser-induced fluorescence 299
last glacial period 162
laws of thermodynamics 279
LFER 223
LIF 299
ligand field 211
linear free energy relationship 223
lithophile 195

M

magic number 39
magma ocean 69
magnesium suite 69
magnetic monopole 9
magnetic quantum number 257
mantle 92
mare 69
Mars 135
mass action law 286

mass balance 102
mass defect 12
mass dependent fractionation 83
mass number 259
mass spectroscopy 272
matrix effect 268
maunder minimum 15
MC-ICP-MS 63
meson 9
mesosiderite 28
metal core 68
metallic phase 195
mid-ocean ridge basalt 80
Milankovitch cycle 160
mineral separation 66
missing sink problem 182
Mohorovicic discontinuity 92
MORB 80

N

nakhlite 29
NanoSIMS 48
neptunium series 51
Nernst equation 302
neutrino 263
neutron 255
neutron activation analysis 36, 267
neutron star 39
nitrogen isotope ratio 49
noble gas 195
noble gas isotopes 46
non-equilibrium ordinary chondrite 64
North Pole 146
nova 39
nuclear fission 36
nuclear spallation reaction 41
nucleus 255

nuclide 259

O

oceanic island basalt 84
Oddo–Harkins rule 206
OIB 84
Olbers' paradox 4
Oligocene 176
olivine 96
Onuma diagram 203
ordinary chondrite 23
outer core 92
outer-sphere complex 300
oxygen isotope 133, 160
oxygen isotope ratio 28

P

paleocene-eocene thermal maximum 172
paleosol 163
pallasite 28
parent nuclide 261
partition coefficient - ionic radius diagram 203
Pauli exclusion principle 257
Pb-Pb isochron 59
PC-IR 203
PETM 172
PGE 200
phosphate mineral 67
photosphere 16
photosynthesis 168
pillow lava 95
planetary nebula 33
planetesimal 45
Plank constant 256
plate tectonics 141
platinum group element 200
point of zero charge 296
polymorph 289

pre-exponential factor 311
pre-solar grain 46
primordial atmosphere 129
primordial water 103
principal quantum number 257
proton 255
proton-proton chain reaction 30
protoplanet 45
protoplanetary disk 44
protosun 44
pε-pH diagram 301
pyrolite 95, 130
PZC 296

Q

quadrupole mass spectrometer 273
quantum tunneling effect 30
quark 256

R

radiative forcing 184
radiative zone 16
radioactivation 82
radioactive decay 260
radioisotope 260
radiometric dating 146, 264
radionuclide 36
rare earth element 137, 205
rare earth element pattern 205
rate constant 307
Rayleigh's equation 189
Raymo hypothesis 172
Rb-Sr dating 66
Rb-Sr isochron 73
Re-Os dating 68
reaction quotient 285

reaction rate 307
red shift 4
redox reaction 301
reduction potential 302
REE 205
regolith 69
relative age 263
relative dating 60
reversible 280
r-process 39

S

Schrödinger equation 256
SCM 296
secondary electron multiplier 273
secondary ion mass spectrometry 134
secondary ion mass spectroscopy 272
Segre chart 12
seismic wave 91
self-gravitational instability 45
SEM 273
SF 261
shergottite 29
siderophile 195
silicate mineral 18
silicate phase 195
Snowball Earth hypothesis 172
solar constant 158
solubility 287
solubility product 289
special theory of relativity 11
speciation calcluation 288
spontaneous fission 81, 261
s-process 38
SR 268
stability constant 288

stable isotope 260
standard electric potential 302
standard free energy of formation 283
Stefan-Boltzmann law 156
stone meteorite 22
stony-iron meteorite 22
strontium isotope 176
sulfide phase 195
sunspot 15
superheavy elements 42
surface complexation model 296
synchrotron radiation 268

T

terrae 69
terrestrial heat flow 155
terrestrial planet 18
tetrad effect 247
thermal ionization mass spectrometer 59
thermal ionization mass spectroscopy 272
thermal neutron cross-section 36
thorium series 51
TIMS 59
TLM 299
trans-Neptunian objects 17
triple layer model 298
triple-α reaction 33
trolite 28
tungseten isotope 130
type I supernova explosion 34
type II supernova explosion 39

U

U-Pb isochron 59

unequilibrated chondrite 25
unified atomic mass unit 11
uranium series 51
Urey reaction 168

V

valence 301
varyon 9
vaterite 289
Venus 135
volatile elements 26

Vostok 160

W

white dwarf 33
whitlockite 67
Widmanstätten 28

X

X-ray absorption fine structure 209, 270, 299
X-ray absorption near-edge structure 209
X-ray fluorescence analysis 267
XAFS 270, 299
XANES 209

Y

Younger Dryas 162

Z

zircon 134

著者紹介

佐野　有司（さの　ゆうじ）

略　歴	1980年東京大学大学院理学系研究科修士課程修了．東京大学理学部助手，広島大学理学部助教授，広島大学理学部教授などを経て，2001年より現職．
現　在	東京大学大気海洋研究所・教授・理学博士 高知大学海洋コア総合研究センター・特任教授・センター長
専　攻	地球化学
著　書	『地球の観測』（分担，1996年，岩波講座 地球惑星科学 4 巻），『マントル・地殻の地球化学』（分担，2003年，培風館　地球化学講座 3 巻）等．

高橋　嘉夫（たかはし　よしお）

略　歴	1997年東京大学大学院理学系研究科化学専攻博士課程修了．日本学術振興会特別研究員，広島大学助手，准教授，教授などを経て，2014年より現職．
現　在	東京大学大学院理学系研究科・教授・博士（理学）
専　攻	地球化学，環境化学，放射化学
著　書	『環境中の腐植物質』（分担，2008年，三共出版），『地球化学実験法』（分担，2010年，培風館），『レアアースの最新技術動向と資源戦略』（分担，2011年，シーエムシー）等．

現代地球科学入門シリーズ 12
地球化学

Introduction to
Modern Earth Science Series
Vol.12
Geochemistry

2013 年 4 月 25 日　初版 1 刷発行
2024 年 9 月 10 日　初版 4 刷発行

著　者　佐野有司・高橋嘉夫 © 2013

発行者　南條光章

発行所　共立出版株式会社
〒112-0006
東京都文京区小日向4丁目6番地19号
電話 03-3947-2511（代表）
振替口座 00110-2-57035
URL www.kyoritsu-pub.co.jp

印　刷　藤原印刷
製　本

一般社団法人
自然科学書協会
会員

検印廃止
NDC 450.13, 450.12, 440.12, 440.13, 444.9
ISBN 978-4-320-04720-4　　Printed in Japan

■地学・地球科学・宇宙科学関連書　www.kyoritsu-pub.co.jp　共立出版

地質学用語集 和英・英和 ……………………日本地質学会編	国際層序ガイド 層序区分・用語法・手順へのガイド ……………日本地質学会訳編
地球・環境・資源 地球と人類の共生をめざして 第2版 ……内田悦生他編	地質基準 ………………日本地質学会地質基準委員会編著
地球・生命 その起源と進化 ………………………大谷栄治他著	東北日本弧 日本海の拡大とマグマの生成 ………周藤賢治著
グレゴリー・ポール恐竜事典 原著第2版 ‥東 洋一他監訳	地盤環境工学 ……………………………………嘉門雅史他著
天気のしくみ 雲のでき方からオーロラの正体まで ……森田正光他著	岩石・鉱物のための熱力学 ………………………内田悦生著
竜巻のふしぎ 地上最強の気象現象を探る ………森田正光他著	岩石熱力学 成因解析の基礎 ……………………川嵜智佑著
桜島 噴火と災害の歴史 ……………………………石川秀雄著	同位体岩石学 ……………………………………加々美寛雄他著
大気放射学 衛星リモートセンシングと気候問題へのアプローチ …藤枝 鋼他共訳	岩石学概論(上)記載岩石学 岩石学のための情報収集マニュアル …周藤賢治他著
土砂動態学 山から深海底までの流砂・漂砂・生態系 …松島亘志他編著	岩石学概論(下)解析岩石学 成因的岩石学へのガイド …周藤賢治他著
海洋底科学の基礎 ……………日本地質学会「海洋底科学の基礎」編集委員会編	地殻・マントル構成物質 …………………………周藤賢治他著
ジオダイナミクス 原著第3版 ………………………木下正高監訳	岩石学Ⅰ 偏光顕微鏡と造岩鉱物 (共立全書 189) …………都城秋穂他共著
プレートダイナミクス入門 ………………………新妻信明著	岩石学Ⅱ 岩石の性質と分類 (共立全書 205) …都城秋穂他共著
地球の構成と活動 (物理科学のコンセプト 7) ……黒星瑩一訳	岩石学Ⅲ 岩石の成因 (共立全書 214) ………都城秋穂他共著
地震学 第3版 ………………………………………宇津徳治著	偏光顕微鏡と岩石鉱物 第2版 …………………黒田吉益他共著
水文科学 …………………………………………杉田倫明他編著	宇宙生命科学入門 生命の大冒険 ………………石岡憲昭著
水文学 ………………………………………………杉田倫明訳	現代物理学が描く宇宙論 ………………………真貝寿明著
環境同位体による水循環トレーシング ……山中 勤著	めぐる地球 ひろがる宇宙 ………………………林 憲二他著
陸水環境化学 ……………………………………藤永 薫編集	人は宇宙をどのように考えてきたか ………竹内 努他共訳
地下水モデル 実践的シミュレーションの基礎 第2版 ‥堀野治彦他訳	多波長銀河物理学 ………………………………竹内 努訳
地下水流動 モンスーンアジアの資源と循環 ……谷口真人編著	宇宙物理学 (KEK物理学S 3) ……………………小玉英雄他著
環境地下水学 ……………………………………藤縄克之著	宇宙物理学 ………………………………………桜井邦朋著
復刊 河川地形 ……………………………………高山茂美著	復刊 宇宙電波天文学 …………………………赤羽賢司他共著